高等学校规划教材

耐　火　材　料

（第2版）

薛群虎　徐维忠　主编

北　京
冶　金　工　业　出　版　社
2023

内 容 提 要

本书详细阐述了各种耐火材料的组成、结构、性质及其应用，力求反映耐火材料在各方面的新发展。内容主要包括：耐火材料的组成、性质和检测方法，天然耐火材料和耐火熟料、熔块，氧化硅质耐火材料，硅酸铝质耐火材料，碱性及尖晶石质耐火材料，含碳耐火材料，含锆耐火材料，不定形耐火材料，绝热材料，特种耐火材料和耐火材料的应用等。

本书可作为无机非金属材料专业、硅酸盐工程专业、钢铁冶金专业、热能工程专业的教材，也可供从事耐火材料生产及应用的工程技术人员阅读参考。

图书在版编目(CIP)数据

耐火材料/薛群虎，徐维忠主编.—2 版.—北京：冶金工业出版社，2009.9（2023.7 重印）

高等学校规划教材

ISBN 978-7-5024-4802-8

Ⅰ.耐… Ⅱ.①薛… ②徐… Ⅲ.耐火材料—高等学校—教材 Ⅳ.TQ175.7

中国版本图书馆 CIP 数据核字(2009)第 143073 号

耐火材料(第 2 版)

出版发行 冶金工业出版社 **电　话** (010)64027926

地　址 北京市东城区嵩祝院北巷 39 号 **邮　编** 100009

网　址 www.mip1953.com **电子信箱** service@mip1953.com

责任编辑 杨 敏 美术编辑 彭子赫 版式设计 张 青

责任校对 王永欣 责任印制 窦 唯

三河市双峰印刷装订有限公司印刷

1992 年 5 月第 1 版，2009 年 9 月第 2 版，2023 年 7 月第 16 次印刷

787mm×1092mm 1/16；15.75 印张；414 千字；234 页

定价 35.00 元

投稿电话 (010)64027932 投稿信箱 tougao@cnmip.com.cn

营销中心电话 (010)64044283

冶金工业出版社天猫旗舰店 yjgycbs.tmall.com

（本书如有印装质量问题，本社营销中心负责退换）

第2版前言

《耐火材料》自1992年出版以来多次印刷,深受广大师生及其他读者欢迎。为了反映近年来耐火材料在各方面的发展,编者对该书进行了修订,以补充新的内容。

随着冶金工业技术的快速发展和耐火材料生产技术的进步,各类新型高温炉窑对使用的耐火材料提出了越来越高的经济、环保、寿命等各项性能指标要求,在修订中对该部分内容作了大量补充,如高炉用耐火材料增加了"陶瓷杯"内容,炼钢用耐火材料增加了直流电弧炉、感应炉和炉外精炼用耐火材料等。此外,增加了建材工业用耐火材料的相关内容,对近年来发展起来的悬浮预热和窑外分解技术及新型干法水泥生产用耐火材料,玻璃、陶瓷行业用耐火材料作了详细介绍。

在结构上增编了"天然耐火材料和耐火熟料、熔块"一章,着重介绍了可直接作为耐火材料使用的天然岩石(如硅石、蜡石、蓝晶石族矿物等)、既可作为产品又可作为原料的耐火熟料(如烧结镁砂、烧结氧化铝、板状刚玉等)和耐火熔块(如熔融石英、电熔刚玉等)的结构、性质、特点和应用。这既增加了该书的耐火材料品种,又为介绍后续产品的生产打下了基础,并使该书的结构体系更加完整。

修订中补充完善了许多近年来新开发的耐火材料新品种、实验新方法和新标准的有关内容,如在含碳耐火材料中增加了碳复合耐火材料方面的内容,在特种耐火材料中对相关内容作了修改与补充。特种耐火材料的研究开发,近年来发展较快,主要表现在实验研究向纵深发展,使用数量不断扩大,应用水平日益提高,把新研究开发的成果和大量新的应用实践反映进来,以期跟上耐火材料生产、应用技术的不断发展并使该书内容更臻完善。

《耐火材料(第2版)》由西安建筑科技大学薛群虎和徐维忠担任主编。其中第1章、第2章由薛群虎、徐维忠编写,第3章由薛群虎编写,第6章、第8章由肖国庆、徐维忠编写,第7章由肖国庆、高云琴编写,第9章由武志红、徐维忠编写，第 10 章由武志红编写，第 5 章、第 11 章由杨晓凤编写，第 4 章、第 12 章由高云琴编写。初稿经多次讨论修改，最后由薛群虎统稿，徐维忠审定。

参与修订工作的全体人员对杨慧振教授在原教材中所做的工作深表敬意。

本书在编写过程中得到了西安建筑科技大学材料学院、高温陶瓷研究所、粉体工程研究所、材料科学研究所、建筑材料研究所以及冶金工程学院的支持，各位同仁提供了许多资料，并提出了宝贵意见，在此一并致谢。

由于编者水平所限，不当之处，敬请读者批评指正。

编　者

2008 年 11 月

第1版前言

本书是根据冶金工业部和中国有色金属工业总公司1991～1995年教材出版规划的要求，参照热能工程专业和钢铁冶金专业的教学大纲，兼顾两专业的需要编写的。书中以阐述耐火材料的性质为主，全面介绍各种常用耐火材料的组成、结构及与性质的关系，也提及原料及工艺因素对性质的影响和提高产品质量的途径。另外，还重点介绍耐火材料在钢铁和有色金属以及在热能工程中的应用。本书可作为热能工程专业和钢铁冶金专业的教材，在教学中可根据两专业的实际需要，对本书的一些重点内容作适当调整。本书也可作为硅酸盐工程专业的教学参考书，还可供从事耐火材料、钢铁冶金和热能工程的工作者参考。

本书由西安冶金建筑学院徐维忠主编。其中第一、二、五、六、七、八章由徐维忠编写；第三、四、九、十、十一章由昆明工学院杨慧振编写。初稿完成后，经华东冶金学院陆伯之教授、北京科技大学陈鸿复教授和重庆大学缪徵德副教授审查，提出了许多宝贵意见，并召开审稿会讨论，最后由编者根据审查意见修改定稿。本书在编写过程中得到设置热能工程专业和钢铁冶金专业的院校有关同志的支持，还得到西安冶金建筑学院和昆明工学院许多同志的帮助，特在此一并致以深切谢意。

本书虽经几次修改，但由于时间短促和编者的水平有限，缺点和错误在所难免，诚恳希望读者批评指正。

编　者

1991年6月

目　　录

1 概　　论

耐火材料一般是指主要由无机非金属材料构成的且耐火度不低于1580℃的材料和制品。耐火度是指材料在高温作用下达到特定软化变形程度时的温度，它标志材料抵抗高温作用的性能。

耐火材料是为高温技术服务的基础材料。它与高温技术尤其是高温冶炼工业的发展有密切关系，相互依存，互为促进，共同发展。在一定条件下，耐火材料的质量品种对高温技术的发展起着关键作用。

在钢铁冶炼一百多年的发展过程中，每一次重大演变都有赖于耐火材料新品种的开发。碱性空气转炉应用成功的关键之一是由于开发了白云石质耐火材料；平炉应用成功的一个重要因素是具有高荷重软化温度的硅砖的问世；耐急冷急热的镁铬砖的发明促进了全碱性平炉的发展。近年来，钢铁冶炼新技术，如大型高炉高风温热风炉、复吹氧气转炉、铁水预处理和炉外精炼、连续铸钢等，都无例外地有赖于优质高效耐火材料的开发。另外，耐火材料在节能方面也作出了重要贡献，如各种优质隔热耐火材料、陶瓷换热器、无水冷滑轨、陶瓷喷射管和高温涂料等的开发，都在高温节能技术方面发挥了重要作用。现代冶炼技术的发展和节约能源的形势，既对耐火材料提出了更严格的要求，又必须借助于新品种优质耐火材料的成功及发展。其他高温技术的发展也同样需要开发相应的优质耐火材料。因此，从事高温技术的工作者，必须十分重视耐火材料的技术开发，使它能与钢铁冶炼和其他高温技术同步发展，并力求先行一步。

我国耐火原料资源丰富，品种多，储量大，品位高。高铝矾土和菱镁矿蕴藏量大，品质优良，世界著名；耐火黏土、硅石、白云石和石墨等储量多，分布广，品质好；叶蜡石、硅线石、橄榄石和锆英石等储量也多；隔热耐火材料的各种原料，各地都有储藏。另外，我国漫长的海岸线和内陆湖泊均蕴藏有大量的镁质原料资源。近年来，在提高耐火原料质量和人工合成原料方面，又取得了较为显著的成就。

我国不仅有发展各种优质耐火材料的资源优势，还有生产耐火材料的悠久历史。新中国成立以来，随着科学技术和工业水平的提高，为了适应金属冶炼和其他高温技术工业以及热能工程的需求，我国耐火材料工业有了重大的发展。新建了许多优质耐火材料生产厂和有关机构；开发出许多优质耐火材料新品种；2006 年全国 30 个省市自治区 1505 家企业生产各类耐火材料总量已达 3243 万 t，多年稳居世界第一生产大国。其中国内消耗总量占总产量的 60% ~70%，出口量占总产量的 30% ~40%。国内消耗部分钢铁冶金工业消耗量约占 60% ~70%。

今后，我国耐火材料的发展应依靠科学技术的进步和整体工业水平的提高，加强生产技术的管理，以材料的质量和品种为中心，继续提高原料质量，发展合成原料，改进生产装备，全面提高产品质量和改善性能，积极开发优质新品种，合理利用和提高耐火材料使用寿命，进一步降低消耗，保证和促进高温技术工业和热能工程以及国民经济的发展。

1.1 耐火材料的主要种类

耐火材料的种类很多，为了便于研究、生产和选用，通常按其共性与特性划分类别。其中按材料的化学、矿物组成分类是一种常用的基本分类方法。也常按材料的制造方法、材料的性质、材料的形状尺寸、材料的应用等来分类。

1.1.1 按化学、矿物组成分类

按化学、矿物组成的不同，耐火材料主要有以下几类：

(1)氧化硅质耐火材料。是以 SiO_2 为主要成分的耐火材料，主要的品种有各种硅砖和石英玻璃制品。

(2)硅酸铝质耐火材料。是以 Al_2O_3 和 SiO_2 为基本化学组成的耐火材料。根据制品中 Al_2O_3 和 SiO_2 含量分为三类：半硅质耐火材料、黏土质耐火材料和高铝质耐火材料。高铝质耐火材料又分为三等，即Ⅰ等高铝、Ⅱ等高铝和Ⅲ等高铝制品。

硅酸铝质耐火材料亦可按矿物组成命名分类，如莫来石制品、刚玉莫来石制品；还可按所用原料命名分类，如硅线石制品、红柱石制品、蓝晶石制品。

(3)刚玉质耐火材料。是以 Al_2O_3 为基本化学组成、以刚玉相为主晶相的耐火材料。

(4)镁质耐火材料。是以 MgO 为主要成分和以方镁石为主要矿物构成的耐火材料，依其次要的化学和矿物组成的不同有以下品种：镁砖、镁铝砖、镁硅砖、镁钙砖、镁铬砖、镁炭砖和镁白云石砖。此外，还有冶金镁砂。

(5)白云石质耐火材料。是一类以氧化钙($w(CaO)=40\%\sim60\%$)和氧化镁($w(MgO)=30\%\sim42\%$)为主要成分的耐火材料。其主要品种有：焦油白云石砖、烧成油浸白云石砖、烧成油浸半稳定性白云石砖、烧成稳定性白云石砖、轻烧油浸白云石砖和冶金白云石砂。

(6)橄榄石质耐火材料。是一种 $w(MgO)=35\%\sim62\%$，MgO/SiO_2(质量比)波动于 0.95～2.00，由镁橄榄石为主要矿物组成的耐火材料。

(7)尖晶石质耐火材料。是一类主要由尖晶石组成的耐火材料。主要品种有由铬尖晶石构成的铬质制品($w(Cr_2O_3)\geqslant30\%$)，由铬尖晶石、方镁石构成的铬镁质制品($w(Cr_2O_3)=18\%\sim30\%$，$w(MgO)=25\%\sim55\%$)和由镁铝尖晶石构成的制品。

(8)含碳质耐火材料。这类材料中均含有一定数量的碳或碳化物。主要品种有由无定形碳构成的炭砖或炭块；由石墨构成的石墨制品；由碳化硅构成的碳化硅制品；由碳纤维及碳纤维与树脂或其他炭素材料复合为整体构成的材料。

(9)含锆质耐火材料。这类材料中均含有一定数量的氧化锆。常用的品种有以锆英石为主要成分的锆英石质制品，以氧化锆和刚玉或莫来石构成的锆刚玉和锆莫来石制品，以及以氧化锆为主要组成的纯氧化锆制品。

(10)特殊耐火材料。是一类由较纯的难熔的氧化物、碳化物、硅化物和硼化物以及金属陶瓷构成的耐火材料。

前三类耐火材料是指 Al_2O_3-SiO_2 二元系所包含的全部耐火材料品种。

1.1.2 按制造方法、制品性质、制品形状和尺寸、材料的应用等分类

1.1.2.1 按耐火材料的制造方法分类

除天然矿石切割加工外，人造制品常根据其成型特点分为定形制品和不定形材料。依热处理方式不同分为不烧制品、烧成制品和熔铸制品。其中定形烧成制品长期以来一直是生产与使用最普遍的耐火材料。但是，近年来，不定形耐火材料得到了快速发展。

1.1.2.2 按制品性质分类

评价耐火材料质量的高低主要以其性质优劣为据，故耐火材料也常以其性质不同划分类别。

其中依其耐火度的高低分为三类：普通耐火制品，耐火度 1580～1770℃；高级耐火制品，耐火度 1770～2000℃；特级耐火制品，耐火度 2000℃以上。

依其化学性质可分为酸性耐火材料、中性耐火材料和碱性耐火材料。酸性耐火材料是指以R^{4+}离子构成的氧化物为主成分的耐火材料，如SiO_2、ZrO_2等；中性耐火材料是指以R^{3+}离子构成的氧化物或单质为主成分的耐火材料，如Cr_2O_3、Al_2O_3、C等；碱性耐火材料是指以R^{2+}离子构成的氧化物为主成分的耐火材料，如CaO、MgO等。

耐火材料按化学性质分类具有实际应用价值。一般来说在热工设备设计选材时，尽量避免酸性耐火材料与碱性耐火材料在高温下直接接触使用，或者采用中性材料将酸性耐火材料与碱性耐火材料隔开使用。尽量选择耐火材料使用环境的化学性质与耐火材料的化学性质相同。

依其密度或导热性可分为重质耐火材料和轻质耐火材料或隔热耐火材料。其他如依抗蠕变性、抗热震性、耐磨性和抗渣性等都可划分为若干类别。

1.1.2.3 按制品形状和尺寸分类

耐火材料按制品形状和尺寸可分为标准砖、异型砖、特异型砖等制品。在同材质制品中，标型、异型、特异型砖生产所用原料、工艺、产品理化性能指标完全一致。形状复杂或尺寸大的异型、特异型制品，适应炉窑上使用的需要，但制品生产较困难，因而售价较高。

按照不同的形状和尺寸，耐火产品有不同的砖号，每种砖号的形状和尺寸是确定的。在热工设计中选定砖号后，订货时只需向制造商提供砖号，不需要再提供砖型尺寸图。如需订购与规定的砖号和形状不相符，自行设计的形状和尺寸的耐火材料，订货时必须提供相应的砖型尺寸图。

1.1.2.4 依其应用分类

耐火材料依其应用可分为焦炉用耐火材料、高炉用耐火材料、炼钢炉用耐火材料、连铸用耐火材料、有色金属冶炼用耐火材料、水泥窑用耐火材料、玻璃窑用耐火材料等。

依应用分类，每类耐火材料又有不同的产品牌号。每种牌号的产品理化性能指标要求是确定的。如玻璃窑用硅砖，按理化指标分为BG-96，BG-95，BG-94三种牌号。每种牌号对应有不同理化指标和外形尺寸要求，用户可根据要求选取。

牌号可作为生产商向用户交货验收的依据。如果某牌号满足用户要求，用户订货时只需提供牌号即可，不再罗列理化指标要求。如用户订货除满足牌号理化指标和外形尺寸要求外，还要其他特殊要求，需在订货合同中注明。

1.2 耐火材料的一般生产过程

耐火材料的品种和质量取决于耐火材料的原料和其生产工艺。在原料确定的情况下，耐火材料的生产工艺方法与制度是否正确与合理，对耐火制品的质量影响极大。耐火材料的特定性能的控制，必须通过特定的工艺手段来实现。因此，耐火材料的生产者必须精于此道；使用者欲能正确选用具有某一特性的耐火材料，使其物尽其用，也必须对耐火材料的生产工艺有所了解。

定形烧成耐火制品的一般生产工艺流程如下：

原料的加工→配料→混练→成型→干燥→烧成→拣选→成品。

1.2.1 原料的加工

原料的质量是耐火材料质量的基本保证。要发展优质高效的耐火制品，必须有纯净的、质量均一和性质稳定的原料。因此，选取适宜作为耐火材料原料的天然矿石，开采后必须再经过加工。

原料的加工主要包括原料的精选提纯、均化或合成；原料的干燥和煅烧；原料的破粉碎和分级。

1.2.1.1　原料的精选提纯和均化

为了提高原料纯度，一般需经拣选或冲洗，剔除杂质。有的还需采用适当选矿方法进行精选提纯。有的原料中成分不均，需要均化。有的在精选后还可引入适量添加物质。高性能的复合原料需采用人工合成方法。

1.2.1.2　原料的煅烧

为了保证原料的高温体积稳定性、化学稳定性和高强度，多数天然原料和合成原料，需经高温煅烧制成熟料或经熔融制成熔块。熟料煅烧温度一般多控制在使其达到烧结致密化的范围内。对主晶相为氧化物的原料，烧结温度 T_s 约为其熔点 T_m 的 0.7～0.9 倍，即 $T_s \approx 0.7 \sim 0.9T_m$，多高于制品的烧成温度，更高于制品的使用温度。熟料煅烧一般在竖窑或回转窑中进行。

有的原料，如软质耐火黏土作为粘合剂，虽不经煅烧，但若含水过多，应经干燥，以便破碎和分级。

1.2.1.3　原料的破粉碎和分级

原料破粉碎的目的是按照配料要求制成不同粒级的颗粒及细粉，以便于调整成分，进行级配，使多组分间混合均匀，便于相互反应，并尽可能获得致密的或具有一定粒状结构的制品坯体。一般控制进厂原料最大粒度，原料进厂后先粗碎至 20～40mm，粗碎设备一般根据进厂原料粒度，选用不同规格和型号的颚式破碎机。再将颚式破碎机粗碎后的原料破碎到极限颗粒小于 5mm（中碎），中碎设备规格型号较多，可选用短头圆锥破碎机，也可选用对辊破碎机、反击式破碎机等。细磨是将颗粒破碎到小于 0.088mm 以下的细粉。生产普通耐火制品所用的颗粒料皆为中碎以后所获得的产品。

经中碎后的颗粒状产品，需依粒度粗细分级，以便合理配料。通常多以筛分方法将颗粒分级。对粉状料常以风选法分级，或采用小于某一粒径（或目数）达到的百分数来控制细粉的细度。

1.2.2　配料

耐火材料的配料是将各种不同品种、组分和性质的原料以及将各级粒度的熟料颗粒按一定比例进行配合的工艺。配料包括各种原料组成配比和粒度级配。各种原料的配合是为了获得一定性质的制品。粒度的配合是为了获得最紧密堆积的或特定粒状结构的坯体。

1.2.2.1　各种原料的配合

各种原料的配合依材料的品种和性质的要求而定，不同制品各有特点。对烧结制品、不烧制品和不定形耐火材料，各种颗粒的熟料或其他瘠性料与各种结合剂的配合是配料中的重要一环。任何结合剂的选用及其加入量皆应严格控制，应保证其既有利于制品的生产，又不会对制品的性质带来危害。

1.2.2.2　粒度的配合

各级粒度的颗粒配合对砖坯的致密度影响极大。只有使各级粒度颗粒的堆积体达到最紧密的程度，才能得到致密的制品。粒度级配影响产品结构、烧结、设计形状和尺寸，是硅酸盐产品生产的非常重要的一道工序。

欲使多级不同粒度的颗粒组成的堆积体密度得到提高，首先尽可能使最大粒径颗粒保持高配位数的堆积方式。因为从理论上分析，等径球体紧密堆积的空隙率只取决于堆积方式的配位数。配位数愈高，堆积空隙率愈小。

大颗粒以尽可能高的配位数堆积后，其形成的空隙由次一级颗粒同样以尽可能高的配位数在大颗粒形成的空隙中堆积填充，而次一级颗粒在大颗粒空隙中堆积形成的空隙由更细的颗粒填充，如此逐级填充即可获得最紧密堆积。

A　各级颗粒的粒径比

以紧密堆积的同径球的间隙而论，若使小球填于其中，小球的粒径必须小于大球堆积体的空隙尺寸。因此，两种球球径之比必须恰当。以圆球不同配位数的堆积状态计算，大小两种球的球径比为1.9～6.5，大小球径比值为6.5的小球可以填充在比值为1.9的空隙之中，因而配料中一般要求大小两种球的球径比为6.5。由此可见，若两级颗粒配合成堆积体时，粒径比在此值以上，对实现紧密的堆积是有利的。如此，多级颗粒配合，更可实现致密化。采用此种粒径比各级颗粒的配合常称为间断级配。但在实际生产中为避免颗粒产生严重偏析，并使各级颗粒充分利用，常采用粒级连续的颗粒，并以平均粒径划分为若干级别进行配合。

B　各级颗粒配合的比例（级配）

在保证粗细颗粒粒径比恰当的条件下，由各级颗粒组成的堆积体中，每级颗粒配合的数量，应以细者填满粗者的空隙为宜。

以密度相同的同粒径的圆球堆积体为例，其空隙率（P）约为38%。二级配合时，假定粗、细料堆积方式相同，粗与细的数量比应为1∶0.38。采取多级颗粒配合时，堆积体的空隙率变化如表1-1所示。

表1-1　各级粒度堆积体空隙率的变化

粒度级数	球体实体积/%		堆积体空隙率/%		空隙率下降/%
一　级	$(1-P_1)$	62.0	P_1	38	—
二　级	$(1-P_1P_2)$	85.6	P_1P_2	14.4	23.6
三　级	$(1-P_1P_2P_3)$	94.6	$P_1P_2P_3$	5.4	9.0
四　级	$(1-P_1P_2P_3P_4)$	98.0	$P_1P_2P_3P_4$	2.0	3.4
五　级	$(1-P_1P_2P_3P_4P_5)$	99.2	$P_1P_2P_3P_4P_5$	0.8	1.2

同粒径的粒状颗粒堆积体的空隙率为41%～45%。当多级配合超过4级时，空隙率变化不显著，而且为了简化工艺，普通烧结制品的粒度组成，一般为3～4级。以粒度粗、中、细三级配合为例，堆积体空隙率变化如图1-1所示。即以粗颗粒为55%～65%；中颗粒10%～30%；细粉15%～30%较宜。通常为获得高密度的制品，并避免由这种级配组成的泥料产生颗粒偏析且便于制品的烧结，常采取细粉量较多的配合，如采取粗∶中∶细＝(4～6)∶(2～1)∶(4～3)。

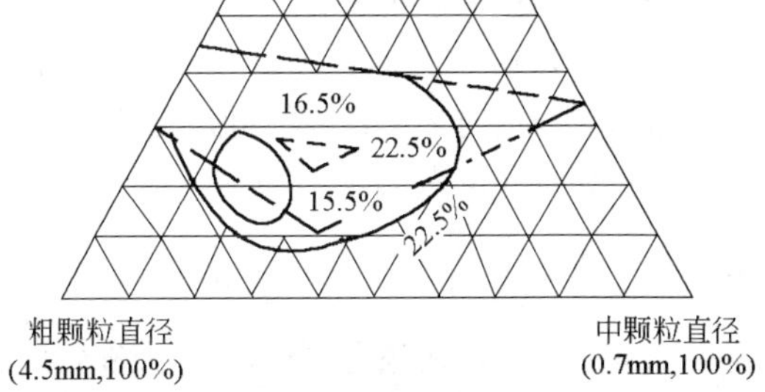

图1-1　堆积体空隙率变化

1.2.2.3　临界粒径的确定

耐火制品生产配料中，颗粒的最大粒径称为临界粒径。临界粒径根据制品形状的复杂程度、断面尺寸大小或成型的方法以及对其组织结构和性质的要求而定。一般而论，形状复杂、断面小者，临界粒径应小；适当提高临界粒径，对制品的耐热震性可能有利。近于标准形状的普通烧结制品，临界粒径一般控制在2～3.5mm。大型制品可相应增大。

1.2.3 泥料的混练

混练是按配料要求，将各种物料准确称量后，制成各组分、各种颗粒均匀分布的泥料，并使泥料实现预密实化，各种物料实现结合良好的加工过程。

根据物料的组分和性质，采取适当的混练设备与方法，使各种物料通过对流、扩散和剪切等作用达到泥料均化和颗粒料与结合剂等的互相结合，既使泥料获得良好的成型性能，又避免泥料中颗粒的再破碎和某些物料的散失或在混练过程中发生显著反应变质。

耐火材料泥料的混练多在湿碾机中进行。虽产量较低，电耗较高，并有使颗粒再破碎等缺点，但可获得均匀致密的泥料。高效行星式强制混合机混练泥料，颗粒不再破碎，成分分布均匀，效率及质量较好，但泥料的预密实性不如湿碾机。有的也有用双轴混料机的，其主要作用是搅拌、混匀，无泥料预密实作用。

某些耐火制品在泥料混练过程中，还需进行"困料"，即将经初混的泥料在一定温度、湿度的条件下贮放一定时间，然后再经二次混练，以改善泥料的质量。

大部分泥料混练是在常温下进行，部分以焦油、树脂等作结合剂的泥料需在一定的加热温度下混练。加热混练采用颗粒预热后，加入常温混练设备，再加入细粉和结合剂混练，依靠颗粒料的蓄热使泥料保持一定的温度。加热混练较先进的工艺是采用具有泥料混练过程对泥料自动加热的混练设备。

1.2.4 成型

成型的目的是使泥料制成具有一定形状和适当密度与强度的砖坯。对烧结制品和不烧砖，砖坯的致密度决定着制品的致密度，从而影响制品的许多物理性能、力学性能和使用性质。因此，成型是这类耐火材料生产中很重要的一道工序。

砖坯成型方法很多，主要依泥料的性质、制品形状和对制品性质的要求而定。如对有流动性的泥料，采用注浆成型；对有可塑性的泥料，采用可塑法成型；对有触变性的泥料，经振动成型；对含水量较低（3% ~6%）的半干泥料，采用半干压成型或捣打成型；干粉料用等静压成型等。对普通烧结制品和不烧砖，最普遍采用的方法为借助外力排除大部分空气，将泥料中的各级颗粒重新分布，使其致密化地半干压成型。对形状复杂的大型制品也常采用可塑法、振动法或捣打法。

半干压成型后砖坯的密实度，除受泥料组成与性质影响以外，也受压制外力、增压速度和加压时间等压制制度所控制。压制方法与制度不当，易使砖坯出现缺陷，如开始加压压力过大过快，气体未及时排出，易产生层裂。

烧结产品成型后的坯体经干燥、烧成后，气孔排除，体积密度进一步增加。不烧制品成型后，经低温热处理，坯体中结合剂等部分可挥发分逸出，制品气孔率增大，体积密度减小，因而不烧产品对成型坯体性能要求更高。一般不烧产品均采用大吨位压砖机压制成型。

近年来振动-压制联合成型方法受到愈来愈多的生产企业的重视。

经成型后的砖坯中各种物料间的机械结合力、静电引力及摩擦力，使砖坯的形状保持下来，并具有一定的强度。

1.2.5 干燥

许多成型后的砖坯含水量较高，强度较低，不便堆码和烧成，必须经干燥后排除其中游离水分，强度得到提高，才可装车入窑。有些成型后含水量已很低的砖坯，虽可码放适当高度，直接入窑，但入窑后也必须首先经过此干燥阶段。

砖坯的干燥是热湿传递过程，是利用热空气或热废气将热量传递给砖坯，砖坯受热后温度升高，水分由砖坯内扩散逸出。由此可见热、湿传导方向是相反的。砖坯的干燥速度由砖坯内传导和外传导相对速度较慢的一方控制。干燥初期，内传导速度较快，干燥速度取决于外传导，取决于干燥介质所能带走的水分量。干燥后期，内传导速度较慢，外传导速度较快，干燥速度取决于坯体内残余水分向坯体表面扩散的速度。干燥制度必须控制适当，以使砖坯内水分向外扩散和表面水分蒸发的速率相当。由于砖坯在干燥过程中往往产生收缩，且坯体强度较低，切忌砖坯表面干燥速率不当，以免造成开裂、鼓爆等缺陷。

干燥多采用隧道干燥器。也可采用室式干燥器和电热干燥。有的也采用炕室干燥器。但后一种设备效率较低。

1.2.6 烧成

烧成是绝大多数烧结耐火材料生产的最后一道工序，也是关系制品质量最重要的工序。

烧成的目的是使砖坯在高温下发生一系列物理化学反应达到烧结，即砖坯形成一定高温稳定的物相和结构，定形，气孔排除，并获得有相当高的密度、强度和其他各种性能的制品。

一般烧结制品在烧成过程中，除可能排除残余水分外，其中全部或部分物相可能首先发生矿物的分解和新矿物的形成，有的晶体可能发生晶型转变。随着温度的提高，可能发生固相反应、液相形成、新晶体形成和晶体长大，完成固相烧结和液相烧结。

1.2.6.1 固相烧结

砖坯中的晶体结构皆存在缺陷。这些晶体在温度升高到使其中质点的活动能力达到克服周围质点的作用力时，就会发生扩散。由于质点扩散作用而使互相接触的同晶体或异晶体间进行固相反应，使晶体长大或形成新的晶体。最后，经较充分的再结晶和聚集再结晶作用，使晶体长大和结合而烧结。

微小晶粒的晶格缺陷多，比表面较高，随温度的提高，固相反应易于进行。因此，砖坯中粉粒愈细，其含量愈多，并互相充分接触，愈有利于砖坯的烧结。

这种固相反应对由较纯原料组成的高级耐火材料的烧结具有重要的实际意义。

1.2.6.2 液相烧结

当温度升高到一定程度时，原料中的杂质或与砖坯中其他组分，可共同作用形成液相。此种液相可将砖坯中的晶体润湿。在晶体之间，由于表面张力的作用，能使其互相靠近，并填充于砖坯的孔隙中，从而使其致密度提高。

液相的存在有助于减缓砖坯内因受热不均或新相的形成或晶相转化可能产生的内应力。另外，液相的存在可使砖坯内溶解度较大的细小的和缺陷较多的晶体溶于其中，并使其重结晶由液相中析出。

总之，液相的存在有助于砖坯的烧结。此种烧结作用称为液相烧结。液相烧结作用与液相的性质和数量有关。一般而论，液相黏度低和数量多有利于液相烧结。普通耐火材料的烧结多是由此种烧结完成的。但是，液相黏度低数量多对制品的高温性能危害很大。因此，优质耐火制品应严格控制。

液相烧结的速度远大于固相烧结速度。

耐火制品的烧成制度，即升温速率、最高烧成温度及保温时间、冷却速率以及气氛等，对制品内物相和结构的形成有明显影响，从而对制品的性质影响极大。应根据砖坯在高温下可能发生的化学和物理变化及变化速率与程度，如各组分间发生何种化学反应和伴有何种附加效应，及其在变化中可能产生的内应力以及砖坯在烧成过程中的强度等情况，采取相应的方法与制度。另外,也应与制品的形状和尺寸相对应。

耐火材料的烧成通常在隧道窑和间歇式窑中进行。前者生产效率及热效率较高;后者工艺灵活,适应性强。在控制烧成制度时应考虑窑炉构造及热工特点。

1.2.7 非烧结制品的生产特点

1.2.7.1 不烧砖的生产

不烧砖是不经烧成而能直接使用的耐火制品。其他生产工艺与烧结制品基本相同,只是不烧砖中各种粒状和粉状料的结合,不是由物料经高温烧结完成,而主要是靠加入的化学结合剂的作用而实现的。所以也称为化学结合耐火砖。

1.2.7.2 不定形耐火材料的生产

不定形耐火材料是由合理级配的粒状和粉状料同结合剂或再加少量增塑剂、促硬剂或缓硬剂或其他外加剂等,按一定比例共同混合的不经成型和烧成而直接供使用的耐火材料。此种材料的生产工艺,以各种原料的配制并使其均化为中心环节。此种混合料在用以筑成构筑物时,施工方法与技术对构筑物的性能影响很大,应根据不定形耐火材料混合料的工艺特性,采用相应的施工方法。

1.2.7.3 熔铸耐火制品的生产

将耐火原料在电炉中经高温熔化,并向模型中浇注,再经凝固退火加工而制成熔铸耐火制品。熔化的方法有还原熔融法和氧化熔融法。熔化设备一般采用电弧炉或矿热炉。

1.3 耐火材料的主要用途和要求

1.3.1 耐火材料应用的主要领域

前已述及,耐火材料是高温技术领域的基础材料,应用的部门甚为广泛。其中应用最为普遍的是在各种热工设备和高温容器中作为抵抗高温作用的结构材料和内衬。在钢铁冶金工业中,炼焦炉主要是由耐火材料构成的。炼铁的高炉及热风炉、各种炼钢炉、均热炉、加热炉等都绝不可缺少符合要求的各种耐火材料。不仅钢液的模铸要消耗大量耐火材料,连铸更需要一些优质耐火材料。炉外精炼没有优质品种的耐火材料也无从实现。统计结果表明,钢铁工业是需要耐火材料最多的部门,约占耐火材料总产量的60%。有色金属的火法冶炼及其热加工也离不开耐火材料。建材工业及其他生产硅酸盐制品的高温作业部门,如玻璃工业、水泥工业、陶瓷工业中所有高温炉窑或其内衬都必须由耐火材料来构筑。其他如化工、动力、机械制造等工业高温作业部门中的各种焙烧炉、烧结炉、加热炉、锅炉以及其附设的火道、烟囱、保护层等都必需耐火材料。总之,当某种构筑物、装置、设备或容器在约1000℃以上高温下使用、操作时,因可能发生物理、化学、机械等作用,使材料变形、软化、熔融,或被侵蚀、冲蚀,或发生崩裂损坏等现象,不仅可能使操作无法持续进行,使材料的使用中断,影响生产,而且污染加工对象,影响产品质量,故必须采用此种具有抵抗高温作用的耐火材料。

1.3.2 对耐火材料的基本要求

高温作业部门均要求耐火材料具备抵抗高温热负荷的性能。但由于作业部门不同,甚至在同一炉窑的不同部位,工作条件也不尽一致。因此,对耐火材料的要求也有所差别。现以普通工业炉窑的一般工作条件为依据,对耐火材料的性能概括地提出以下几方面要求:

抵抗高温热负荷作用,不软化变形,不熔融,要求耐火材料具有相当高的耐火度。体积不收缩和仅有均匀膨胀，要求材料具有高的体积稳定性，残存收缩及残存膨胀要小，无晶型转变、无严重体积效应。

抵抗高温热负荷和重负荷的共同作用，不丧失强度，不发生蠕变和坍塌。要求材料具有相当高的高温热态强度，高的荷重软化温度，高的抗蠕变性。

抵抗温度急剧变化或受热不均影响，不开裂，不剥落。要求材料具有好的抗热震性。

抵抗熔融液、渣、烟、尘和腐蚀性气体的化学侵蚀，不变质，不蚀损。要求材料具有良好的抗渣性。

抵抗火焰和炉料、料尘的冲刷、撞击和磨损，表面不损耗。要求材料具有相当高的密实度和常温、高温的耐磨性。

抵抗高温真空作业和气氛变动的影响，不挥发，不损坏。要求材料具有低的蒸气压和高的化学稳定性。

另外，为了保证由定形耐火材料砌筑成的构筑物或内衬的整体质量，抗渣性和气密性好，并便于施工，还要求材料外形规整，尺寸准确，保证公差范围，并杜绝不允许存在的缺陷。为了承受搬运中撞击及可能发生的机械振动与挤压，要求材料必须具有相当高的常温强度。对有些特殊要求之处，有时还要考虑其导热性和导电性。

应该注意，虽然上述各点可作为评价耐火材料质量的依据，但是没有任何一种耐火材料能够完全满足所有上述要求。在选择或评价耐火材料时，必须使材料的突出特性与使用条件相适应，物尽其用，同时还要考虑到使用成本。

2 耐火材料的组成、性质和检测方法

与其他材料一样,耐火材料的质量取决于其组成和性质的优劣。耐火材料的性质是评价其质量的核心内容和基本依据。而耐火材料的性质又决定于其化学、矿物组成和组织结构。即决定于材料所用的原料和制造方法。

耐火材料是高温设备中的主要结构材料,在使用过程中在高温下作业,经受着各种各样的物理、化学和机械作用,因此要求其必须具有一定的性能。

材料性质的优劣,可通过相应的检测手段所得的结果来表征。根据检验所得某一性质的数据,可以制定生产工艺或改进生产工艺,检验生产过程是否正常;根据测得的某些性质的数据,可综合考虑确定其允许使用条件,在设计中作为选材依据。

性质检验的主要作用概括起来说,一是由使用者或制造者进行质量控制;二是使用之前对新材料的评价;三是根据性质检验指标,对多种产品的使用效果进行综合评价对比。尽管现行规定的实验室条件下检验的标准和方法与实际情况有一定的差异,但测得的数据仍不失为比较和评价耐火材料的依据。

本章仅对耐火材料的组成和性质中的一些基本内容,包括化学、矿物组成、组织结构、力学性质、热学性质和使用性质等进行阐述。

2.1 耐火材料的化学、矿物组成和结构

2.1.1 化学组成

耐火材料的化学组成是决定其矿物组成、组织结构的基础。一种耐火材料在一定条件下能否形成某种物相,为何出现此种物相,并具有某些特定性质,以及如何从本质上改变材料的某些特定性质,都首先取决于其化学组成。化学组成是基础,从化学组成上可以改变材料的本质。只有保证了化学组成,采用适当的工艺条件,才能形成所希望的矿物和结构。所以,为了掌握耐火材料的本质必须对其化学组成有全面的认识。

根据耐火材料中各种化学成分的含量和其作用,通常将其分为主成分、杂质和外加成分三类。

2.1.1.1 主成分

耐火材料中的主成分是指占绝大多数的,对材料高温性质起决定性作用的化学成分。耐火材料之所以具有优良的抵抗高温作用的性能,以及许多耐火材料又各具特性,完全或基本上取决于主成分。所以,对耐火材料的主成分,必须予以充分重视。通常,对耐火材料依化学组成分类,对许多同材质的耐火材料划分为若干等级,以及耐火材料化学性质的确定,都是或多半是根据其主成分的种类以及其含量多少而定的。

可作为耐火材料主成分的都是具有很高晶格能的高熔点或分解温度很高的单质或化合物,要求它在耐火材料生产或使用过程中能形成稳定的具有优良性能的矿物,在自然界储量较高而且较易提取与利用。在地壳中分布较多,可作为耐火材料主成分的主要是氧化物。氧化物在氧化气氛中稳定,强度高,所以耐火材料中高熔点的氧化物应用最广。另外,有一些碳化物、氮化

物、硅化物和硼化物，也可作为耐火材料的主成分。几种高熔点氧化物和一些非氧化物的熔点如表2-1所示。

现在，生产与使用较广泛的耐火材料中的主成分主要是Al_2O_3、BeO、Cr_2O_3、MgO、CaO、SiO_2、ThO_2、TiO_2、UO_2、ZrO_2等氧化物，SiC、WC、B_4C等碳化物，AlN、Si_3N_4等氮化物以及SiAlON、AlON等氮氧化物。

表2-1 几种高熔点化合物

氧化物		碳化物		氮化物		硼化物		硅化物	
分子式	熔点/℃	分子式	熔点/℃	分子式	熔点/℃	分子式	熔点/℃	分子式	熔点/℃
BeO	2550	Be_2C	2100	Be_3N_2	2200				
		B_4C	2450	BN	约3000①				
MgO	2800								
Al_2O_3	2050	Al_4C_3	2200	AlN	2400				
SiO_2	1713	SiC	2760①	Si_3N_4	1900①				
CaO	2570	CaC_2	2300						
TiO_2	1825	TiC	3160	TiN	2950	TiB_2	2850	Ti_5Si_3	2120
Cr_2O_3	2275	Cr_3C_2	1890			CrB_2	2760		
ZnO	1800								
SrO	2430								
Y_2O_3	2110								
ZrO_2	2677	ZrC	3570	ZrN	2980	ZrB_2	3040	Zr_6Si_3	2250
MoO		MoC	2692			MoB	2180	$MoSi_2$	2030
BaO	1930								
La_2O_3	2315								
HfO_2	2812	HfC	3887	HfN	3310	HfB_2	3250		
WO_2	1500~1600	WC	2865			WB	2860	WSi_2	2150
ThO_2	3050			ThN	2630	ThB_4	>2500		
UO_2	2878	U_2C_3	2350	UN	2650	UB_2	2100		

①升华温度。

2.1.1.2 杂质

杂质是指在耐火材料中不同于主成分的，含量微少而对耐火材料的抵抗高温性质往往带来危害的化学成分。这种化学成分多是由含主成分的原料夹带而来的。

耐火材料的杂质中有的是易熔物，有的本身具有很高熔点，但同主成分共存时，却可产生易熔物。故杂质的存在往往对主成分起强的助熔作用。助熔作用虽有时有助于材料的液相烧结，但对材料抵抗高温作用却有严重危害。助熔作用愈强，即由于杂质的存在，系统中开始形成液相的温度愈低，或形成液相量愈多，或随着温度升高液相量增长速度愈快，以及所形成的液相黏度愈低和润湿性愈好，危害愈严重。如对主成分为SiO_2的材料而论，若含Na_2O、Al_2O_3、TiO_2、CaO和FeO中任一氧化物，除其中Na_2O熔点较低以外，其他氧化物虽具有较高的熔点，但与SiO_2共存，却都有助熔作用，如表2-2所示。

表 2-2　某些氧化物对 SiO_2 的助熔作用

氧化物	共熔点			
	平衡相	温度/℃	系统内每1%氧化物生成的液相量/%	氧化物含量/%
Na_2O	SiO_2-$Na_2O \cdot 2SiO_2$	782	8.9	25.4
Al_2O_3	SiO_2-$3Al_2O_3 \cdot 2SiO_2$	1595	18.2	5.5
TiO_2	SiO_2-TiO_2	1550	9.5	10.5
CaO	SiO_2-$CaO \cdot 2SiO_2$	1436	2.7	37.0
FeO	SiO_2-$2FeO \cdot 2SiO_2$	1178	1.61	62.0

氧化物	液相中 SiO_2 的含量/%			
	共熔点	1400℃	1600℃	1650℃
Na_2O	74.6	86.0	95.3	97.8
Al_2O_3	94.5		96.9	98.1
TiO_2	89.5		92.0	95.4
CaO	63.0		67.8	69.5
FeO	38.0	41.2	47.5	51.7

可见，若 Na_2O 与 SiO_2 共存，由于开始形成液相的温度很低，故以 SiO_2 为主成分的耐火材料中，若含有少量 Na_2O，即可对其高温性质带来严重危害。若以 SiO_2 为主成分的耐火材料中分别含有 Al_2O_3 和 TiO_2，虽然 SiO_2-Al_2O_3 与 SiO_2-TiO_2 两系统的共熔温度相近，分别为 1595℃ 和 1550℃，但在共熔温度下系统内每 1% 杂质氧化物生成的液相量却差别较大，前者约为后者 1.9 倍。而且随温度的升高，此差别更大，如在 1600℃ 下，约为 2.3 倍。因此，杂质 Al_2O_3 较 TiO_2 对 SiO_2 的熔剂作用强。氧化铝对硅质耐火材料的高温性能危害极大。

另外，当杂质与主成分共存时，若生成的液相黏度较低，且随温度升高黏度降低愈快以及润湿性愈好，则对耐火材料的危害愈严重。

因此，欲提高耐火材料抵抗高温的性能，必须严格控制杂质的含量。

2.1.1.3　外加成分

外加成分常称外加剂，是在耐火制品生产中为特定目的另外加入的少量成分。如为促进材料中某些物相的形成和转化而加入的矿化剂；为抑制材料中某些物相形成而加入的抑制剂或稳定剂；为促进材料的烧结而加入的助熔剂；为抵消高温烧成材料的收缩而加入的膨胀剂等。总之，在耐火材料生产中，采取加入少量外加剂可在一定程度上改变材料的组成与结构，从而便于生产和使制品获得某种预期特性。但必须注意，切勿因此而严重影响其抵抗高温作用的基本性质。

2.1.2　矿物组成

2.1.2.1　耐火材料中矿物的种类

矿物是指由相对固定的化学组分构成的有确定的内部结构和一定物理性质的单质或化合物。它们在一定物理化学条件下稳定。耐火材料大多数为多相非均一结构，是固相和气相（空隙）的组成体。其中固相包含了固态晶体和非晶体，固相多为由氧化物或其复合盐类构成。其中，除部分矿物是前述高熔点单一氧化物或其他化合物呈稳定结晶体构成的以外，还有由复合氧化物构成的高熔点矿物，如表 2-3 所示。

表 2-3 一些复合氧化物的熔点

分子式	熔点/℃	分子式	熔点/℃
$3Al_2O_3 \cdot 2SiO_2$	1850	$MgO \cdot Al_2O_3$	2135
$Al_2O_3 \cdot TiO_2$	1860	$MgO \cdot Cr_2O_3$	2350
$Al_2O_3 \cdot 2TiO_2$	1895	$MgO \cdot Fe_2O_3$	1713
$BaO \cdot Al_2O_3$	1815	$MgO \cdot La_2O_3$	2030
$BaO \cdot 6Al_2O_3$	1915	$2MgO \cdot P_2O_5$	1882
$2BaO \cdot SiO_2$	>1755	$2MgO \cdot SiO_2$	1890
$BaO \cdot ZrO_2$	2700	$2MgO \cdot TiO_2$	1740
$BeO \cdot Al_2O_3$	1870	$MgO \cdot ZrO_2$	2120
$3BeO \cdot TiO_2$	1800	$NiO \cdot Al_2O_3$	2100
$CaO \cdot Cr_2O_3$	2170	$SrO \cdot Al_2O_3$	1790
$3CaO \cdot P_2O_5$	1730	$SrO \cdot TiO_2$	2040
$3CaO \cdot SiO_2$	2070	$SrO \cdot ZrO_2$	>2700
$2CaO \cdot SiO_2$	2130	$ThO_2 \cdot SiO_2$	1975
$CaO \cdot TiO_2$	1915	$ZnO \cdot Al_2O_3$	1950
$CaO \cdot ZrO_2$	2345	$ZrO_2 \cdot SiO_2$	1775
$CaO \cdot 6Al_2O_3$	1903		

其中最主要有由铝酸盐、铬酸盐、磷酸盐、硅酸盐、钛酸盐和锆酸盐构成的矿物。另外，许多耐火材料中还有少量非晶质的玻璃相。仅有极少数耐火材料是完全由非晶质的玻璃构成的。

2.1.2.2 耐火材料中矿物的聚集状态

耐火材料在常温下除极少数外，都是由单相或多相多晶体或多晶体同玻璃相共同构成的集合体。许多耐火材料中还含有气孔。若耐火材料的化学组成相同，生产工艺不同，其中存在的晶体和玻璃相等物相种类、性质、数量、晶粒形状和大小、分布和结合状态等不同，则这些耐火材料性质的优劣可能差别很大。

根据耐火材料中构成相的性质、所占比重和对材料性质的影响，分为主晶相、次晶相和基质。

A 主晶相

主晶相是指构成材料结构的主体，熔点较高，对材料的性质起支配作用的一种晶相。耐火材料主晶相的性质、数量、分布和结合状态直接决定制品的性质。许多耐火制品，如莫来石砖、刚玉砖、方镁石砖、尖晶石砖、碳化硅耐火制品等，皆以其主晶相命名。

B 次晶相

次晶相又称第二晶相或第二固相，是指耐火材料中在高温下与主晶相和液相并存的，一般其数量较少和对材料高温性能的影响较主晶相为小的第二种晶相。如以方镁石为主晶相的镁铬砖、镁铝砖、镁硅砖和镁钙砖等分别含有的铬尖晶石、镁铝尖晶石、镁橄榄石和硅酸二钙等皆为次晶相。耐火材料中次晶相的存在对耐火材料的结构，特别是对高熔点晶相间的直接结合，起到了高温相连接补充作用，从而对其抵抗高温作用也往往有所裨益。与普通镁砖相比，上述耐火制品中这些次晶相的存在，使制品的荷重软化温度都有所提高。许多依矿物组成命名的耐火材料，如莫来石刚玉砖、刚玉莫来石砖，就是以其主晶相和次晶相复合命名的。前者为主晶相，后者为次晶相。

C 基质

基质是指在耐火材料大晶体间隙中存在的，或由大晶体嵌入其中的那部分物质，也可认为是大晶体之间的填充物或胶结物。对由一些骨料组成的耐火材料而言,其间的填充物也称为基质。

基质既可由细微结晶体构成,也可由玻璃相构成或由两者的复合物构成。如镁砖、镁铬砖、镁铝砖等碱性耐火材料中的基质是由结晶体构成;硅砖、硅酸铝质耐火材料中的基质多是由玻璃相构成。

基质是主晶相或主晶相和次晶相以外的物相,往往含有主成分以外的全部或大部分杂质在内。因此,这些物相在高温下易形成液相,从而使制品易于烧结,但有损于主晶相间的结合,危害耐火材料的高温性质。当基质在高温下形成液相的温度低、液相的黏度低和数量较多时,耐火制品的生产和其性质实质上受基质所控制。欲提高耐火材料的质量,必须提高耐火材料基质的质量,减少基质的数量,改善基质的分布,使其在耐火材料中由连续相孤立为非连续相。

2.1.3　显微结构

由耐火材料矿物组成可知,化学组成是基础。有一定的化学组成,通过一定的生产工艺,才能形成预期的矿物组成。

然而,即便耐火材料中矿物相的种类、数量基本相当,但结晶大小、晶体间及与基质间的分布状态差别较大,即其显微结构差别较大,因而性能亦有较大差异。耐火材料的显微结构对于耐火材料性能的影响是至关重要的。

耐火材料按其主晶相和基质的成分可分为两大类。一是含有晶相和玻璃相的耐火材料。如硅砖、黏土砖。玻璃相的形成主要是由于高温液相黏度较大,冷却过程中析晶较难。二是仅含晶相的耐火材料,如镁砖等碱性耐火材料。其高温液相黏度较小,冷却过程易析晶。

若主晶相是由硅酸盐玻璃相结合起来,按主晶相和基质的分布状态,其显微结构可分为两类:一类是液相数量较多或对主晶相润湿良好,主晶相被玻璃相包围起来(图 2-1),形成基质连续,主晶相不连续结构,如黏土砖;另一类是液相数量较少或对主晶相润湿不良,形成主晶相不是完全被基质包围,而是主晶相将基质孤立,主晶相与主晶相有接触点(图 2-2),形成主晶相连续、基质不连续结构,如硅砖。

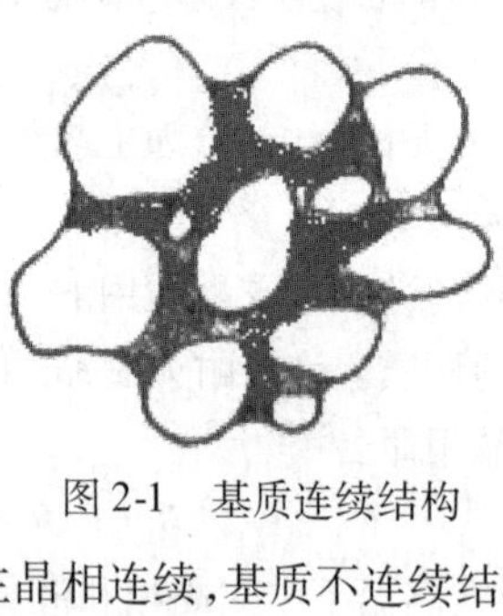

图 2-1　基质连续结构

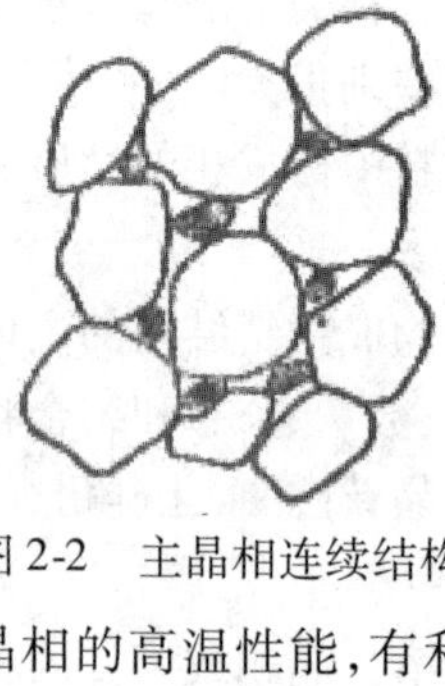

图 2-2　主晶相连续结构

显然,形成主晶相连续,基质不连续结构能充分发挥主晶相的高温性能,有利于产品质量的提高。

2.2　耐火材料的宏观结构

2.2.1　耐火材料的宏观结构与气孔

普通耐火材料在常温下是由固相和气孔构成的非均质体。在耐火材料中,这些固相和气孔的空间线度一般在 $10^{-6} \sim 10^{-4}$ cm 以上,用肉眼或借助普通光学显微镜(指放大 10 ~ 2500 倍的显微镜)可观察、分辨其性状和分布。对耐火材料中的这种量级的结构常称之为宏观结构。在耐火材料中这种量级结构上的不同,可导致材料的许多物理和使用性质的显著差别。特别是这种量级的气孔的容积、形状、大小和分布等特征,对耐火材料的许多性质更具有重要的意义。因此,对耐火材料的宏观结构必须予以充分重视。

耐火材料中气孔存在的形态大致可分为三类:封闭在制品中不与外界相通的闭口气孔;一端封闭另一端与外界相通的开口气孔;两端与外界相贯通的贯通气孔,如图 2-3 所示。

耐火材料中气孔的存在,标志其密度和有效断面降低,导致其力学及热学性质随之变化。耐火材料在服役中承受热重负荷和抵抗热震、渣蚀的性能也受到显著影响。

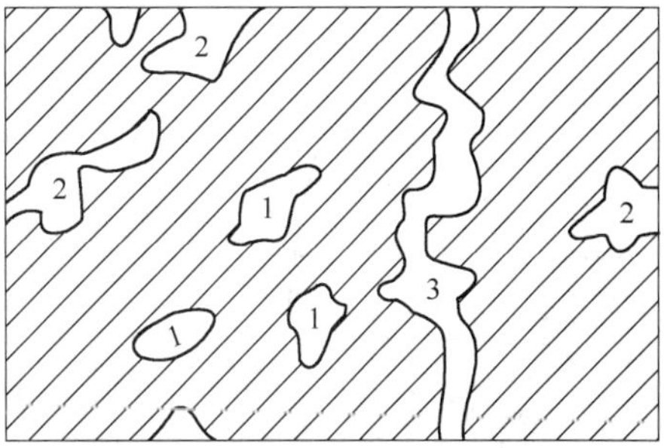

图 2-3 耐火制品中气孔类型

1—封闭气孔;2—开口气孔;3—贯通气孔

贯通气孔易于通过流体,从而使侵蚀性流体易渗入制品内部,渣蚀加剧。开口气孔能为流体侵入,但当流体侵入时,孔内气体被压缩,使流体的侵入受到抑制,故渣蚀危害较贯通气孔为轻。封闭气孔不受外部气液侵入,渣蚀危害小,有时还可能使导热性降低,并有利于抗热震作用。

气孔既可分布于耐火材料晶体的晶格、晶粒和大颗粒内部,又可分布于基质中,还可存在于晶粒或大颗粒间以及与基质界面之间。

晶内或大颗粒内的气孔除对材料的密度、力学和热学性质有影响以外,若耐火材料基质较多和基质高温性能较低,在使用时仅对体积稳定性和耐热震性可能有一定影响,对渣蚀影响不显著。晶界或晶粒与基质间的气孔,对材料抵抗热重负荷下的蠕变和渣蚀有重要危害,但却可能有利于其抗热震性。基质内的气孔有利于流体的迁移,对渣蚀危害甚著。

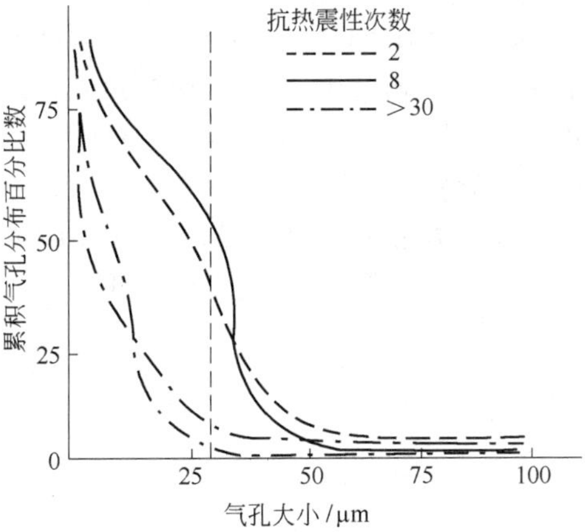

图 2-4 抗热震性与气孔大小分布之间关系

在耐火材料中对其技术性质有明显影响的气孔,依其直径大体上可分为:在 1mm 以上的粗大孔洞与裂纹;25μm 以上的粗毛细孔和 0.1 ~ 25μm 之间的细毛细孔。气孔的大小对材料性质的影响是不同的。气孔大小对抗热震性的影响如图 2-4 所示。

2.2.2 耐火材料的气孔率、密度和吸水率

2.2.2.1 气孔率

气孔率是指耐火材料中的气孔体积与材料总体积之比。对颗粒状松堆积体之间的空隙体积与堆积体的外观体积之比,常称为空隙率。若气孔体积中包含各种气孔时,则此种气孔体积与材料总体积之比称为总气孔率或称真气孔率;封闭气孔体积与总体积之比称封闭气孔率;与大气相通的气孔(含贯通气孔)体积与总体积之比称显气孔率,也称开口气孔率。通常气孔率多以百分率表示,即

$$\text{总气孔率}(P_t) = \frac{V_c + V_0}{V_b} \times 100\%$$

$$\text{封闭气孔率}(P_c) = \frac{V_c}{V_b} \times 100\%$$

$$\text{显气孔率}(P_a) = \frac{V_0}{V_b} \times 100\%$$

式中,V_c、V_0、V_b 分别为封闭气孔体积、开口气孔(含贯通气孔)体积、材料总体积。三种气孔率的

关系为 $P_c + P_a = P_t$。

在我国耐火材料界，除指明者外，通常所称气孔率即指显气孔率。有的国家指总气孔率。材料的显气孔率不仅可反映耐火材料的宏观结构的致密程度，也反映其制造工艺中粒度组成、成型和烧成等是否合理，同时可间接判断其他许多技术性质，如图 2-5 所示。

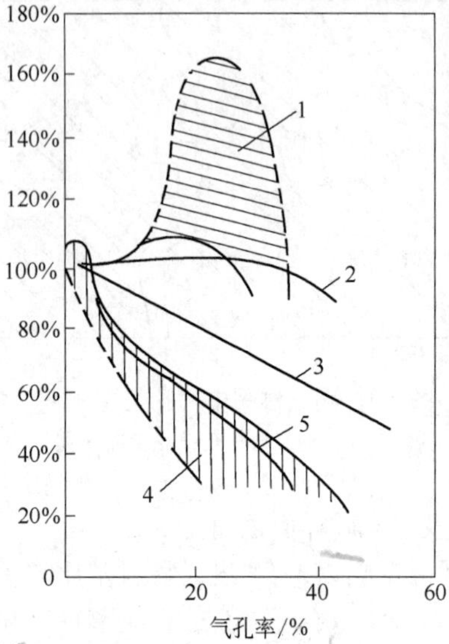

图 2-5 耐火材料性质和气孔率的关系
1—抗热震性；2—热膨胀系数；3—体积密度；4—热导率；5—强度

2.2.2.2 密度

密度是指材料的质量与其体积之比，单位为 g/cm³。当计量的体积包含的气孔类型不同时，则可分为体积密度、视密度、真密度。

体积密度（d_b，g/cm³）指材料的质量（M）与其含材料的实体积（V_t）和全部气孔体积之和的总体积（V_b）之比，即

$$d_b = \frac{M}{V_b} = \frac{M}{V_t + V_c + V_0}$$

视密度或称表观密度（d_a，g/cm³），指材料的质量与其含材料的实体积和封闭气孔体积之和的体积之比，即

$$d_a = \frac{M}{V_t + V_c}$$

真密度（d_t，g/cm³）指材料质量与其实体积之比，即

$$d_t = \frac{M}{V_t}$$

真密度是由材料的矿物组成和其结构决定的。当材料的化学组成一定时，由其真密度可判断其中的主要矿物组成，有时还可据此判断一些晶相的晶格常数。当材料的化学、矿物组成一定时，体积密度和视密度标志着材料的密实程度，即标志着制品中气孔体积含量的多少。它是评定材料质量的一项重要技术指标。其中体积密度是工程中计算材料用量的基本数据。

体积密度在一定程度上也反映了制品气孔率的大小。气孔率和体积密度之间有着密切的关系，当制品的化学矿物组成基本相同时，可以认为体积密度反映了制品内部气孔率的高低。

根据体积密度的定义可以推出：

$$d_b = d_t(1 - P_t)$$

式中 d_b——体积密度，g/cm³；

d_t——真密度，g/cm³；

P_t——真气孔率。

由上式可以看出，当 d_t 确定时，d_b 与 P_t 为直线对应关系。

生产中为了控制半成品的气孔率，同一批原料，同一工艺配方，可以认为 d_t 恒定，通过控制半成品的体积密度来控制气孔率。而半成品体积密度的控制是通过体积和单重；而体积的控制在成型时，半成品的长与宽是由模具确定的，成型时只控制厚度。因而半成品检验转化为控制单重，控制厚度，从而达到控制半成品气孔率的目的。

由于材料的密实度为其气孔率的补数，材料的气孔率与材料密度之间有下列关系：

$$P_a = \left(1 - \frac{d_b}{d_a}\right) \times 100\%$$

$$P_t = \left(1 - \frac{d_b}{d_t}\right) \times 100\%$$

$$P_c = d_b\left(\frac{1}{d_a} - \frac{1}{d_t}\right) \times 100\%$$

几种主要耐火材料的体积密度与其显气孔率之间的相应波动范围如表2-4所示。

表2-4 几种耐火材料的体积密度和显气孔率

制品名称	体积密度/g·cm^{-3}	显气孔率/%
普通黏土砖	1.90~2.00	28.0~24.0
致密黏土砖	2.10~2.20	20.0~18.0
高致密黏土砖	2.25~2.30	15.0~10.0
硅　砖	1.80~1.95	22.0~19.0
镁　砖	2.60~2.70	24.0~22.0

2.2.2.3 吸水率

吸水率(W_a)是指耐火材料中全部开口气孔被水填满时水的质量与干燥材料质量之比,以百分率表示,即

$$W_a = \frac{m - m_0}{m_0} \times 100\%$$

式中 W_a——吸水率,%;

m——材料饱和水后的质量;

m_0——材料的质量。

由材料的吸水率可判断材料的显气孔率,即

$$P_a = \frac{m - m_0}{m - m'} \times 100\%$$

式中 m'——表观质量。表观质量是指饱和试样的质量减去被排除的液体的质量,即相当于饱和试样悬挂在液体中的质量。

2.2.3 耐火材料的透气度

透气度是在常温和一定压差下,气体透过材料的能力,通常用透气度系数(透气率)或透气度来度量。气体透过耐火材料试样的数量 Q_1,与试样面积 A,试样两端压差 $\Delta p = p_1 - p_2$,测试时间 t 成正比,与试样的高度 h 成反比,即:

$$Q_1 \propto (p_1 - p_2)A \cdot t \cdot \frac{1}{h}$$

代入其比例系数 K_1,　　$Q_1 = K_1(p_1 - p_2)A \cdot t \cdot \frac{1}{h}$

比例系数 $K_1 = \frac{Q_1 h}{(p_1 - p_2)A \cdot t}$ 即称为透气度系数(透气率)。

由流体在圆管内黏滞流动速度变化规律

$$\tau = -\eta \frac{du}{dx}$$

式中 τ——单位面积内摩擦力;

η——动力黏度;

$\frac{du}{dx}$——流体沿垂直于流动方向速度变化微分函数。

即由上式积分推导可知，当试样确定后，K_1只与实验所用气体的黏度系数有关，与实验所用气体的黏度系数成反比。

因而透气度系数（透气率）与实验气体种类、温度有关，或者说与实验气体的黏度系数有关。同一个试样，同种实验气体，不同实验温度，测得 K_1 值不同；同一个试样同种实验温度，不同气体测出的 K_1 值亦不同。

为此在 GB/T3000—1999 耐火制品透气度实验方法中，引入透气度指标。

试样的透气度按下式计算：

$$K = 2.16 \times 10^{-6} \eta \cdot \frac{h}{d^2} \cdot \frac{Q}{p_1 - p_2} \cdot \frac{2p_1}{p_1 + p_2}$$

式中　K——材料的透气度，m^2；

η——实验温度下气体的动力黏度，Pa · s；

h——试样高度，mm；

d——试样直径，mm；

Q——气体的体积流量，cm^3/min；

p_1——气体进入试样端的绝对压力，mmH_2O；

p_2——气体逸出试样端的绝对压力（等于当时当地的大气压力），mmH_2O。

透气度指标测定结果只与实验试样有关，而与实验温度、所采用气体种类无关。K_1 和 K 有如下关系：

$$K = K_1 \cdot \eta$$

测得透气度指标 K，可以根据不同实验温度下，不同种类气体的动力黏度计算不同温度下，不同气体种类的透气度系数（透气率）。

耐火材料的透气度与气孔的构造状态有关，并和耐火材料成型时加压方向有关。一般情况下，透气度取决于材料中开口气孔的大小和互相贯通的情况。部分耐火制品的透气度如表 2-5 所示。

耐火制品的透气度不仅标志着其中贯通气孔的情况和其致密性高低，可判断其物理力学性质的优劣，而且与流体的渗入和渣蚀也有密切关系。如透气度较高，制品受气体渗透、炭素沉积作用、渣蚀作用和高压热气体散失都较严重。通常，对普通耐火制品应严格控制其透气度，要求愈低愈好。但对某些特殊耐火制品，如对钢液进行处理的透气砖，则要求其具有一定的透气度。

表 2-5　部分耐火制品的透气度

耐火制品名称	$K/\mu m^2$			
	17℃	250℃	500℃	800℃
硅质制品	21.7 ~ 36.7	21.7 ~ 36.7	18.3 ~ 30	12.8 ~ 25
黏土质制品	31.7 ~ 61.7	28.3 ~ 50	21.7 ~ 38.3	17 ~ 33.3
镁质制品	30	25	21.7	17
镁铬质制品	26.7 ~ 75	25 ~ 51.7	18.3 ~ 46.7	14.8 ~ 48.3

2.3　耐火材料的力学性质

耐火材料的力学性质是指材料受载荷时产生形变和断裂的性能。耐火材料受载荷作用产生形变。此种形变随外力增大而增加，一般首先经弹性形变或再经塑性形变直至断裂。材料的强度指材料抵抗此种外力作用产生各种形变而不破坏的能力。通常根据作用于材料之上的应力方向的不同,如压缩应力、拉应力、弯曲应力、剪应力、摩擦力和撞击力等,相应地将材料的强度分为耐压强度、抗拉强度、抗折强度、抗剪强度、耐磨性和抗撞击性等。耐火材料抵抗长时间负荷时产生的蠕变也相应地称为耐压蠕压、抗压蠕变等。

材料负载后的变形和其强度,多随温度不同而有变化。耐火材料一般除在常温下使用以外,都要在高温下使用,因此,对耐火材料除应考查其常温下的强度外,还应评价其在高温下的热态强度。

2.3.1 常温耐压强度

常温耐压强度是指常温下材料单位面积所能承受的最大压力,用兆帕(MPa)表示,即

$$S = \frac{P}{A}$$

式中 S——试样常温耐压强度,MPa;

P——试样破坏的总压力,N;

A——试样受压面积,mm^2。

耐火材料的常温耐压强度是材料的一项重要技术指标。虽然在一般热工设备中耐火材料所承受的静载荷不大,一般不超过0.1~0.2MPa,炉顶砖也不超过0.4~0.5MPa,大型高炉炉底砖、热风炉炉顶等,最大载荷也不超过1MPa。除在运输和砌筑不当,使材料受撞击和挤压因而可能破损外,很少因材料的常温耐压强度较低而破坏。现行标准中皆规定耐火制品的常温耐压强度不低于15MPa,对高级耐火制品要求有的甚至高达100MPa以上,主要是因为耐火制品的常温耐压强度是其组织结构的参数。而材料结构的形成受材料制备过程中各种工艺因素的制约,如原料的特征及配料比、颗粒大小和级配以及颗粒间的结合、成型方法和烧结状态等,都对材料的显微结构有重要影响。因此,常温耐压强度是检验现行工艺状况的可靠方法。另外,通过材料的常温耐压强度可间接地评定其他力学性质的优劣,如一般耐火制品的常温耐压强度为抗弯强度的2~3倍;为抗拉强度的5~10倍;良好的耐磨性和耐撞击性等都与其有较高的常温耐压强度相对应。而且,测定常温耐压强度的方法简便。因此,常温耐压强度是判断制品质量的常规检验项目。

2.3.2 高温耐压强度

耐火材料的高温耐压强度是指材料在某一特定的高温热态下单位面积所能承受的最大压力,以MPa表示。耐火材料的耐压强度一般随温度升高而有明显的变化。当温度由常温起,开始都随温度升高而呈线性下降。此后,有的材料仍随温度升高而继续下降;有的当温度升至一定范围内时,则随温度升高而升高,并在某一特定温度下达最高值,随后急剧下降。几种耐火制品的高温耐压强度的变化如图2-6所示。

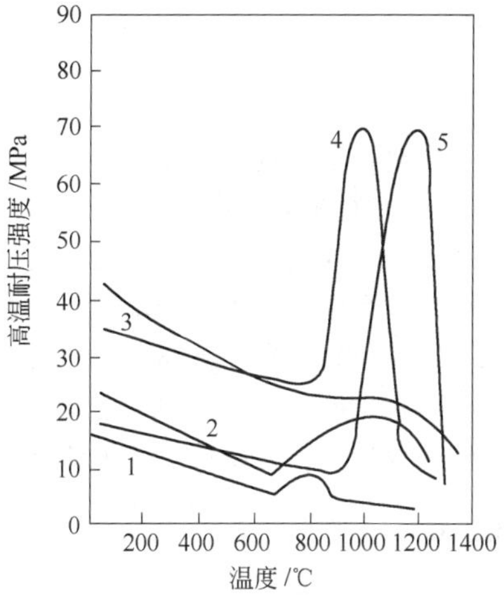

图2-6 各种耐火材料的高温耐压强度
1,2—硅砖;3—镁砖;4—高铝砖;
5—黏土砖

耐火制品高温耐压强度的这种变化是受材料中的一些组分特别是其中的基质或其结合相在高温下发生的变化所控制。一般而论,完全由晶体构成的烧结耐火材料,因高温下其中晶粒及晶界易发生塑性变形,特别是当其加荷速度较小时更易产生塑性变形,故其强度随温度的升高而降低。当其中部分晶相或各晶相间在高温下熔融或形

成熔融体时,则其强度往往剧烈下降。当耐火材料中除含有晶体以外,还含有一定量的玻璃相时,如硅砖、黏土砖和高铝砖,其基质主要由玻璃相构成,随着温度的提高,此种多相材料的强度也因结构随温度的变化而降低。但当温度进一步提高后,由于玻璃相的黏度由脆性变为强韧性,使材料颗粒间结合更为牢固,从而使强度反而有明显提高。再后,当温度继续升高,制品中熔体黏度急剧降低,强度才随熔体黏度急剧下降而降低。当耐火材料中含有一定数量的随温度而变化的结合剂时,则制品的强度随温度升高必有相应波动。

2.3.3 抗折强度

抗折强度也称抗弯强度、断裂模量,是指材料在单位截面所承受的极限弯曲应力。

在常温下所测得的抗折强度称常温抗折强度或简称抗折强度。

将材料试样置于某一特定高温下,测定其热态下的抗折强度时,则称材料的此种强度为高温抗折强度。

一定尺寸的长方体试样在三点弯曲装置(图2-7)上弯曲断裂时,抗折强度以下式计算:

$$R=\frac{3PL}{2bh^2}$$

式中 R——试样的抗折强度,MPa;

P——试样断裂时所施加的最大荷载,N;

L——两支点间的距离,mm;

b——试样宽度,mm;

h——试样高度,mm。

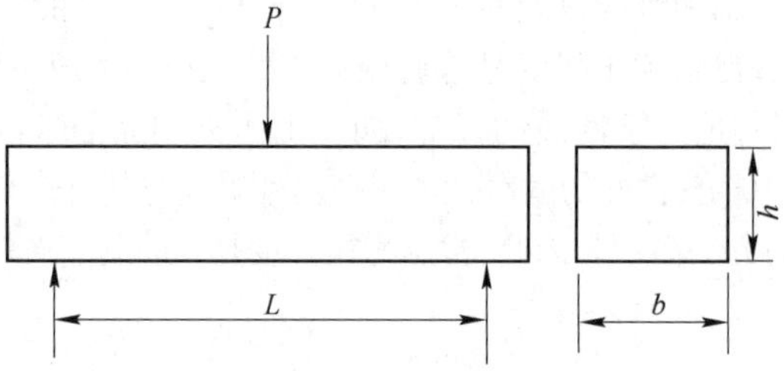

图2-7 试样三点弯曲简图

耐火材料的抗折强度受与耐压强度相同的因素所支配。以烧结耐火材料和不烧耐火材料而论,耐火材料中的基质、结合剂和组织结构(如气孔和裂纹等)的特征,对抗折强度的影响较为明显,特别是对材料的高温抗折强度影响更为明显。当材料的主晶相仍稳定的情况下,其中基质或结合剂在高温下是否易于出现熔体及熔体的性质和其分布状况,对高温抗折强度的影响甚为敏感。因为材料的弯曲破坏,主要是试样中轴线以下截面的受拉破坏,主要反映的是基质部分与主晶相(或细粉与颗粒)之间结合能力的强弱和力学性能的优劣。因此,耐火材料的高温抗折强度常作为评价材料在高温热态下的质量(特别是其结合相质量)的重要指标。

2.3.4 蠕变

耐火材料在高温下承受低于其极限强度的固定应力时会产生塑性变形,变形量随负荷时间延长而增加,甚至导致材料破坏。这种受外力作用产生的变形随时间而增加的现象称蠕变。耐火材料的蠕变是以其在一定温度下受压应力的作用并经过一定时间产生的压蠕变来表示。蠕变以压蠕变率 ε 度量,即

$$\varepsilon = \frac{L_n - L_1}{L_0} \times 100\%$$

式中，L_0、L_1和L_n分别表示试样原始高度、试样恒温开始的高度和试样恒温某一时间后的高度，皆以 mm 计。有时也常以达到某一应变量的时间表示，也可直接以变形或应变速率与时间的曲线描述。由于压应力所测应变的结果不易敏锐反映材料内部的物相变化，故常以其弯曲蠕变或扭转蠕变（剪切蠕变）表示。

耐火材料的蠕变是温度、应力、时间和材料结构的函数。材料所处的温度愈高，承受应力愈大，时间愈长，蠕变率愈大。

当耐火材料完全由晶体构成时，蠕变除受到与晶体弹性有关的晶体的键强影响以外，主要受晶体内空位扩散、位错移动、晶界滑移和晶粒间的结合状态所控制。晶体缺陷愈少、晶界较少以及晶粒间穿插结合较强，皆不易产生严重蠕变。

当材料含有玻璃相，特别是当玻璃相为连续相时，材料的蠕变受玻璃相控制。玻璃相的量愈多和黏度愈低，材料在低应力下即可产生黏性流动，故在高温下蠕变愈严重。当耐火材料中含有在高温下可能形成液相的杂质时，杂质形成的液相量愈多，其黏度随温度升高降低愈快，则蠕变愈严重。

耐火材料中晶粒边界处的气孔或裂纹可直接引起晶粒边界的滑移。另外，在高温下材料中的液相可向固相间的气孔中渗透，特别是向 25μm 以下的中、小气孔渗透，因而气孔的存在，通过液相的迁移也影响蠕变。所以，材料的气孔对蠕变影响很大。降低材料的气孔率，实际上就可降低其蠕变率。

2.3.5　耐火材料的弹性模量

耐火材料受外力作用产生变形，在弹性极限内应力与应变成比例，此比值称为弹性模量。它表示材料发生单位应变时所产生的应力，也可认为是材料抵抗变形的能力。

当材料受到拉伸或压缩时，在弹性极限内的应力与应变之比，称为纵向弹性模量或称“杨氏模量”，如下式：

$$E = \frac{\sigma}{\varepsilon}$$

式中　E——弹性模量，MPa；

σ——材料所受应力，MPa；

ε——材料的应变。

当材料受剪切应力时，在弹性极限内剪切应力同剪切应变之比，称为剪切弹性模量或称刚性模量，如下式：

$$G = \frac{\tau}{\theta}$$

式中　G——剪切弹性模量，MPa；

τ——剪切应力，MPa；

θ——剪切应变，以弧度表示。

耐火材料的弹性模量受晶体键强控制。即弹性模量与晶格粒子间结合力的大小密切相关。几种晶体中，原子晶体的共价键结合最强，故弹性模量最大；分子晶体的结合力最弱，弹性模量最小。若晶体中空位和位错等缺陷较多，或晶界、晶粒中解理发达，则弹性模量较低。另外，材料的弹性模量也与其密实性和各组分间的结合强度等状况有关。一般而论，材料的气孔率愈高，其弹性模量愈低。材料各组分间的结合较弱时，其弹性模量变小。由此可见，耐火材料的弹性模量还与材料内各组分的配合、泥料的制备和成型是否适当以及烧结是否充分有关。因此，对特定组分的耐火材料而论，也可依据其弹性模量的高低评价其成型和烧结的优劣。

耐火材料的弹性模量一般皆随温度而变化。多晶体材料的弹性模量，开始在一定的温度范围内，多因晶体内粒子间距增长，空位和位错等缺陷增加，随温度升高而缓慢降低。温度达到某一范围时，还常有随温度而急剧下降的现象。这是晶界间滑移发展的结果。含有一定量玻璃相基质的耐火材料，在一定温度范围内，由于结构的致密化和结晶体间的结合力增强，弹性模量随温度升高而增加。当温度超过某一温度范围后，由于基质软化，转为下降。即弹性模量有一最大值。对此种材料，由其弹性模量随温度变化的状况，可判明材料由弹性体转化为塑性——黏性变形体的温度，并可据此判断材料中的基质开始软化和液体形成的温度范围。当材料随温度变化有晶型转化时，其弹性模量必随温度变化而有相应变化，并且多数可以其最小值作为标志。当材料物相随温度升高而可能产生化合或分解反应时，或有某种气相不断形成和逸出而可能导致材料的密实度降低时，其弹性模量在此温度范围内必定随温度升高而降低，如不烧耐火材料多有此种现象。镁砖在600～700℃时出现最低值，也就是由于其中一部分 MgO 消化后又发生分解而引起的。

耐火材料的弹性模量同其耐压强度、抗折强度、耐磨性有大致成正比的关系。耐火材料的弹性模量对其抗热震性影响甚大。

2.3.6　耐磨性

耐火材料的耐磨性是其抵抗固体、液体和含尘气流对其表面的机械磨损作用的能力。

在许多情况下，耐火材料表面由机械磨损作用而造成的危害往往是很严重的。它常常是耐火材料由其工作表面损耗的直接原因。有时，它比化学侵蚀危害还大，或者是由化学侵蚀作用引起的危害，常常由于机械作用而加剧。如高炉上部的耐火材料内衬和铁水沟常因耐磨性不足而损耗。焦炉碳化室耐火材料也易受焦炭磨损，水泥回转窑、炼钢转炉炉口、出钢口以及其他受气流冲刷和各种固相、熔融液流经之处，都常因材料耐磨性差而损耗。因此，耐火材料的耐磨性是一项重要的性质。

耐火材料耐磨性取决于材料的组成与结构。当材料为单一晶体构成的致密多晶体时，其耐磨性主要取决于组成材料的矿物晶体的硬度。硬度高，材料的耐磨性高。当矿物晶体为非同向性时，晶粒细小，材料的耐磨性较高。当材料由多相构成时，其耐磨性还与材料的体积密度或气孔率有直接关系，也与各组分间的结合强度有关。因此，在常温下对某一种耐火材料而论，其耐磨性与其耐压强度成正比，烧结良好的制品其耐磨性也较好。

耐火制品的耐磨性与温度有关。有的材料如硅铝系耐火制品，一般认为它在一定温度下（如在700～900℃以下的弹性范围内），温度愈高耐磨性愈低，即可认为当温度提高后随着弹性模量的增加，耐磨性有所降低。当温度升高，达到弹性模量的最大值后，随弹性模量的降低，耐磨性反而有所提高。如硅酸铝质耐火制品在1200～1350℃时，耐磨性甚至优于常温者。当温度进一步提高，达1400℃以上时，因耐火制品中的液相黏度急剧降低，耐磨性随之降低。有的耐火材料如含铬质制品，随温度升高，耐磨性增加。

2.4　耐火材料的热学性质和导电性

2.4.1　热膨胀性

热膨胀性指材料的线度和体积随温度升降发生可逆性增减的性能。常以线膨胀系数或体积膨胀系数表示。线膨胀系数和体积膨胀系数的表达式如下：

$$\alpha = \frac{1}{L} \cdot \frac{dl}{dt}$$

$$\beta = \frac{1}{V} \cdot \frac{dV}{dt}$$

式中 α,β——分别为线膨胀系数和体积膨胀系数,$℃^{-1}$;

L,V——分别为材料的长度和体积;

dl,dV——分别为温度变化(dt)时,材料长度和体积的微小变化量。

2.4.1.1 耐火材料的热膨胀性

由于耐火材料的组成复杂,从低温到高温所有温度微小变化时的膨胀量并非恒定值,即长度或体积随温度线性增长的关系并不严格地成立。有的材料,膨胀系数随温度升高而增加,有的降低,有的在某一温度时有突增或突减。因此,对耐火材料的热膨胀性常以从常温到某一指定温度范围内的平均线膨胀系数或平均体积膨胀系数表示。平均热膨胀系数表达式如下:

$$\overline{\alpha} = \frac{1}{L_0} \cdot \frac{L_t - L_0}{t - t_0}$$

$$\overline{\beta} = \frac{1}{V_0} \cdot \frac{V_t - V_0}{t - t_0}$$

式中 $\overline{\alpha},\overline{\beta}$——分别为平均线膨胀系数和平均体积膨胀系数,$℃^{-1}$;

L_t,V_t——分别为温度 t 时的长度和体积;

L_0,V_0——分别为温度 t_0时的长度和体积。

如果膨胀系数很小,则可认为$\overline{\beta} = 3\overline{\alpha}$。

另外,耐火材料的长度和体积随温度变化时,既包含有可逆膨胀,也可能含有不可逆变化。所以,耐火材料的膨胀性常直接以膨胀率表示,即从常温到高温的范围内,长度或体积变化量与原长或原体积量之比的百分率表示。

各种耐火材料的平均线膨胀系数和热膨胀曲线如表2-6和图2-8所示。

表2-6 各种耐火材料的平均线膨胀系数

名 称	黏土砖	莫来石砖	莫来石刚玉砖	刚玉砖	半硅砖	硅 砖	镁 砖
平均线膨胀系数 (20~1000℃)/$℃^{-1}$	$(4.5\sim6.0)\times10^{-6}$	$(5.5\sim5.8)\times10^{-6}$	$(7.0\sim7.5)\times10^{-6}$	$(8.0\sim8.5)\times10^{-6}$	$(7.0\sim9.0)\times10^{-6}$	$(11.5\sim13.0)\times10^{-6}$	$(14.0\sim15.0)\times10^{-6}$

耐火材料的平均线膨胀系数,由常温到1000℃的范围为$(4\sim15)\times10^{-6}/℃$,线膨胀率为0.4%~1.4%。其中碳化硅制品较低,硅铝系制品居中,碱性制品较高。另外,由线膨胀率曲线可见,随温度变化,线膨胀曲线斜率也有明显差别。

2.4.1.2 影响热膨胀性的因素

各种耐火材料热膨胀性的差别取决于化学矿物组成,而与制品的生产工艺无关。

一般而论,由晶体构成的材料与晶体中化学键的性质和键强有关。由共价键向离子键发展的过程中,离子键性增加,其膨胀性也增大。具有较大键强的晶体和非同向性晶体中键强大的方向上,具有较低的热膨胀性。如碳化硅具有较高的键强,故热膨胀性较低。又如层状结构的石墨,其垂直于C轴的层内原子键强大,线膨胀系数很低,仅为$1\times10^{-6}/℃$,而平行于C轴的层间分子键强小,线膨胀系数高达$27\times10^{-6}/℃$。故凡由高度各向异性的晶体构成的多晶体,其热膨胀性都很小,如堇青石和铝板钛矿多晶体都是低热膨胀性的材料。具有氧离子紧密堆积结构的氧化物晶体,一般具有较高的热膨胀性。如MgO、BeO、Al_2O_3、$MgAl_2O_4$和$BeAl_2O_4$等都具有氧离子紧密堆积结构，故都具有相当高的热膨胀性。

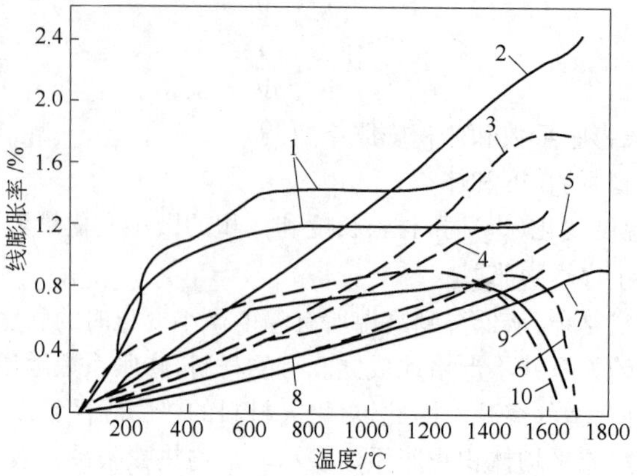

图 2-8　各种耐火砖的热膨胀曲线

1—硅砖；2—镁砖；3—铬镁砖；4—铬砖；5—莫来石砖；6—硅线石砖；
7—碳化硅砖；8—高铝熟料砖；9—半硅砖；10—黏土砖

具有网络结构的玻璃，一般皆具有很低的热膨胀性，如石英玻璃全由硅氧四面体构成网络，正负离子间键强大，故具有最小的线膨胀系数，仅为 0.54×10^{-6}/℃。但是，当此种玻璃相中含有能使网络断破的碱金属氧化物，则玻璃的膨胀系数增大，而且随着加入的正离子与氧离子间键强的减小而增加。反之，若加入能参与网络构造使已断的硅氧网络重新连接起来的氧化物，例如在一定含量范围内，玻璃中加入 B_2O_3、Al_2O_3、Ga_2O_3等，则随着加入量的增加可使线膨胀系数下降。若玻璃中含有键强大的离子，如 Zr^{2+}、Zr^{4+}、Th^{4+}等，它们处于网络间隙中，对其周围硅氧四面体起积聚作用，增加结构的紧密性，也使膨胀系数下降。

2.4.1.3　热膨胀性对其他性质的影响

耐火材料的热膨胀性是一项重要的物理性质。膨胀性的大小，直接影响其体积稳定性。耐火材料的热胀冷缩受抑制时，材料内会产生热应力。材料的热膨胀性愈大，在材料的弹性范围内，受热或冷却时，产生的热应力愈大，甚至导致材料的破裂。故凡是由耐火材料建成的构筑物，必须根据所用材料的热膨胀性预留一定的膨胀缝。常温下砌成的构筑体在高温下使用时，必须根据材料的热膨胀性和砌筑体的构造状况确定正确的烘烤制度。当材料在工作温度急剧变化的条件下使用时，材料的热膨胀性很大，很易遭受破坏，必须慎重考虑。

2.4.2　导热性

2.4.2.1　耐火材料的导热性

耐火材料导热性以热导率表示。热导率表示在能量传递过程中，热量从温度较高部分传至温度较低部分的数量，即在温度梯度$\frac{dT}{dx}$的条件下，单位时间通过单位面积传递的热量 q，热导率的表达式如下：

$$\lambda = q/\left(-\frac{dT}{dx}\right)$$

式中　λ——材料的热导率，W/(m · K)；

q——热量密度，W/m²；

$\frac{dT}{dx}$——温度梯度，K/m。

当热流为均匀单向稳定状态，固体内的温度梯度为线性变化时，在 t 秒内通过与热流方向垂直的两面（面积为 F, m^2；其间温度差为 $T_1 - T_2$, ℃；厚度为 L, m）的总热量为 Q(J)，则热导率 λ (W/(m·K)) 为

$$\lambda = \frac{QL}{F(T_1 - T_2)t}$$

各种耐火材料的热导率往往差别很大。而且随温度的变化，各种耐火材料热导率增减趋势也迥异。在常温下，各种耐火材料的热导率可从零点几到数十瓦每米·开。最高与最低值相差近千倍。在1000℃时，各种耐火材料间的热导率也相差百倍以上。如在1000℃时，轻质硅砖制品的热导率仅为0.35W/(m·K)左右，而再结晶碳化硅制品为17.5W/(m·K)左右，石墨可高达35W/(m·K)。随着温度的升高，各种耐火材料的热导率差值虽趋于减小，但仍相差数十倍。各种耐火材料的热导率随温度升高的变化如图2-9所示。

2.4.2.2 影响热导率的因素

各种耐火材料的热导率与其化学矿物组成和组织结构以及温度密切相关。

当耐火材料是由晶体构成时，晶体的性质对热导率有明显的影响。众所周知，无机非金属材料的热导率一般皆比金属低很多。这是由于无机非金属材料与具有金属键的金属不同，只有极少的自由电子。在这种材料中由自由电子引起的导热极微，而主要是由晶格振动偏离谐振程度而定。偏离谐振程度愈大，热导率愈小。而晶格振动偏离程度又随构成各组分物质原子量的差别增大而增加，所以单质的热导率最大（如石墨的热导率较大即在于此）。当形成化合物后，热导率则随此化合物与其他组分之间的原子量差别增加而减少，如由原子量低的正离子形成氧化物和碳化物，皆如此。

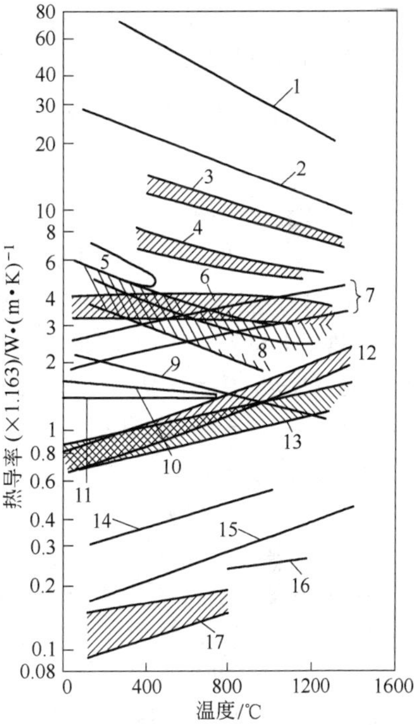

图2-9 各种耐火材料的热导率

1—石墨；2—再结晶碳化硅砖；3—90%碳化硅砖；4—70%碳化硅砖；5—石英；6—50%碳化硅砖；7—熔融刚玉莫来石砖；8—镁砖；9—铬镁砖；10—硅线石砖；11—橄榄石砖；12—硅砖；13—黏土砖；14—轻质黏土砖；15—轻质硅砖；16—焦炭；17—硅藻土砖

具有复杂结构的晶体，对晶格波热散射作用更大，热导率变得更小。如 MgO、Al_2O_3 和 $MgAl_2O_4$ 同为等轴晶体，但 $MgAl_2O_4$ 结构复杂，故热导率较低。

非同向性晶体，在沿晶体中质点堆积比较紧密的方向，热导率较大。如石英沿 C 轴方向质点堆积较紧密，故其热导率(13.6W/(m·K))约为垂直于 C 轴者(7.2W/(m·K))的2倍。又如层状结构的石墨，平行于层面方向的热导率约为垂直于层面方向的4倍。

若晶体存在缺陷，如形成置换型固溶体时，由于晶体结构的规则性被破坏，引起热散射，促使热导率降低。其他如晶体中存在空位、位错或其他缺陷时，也都有此种影响。

由于晶界引起热散射作用，故多晶体材料较单晶体材料的热导率低；由细晶粒构成的材料较粗晶粒的热导率为小。若材料中含有杂质，由于也发生此种散射作用，故也可使热导率降低。

当耐火材料含有玻璃相时，由于非晶质的结构无序，原子间撞击概率大，散射作用大，故与晶体相比，其热导率较低。如石英垂直 C 轴热导率虽较低(7.2W/(m·K))，但仍较石英玻璃者

(1.38W/(m·K))高得多。可见,若多相材料中存在玻璃相,其热导率也相应地降低。实际上,硅质和黏土质耐火材料的热导率较低,就是由于玻璃相的影响。特别是当材料中的玻璃相与热流方向垂直时,更会促使热导率降低。

当耐火材料中含有气相时,由于气体的热导率比任何固体都小(空气仅为0.02W/(m·K)),所以材料中存有气孔会显著降低其热导率,其降低程度依气相与固相的体积和交织状况而定。若热流同时通过气相和固相传导,则此种材料的热导率(λ)取决于其中固体组分的热导率(λ_s)与材料的气孔率(p),即 $\lambda=(1-p)\lambda_s$。这就是轻质多孔材料热导率很低的基本原因。

2.4.2.3 导热性与温度的关系

通常,由晶体构成的耐火材料随温度升高,其热阻增加,热导率呈线性下降,即 $\frac{d\lambda}{dt}<0$。但是,有些氧化物在高温下由于辐射热作用逐渐起了主要作用,热导率相应地增加。如 MgO、Al_2O_3 等在1500℃左右,就出现此种现象。

由玻璃相构成的耐火材料或含有玻璃相的耐火材料,在较低温度范围内随温度升高比热容增大,到500℃以上热辐射作用增大,故其热导率随温度升高而增加,即 $\frac{d\lambda}{dt}>0$。

含气相的耐火材料在高温下气相的热辐射作用增强,故随温度升高其热导率增大。特别是当气孔很大时,更是如此。

2.4.2.4 导热性对其他性质的影响

耐火材料的热导率是热工计算的基本数据。材料的热导率是隔热材料的最重要的指标。因此,对隔热耐火材料,在保证其具有相当的化学和力学等性能的基础上,应力求降低其热导率。对某些隔焰加热炉用耐火材料,提高其热导率对节能和提高热效率是十分重要的。另外,材料的热导率增大,有助于提高其抗热震性。故当耐火材料在温度急剧变化情况下使用时,应采取相应措施,提高其热导率。

2.4.3 比热容

耐火材料受热时温度升高,但质量相同的不同材料,每升高1℃所需的热量不尽相同。比热容是指常压下加热1kg物质使之升温1℃所需的热量(kJ)。

耐火材料的比热容取决于其化学矿物组成和所处的温度。一般随温度升高,耐火材料的比热容缓慢增加。根据实验测定,比热容与温度的关系可以下式表示:

$$c_p=c_0+at+bt^2+\cdots$$

式中 c_p,c_0——分别为耐火材料在温度 t 和0℃时的等压比热容,kJ/(kg·℃);

a,b——实验测定的系数;

t——温度,℃。

工程上多采用平均比热容。部分耐火材料的平均比热容如表2-7所示。

表2-7 部分耐火材料的平均比热容 (kJ/(kg·℃))

材 质	温度500~1050℃	材 质	温度500~1050℃	材 质	温度500~1050℃
黏土砖	0.224~0.261	高铝砖(95%)	0.245~0.272	铬镁砖	0.224~0.250
硅 砖	0.240~0.262	镁 砖	0.263~0.286	白云石砖	0.237~0.261
硅线石砖	0.232~0.264	铬 砖	0.206~0.227	锆英石砖	0.165~0.181
莫来石砖	0.241~0.270				

耐火材料的比热容是计算砌体蓄热量的重要参数。耐火材料的蓄热量对炉体的加热和冷却速度以及热效率影响很大。对由耐火材料构成的蓄热室的换热效率影响也大。另外,比热容的大小对制品的抗热震性也有影响。

2.4.4　导温性

耐火材料的导温性以导温系数表示。它标志材料受热时温度的传递速度,如下式:

$$a = \frac{0.36\lambda}{c_p \gamma}$$

式中　a——导温系数,m^2/h;

λ——热导率,W/(m·K);

c_p——定压比热容,kJ/(kg·℃);

γ——体积密度,g/cm^3。

耐火材料的导温系数主要取决于热导率和体积密度。

耐火材料导温系数的高低,导致材料加热和冷却时内部温度梯度的大小。

2.4.5　导电性

除碳质、石墨质和碳化硅耐火制品外,普通耐火材料在常温下是电的不良导体。但是,随温度升高,电阻减小,导电性增加,特别是在体系中出现液相后,导电性显著提高。如加热至熔融状态时,会呈现出很高的导电能力。

耐火材料的导电性,通常用电阻率表示。电阻率 ρ 与绝对温度 T 之间的关系如下:

$$\rho = Ae^{\frac{B}{T}}$$

式中　A,B——与材料性质有关的常数。

耐火材料中的杂质对其高温下的电阻率有显著影响。因此制备优良电绝缘性耐火制品的基本途径之一是尽可能采用较纯的原料。

耐火材料的电阻率随其气孔率的增加而增大。但在高温下气孔率对电阻的影响会显著减弱,甚至消失。这是由于高温下液相的出现和液相对气孔的填充作用所致。

2.5　耐火材料的使用性质

耐火材料在实际使用过程中都要遭受高温热负荷作用,故耐火材料的使用性质实质上是表征其抵抗高温热负荷作用同时还受其他化学、物理化学及力学作用而不易损坏的性能。因此,耐火材料的这些性质不仅可用于判断材质的优劣,还可根据使用时的工作条件,直接考查其在高温下的适用性。耐火材料的使用性质可划分为以下几种。

2.5.1　耐火度

耐火度是指材料在高温无外力作用下达到特定软化变形程度的温度,表征材料抵抗高温作用的性能。

耐火度所表示的意义与熔点不同。熔点是结晶体的液相与固相处于平衡时的温度。耐火度是多相体达到某一特定软化变形程度的温度。耐火材料在自重作用下达到某一特定软化变形程度的温度,一是取决于耐火材料形成液相数量的多少;二是取决于所形成液相的黏度。特定软化变形程度是耐火材料在自重作用下,液相数量和液相黏度共同作用的结果。液相数量多、黏度大,使耐火材料达到了特定软化变形程度,液相数量小、黏度小,也可使耐火材料达到特定软化变形程度。对绝大多数普通耐火材料而言,都是多相非均质材料,无确定熔点,其开始出现液相到完全熔化是一个渐变过程,在高温下相当宽的范围内,固液相并存。故欲表征这种材料在高温下的软化和熔融的特征,只能以耐火度来度量。耐火度是按特定的实验方法和条件,共同遵守一个实验标准,按照耐火材料达到某一特定软化变形程度时,用所对应的熔化温度范围内某一个温度点表示。

耐火度不是一种物质所特有的绝对物理量,是材料在特定试验条件下测定的达到特定软化变形程度时的相对技术指标。将试验物料按规定方法做成截头三角锥(简称试锥),与在特定升温速度下具有固定弯倒温度的标准截头三角高温锥(简称标准锥),共同在既定升温速度和一定气氛条件下加热,以试锥的弯倒程度与标准锥弯倒程度相当的对比方法测定耐火度。截头三角锥下底每边长 8mm,上底每边长 2mm,高 30mm。测定时,在高温下角锥内可能出现液相。随温度升高,液相量增多,液相黏度降低,锥体软化。当软化到一定程度后,锥体因其自重作用而逐渐弯倒。当试锥与标准锥同时弯倒直到其顶点与底盘相接触时,则以此标准锥已确定的弯倒温度为准,作为试锥的耐火度。如果试锥弯倒到其顶点与底盘相接触,而相邻两个锥号的标准锥一个弯倒过大,一个弯倒到其顶点未和底盘接触,该试锥的耐火度可用两个相邻锥号标准锥表示该试锥的耐火度,如 1630 ~ 1650℃。角锥可能发生的弯倒情况如图 2-10 所示。我国通用的标准锥以 WZ 和锥体弯倒温度的十分之一标之。如试锥与 WZ171 号标准锥同时弯倒,则试样的耐火度为 1710℃。其他许多国家以塞克锥(SK)作为标准锥,具体测定方法也稍异。

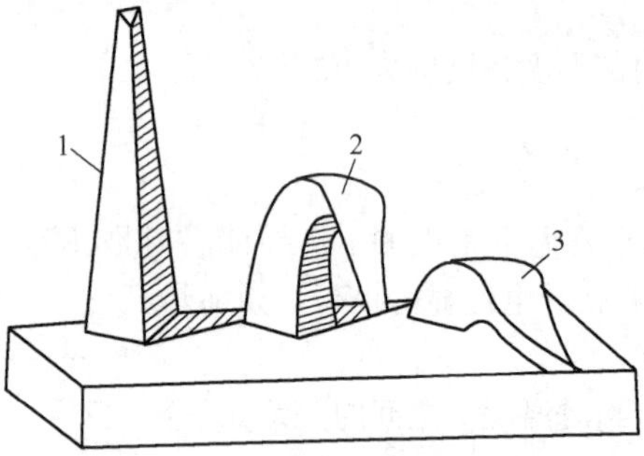

图 2-10　三角锥弯倒情况
1—三角锥未弯倒;2—三角锥顶点与底盘接触;
3—三角锥弯倒过大

耐火度是评定耐火材料抵抗熔融性能的一项重要技术指标。但是,不能作为制品使用温度的上限。对由单相多晶体构成的耐火材料,其耐火度一般低于晶体的熔点。但是,有些耐火材料,如当形成的液相黏度很高时,其耐火度也可高于熔点。

一些常用耐火材料原料和制品的耐火度如下:

结晶硅石	1730 ~ 1770℃	高铝砖	> 1770 ~ 2000℃
硅　砖	1690 ~ 1730℃	镁　砖	> 2000℃
硬质黏土	1750 ~ 1770℃	白云石砖	> 2000℃
黏土砖	1610 ~ 1750℃		

耐火材料试锥在高温下的弯倒程度,主要取决于液相与固相的数量比、液相的黏度变化和高熔点晶相的分散度。通常锥体达到耐火度时,多数均含液相约 70% ~ 80%,液相黏度约为 10 ~ 50Pa · s,并随材料不同而异。因此,可以认为耐火材料耐火度的高低除与测定条件,特别是与试锥的粒度组成和升温速度以及某些材料与测定气氛有关以外,主要受材料的化学和矿物组成所控制。对由各种单一组分构成的耐火材料而言,主要取决于化合物熔点的高低。而对由多组分构成的耐火材料而言,取决于主成分和其他成分的数量比。杂质会严重降低材料的耐火度。如对 Al_2O_3 含量在 20% ~ 80% 之间的硅铝系耐火材料而言,耐火度 t 可近似地以 Al_2O_3 和杂质 R 百分含量估算,即 $t = 1580 + 4.386(Al_2O_3\text{-}R)$。因此,欲提高耐火材料的耐火度,必须提高主成分和主晶相的数量并尽量降低杂质。

2.5.2 荷重软化温度

荷重软化温度是耐火材料在一定的重负荷和热负荷共同作用下达到某一特定压缩变形时的温度，是对耐火材料以恒荷重持续升温法所测定的高温力学性质，表征耐火材料抵抗重负荷和高温热负荷共同作用而保持稳定的能力。

2.5.2.1 荷重软化温度的测定

耐火材料的荷重软化温度多采用升温法测定，即在规定的恒压和升温速度下加热圆柱体试样，测定其达到规定变形量时的温度。变形温度的测定，不同的标准有不同测试部位，有测定实心圆柱体试样表面温度的标准，也有测定空心圆柱体试样中心温度的。与此变形量相应的温度即为荷重软化变形温度。常绘成变形温度曲线，以确定各种变形量时的温度。我国国家标准规定，对普通耐火制品所加重负荷为0.2MPa，大于1000℃时升温速度为4～5℃/min，按国家标准GB/T 5989—1986规定，将从曲线最高点起压缩变形量分别达0.5%、1.0%、2.0%和5.0%时的温度分别以$T_{0.5}$、$T_{1.0}$、$T_{2.0}$和$T_{5.0}$标示，并作为耐火材料的各级荷重软化温度。按照YB/T370—1995规定将从曲线最高点起压缩变形量分别达0.3mm、2mm、20mm分别作为耐火材料荷重软化开始（0.6%变形）温度、荷重软化4%变形温度和荷重软化40%变形温度。同一种材料，变形温度的测定方法不同，压缩变形量不同，荷重软化温度不同。对有些耐火材料，当加热至某一温度时突然溃裂或突然破裂，无法测定各种变形温度，则以发生此现象的温度作为溃裂点或破裂点。

2.5.2.2 各种耐火材料的荷重软化温度

各种耐火材料的荷重软化温度和变形温度曲线，即软化过程不尽相同。几种耐火材料的荷重软化温度和变形温度曲线如表2-8和图2-11所示。

表2-8 几种耐火制品的荷重（0.2MPa）变形温度

砖 种	0.6%变形温度/℃	4%变形温度/℃	40%变形温度/℃
硅砖（耐火度1730℃）	1650		1670
一级黏土砖（$w(Al_2O_3)=40\%$，耐火度1730℃）	1400	1470	1600
三级黏土砖	1250	1320	1500
莫来石砖（$w(Al_2O_3)=72\%$）	1600	1660	1800
刚玉砖（$w(Al_2O_3)=90\%$）	1870	1900	
镁砖（耐火度>2000℃）	1550		1580

由图2-11可见，黏土砖的开始软化变形温度较低，荷重变形温度曲线比较平缓，开始变形与变形达40%时的温度相差近200～250℃。镁砖的开始软化变形温度较高，开始变形后持续变形不足10%即破裂。硅砖的开始软化变形温度很高，但达到软化变形温度后几乎立即溃裂。另外，从各种耐火材料的耐火度与其开始荷重软化温度的对比也可看出，硅砖仅相差数十度；黏土砖一般相差数百度，随组成不同而异；普通镁砖大多相差千度以上。

2.5.2.3 影响荷重软化温度的因素

各种耐火材料的开始荷重软化温度及其荷重变形温度曲线不同，主要取决于制品的化学矿物组成，也在一定程度上与其结构有关。其中影响最明显的因素为以下几项：主晶相的种类和性质以及主晶相间或主晶相和次晶相间的结合状态；基质的性质和基质同主晶相或同主晶相和次晶相的数量比以及分布状态。另外，制品的密实性和气孔的状况也有一定的影响。

当耐火制品完全由单相多晶体构成时，制品的荷重软化温度与晶相的熔点相对应。例如由

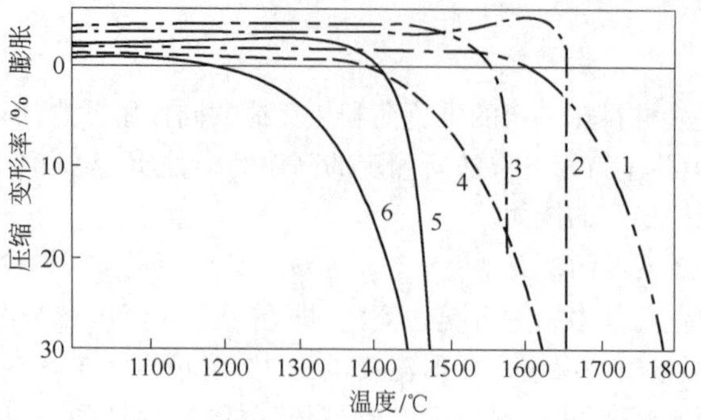

图 2-11　各种耐火材料的荷重变形曲线

1—高铝砖（$w(Al_2O_3)=70\%$）；2—硅砖；3—镁砖；4，6—黏土砖；5—半硅砖

高熔点晶体构成的高纯耐火制品的荷重软化温度都很高。高纯烧结刚玉砖荷重开始软化温度可高达 1870℃。

当制品中的高熔点晶体互相接触或互相交织形成坚强网络结构时，其荷重软化温度必定较高。反之，高熔点晶相呈孤立状时，其荷重软化温度必定较低。如硅砖的相组成主要是鳞石英和少量方石英。鳞石英在砖中形成矛头状双晶互相交织的网络结构，故荷重软化温度一般皆很高，开始软化的温度多在 1650℃以上，有的高达 1680℃以上，高于鳞石英的熔点（1670℃）。又如普通镁砖，其中主晶相方镁石的熔点高达 2800℃，但因主晶相被孤立，故荷重软化开始温度仅 1550℃左右。

当制品中在高熔点的晶相以外还有基质时，基质在高温下是否易于形成熔体，熔体的黏度随温度升高而降低的快慢程度以及基质的数量和分布等对荷重软化温度有显著影响。例如黏土砖和含 Al_2O_3 较低的高铝砖的主晶相皆为莫来石，因其中都含有较多富含 SiO_2 的玻璃相基质，莫来石晶体孤立分散于其中，而基质在 1000℃以下即开始软化，故开始软化变形的温度较低，并依基质含量增多，即莫来石与基质含量比的减少而降低。另外，由于此种基质的黏度随温度升高其降低速率较慢，故变形温度范围较宽。又如普通镁砖的主晶相方镁石晶粒多被基质包围，而此种基质为由易熔硅酸盐晶体构成，制品的荷重软化温度受基质控制，故较低。而且基质熔融后，其黏度很低，故试样极易突然破裂。再如硅砖具有很高的荷重软化温度，除鳞石英等构成的骨架以外，也与高黏度玻璃相的基质有关。制品具有较高的气孔率，可降低其荷重软化的开始点。

前已述及，上述耐火材料的矿物组成和结构，取决于耐火材料的原料和制品的生产工艺。特别是提高原料的纯度和制品的烧成温度，有助于降低基质的数量，改善基质的性质与分布，提高制品的致密性和晶体的发育长大与实现良好的结合。因此，欲提高耐火材料的荷重软化温度，必须正确选用原料和采取合理的工艺方法与制度。

另外，测定荷重软化温度时所加压力和升温速度不同，对同材质的耐火材料测得的荷重软化温度也不同。压力较低和升温速度较快，测得的荷重软化温度较高。

2.5.2.4　荷重软化温度在工程上的意义

荷重软化温度是评价耐火材料质量的一项重要技术指标。测定荷重软化温度时的热负荷重负荷共同作用的条件接近于耐火材料使用时的许多实际状况，其中开始软化变形温度可作为在相近工作条件下大多数耐火材料使用温度上限的参考值。一般而论，耐火材料在使用时所承受的重载荷很低，耐火材料在使用时多以单面受热，重荷载大部分由冷面承担，不同于荷重软化温度测定时试样四周均匀受热。若仅在热重共同作用下使用，而且重负荷近于 0.2MPa 时，最高使用温度应控制在此极限值以下。另外，软化或由软化至溃裂的过程，可作为对材料的矿物组成与结构特点以及其工艺制度合理性的判据，从而为改进耐火材料的质量和正确选材提出依据。但是，应该指出，耐火制品的荷重软化温度基本上是瞬时测定的，而绝大多数耐火制品在实际中是长期服役的，即长期在热负荷和重负荷共同作用下工作，从而使耐火材料的变形和裂纹易于持续地发展，并可导致损毁，而且耐火材料在使用时所承受的重载荷也不尽相同，有时负重较大，变形较快、较大，故耐火材料的荷重软化温度仅能作为确定耐火材料最高使用温度时参考。

2.5.3　高温体积稳定性

耐火材料的高温体积稳定性是指其在热负荷作用下外形体积或线度保持稳定而不发生永久变形的性能。对烧结制品，一般以制品在无重负荷作用下的重烧体积变化百分率或重烧线变化百分率来衡量其优劣。重烧体积变化和重烧线变化也称残余体积变形和残余线变形。其表示式如下：

$$\Delta V = \frac{V_1 - V_0}{V_0} \times 100\%$$

$$\Delta L = \frac{L_1 - L_0}{L_0} \times 100\%$$

式中　$\Delta V, \Delta L$——分别表示重烧体积变化率和重烧线变化率，%；

V_0, V_1——分别表示重烧前后的体积，cm^3；

L_0, L_1——分别表示重烧前后的长度，cm。

若变化值为正，则为膨胀；若为负值，则为收缩。当重烧变化微小时，可认为 $\Delta V = 3\Delta L$。

测定耐火制品重烧线变化的具体方法依国家标准 GB/T5988—1986 的规定进行。

当制品化学矿物组成及颗粒配比一定时，多数耐火制品产生重烧变形的原因是制品烧成时一些物理化学反应未充分完成或部分组分有晶型转化所致。其中重烧膨胀是由于一些高密度的反应物形成低密度产物的反应，或高密度的晶型向低密度晶型转化未充分完成之故。如由 $w(Al_2O_3) = 70\%$ 的水铝石——高岭石型铝矾土为原料制成的高铝砖和由石英为原料制成的硅砖烧成不充分时，分别因二次莫来石化反应不完全和鳞石英与方石英化不足而产生重烧膨胀。与此相反，重烧收缩主要是由于制品在烧成过程中的高密度化的晶型转化、形成新产物的反应和再结晶以及其他固相与液相烧结反应未充分完成所致。其中烧成温度及保温时间，通过形成的液相量及其表面张力和黏度，对收缩影响尤著。如镁质制品、刚玉制品、黏土制品，都易产生此种现象。

耐火制品的重烧变形量也是一项重要使用性质。对判别制品的高温体积稳定性，从而保证砌筑体的稳定性，减少砌筑体的缝隙，提高其密封性和耐侵蚀性，避免砌筑体整体结构的破坏，都具有重要意义。而且，由耐火制品的重烧变化，可判断耐火制品的生产工艺制度和方法的正确性。

2.5.4　抗热震性

抗热震性又称热震稳定性、耐急冷急热性，是耐火制品抵抗温度急剧变化而不破坏的能力。

耐火材料在使用过程中，经常会遭受到温度急剧变化的作用，如冶金炉炉衬在两次熔炼和间歇中，盛钢桶衬砖在两次盛钢与浇注的交替中，其他非连续式窑炉或容器的间歇操作中，在很短时间内工作温度变化很大，都常因此种温度急剧变化即热震作用而使耐火材料开裂、剥落和崩溃。因此，当耐火材料在使用中，其工作温度有急剧变化时，必须考查其抗热震性。

2.5.4.1　热应力

耐火材料在热震作用下发生开裂、剥落和破坏的根源，是由于材料在受急热或急冷过程中热胀冷缩产生变形，而变形又受到约束，从而在材料内部产生热应力，热应力大于材料所能承受的极限应力所致。

均质材料内的热应力，既可发生在温度均匀的均匀变形受到约束时，也可产生于其内部有温度梯度时。因为当材料内存在温度梯度时，各温度层间热应变量的差异，互受约束。当材料为非均质体或由多相构成时，由于晶体各向或各相间膨胀性不同，受温度变化影响，材料内产生热应力。耐火材料多为非均质或多相材料，而且在热震作用下内部总存在温度梯度，故受温度变化影响，必定产生热应力。由于耐火材料是脆性材料，韧性很低，抗拉强度和剪切强度都较低。当热应力达到制品的抗拉强度极限或剪切强度极限时，就产生裂纹或断裂。

耐火材料因热震而破坏的过程比较复杂。大致可分为裂纹的形成和裂纹的扩展两个阶段。

在裂纹形成过程中，导致材料产生裂纹的根本原因是热应力。当材料在弹性极限内加热或冷却，温度变化而温度分布均匀，变形完全受到约束时的热应力受材料的线膨胀系数、弹性模量和泊松比以及温度变化的程度控制，如下式：

$$\sigma = \alpha E(\Delta T)\frac{1}{1-\mu}$$

$$\tau = \alpha G(\Delta T)\frac{1}{1-\mu}$$

式中　σ,τ——分别为拉压热应力和剪切热应力，MPa；
α——材料的线膨胀系数，1/℃；
E,G——分别为弹性模量和剪切弹性模量，MPa；
ΔT——开始温度和计算热应力时的温差，℃；
μ——材料的泊松比。

由上式可见，当材料内的热应力 σ 达到材料的极限应力 σ_f，即材料的强度极限时，便产生裂纹。由于耐火材料在实际使用时，在加热和冷却过程中，其内部总存在一定的温度梯度。而在材料的弹性极限内，耐压强度远远大于抗拉强度，剪切强度大于抗拉强度，故常因抗拉强度不足而开裂，即在加热时，材料内层受到的是拉热应力，常在材料内部产生裂纹，而在冷却时，材料表面受到的是拉热应力，常在材料表面产生裂纹。

2.5.4.2　抵抗热震开裂

若将耐火材料内产生热应力达到强度极限的温差作为极限温差，即安全温差，以 ΔT_f 标之，并以此作为材料抵抗裂纹形成能力的标志，则可将此极限温差（ΔT_f）以下式表示：

$$\Delta T_f = \frac{\sigma_f(1-\mu)}{\alpha E}$$

式中　ΔT_f——极限温差，即安全温差，℃；
σ_f——材料的极限应力，即材料的强度，MPa。

通常，将此材料抵抗热震而不产生裂纹的极限温差作为抵抗裂纹形成能力的标志，称抵抗热震开裂系数，并以 R 表示，即

$$R = \frac{\sigma_f(1-\mu)}{\alpha E}$$

显然，若热震温差 $\Delta T < R$，材料不会产生裂纹；若热震温差 $\Delta T > R$，必导致材料形成裂纹。材料的 R 值愈大，说明材料抵抗温度急剧变化而不开裂的能力愈强。

当制品缓慢受热或冷却时，表面温度与周围气温接近，导热性很高而厚度很小时，内部的温度变化速率很小，抵抗裂纹形成系数可以提高，常以 R'标之，即

$$R' = K \cdot R$$

式中 K——大于1的系数。

当制品的表面加热和冷却速率固定，即恒速受热或冷却，制品内部各点温差稳定，抵抗裂纹形成的能力还与材料的导温系数 a 有关，此时抵抗裂纹形成系数可以 R''标之，即

$$R'' = aR$$

由上式可见，欲避免材料因受热震而产生裂纹，必须降低材料的膨胀系数 α。镁砖抗热震性较差，主要是由于其膨胀系数较高之故。由铝板钛矿（$Al_2O_3 \cdot TiO_2$）构成的耐火材料抗热震性很高，正是由于其膨胀系数很低所致。石英玻璃制品皆具有特优的抗热震性。由此可知，若温度变化时有晶型转化并产生体积效应，则对热震性的影响必甚为严重。如硅砖在600℃以下抗热震性很低，就是因为有晶型转化之故。

提高材料的强度，特别是提高其抗拉强度、剪切强度以提高抵抗裂纹形成的能力，并同时降低材料的弹性模量，以及降低泊松比，从而降低可能产生的热应力，对提高材料抵抗裂纹形成的能力也是有效的。

2.5.4.3 抵抗热震损坏

当材料受热震作用形成裂纹以后，或材料中原有裂纹存在，若裂纹并不继续扩展，只以微细的裂纹形式存在于材料之中，虽可使材料的结合强度降低，但并不会造成材料的剥落和损坏。只有当材料在形成裂纹之后，又继续使裂纹扩展、蔓延，才可造成材料的剥落和损坏。对因裂纹的扩展造成的剥落和损坏可称为热震损坏。

热震损坏通常以弹性应变能与断裂表面能之间的平衡来判断。

当一个半径为 r 的受热球体沿径向的温度分布为抛物线形，当球中心的热应力相当于材料的断裂强度 σ_f 时，球体所蕴藏的总弹性应变能 W 是：

$$W = \frac{4\pi r^3 \sigma_f^2 (1-\mu)}{3E}$$

若这些能量由于裂纹扩展产生的 N 个其面积为 $2A$ 的裂纹而消耗殆尽，而裂纹扩展的单位断裂表面能 γ，则裂纹扩展所支付的总断裂表面能 U 为：$U = 2AN\gamma$。根据弹性应变能与断裂表面能建立平衡，$W = U$，则可得裂纹扩展面积 $A = \frac{2\pi r^3 (1-\mu)}{3NE\gamma}\sigma_f^2$。若将裂纹面积 A 和球的截面积（πr^2）之比认为是相对裂纹面积 A'，则此相对裂纹面积与材料物性的关系式如下：

$$A' = \frac{2\sigma_f^2 (1-\mu)}{3E\gamma}\left(\frac{r}{N}\right)$$

由此式可见，球体愈大，则相对裂纹面积愈大；裂纹数量愈多，则相对裂纹面积愈小。相对裂纹面积是材料损坏的一种量度。其倒数可认为是材料抵抗裂纹扩展的标志，称抵抗热震损坏系数。一般认为，在相同的耐火材料之间，在未出现液相以下的温度范围内，断裂表面能的值没有大的差别。将此抵抗热震损坏系数以 R'''标之。则 R'''与材料物性的关系可以下式表示：

$$R''' = \frac{E}{\sigma_f^2 (1-\mu)}$$

若考虑各种耐火材料的断裂表面能，则抵抗热震损坏系数可以 R''''表示：

$$R'''' = \frac{E\gamma}{\sigma_f^2 (1-\mu)}$$

若对此抵抗热震损坏系数进一步分析,可认为在材料的弹性极限内,材料受热震达到极限应力 σ_f 时,仍取决于极限热应变与弹性模量,并以材料内产生裂纹的极限温差 ΔT_f 的应变 $\alpha\Delta T_f \cdot \frac{1}{1-\mu}$ 为极限应变,若将材料的极限应力 σ_f 以此极限热应变与弹性模量乘积代之,则裂纹损坏系数 R'''' 如下式:

$$R'''' = \frac{\gamma(1-\mu)}{\alpha^2 \Delta T_f^2 E}$$

式中,ΔT_f 项实际上为材料抵抗热震开裂系数 R。因此,若将抵抗热震开裂系数与抵抗热震损坏系数综合考虑,并将 $R^2 \cdot R''''$ 作为一种抵抗热震系数,以 R^V 标之,则材料的此种抵抗热震系数如下:

$$R^V = \frac{\gamma(1-\mu)}{\alpha^2 E}$$

由抵抗热震损坏系数及抵抗热震开裂系数对比可见,裂纹扩展及损坏除仍受热膨胀性和弹性模量以及泊松比影响以外,还取决于材料的表面断裂能。材料的表面断裂能愈大,愈不易损坏。实践证明:若提高材料的表面断裂能,可有效地提高材料抵抗热震损坏的能力。若材料在裂纹形成时所积储的应变能,在裂纹形成之后,在裂纹扩展时被大量释放或消耗掉,则裂纹也不会严重扩展,从而也可提高材料抵抗热震损坏能力。如镁质耐火材料,当制成具有细小气孔的、CaO/SiO_2 比高的制品时,由于它在各个温度下都具有较高断裂表面能(γ),故较普通镁砖具有较高的抗热震性。又如生产高铝质耐火制品,当加入少量 ZrO_2 后,利用 ZrO_2 相变导致制品内形成许多微细裂纹,这些微细裂纹就可使热应变储积的弹性能部分释放,从而减轻裂纹的扩展,提高制品的抗热震性。

综上所述,欲提高材料的抗热震性,必须采取降低其热膨胀性、弹性模量和泊松比以及增加其断裂表面能等措施。为了避免材料产生裂纹,还可提高材料的强度。为了避免材料的裂纹扩展,还可采取释放弹性应变能的措施。

烧结耐火制品的抗热震性按原冶金部部颁标准 YB/T 376—1975 规定测定。以试样经受1100℃加热和水冷的循环次数来量度;也可按 YB/T4018—1991 规定,以一次急冷急热后强度保持率表示。

2.5.5 抗渣性

抗渣性是指耐火材料在高温下抵抗熔渣及其他熔融液侵蚀而不易损毁的性能。

耐火材料在与熔融液直接接触的高温冶炼炉、熔化炉、煅烧炉、反应炉等炉窑和高温容器中,极易受熔渣侵蚀。在许多热风炉、换热器、蓄热器等高温热交换的设备中,或在有些反应器和其他高温装置中,耐火材料不直接与熔融液接触,但是固态物料、烟气中的尘料可与其接触,一些气态物质也可在耐火材料上凝结,它们都可在高温下与耐火材料反应形成熔融体,或形成性质不同的新生物,或使耐火材料中的一些组分分解,导致耐火材料损毁。通常,对耐火材料的这类(以化学或物理化学侵蚀为主要原因的)侵蚀,也通归为渣蚀。可见渣蚀是耐火材料在使用中最常见的一种损毁形式,有时甚至是最严重的损毁。据统计,耐火材料在实际使用中约有 50% 是由于渣蚀而损毁的。因而,提高耐火材料的抗渣性,对提高炉衬和其砌筑体的使用寿命,提高此类热工设备的热效率和生产效率,降低成本,减少产品因耐火材料而引起的污染,提高产品质量都是很有意义的。

耐火材料受熔渣侵蚀的具体原因与过程是很复杂的。一般而论,可简略地分为两个阶段,即熔渣与耐火材料的接触与渗透;熔渣与耐火材料的反应与危害。

2.5.5.1 熔渣与耐火材料的接触与渗透

耐火材料受渣蚀的首要条件是耐火材料与熔融液或粉尘或其他外来物质接触。若这些物质仅与耐火材料的外表面接触,渣蚀仅在外表面进行。材料的渣蚀速率与耐火材料外表面接触面积成正比,损毁往往是缓慢、轻微的。实际上,耐火材料在使用中,外来物质尤其是熔融液和气体还可侵入耐火材料内部与其中的内表面接触,从而引起严重的渣蚀。

熔渣渗入耐火材料内部的渠道主要有三:耐火材料内的孔隙和裂纹;耐火材料中的基质;耐火材料晶体间的晶界。

A 熔渣经毛细管和裂纹的渗入

熔渣与耐火材料外表面接触后,当其可润湿此种耐火材料时,熔渣在毛细管附加压力的推动下,即可由其外表面向内部渗入。根据 Laplace 公式,此种毛细管附加压力(Δp)为:

$$\Delta p = 2\gamma_{GL}\cos\theta / r$$

式中 γ_{GL}——熔融液的表面张力;

θ——熔融液与耐火材料的润湿角;

r——耐火材料内毛细管半径。

若熔渣可完全润湿耐火材料,即 $\theta = 0$,则 $\Delta p = 2\gamma_{GL}/r$。若熔渣可部分地润湿耐火材料,即 $\theta \neq 0$,由于 $\cos\theta = (\gamma_{SG} - \gamma_{LS})/\gamma_{GL}$(如图 2-12 所示,其中 γ_{SG}、γ_{GL} 和 γ_{LS} 分别为耐火材料的表面张力、熔渣的表面张力和熔渣与耐火材料的界面张力),则 $\Delta p = 2(\gamma_{SG} - \gamma_{LS})/r$。可见,耐火材料的表面张力($\gamma_{SG}$)愈大,熔渣对耐火材料的界面张力($\gamma_{LS}$)愈小,则毛细管附加压力愈大。

若按确定黏滞流体通过圆管流量的泊肃叶(Poisuille)公式,并将 $\Delta p = 2\gamma_{GL}\cos\theta/r$ 代入,则熔渣经由管径(r)和长度(L)的毛细管通过的数量(Q),可以下式计算:

$$Q = \frac{\pi r^3 \gamma_{GL}\cos\theta}{4\eta L} = \frac{\pi r^3 (\gamma_{SG} - \gamma_{LS})}{4\eta L}$$

式中 η——熔渣的黏度。

由上式可见,对具有一定性质的熔渣而论,即可认为 γ_{GL} 和 η 为常值。在上式中,可统归为常数 A,则熔渣沿耐火材料毛细管渗入内部的数量取决于耐火材料的表面张力和熔渣与耐火材料界面张力之差、毛细管的半径和其长度,即

$$Q = A\frac{\gamma_{SG} - \gamma_{LS}}{L}r^3$$

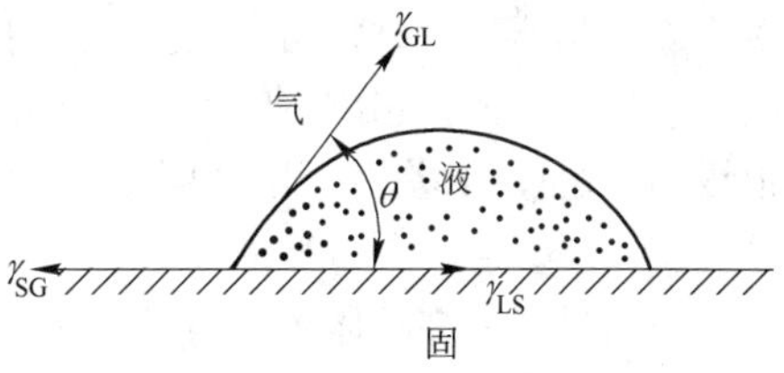

图 2-12 三相平衡

若不同熔渣渗入同一耐火材料中时,即可认为上式中 r 和 L 不变。在式中,可统归为常数 B,则熔渣沿毛细管渗入材料的数量 Q 取决于熔渣与耐火材料的界面张力和熔渣的黏度,即

$$Q = B\frac{\gamma_{LS}}{\eta}$$

若对 $CaO\text{-}Al_2O_3\text{-}SiO_2$ 系的熔渣沿镁质耐火材料的水平毛细管渗入材料内部进行考查,则经过时间 t 后,控制其渗入的深度(h)的因素如下式:

$$h = \left(\frac{\gamma_{GL}\cos\theta r\xi t}{2\eta}\right)^{\frac{1}{2}}$$

式中 ξ——熔渣渗入通道曲折封闭状况系数,在 0 与 1 之间,其中 0 为曲折通道完全封闭,1 为曲折通道完全贯通;

t——熔渣渗入时间。

当耐火材料的显气孔率为 P,断面积为 A,则经过时间 t 后,熔渣渗入的体积(V)为:

$$V = AP\left(\frac{\gamma_{GL}\cos\theta r\xi t}{2\eta}\right)^{\frac{1}{2}}$$

由上述各式可见,熔渣沿耐火材料毛细管和裂纹渗入其内部的能力,从耐火材料方面而论,主要取决于耐火材料的表面张力、熔渣与耐火材料的润湿角、毛细管的半径和曲折封闭状况以及耐火材料的气孔率。欲避免或减缓熔渣向耐火材料中渗透,必须使耐火材料的表面张力尽量降低和不受熔渣润湿;提高耐火材料的致密性,使其无气孔或仅有封闭气孔,或使贯通气孔与开口气孔尽量减少,孔径尽量缩小。

B　熔渣沿耐火材料基质渗入

一般而论,耐火材料的基质多为含杂质较多的部分,其熔点或熔融温度远低于主晶相,在高温下使用时,很易形成熔体。当材料内存在气孔或裂纹和温度梯度时,由基质所形成的熔体,可由热端向其冷端迁移。热端基质迁移后所残留的空隙,即可使熔渣沿此通道渗入。

若耐火材料致密性较高,基质无显著迁移,但在高温下,基质仍易形成熔体,此种熔融体中的一些组分扩散系数较大,故当熔渣与耐火材料表面接触后,若熔渣中的组分与基质的组分浓度相差较大,则可产生互扩散作用,使熔渣或其中的部分组分,通过此种基质所形成的熔融体很易扩散入耐火材料内部。耐火材料内所形成的液相的黏度愈低,同熔渣的组分浓度差愈大,溶渣愈易于在其中扩散。碱性耐火材料中的液相黏度一般皆较低,故最易扩散。如当钢渣与镁质耐火材料接触时,由于熔渣中 Fe^{2+} 浓度远大于耐火材料熔体中的含量,熔渣中的 Fe^{2+} 就首先向耐火材料的熔体中扩散。熔渣中的 Ca^{2+} 也高于耐火材料内熔体中的含量,Ca^{2+} 也可进入砖内的熔体中。从而使耐火材料距工作面一定厚度层的基质内所含 Fe^{2+} 和 Ca^{2+} 增加,使基质的组分和性质变更,形成变质层。若耐火材料液相内的一些组分高于熔渣,也可扩散到熔渣之内。如在炼钢后期渣内 Mg^{2+} 含量较小,镁质耐火材料内液相中的 Mg^{2+} 会被熔渣夺取,从而使耐火材料直接损坏。

显而易见,当耐火材料中的基质为非连续相,则此种熔渣沿基质的迁入必定受到限制,与基质为连续相的耐火材料相比,抗渣性能提高。

另外,熔渣的组分在高温下也可通过固相扩散进入材料内。但是较之在熔体中的扩散,速度很慢,有数量级的差别,影响很小。

C　熔渣经晶界的迁入

当熔渣同由多晶体构成的耐火材料表面接触时,熔渣也可经由晶界迁入耐火材料内部。

熔渣沿晶界的迁入,取决于单相多晶体或多相多晶体间以及单相多晶体同熔渣间或多相多晶体同熔渣间的各种界面张力的平衡条件,如图 2-13 所示,固-固界面张力(γ_{SS})和固-液界面张力(γ_{SL})间的关系式如下:

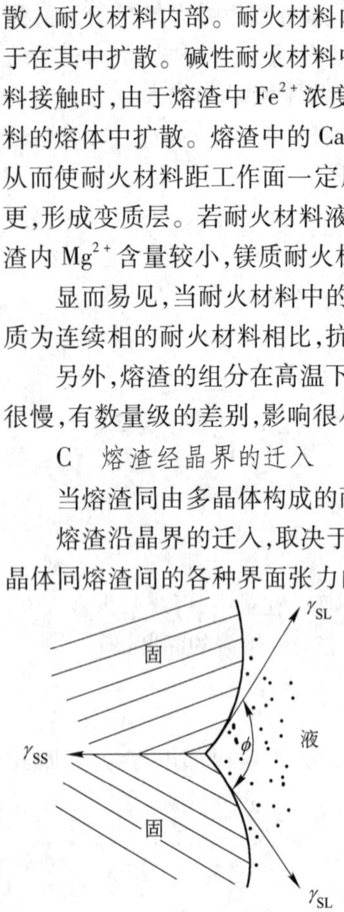

图 2-13　二面角

$$\gamma_{SS} = 2\gamma_{SL}\cos\frac{\phi}{2}$$

式中　ϕ——二面角。

由上式可见,若熔渣完全渗入晶界,即二面角 $\phi = 0$ 时,则必须使 $\gamma_{SS} \geqslant 2\gamma_{SL}$。实际测定结果证实,当二面角 $\phi = 60°$时,即当 $\gamma_{SS} < 1.732\gamma_{SL}$时,熔渣就不会沿晶界渗入耐火材料之内。

由此可见,熔渣沿晶界侵入耐火材料内部,主要取决于 γ_{SS} 和 γ_{SL}。γ_{SS}越大,熔渣越易于沿晶界渗入。γ_{SS}越小,熔渣越不易沿晶界迁入耐火材料中。显而易见,晶界越少,熔渣越不易迁入,这就是大结晶电熔镁砂抗渣性能优良的一个重要原因。

2.5.5.2 熔渣与耐火材料的反应与危害

熔渣与耐火材料外表面和经迁移与内表面接触后,可发生以下反应:耐火材料向熔渣中溶解——单纯溶解;形成易溶的化合物——反应溶解;直接形成低熔物;发生使耐火材料还原的反应;发生使耐火材料组分氧化的反应;形成比体积差别很大的新产物等等。这些反应都对耐火材料带来危害。当熔渣流动时,熔渣的冲刷,还可对耐火材料直接造成损毁。

A 耐火材料向熔渣中溶解——单纯溶解和反应溶解

a 控制溶解的因素

当熔渣与耐火材料接触后,若两者间的某些组分浓度差别较大,由于两者间的化学位,即偏微摩尔自由能相差较大,如耐火材料组分浓度较高,具有较高化学位,而熔渣中的组分浓度较低,化学位较低时,在此物质传递推动力的作用下,物质就从化学位较大的耐火材料向化学位较小的熔渣中传递,使耐火材料中的组分被熔渣溶解,直至该物质在耐火材料和熔渣中的化学位达到平衡,即溶解达到在某一特定温度下的饱和浓度(溶解度)为止。

这种单纯溶解是许多耐火材料与熔渣进行反应的最主要形式。有人甚至据此认为渣蚀就是耐火材料的溶解过程。

当耐火材料与外来物进行化学反应,形成易溶化合物时,会加速耐火材料向熔渣中溶解。

耐火材料向熔渣中的溶解这一传质过程,一般认为都是处于扩散速度的范围内,因而可按稳定状态下的固液相间的扩散溶解理论认为溶解是通过扩散进行,即在耐火材料和熔渣的界面上形成扩散层,经此层将耐火材料溶入熔渣之中,见图 2-14。

根据分子扩散溶解理论,可认为单位面积上的溶解速度与在扩散层内耐火材料的扩散系数(D)成正比,与扩散层有效厚度(δ'_D)成反比,与耐火材料在熔渣中的溶解度(C_i)和浓度(C_b)的差成正比,即

$$\frac{\dot{n}}{A}=\frac{D}{\delta'_D}(C_i-C_b)$$

式中 $\dot{n}$——耐火材料的溶解速度,即$\frac{dn}{dt}$,为单位时间迁移的物质的量;

A——扩散面断面面积;

δ'_D——扩散层有效厚度,$\delta'_D=\frac{C_i-C_b}{dC/dx}$,$\frac{dC}{dx}$为浓度梯度,一般认为 $\delta'_D=\frac{2}{3}\delta_D$;

δ_D——扩散层厚度。

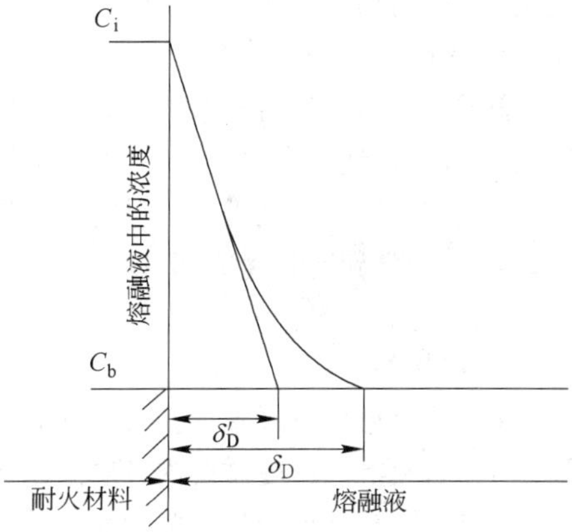

图 2-14 扩散层

由上式可见,耐火材料向熔渣中的溶解速度受扩散系数、扩散层的厚度、耐火材料在熔渣中的溶解度和浓度支配。

b 溶蚀的危害

由单纯溶解和反应溶解引起的侵蚀通常称为溶蚀。它不仅直接造成耐火材料一些溶解组分的损失(因而改变了耐火材料的化学组成),而且破坏了耐火材料的结构。当多相耐火材料中的可溶物溶入渣中后,残留相被孤立,耐火材料的致密结构被破坏,更会加速渣蚀,最后这些残留相也被分散悬浮于渣中,随熔渣流失。由于熔渣的化学组成改变,也因而影响了熔渣的性质和在一

定程度上影响冶炼过程，其中的不溶性残留相还能对产品带来不利影响。

c　降低溶解速度的措施

欲降低溶解速度，必须从以下几方面采取相应措施：降低溶解度和耐火材料在熔渣中的浓度差值；降低扩散系数和提高扩散层厚度。

为了降低溶解度，除降低温度外，应尽量使熔渣与耐火材料间的化学位相近，即使耐火材料的材质与熔渣的化学组成相近，如碱性耐火材料抵抗碱性熔渣侵蚀的能力很强，而酸性熔渣以选用酸性耐火材料为宜。

为了降低耐火材料在熔渣中的浓度差值，除降低溶解度以外，还可使熔渣中溶质浓度（C_b）提高。如在炼钢炉中，当以镁质耐火材料为炉衬时，以白云石造渣，使熔渣中的 MgO 浓度提高，即可使耐火材料的抗渣性得到改善。

为了降低扩散系数，除尽量降低两者间的化学位和工作温度以外，应采取相应措施，如减少渣与耐火材料的表面更新、尽量提高熔渣黏度等。

为了提高扩散层厚度，应尽量提高扩散层黏度，使其不易流失。如以 $w(Al_2O_3)=45\%$ 的黏土砖和 $w(Al_2O_3)=30\%$ 的蜡石砖分别作为普通钢包内衬时，虽然蜡石砖的耐火度较低，在盛钢温度下蜡石砖中的液相量较多，但是，由于蜡石砖在高温下形成的熔体黏度很高，形成很厚的扩散层，附于耐火材料表层，从而降低了耐火材料的溶解速度。另外，降低熔渣流动速度，也可保持较厚的扩散层。

B　耐火材料的结构崩裂

结构崩裂是指耐火材料由于物相和结构变化而引起的崩裂。由渣蚀而引起的结构崩裂是由于形成变质层和形成比体积差别较大的产物而引起的。

a　变质层的形成

变质层的形成是由于熔渣的渗入所致。在渗入过程中，由于材料内温度梯度和熔渣黏度的影响，熔渣迁移到一定深度后，就不再继续渗透。因此，在耐火材料热面后延伸到一定的深度，就形成组成与结构皆有别于原材料的变质层。而且熔渣在渗入时还发生“化学过滤”，沿熔渣的渗入方向，其化学和物相组成都可能发生不断的改变。故变质层内随其厚度的变化，其组成与结构也有一定差别。

b　结构的崩裂

在变质层形成过程中，由于形成的产物间和同原材料间的比体积和热膨胀性等有差别，在变质层与原材料之间或变质层内各层间因各种物相摩尔体积变化而产生结构应力，并破坏其间的结合，形成裂纹，甚至产生剥落和崩裂。这种体积变化可以下式计算：

$$\Delta V=(\sum V_{生成物}-\sum V_{反应物})/\sum V_{反应物}$$

式中　ΔV——体积变化百分率；

V——某一氧化物的摩尔体积，$V=nM/\rho$；

n——反应式中某一氧化物的物质的量；

M——反应式中某一氧化物的分子量；

ρ——反应式中某一氧化物的真密度。

如含 MgO 的碱性耐火材料同含 Fe_2O_3 的熔渣接触时，生成 $MgO\cdot Fe_2O_3$，即发生 $MgO+Fe_2O_3\rightarrow MgO\cdot Fe_2O_3$ 反应。依上式计算结果可知此种反应伴生 2.1% 的线膨胀，因而使耐火材料产生结构崩裂。再如硅酸铝质耐火材料受碱蒸气的侵蚀，也是由于莫来石或刚玉和 SiO_2 等受氧化钠侵蚀形成霞石（$Na_2O\cdot Al_2O_3\cdot 2SiO_2$），产生体积膨胀，导致结构崩裂。耐火材料中的气孔内在还原性气氛下发生的炭素沉积，使耐火材料的结构破坏，也可认为是一种结构崩裂。

当耐火材料受侵蚀形成变质层后，在温度波动时，由于各种变质层与未变质层间，或由于变质层内各物相间的热膨胀性差别，更易使此种崩裂激化。

当耐火材料受侵蚀的变质层崩裂剥落后，在侵蚀介质作用下还可形成新的变质层，产生新的崩裂，如此循环不已，就使耐火材料受到严重损毁。

结构崩裂是渣蚀最常见的损毁形式之一。在一些易产生较厚变质层的耐火材料中，因渣蚀产生结构崩裂，往往是最主要的原因。

c 减缓结构崩裂的措施

欲避免耐火材料产生结构崩裂或减缓其危害，最主要的措施是降低熔渣的渗透性。为此，必须降低耐火材料受熔渣的润湿性，提高材料的致密性，降低材料杂质含量，以及减少晶界，尽量减少气孔、基质和晶界通道作用。

C 渣蚀的其他反应与危害

a 加速熔毁

耐火材料在使用中仅受高温热负荷作用而熔融称为熔毁或熔损。当其与熔渣反应形成易熔物时，这种助熔作用，一方面使耐火材料的晶相骨架结构被破坏，高温强度受到严重损害，加速熔毁过程；另一方面，由于液相的迁移，使材料收缩，造成材料及砌体开裂，加速渣蚀和破坏砌体的稳定性。

b 还原或氧化的危害

耐火材料组分被还原或氧化后，若形成的产物在使用温度下为气体，则因气体的逸出，而直接导致材料的一些组分消耗，结构疏松和结合强度降低，渣蚀危害加剧。如当硅质或镁质耐火材料同铁水接触时，铁水中的碳即可使耐火材料中的 SiO_2 和 MgO 被还原成 SiO 或 Si 和 Mg。在一些使用后的残砖中常见金属微粒，就是因此而来的。再如熔渣与含碳耐火材料接触时，含碳耐火材料的损毁，首先是由于其中的石墨等含碳组分氧化开始的。

欲减缓耐火材料被还原的危害，应尽量使其中易还原的氧化物形成较稳定的复合化合物，如镁铬砖中的 Cr_2O_3 在与铁水接触时，易还原，但当与 MgO 化合为 $MgO \cdot Cr_2O_3$ 后，则还原程度降低。

c 冲蚀

冲蚀是由于流体冲击耐火材料工作表面，使其中的固体颗粒直接损耗。当流动的熔渣冲击耐火材料表面时，由于流体的冲击、摩擦和挤压以及剪切等动力和静力作用，极易产生或助长变形，使材料表层因此而直接损耗，又可因附渣层减薄或侵蚀面更新而加速渣蚀。在耐火材料垂直的工作表面上，当与熔渣形成的熔融体与熔渣的体积密度差别较大时，也可因熔体的流动，使不同高度上的侵蚀有所区别。

总之，耐火材料的渣蚀主要是受化学作用和物理化学作用，也受物理和机械作用的影响，它们往往交替进行。但是，就各种耐火材料与熔渣而论，甚至在作用的各个不同阶段，各种作用所占分量却不尽相同，应具体分析。

测定抗渣性的方法很多，除少数采用简易的间接法以外，多数是模拟耐火材料在使用过程中实际侵蚀条件，采用对比试验方法。大体上有以下四类：以熔锥法为代表的平衡状态法；以坩埚法为代表的静态法；撒渣法、喷渣法、滴渣法和旋棒法等的动态法；电化学法。我国国家标准 GB/T8931—1988 规定的耐火材料抗渣性实验方法为回转渣蚀法。

2.5.6 耐真空性

耐火材料的耐真空性是指其在真空和高温下使用时的耐久性。耐火材料在高温减压下使用时，其中一些组分极易挥发。同时，材料与介质间的一些化学反应更易进行，如材料中的 MgO 在真空下与铁水接触时，被铁水中碳还原的温度显著降低。另外，在真空下熔渣沿材料中毛细管渗透的速度明显加快。所以许多耐火材料在真空下使用时耐久性降低。当耐火材料使用于真空熔炼炉和其他真空处理装置中时，必须考查其耐真空性。

耐火材料的耐真空性通常多采用将其置于特定的真空和温度下经历一定时间的方法测定，并以其失重或失重速度量度。

提高耐火材料的耐真空性，应选择蒸气压低和化学稳定性高的化合物来构成，一些氧化物经合成复合物后可适当提高其稳定性。显而易见，提高材料的致密性也有利于其耐真空性。

2.5.7 耐火制品形状规整和尺寸的准确性

正确的形状和准确的尺寸对于砌筑体的严密性和使用寿命有很大的影响，对砌筑施工也提供了有利的条件。一般而论，砖缝在砌筑体中是最薄弱和最易损坏的部分。它很容易被熔渣和侵蚀性气体渗入和侵蚀。如果制品的形状不规整，尺寸不准确，不仅砌筑施工不便，而且砖缝过大，砌筑体的质量低劣。使砌筑体因砖缝干缩和烧缩造成体积不稳定，导致砖块脱落和砌筑体开裂，甚至倒坍，又扩大熔渣和气体同耐火制品的接触表面，加速侵蚀，造成砌筑体局部损坏，影响砌筑体使用寿命。因此，为便于施工，特别是为保证砌筑体的整体质量，耐火制品的形状必须规整，尺寸必须准确。这是耐火制品的一项重要技术指标。

通常，按制品种类和使用条件，制品的尺寸公差、扭曲变形、缺边掉角等都应作为其质量标准中的重要项目，规定有最高限度值，据以评价产品质量是否合格，并对合格产品划分等级。

耐火制品的形状规整性和尺寸的准确性，主要受耐火原料、加工装备和工艺制度等控制。有时储存与运输方式也有影响。原料成分稳定，装备精良，生产工艺制度合理和操作正确，可获得形状与尺寸合格的产品。妥善的存储，特别是精心的包装和装卸是避免产品再损坏和缺边掉角的重要保证。

耐火制品的使用选材，一般应先根据工作环境确定材质。根据综合砌筑原理，不同部位可以采用不同品种、不同档次的材质，以使其在整个使用周期达到均衡损毁。材质确定之后，可设计或选取砖号。每一个砖号对应确定的形状和尺寸，与材质无关。现有砖号不能满足设计要求时，可自行设计。材质和砖的形状尺寸即砖号确定后，即可按用途及化学组成要求、理化指标要求确定牌号，每种牌号的产品有对应的化学组成和理化指标要求。

一般而言，用户使用耐火材料需提供材质种类、牌号和砖号。生产厂家根据材质及砖号所对应的砖型进行计价。

3 天然耐火材料和耐火熟料、熔块

天然耐火材料是指天然岩石经切割或破碎后即直接使用的耐火材料。最常用的为硅质岩石，如硅质砂岩，绢云母石英片岩和硅线石英片岩等也都是一些优质的天然耐火材料。这些材料可以用于玻璃熔窑和其他要求不高的工业窑炉以及钢包、感应炉的内衬等。另外，叶蜡石、硅线石、镁橄榄石、锆英石、铬铁矿、天然石墨等也可作为天然耐火材料使用。

耐火熟料是指开采的天然耐火矿物原料，由于其在高温作用下要失去结构水、发生化学反应或晶型转化，造成性质和体积发生较大变化，因而需要经过预先煅烧，使其脱水、化学反应或晶型转化在预先煅烧过程中就已完成或基本完成。经过预先煅烧，化学活性降低、体积稳定、结构致密的预煅烧产品即为耐火熟料，如天然铝矾土经过煅烧高岭石脱水，莫来石化后得到的高铝矾土熟料；菱镁矿经煅烧后体积收缩，体积密度增大，碳酸盐分解，方镁石晶粒长大得到重烧镁砂等。

耐火熔块是指采用天然耐火原料、轻烧耐火原料或工业原料，经过熔融加工过程，在高温下使化学反应充分进行，甚至脱去部分杂质，冷却凝固后形成的熔坨。熔坨经破碎，分选即为耐火熔块产品，如用工业氧化铝生产的电熔白刚玉，用高铝矾土生产的棕刚玉、矾土刚玉，用轻烧镁粉生产的电熔镁砂等。

天然耐火材料和耐火熟料、熔块，既可将其作为一类产品，其中一部分也可归属于耐火原料。

3.1 天然耐火材料

通过切割或破碎即可直接使用的耐火材料，一般不含结构水，使用过程中受热无化学反应发生，或有化学反应发生但体积基本稳定，受高温作用体积变化率较小的一类材料，包括硅质岩石、锆英石、蓝晶石、红柱石、硅线石、橄榄岩及铬铁矿。软质黏土也是直接应用较多的一种天然耐火材料，本章将其和半软质黏土、硬质黏土在耐火熟料一节一并讨论。

3.1.1 硅质岩石

硅质岩石不含结构水，主成分为 SiO_2，SiO_2含量较高。大部分硅质岩石 SiO_2含量都在 95% 以上，石英砂的 SiO_2含量也在 90% 以上。

硅质岩石的主要矿物相为 β-石英，其受热后发生 β-石英向 α-石英以及石英向鳞石英、方石英的晶型转化。

硅质岩石在加热时，矿物相由 β-石英转化为方石英或鳞石英，石英、方石英、鳞石英三种矿物的真密度有较大差异，石英真密度最大，方石英次之，鳞石英最小。由于石英转化为鳞石英、方石英有较大的体积效应，因而硅质岩石作为天然耐火材料或耐火原料使用，主要控制其晶型转化产生体积效应、体积效应产生的应力造成制品疏松、开裂的问题。硅质岩石根据其转变速度可以分为极慢转化型、慢转化型、中速转化型和快速转化型四类。硅质岩石的转化速度是以硅质岩石原料在 1450℃下煅烧 1h 的真密度数值大小来划分转化速度等级。当真密度 $\geqslant 2.50g/cm^3$ 时，属极慢转化型；真密度为 $2.45 \sim 2.50g/cm^3$ 时，属慢转化型；真密度为 $2.40 \sim 2.45g/cm^3$、$< 2.40g/cm^3$ 时，分别为中速转化型和快转化型。快速转化时，转化率高，但当升温控制不当时，易产生裂纹，转变慢的晶型转变时内应力小，不易开裂，但其不易转变完全。

硅质岩石加热时，开始剧烈膨胀，温度的高低对其体积稳定性，是否容易开裂也有直接的影响。该温度越低，松散开裂的倾向越大。按剧烈膨胀开始温度分类，硅质岩石可分为烧成时低热稳定型、中热稳定型和高热稳定型。三种类型对应的开始剧烈膨胀温度分别为 <1150℃，1150～1225℃和 >1225℃。对应的膨胀率分别为 <0.17%，0.17%～0.20%和 >0.20%。

硅质岩石主要种类有脉石英、石英砂、石英砂岩和石英岩等。

脉石英属结晶硅石，SiO_2的含量可达97%～99%。但由于其呈致密块状，受热时体积膨胀剧烈，作为制造硅砖的原料，通常需要预先煅烧，然后才能用于生产高硅质、高致密度硅砖。

石英砂是曝露在地表的石英母岩风化、破碎而成，一般杂质含量较高。

石英砂岩是一种固结的砂质岩石，由硅质胶结物胶结石英砂粒而成，砂粒中石英的含量在99%以上，硅质胶结物多为蛋白石或玉髓。

石英岩又称硅石，主要由石英的颗粒集合体所构成，比石英砂岩强度高，硬度大，断面致密。石英岩根据石英颗粒间结合状态，还可再分为砂岩质石英岩、再结晶石英岩（结晶硅石）和胶结石英岩（胶结硅石）。

硅质岩石的加热性质与其化学组成和显微结构有关。胶结硅石晶粒小、杂质含量较多，因此其转变速度比结晶硅石快，转化率高。胶结物愈多，转化速度愈快。对于结晶硅石，如果石英晶粒比较小，粒度参差不一，并以锯齿状结构交错紧密结合，则在受热时容易转化，膨胀不大，具有不易松散的特点。如果石英晶粒大，晶粒直径大小接近，且近似圆形，则烧成膨胀大，转变慢，易松散。

硅质岩石加热后发生石英向方石英、鳞石英的晶型转化在一定的条件下是不可逆的，因此，为了确保所用硅质岩石的体积稳定性，作为原料生产制品或不定形耐火材料时，也可对硅质岩石进行预烧。

硅质岩石中的硅质砂岩可直接切割成要求形状，作为天然耐火材料使用，如在煅烧石灰窑上使用。天然石英砂是感应炉上应用较多的、成本较低的一种天然耐火材料。结晶硅石和胶结硅石是耐火材料工业中用于生产硅质制品的主要原料。

3.1.2 蜡石

蜡石是指主要组成矿物为叶蜡石的矿物原料，因呈致密块状产出，有滑腻感，具有蜡状光泽，故得名蜡石，习惯上也称作叶蜡石。

叶蜡石矿物理论化学组成为 $w(Al_2O_3)=28.3\%$，$w(SiO_2)=66.7\%$，$w(H_2O)=5\%$。单斜晶系，层状硅酸盐结构。属硅酸铝质耐火材料中的半硅质制品，化学性质呈酸性。

蜡石当加热到600℃开始脱水，在700℃以上体积略有膨胀，但膨胀率低，一般在1.2%～2.1%之间。因含结构水少，脱水过程缓慢，至1200℃左右结构保持不变，无收缩现象；体积密度在800～1200℃之间趋于稳定；一般蜡石料的方石英化从1200℃左右开始。

蜡石加热过程中耐压强度和硬度随着温度的升高而增加，一般蜡石的耐火度为1610～1710℃，蜡石的烧失量愈低，则表明蜡石中的 SiO_2 含量愈高，Al_2O_3 含量则愈低，故耐火度也低。

蜡石根据其伴生矿物不同，又可分为铝质蜡石、叶蜡石质蜡石和硅质蜡石。铝质蜡石根据其中伴生矿物的伴生种类又分为高岭石质蜡石和水铝石质蜡石，其伴生矿物由其名称可显而易见。硅质蜡石的主要伴生矿物有石英、玉髓等。铝质蜡石的灼减均较叶蜡石质和硅质蜡石为大，其中又以水铝石质蜡石为最大。

由于叶蜡石质蜡石和硅质蜡石含水量低，加热过程体积稳定。加热脱水后仍保持原来晶体结构。所以块状蜡石可直接切割成一定形状的天然耐火材料，也可以用其生料制成不烧砖直接使用。但铝质蜡石因灼减最大,在受热过程中产生急剧收缩,不宜用生料直接制砖。

叶蜡石质和硅质蜡石制品受热膨胀,可减小砖缝;另一特点是生成的液相中 SiO_2 含量高,液相黏度大,用于钢包衬砖,可在工作面上形成光滑的釉层,覆盖砖缝,工作面不挂渣,抗侵蚀性能强,用作钢包衬砖等具有良好的性能。但近年来由于钢种和冶炼条件的变化,在蜡石制品中加入了锆英石、碳化硅和铬矿等,以改善制品的性能。

3.1.3 蓝晶石族矿物

蓝晶石族矿物是指化学式均为 $Al_2O_3 \cdot SiO_2$ 的一组无水铝硅酸盐类矿物,包括蓝晶石、红柱石和硅线石,因而有时也把它们统称为硅线石族矿物或者红柱石族矿物。三者为同质多相变体,化学成分相同,其 $w(Al_2O_3)=62.93\%$,$w(SiO_2)=37.07\%$。但由于生成条件与晶体结构的差异,其表现出来的物理性质各具特点。

加热变化是蓝晶石族原料的重要特征。蓝晶石、红柱石和硅线石,在高温下均不可逆地转变为莫来石和 SiO_2。但三者的开始转变温度不同,转变后产生的体积效应也不同。其转变反应式为

$$\underset{\text{(蓝晶石族矿物)}}{3(Al_2O_3 \cdot SiO_2)} \longrightarrow \underset{\text{(莫来石)}}{3Al_2O_3 \cdot 2SiO_2} + SiO_2$$

由于蓝晶石、红柱石、硅线石三者的真密度不同,分别为 3.53 ~ 3.65g/cm^3、3.13 ~ 3.16g/cm^3 和 3.23 ~ 3.27g/cm^3,莫来石化后产生的体积效应也不同,分别为 +18%、+5.4%、+7.2%,莫来石化反应的开始温度分别为 1100℃左右,1400℃左右和 1500℃左右。

符合国家标准的蓝晶石族原料精矿的 Al_2O_3 含量在 52% ~58% 之间,耐火度在 1750 ~1790℃之间。

蓝晶石族矿物原料既可作为耐火原料生产耐火制品,又可以作为不定形耐火材料的改性添加物或添加剂。蓝晶石、红柱石、硅线石也可以直接制成或与其他原料配合制成产品。以蓝晶石族矿物为主原料生产的耐火制品,由于原料本身的 SiO_2 和 Al_2O_3 分布均匀,杂质含量低,故制品的组织结构均匀、致密,加热后的相组成比较接近于热平衡状态时的组成,因此制品性能优良。用于生产高炉风口砖、热风炉低蠕变砖、鱼雷式铁水罐砖、改性高铝砖和作为不定形耐火材料的膨胀添加剂取得了良好的使用效果。

3.1.4 镁橄榄石

镁橄榄石的化学式为 $2MgO \cdot SiO_2$。理论组成为 $w(MgO)=57.30\%$、$w(SiO_2)=42.70\%$,属斜方晶系,多呈短柱形粒状,真密度为 3.22g/cm^3,莫氏硬度 6.5 ~7.0,熔点 1890℃。线膨胀系数具有各向异性,200 ~600℃区间为:X 轴方向 13.6×10^{-6}/℃,Y 轴方向 12.0×10^{-6}/℃,Z 轴方向 7.6×10^{-6}/℃。100 ~1100℃样品测试平均线膨胀系数为 12.0×10^{-6}/℃。

天然橄榄岩中镁橄榄石的矿物含量一般在 85% 以上才具有实用价值。镁橄榄石中一般共生有 15% 左右的铁橄榄石,尚有少量的铬铁矿及钛铁矿等。镁橄榄石和铁橄榄石能形成连续固溶体,MgO 含量一般在 35% ~55% 之间。

由于镁橄榄石与其共生的铁橄榄石形成连续固溶体,熔点由镁橄榄石的 1890℃到铁橄榄石的 1205℃之间变化;矿物的体积密度从铁橄榄石的 4.32g/cm^3 到镁橄榄石的 3.22g/cm^3 之间变化。

由于常见的镁橄榄石实际上是镁橄榄石和铁橄榄石的固溶体($(Mg,Fe)O \cdot SiO_2$),在氧化气氛下,加热至 800℃时分解,形成镁橄榄石($2MgO \cdot SiO_2$)、Fe_2O_3 和非晶态的 SiO_2,而在还原气氛中则在 1000℃时发生反应,生成镁橄榄石、Fe 和非晶态 SiO_2。在氧化气氛中析出的 Fe_2O_3,在

1150～1480℃以上时，在镁橄榄石颗粒周围形成高铁玻璃，并且镁橄榄石开始进行强烈的重结晶。开始生成的Fe_2O_3局部转化为Fe_3O_4，部分Fe_2O_3与$2MgO \cdot SiO_2$作用生成偏硅酸镁$MgO \cdot SiO_2$（顽火辉石）和$MgO \cdot Fe_2O_3$固溶体，这一转化过程伴随着较大体积效应。分解出的镁橄榄石与部分SiO_2在1080℃可以反应生成顽火辉石（$MgO \cdot SiO_2$）。顽火辉石不稳定容易转化为斜顽辉石，同时伴随体积效应。

镁橄榄石不含结晶水，加热收缩和灼减量都很小，但若受热蚀变及风化等过程，转变成含有蛇纹石的橄榄岩后则烧失量大大增加。一般认为，用作耐火材料的镁橄榄岩中铁橄榄岩含量不应过多，FeO的质量分数超过10%的橄榄岩，不宜作为耐火材料。烧失量小于5%的镁橄榄岩，可不经过预烧而直接用来制造耐火制品或不定形耐火材料；烧失量大于5%时，通常需经过煅烧才能用于制砖。

由镁橄榄石的加热变化可知，高温下，镁铁橄榄石固溶体分解生成高熔点的镁橄榄石和低熔点的偏硅酸镁和Fe_3O_4等矿物，还有游离的SiO_2。因此在生产烧成或化学结合的镁橄榄石砖时，往往需要添加镁砂或镁砂和铬铁矿，使低熔点的矿物相转变为高熔点的镁橄榄石、铬尖晶石和对制品耐火度影响不大的铁酸镁。

镁橄榄石作为原料生产的制品荷重软化温度一般在1580～1650℃，耐火度大于1800℃；但抗热震稳定性较差，对碱性渣和熔融的铁氧化物的抵抗作用较强，对氧化钙含量较高的介质抵抗作用较弱，抵抗黏土质及高铝质物料的作用更弱。制品的这些性质与镁橄榄石矿物组成密切相关。

镁橄榄石可直接用作出钢口的引流砂、铸造型砂，其制品也可以用作出铁槽、混铁炉、盛钢桶内衬等。由于其抗蠕变能力和抗侵蚀能力较好，也可以作为玻璃窑炉的密封料和蓄热室格子砖等。

3.1.5　锆英石

锆英石的化学式为$ZrO_2 \cdot SiO_2$或$ZrSiO_4$，理论组成为$w(ZrO_2)=67.2\%$，$w(SiO_2)=32.8\%$，不含结构水。线膨胀系数小，20～1000℃时为$4.2\times10^{-6}/℃$；25～1500℃时为$5.1\times10^{-6}/℃$。热导率1000℃时为3.72W/(m·K)。锆英石加热至1750℃无收缩现象。

锆英石具有化学惰性，难与酸发生反应，一些熔融金属也不与其反应，不易为熔渣所润湿，抗渣性好，具有特殊的耐火性、耐温度急变性以及耐腐蚀性，是一种高级耐火材料。

锆英石是ZrO_2-SiO_2二元系中唯一二元化合物。根据相图，纯锆英石在1687℃时不一致熔融。高温下分解为ZrO_2和SiO_2。锆英石加热分解的温度一般认为为1540～2000℃。高纯锆英石砂大约于1540℃开始缓慢分解，1700℃分解迅速，随着温度升高，分解量增大，至1870℃时分解率达到95%。分解产物为单斜ZrO_2和非晶态SiO_2。随着分解的进行ZrO_2变体的膨胀也变得显著。原料中的杂质种类和数量显著影响锆英石的分解温度。

锆英石砂可以直接用作耐火浇注料和捣打料，也可以作为原料用来生产玻璃熔窑用锆英石砖。锆英石也可以作为添加剂用于其他耐火材料的生产，如合成堇青石中添加锆英石可拓宽堇青石的烧结温度范围，而不影响其热震稳定性。在高铝砖中添加锆英石可提高其抗剥落性和热震稳定性等。锆英石也用于提取ZrO_2。

3.1.6　铬铁矿

铬铁矿也称铬矿，在耐火材料工业中主要用于生产含铬质耐火材料。铬铁矿的理论组成为$FeCr_2O_4$，但天然铬铁矿中的Fe^{2+}可以被Mg^{2+}取代，Cr^{3+}也可以被Fe^{3+}、Al^{3+}所取代。所以，天然铬铁矿的成分复杂，变化也大。天然铬铁矿实际上多是由六种以上尖晶石组成的混晶，一般化学式可以表示为$(Fe,Mg)O \cdot (Cr,Al,Fe)_2O_3$。

天然铬铁矿中的铁很少有三价态，将铬铁矿在空气中加热至200～300℃时，铬铁矿中亚铁尖晶石中的FeO开始氧化，并随温度升高氧化速率加快，视铬矿石的种类不同在700～1000℃时达到最大值。这样，使铬矿尖晶石转化为$MgAl_2O_4$和包括Fe_2O_3、Al_2O_3、Cr_2O_3在内的倍半氧化物固溶体两部分。而当温度升高或氧气分压降低时，在与金属铁共存的情况下，Fe_2O_3又被还原为FeO，体系又转变为尖晶石固溶体，这时会发生膨胀效应，并随铬铁尖晶石中亚铁尖晶石增加，膨胀效应敏感性增强，出现破碎甚至崩溃现象。

铬铁矿尖晶石这种氧化-还原反应出现的膨胀效应和碎裂现象，可以通过引入过量的MgO，制造镁铬质耐火材料而得到稳定。引入氧化镁后生成的是尖晶石固溶体，而不是倍半氧化物固溶体，使铁的氧化物相对得以稳定。

向铬铁矿中引入氧化镁合成镁铬砂，可以通过烧结法合成，也可以通过电熔法合成。

从20世纪80年代以来，世界范围内镁铬质耐火材料的用量在不断下降，人们发现镁铬砖中的Cr_2O_3(Cr^{3+})在用于水泥回转窑等与K_2O、Na_2O、CaO、BaO接触时，生成KCr_2O_4、$(Na,K)Cr(SO_4)_2$等Cr^{6+}的可溶性铬化合物，对人体健康是非常有害的，因而纷纷限制其使用，寻找替代产品，如镁炭砖、镁铝尖晶石砖等。尽管如此，镁铬质耐火材料仍然是一种重要的冶金基础材料，在炉外精炼设备上和有色冶金行业，具有暂时不可取代的地位和作用。

3.2 耐火熟料

开采的天然耐火原料如果含有高温下易挥发成分，如原料为碳酸盐或含有较多的结构水，在高温下碳酸盐分解或失去结构水后发生体积变化，如果用天然开采的原料直接生产耐火制品，产品的外形尺寸难以控制，成品率非常低，故必须对天然开采的耐火原料进行预先煅烧，使其物理、化学反应、晶型转化接近完成，体积稳定。天然耐火原料经过预先煅烧后得到的成品称为耐火熟料或烧结料，如耐火黏土熟料、铝矾土熟料、烧结镁砂、烧结氧化铝和板状氧化铝等。

软质黏土、半软质黏土是应用量最大的天然耐火材料之一，但由于其与硬质黏土同属黏土类矿物耐火材料，故软质、半软质结合黏土在本节一起讨论。

3.2.1 耐火黏土熟料

耐火黏土一般是指耐火度大于1580℃，煅烧后Al_2O_3含量不小于30%，Fe_2O_3含量一般不超过2.5%的SiO_2-Al_2O_3系耐火原料。耐火黏土根据其生成状况或可塑性指标又可分为不同种类。

3.2.1.1 耐火黏土的分类

按照耐火黏土物理性能、矿物特征和工业用途一般分为软质黏土、半软质黏土、硬质黏土三种。从软质黏土到硬质黏土，其主要变化是Al_2O_3含量依次增加，主矿物相结晶有序程度增加。

硬质黏土主要用于煅烧耐火黏土熟料，烧后呈白色或接近白色，并夹杂有淡黄色。

软质黏土与半软质黏土多属于生成年代较晚的沉积矿床，常和煤伴生在一起，为土状碎屑岩，组织松软。有些软质黏土受地质变化的热压作用而变得致密，失去一部分可塑性，成为半软质黏土。

软质黏土多呈土状，颗粒细微，在水中易分散，可塑性与结合性很强。软质黏土的外观颜色变化很大。软质黏土与硬质黏土相比杂质含量较高，Al_2O_3含量较低，一般在22%～38%之间。

软质或半软质黏土在耐火材料生产中主要用作粘结剂，或用以改变泥料的可塑性、烧结性。

3.2.1.2　耐火黏土的化学矿物组成

耐火黏土的基本性能取决于其化学矿物组成。耐火黏土中常见的主要矿物为高岭石，此外还有伊利石、多水高岭石和蒙脱石等。高岭石的化学组成（理论含量）为 $w(Al_2O_3)=39.50\%$，$w(SiO_2)=46.54\%$，$w(H_2O)=13.96\%$，当原料中 Al_2O_3 的含量和 $w(Al_2O_3)/w(SiO_2)$ 比值愈接近高岭石理论组成，说明该耐火黏土的纯度愈高。

耐火黏土的主成分为 Al_2O_3、SiO_2，除此以外还有母岩残屑等带入的 TiO_2、Fe_2O_3、CaO、MgO、MnO_2、K_2O、Na_2O 等杂质。在耐火黏土中非高岭石带入的 SiO_2（石英），由于其不能转化为莫来石，因而一般也认为其是杂质。耐火黏土烧失量的大小与高岭石含量、有机物质含量、碳酸盐、硫酸盐含量有关。对耐火黏土高温性能影响最大的是 K_2O 和 Na_2O 含量。对耐火黏土烧后外观颜色影响最大的是 Fe_2O_3 和 MnO_2，随着 Fe_2O_3 含量增加，耐火黏土烧后的颜色由白逐渐过渡到黄到红，直到红褐色。

软质黏土的粒度分布对泥料的可塑性、结合性影响较大。软质黏土中的杂质（铁的化合物、母岩石残屑等）一般存在于大颗粒之中。5～10μm 以下的颗粒含量决定了软质黏土的结合性和可塑性。

3.2.1.3　结合用黏土和黏土热料

软质或半软质黏土又称结合黏土，主要用作结合剂或增塑剂。软质黏土中杂质含量较高，致使其外观颜色变化较大，可以从白色、灰色、米黄和淡红色到深灰色和黑色。以蒙脱石矿物为主要矿物组成的黏土称为膨润土，其具有颗粒微细、吸水性强、离子交换能力大，可塑性好和干燥强度大等优点。但干燥和烧后收缩较大。半软质黏土分散性、可塑性、结合性不如软质黏土，但其 Al_2O_3 含量较高，相对杂质含量较低，耐火度高于软质黏土。软质黏土通常用作不定形耐火材料的结合剂或增塑剂，大量用于生产黏土砖、高铝砖作结合剂。

软质黏土由于其 Al_2O_3 含量低，杂质含量高，故其烧结温度较低。烧结过程中 900℃ 以后开始收缩，在 1150～1300℃ 范围内收缩变化不大（为烧结温度范围），烧结温度在 1150～1200℃ 之间。软质黏土的烧结温度和烧结温度范围对制品的烧成制度确定具有实际意义。一般情况下，黏土砖的烧成温度比结合黏土的烧结温度高 100～150℃。

硬质黏土在水中不易分散，可塑性低。经高温煅烧后即为黏土熟料。从化学组成看，硬质黏土 Al_2O_3 和 SiO_2 含量的变化范围小，接近于高岭石的理论组成，杂质含量较低。常含的杂质有 Fe_2O_3、TiO_2、K_2O、Na_2O、CaO、MgO 和 FeS 等。这些有害成分不同程度地影响制品的性能。黏土熟料按杂质含量也可分为：低铁质、高铁质、高钛质、高钙质及高钾钠质、高硫质。

低铁质黏土为优质原料，常用以制作高炉砖和玻璃窑大砖等优质产品。高铁质原料，将降低制品的耐火性能与抗侵蚀性，并影响制品的外观。原料中有少量含钛矿物，将降低烧结温度，有利于烧结，但原料中钛含量较高则严重影响制品的高温荷重性能。高钾钠质原料在煅烧过程中产生玻璃相，显著地降低烧结温度和缩小烧结温度范围，当制品烧成时，过烧出现瓷化，欠烧则产生过大的残余收缩。高硫质、高钙质原料煅烧后制品出现熔洞、鼓泡、蜂窝状现象，所产生的制品质量较差。

黏土熟料的煅烧多将块状原料在竖窑中进行，也可用回转窑。

黏土熟料主要用于生产黏土制品，也可以制成各种粒级的颗粒料和细粉用于生产不定形耐火材料。经过高温过烧的耐火黏土熟料，由于其中的 Al_2O_3 和 SiO_2 形成莫来石相，过量的 SiO_2 形成熔融石英相，该种熟料耐酸碱侵蚀性能好，线膨胀系数低，可用于生产耐酸（碱）耐火制品、陶瓷行业用窑具、精铸型砂等。

3.2.2 高铝矾土熟料

高铝矾土熟料是天然高铝矾土经高温煅烧后的产物。天然高铝矾土主要是由铝的三种氢氧化物和铝硅酸盐矿物组成。铝的三种氢氧化物为一水硬铝石(硬水铝石、水铝石)、一水软铝石(勃姆石、波镁石、水铝矿)和三水铝石(水铝氢石、氢氧化铝石、三水铝矿)。铝硅酸盐矿物主要是指高岭石、叶蜡石、伊利石等。按照矿物组成,高铝矾土主要分为:水铝石-高岭石型,高岭石-水铝石型,水铝石-叶蜡石型,勃姆石-高岭石型以及水铝石-伊利石型等。天然铝矾土除用于煅烧耐火材料原料外,也是供生产氧化铝粉、刚玉型研磨材料和生产铝酸盐水泥的主要原料。

3.2.2.1 高铝矾土的化学、矿物组成及显微结构特点

铝矾土的化学成分主要是 Al_2O_3、SiO_2、Fe_2O_3、TiO_2,约占总成分的95%,其次有 MgO、CaO、K_2O、Na_2O、MnO_2等。

我国铝矾土矿按矿物组成分类主要是水铝石-高岭石(D-K)型,高岭石-水铝石(K-D)型,其他类型相对较少。上述类型的铝矾土矿主要是以水铝石、高岭石在原矿中的相对含量来划分。水铝石、高岭石在原矿中的相对含量除决定原料的化学组成以外,对原矿的组织结构及烧结性能影响较大。

我国的铝矾土主要产自山西、河南、贵州、河北、山东、湖南、四川等地。铝矾土生料中的 Al_2O_3含量在45% ~80%之间,煅烧后波动于48% ~90%之间,SiO_2含量在1% ~40%。铝矾土原料中杂质总量一般在2.5% ~6.0%,随 Al_2O_3含量的增加杂质总量有增多的趋势。TiO_2含量在1.5% ~3.6%,随 Al_2O_3含量的增加而递增,TiO_2常以细分散状分布于主要矿物之间。其余杂质含量与 Al_2O_3含量无对应变化关系。R_2O 含量通常较低,个别地区高铝矾土中 R_2O 含量较高。

高铝矾土的显微组织结构与水铝石类矿物和铝硅酸盐类矿物的相对含量密切相关。按照YB/T372—1963 耐火材料用铝土矿分类方法及技术要求,特级品、一级品水铝石的含量在80%以上,占绝大多数,高岭石呈细分散态分布于水铝石之间,铝矾土矿结构致密均匀。四级品铝矾土矿中,高岭石含量占绝大多数,水铝石分散于高岭石之间,原矿同样是组织结构致密而均匀。二、三级品中高岭石、水铝石含量基本相当,高岭石在水铝石之间的分布不均匀,结构致密性、均匀性均较差,常出现鲕状体结构。鲕状体的数量及分布状态直接影响到铝矾土煅烧的难易程度和熟料的质量。

3.2.2.2 铝矾土的煅烧与高铝矾土熟料

A 铝矾土的加热变化

中国铝矾土主要是D-K型或K-D型,其加热变化过程大体分为三个阶段:分解阶段、二次莫来石化阶段和结晶烧结阶段。

a 分解阶段(400 ~1200℃)

400 ~1200℃温度范围为铝矾土的分解阶段。在该阶段,铝矾土中的水铝石和高岭石在400℃左右开始脱水,700 ~800℃完成。水铝石脱水后形成刚玉假象,此假象仍保持原来水铝石的外形,在高温下逐步转变为刚玉相。高岭石脱水后形成偏高岭石,950℃以上时偏高岭石转变为莫来石和非晶态 SiO_2,后者在高温下转化为方石英。其反应式为

$$\alpha\text{-}Al_2O_3 \cdot H_2O(\text{水铝石}) \xrightarrow{400\sim600℃} \alpha\text{-}Al_2O_3(\text{刚玉假象}) + H_2O\uparrow$$

$$\alpha\text{-}Al_2O_3(\text{刚玉假象}) \xrightarrow{>1200℃} \alpha\text{-}Al_2O_3(\text{游离刚玉})$$

$$Al_2O_3 \cdot 2SiO_2 \cdot 2H_2O(\text{高岭石}) \xrightarrow{400\sim600℃} Al_2O_3 \cdot 2SiO_2(\text{偏高岭石}) + H_2O\uparrow$$

$$3(Al_2O_3 \cdot 2SiO_2)(\text{偏高岭石}) \xrightarrow{950℃} 3Al_2O_3 \cdot 2SiO_2(\text{莫来石}) + 4SiO_2(\text{非晶态})$$

b　二次莫来石化阶段(1200～1400℃或1500℃)

二次莫来石化也称次生莫来石化,是指高铝矾土中所含高岭石分解并形成莫来石,析出的非晶态 SiO_2 与水铝石分解后形成的游离刚玉发生反应再次生成莫来石的过程,即

$$3Al_2O_3(\text{游离刚玉}) + 2SiO_2(\text{非晶态}) \xrightarrow{1200 \sim 1500℃} 3Al_2O_3 \cdot 2SiO_2(\text{二次莫来石})$$

在二次莫来石化时,发生约10%的体积膨胀,致使烧成制品气孔率增大,结构疏松,这就是高铝矾土难烧结的原因所在。

c　重结晶烧结阶段(1400～1500℃)

在二次莫来石化阶段,由于液相的形成,已经发生了一定程度的烧结,但进程很缓慢。只有随着二次莫来石化的完成,重结晶烧结作用才开始迅速进行,莫来石和刚玉晶体发育长大,气孔缩小和消失,结构逐渐致密化并烧结。

B　铝矾土的烧结

影响铝矾土烧结的主要因素有二次莫来石化数量、生成液相的数量及铝矾土的组织结构。

二次莫来石化是铝矾土煅烧过程中必然发生的反应,该反应引起体积膨胀,对烧结起阻碍作用。其原因一是生成莫来石时由于体积密度的变化引起颗粒本身的体积增长;二是由于颗粒之间发生二次莫来石反应而相互推开,从而在颗粒间形成空隙。另外,反应时在颗粒周围首先形成莫来石薄膜也妨碍了铝硅离子的进一步扩散,使反应难以完成。

二次莫来石的形成量与高铝矾土中水铝石、高岭石的相对含量有关。如果高岭石加热分解出的 SiO_2 与水铝石分解出的 Al_2O_3 正好全部形成二次莫来石,则二次莫来石的生成量将会达到最大值。研究与生产实践都证明,$w(Al_2O_3)=65\%\sim70\%$ 的二级铝矾土,Al_2O_3/SiO_2 比值接近莫来石的 Al_2O_3/SiO_2 比值(2.55),在煅烧后莫来石的含量最高,二次莫来石化程度最大,原料最难于烧结;而 Al_2O_3 含量较高或较低的特级或三级铝矾土,二次莫来石化程度都小于二级铝矾土,烧结较容易,温度也较低。

铝矾土组织结构的均匀性对烧结的影响也是显著的。铝矾土煅烧时,由于矿物分布不均匀,二次莫来石化反应时,莫来石膜厚度增加,铝、硅离子的扩散距离增长,二次莫来石化反应更难完成,颗粒反应后相互推开而引起的膨胀起着重要作用,特别是存在鲕状体结构的铝矾土,表现得最为明显。

由于烧结基本上开始于二次莫来石化完成的温度,所以充分的二次莫来石化是铝矾土达到烧结的必要条件,特别是对二级铝矾土尤为重要。

液相量是影响铝矾土烧结的另一个重要因素。铝矾土烧结过程中,液相数量愈多,黏度愈小,促进烧结作用愈明显,但对材料的高温性能影响较大。

影响液相数量的主要因素是杂质的数量和种类,以及原料的 Al_2O_3/SiO_2 比值。中国铝矾土的杂质含量的特点是 Al_2O_3 含量愈高,杂质总含量愈高,杂质总量中 TiO_2 含量愈高。因此 Al_2O_3 含量较高的特级、一级铝矾土,由于杂质总含量高,高温下形成的液相量较多;Al_2O_3 和 TiO_2 可形成有限固溶体,但对于 TiO_2 含量较高的特级、一级铝矾土来说,由于 TiO_2 含量较高,TiO_2 除与 Al_2O_3 形成有限固溶体外,剩余部分进入液相,使液相的黏度显著降低,这就是特级、一级铝矾土较易烧结,烧后组织结构致密、均匀的主要原因。三级铝矾土相对组织结构均匀,Al_2O_3/SiO_2 比值较低,尽管高温生成液相中 SiO_2 含量较高,黏度较大,但生成液相的数量较多,因而三级铝矾土也较易烧结。二级铝矾土结构均匀性差,二次莫来石化数量多,烧结过程中液相量少于三级铝矾土,生成液相黏度高于特级、一级铝矾土,因而是最难烧结的铝矾土原料。

影响铝矾土烧结的因素和烧后性能特征见表3-1。

表3-1 铝矾土的烧结

$w(Al_2O_3)$/%		>76	68~76	60~68	52~60	42~52
Al_2O_3/SiO_2比值		>20	5.5~20	2.8~5.5	1.8~2.8	1.0~1.8
主矿物含量（质量分数）/%	水铝石	>85	67~85	49~67	31~49	8~31
	高岭石	<9	9~28	28~46	46~65	65~88
外观特征		灰色、重而硬，组织致密、均匀	浅灰色、重而硬，组织致密、均匀	灰白色，结构尚致密，鲕状体不多	灰色，结构疏松，多鲕状体	灰色、轻而软，易碎，断口滑腻，致密、均匀
烧结温度/℃		1450~1500	1500~1600	1600~1700	1600~1700	1450~1500
烧结难易程度		易	较难	难	很难	易
烧后相组成/%	刚玉	>82	55~82	20~55	10~20	5~10
	莫来石	<5	5~35	35~72	70~80	55~70
	玻璃	~10	~10	~10	10~20	20~40
二次莫来石形成量/%		<5	5~30	30~57	43~57	13~43
玻璃相特征	Al_2O_3/SiO_2	—	~1.8	~1.0	~0.7	—
	$Fe_2O_3+TiO_2$	—	~2.8%	~5.8%	~5.5%	—
烧后$w(Al_2O_3)$/%		>90	80~90	70~80	60~70	48~60
烧后杂质含量（质量分数）/%		4.0~7.3	4.0~7.3	3.2~5.7	3.2~5.7	2.8~4.5
相组成分类		刚玉质	刚玉-莫来石质	莫来石-刚玉质	莫来石质	低莫来石质

高铝矾土熟料的煅烧多将块状原料在竖窑、回转窑中进行，也可用倒焰窑。

天然高铝矾土熟料主要用于制备高铝制品，也可以制成各种粒级的颗粒料和细粉用于生产不定形耐火材料。用于生产不定形耐火材料的高铝矾土熟料颗粒可以通过体积密度指标判断烧结程度，而对于细粉不仅要化学成分满足要求，必须为充分烧结的高铝矾土熟料所磨制，否则用轻烧料磨制的细粉，对浇注料使用性能影响较大。

3.2.3 烧结镁砂

烧结镁砂属镁质耐火原料。镁质耐火原料是指以MgO为主成分和以方镁石为主要矿物组成的碱性耐火原料，包括由菱镁矿煅烧得到的轻烧镁粉和死烧镁砂。

3.2.3.1 菱镁矿

菱镁矿有晶质菱镁矿和非晶质菱镁矿两种类型，是一种几乎完全由$MgCO_3$组成的天然矿石。晶质菱镁矿按矿石中的杂质成分又分为高硅型和高钙型。高硅型矿石中主要杂质是滑石、石英、绿泥石、云母等矿物；高钙型矿石中主要杂质是白云石。非晶质菱镁矿中主要杂质是蛋白石。

菱镁矿的化学成分为$MgCO_3$，理论化学组成为$w(MgO)=47.82\%$，$w(CO_2)=52.18\%$。菱镁矿中的杂质化学成分有CaO、SiO_2、Fe_2O_3、Al_2O_3等。杂质能促进烧结，但含量较高时，使其耐火性能急剧下降。菱镁矿可采用各种选矿方法加以富集提高品位。

3.2.3.2　轻烧镁粉

菱镁矿加热过程中的基本物理化学变化是$MgCO_3$的分解和新化合物的形成。

$MgCO_3$的分解一般从350℃开始，600℃左右时反应剧烈进行。1000℃时$MgCO_3$分解基本完成。

$$MgCO_3 \xrightarrow{\triangle} MgO + CO_2$$

经800～1000℃煅烧的菱镁矿称为轻烧氧化镁或苛性氧化镁。轻烧氧化镁也可由海水、卤水提取的氢氧化镁制得。轻烧氧化镁质地疏松、化学活性大，可以用于制作菱苦土混凝土制品、隔热保温材料，也可以用作电熔镁砂和二步煅烧法生产优质镁砂的原料。另外，近年来转炉炼钢溅渣护炉技术的发展，进一步扩展了轻烧氧化镁粉的应用范围。目前溅渣护炉技术多将轻烧氧化镁粉制成球后使用，有轻烧氧化镁粉球、含碳轻烧氧化镁粉球和含碳含钙轻烧氧化镁粉球。

3.2.3.3　烧结氧化镁

将菱镁矿或海水、卤水提取的氢氧化镁、轻烧氧化镁等原料在高温下经一步或二步煅烧而得到的烧结产物称为烧结镁砂。由于烧结镁砂活性大大降低，所以也称作死烧镁砂或重烧镁砂。

烧结镁砂与轻烧氧化镁、电熔镁砂的主要矿物组成都是方镁石，但结晶状况与性能差异较大。轻烧氧化镁中方镁石结晶尺寸一般小于3μm；烧结镁砂中方镁石晶粒尺寸一般大于40～60μm；而在电熔镁砂中，方镁石尺寸一般大于80μm。增大镁砂中方镁石结晶尺寸，减少晶界面，可以减少氧化镁与碳及炉渣的反应活性，对提高镁质和镁碳质耐火材料的抗渣和使用寿命极为有利。

烧结镁砂的高温性能与镁砂中杂质总量、杂质种类，特别是CaO/SiO_2比值密切相关。方镁石晶粒之间相互直接接触的比例称为直接结合率，直接结合率愈高，制品的机械强度、抗渣性能及体积稳定性愈好。反之方镁石晶粒之间由非晶质或晶质的硅酸盐相连接在一起，其高温性能变差。高温性能的优劣取决于结合相的熔点及其他物理性能。

按照$MgO\text{-}CaO\text{-}SiO_2$三元系统分析烧结镁砂，$CaO/SiO_2$（物质的量比）从0～1.0，1.0～1.5，1.5～2.0，2.0～3.0，对应的结合相分别为$2MgO \cdot SiO_2$、$CaO \cdot MgO \cdot SiO_2$，$CaO \cdot MgO \cdot SiO_2$、$3CaO \cdot MgO \cdot 2SiO_2$，$3CaO \cdot MgO \cdot 2SiO_2$、$2CaO \cdot SiO_2$，$2CaO \cdot SiO_2$、$3CaO \cdot SiO_2$。不同$CaO/SiO_2$（物质的量比）对应的开始共熔温度（出现液相的温度）分别为1502℃、1498℃、1575℃和1790℃。显而易见，烧结镁砂中的CaO/SiO_2（物质的量比）决定了方镁石之间结合相的组成，结合相的组成决定了烧结镁砂的诸多高温性能。因此烧结镁砂的高温性能除与纯度有关外，杂质中的CaO/SiO_2比值也是一个十分重要的考核指标。

镁砂的烧结程度，直接影响着其高温性能。化学组成完全相同的镁砂，充分烧结和未完全烧结性能差别极大。烧结镁砂的致密程度，表征其烧结程度的好坏。在菱镁矿煅烧过程中，碳酸盐分解，CO_2逸出，轻烧MgO生成，高温下达到死烧即充分烧结。高温下主晶相方镁石的晶体长大，体积收缩，晶格常数降低，真密度提高，抗水化性能增强。

烧结镁砂的生产工艺可采用一步煅烧法或二步煅烧法。一步煅烧是将具有一定粒度的菱镁矿，在竖窑或回转窑内，用焦炭、无烟煤或无灰燃料煅烧，煅烧温度一般在1600℃以上，烧后产品经过拣选即为烧结镁砂。这种烧结镁砂由于受焦炭等燃料灰分的影响，产品虽经拣选，往往使烧结镁砂中增加2%左右的SiO_2，对于某些具有特殊要求的原料，不论菱镁矿纯度多高，采用此种煅烧工艺，SiO_2的含量无法满足要求，如用于生产电炉炉底干法打结料的$MgO\text{-}CaO\text{-}Fe_2O_3$砂，要求$SiO_2$的含量小于1.2%。采用这种生产工艺只能生产低档镁砂。二步煅烧是将天然菱镁矿或提纯的精矿粉，在回转窑、悬浮焙烧炉、多层炉、沸腾炉或反射窑内经1000℃左右轻烧得到轻烧氧化镁粉，再经过成分调节、细磨活化，压球或压坯，在竖窑、回转窑或隧道窑内1700℃以上高温煅烧，制得烧结镁砂。二步煅烧镁砂成分均匀、纯度高、致密度高。通常高档镁砂均采用这种方法生产。

烧结镁砂，主要用作生产镁质耐火材料的原料或不定形耐火材料。

3.2.4 烧结氧化铝

烧结氧化铝，又称烧结刚玉。它是以煅烧氧化铝或工业氧化铝粉为原料，经细磨制成球或坯体，在1750～1900℃的高温下烧结而成的耐火熟料。$w(Al_2O_3)$为99%以上的烧结氧化铝多由均一的细晶粒刚玉直接结合而成，显气孔率为3.0%以下，体积密度达到3.60g/cm^3，耐火度接近刚玉的熔点，高温下具有较好的体积稳定性与化学稳定性，不易受还原气氛、熔融玻璃液和金属熔液的侵蚀，常温、高温机械强度和耐磨性较好。

烧结氧化铝的体积密度、结晶大小与烧成过程中所用原料种类、成球或成坯方法、坯体的初始密度、添加物的种类和数量、煅烧温度等因素密切相关。添加1%（质量分数）以下的TiO_2能降低烧结温度，提高烧结氧化铝的密度；TiO_2添加超过2%～3%（质量分数），则会降低其密度；加入TiO_2的另一个作用是可制得大颗粒的熟料，大颗粒结晶的烧结氧化铝抗渣侵蚀性能好。也可加入1%～2%（质量分数）的H_3BO_3以促进刚玉晶粒长大。加入H_3BO_3的另一个目的是与原料中的Na_2O反应，生成Na_3BO_3挥发，降低原料中Na_2O含量。有时为抑制刚玉晶体的异常长大，可添加少量MgO。

烧结氧化铝的煅烧多是在倒焰窑或回转窑中进行。

烧结氧化铝主要用作生产烧结刚玉制品和不定形耐火材料的原料，其可使用温度相当高。但这种原料在二次加热时间较长时引起结晶长大，其结果可能会导致固溶界限下降，在晶界产生析出物，而影响其高温性能。

3.2.5 板状氧化铝

板状氧化铝，国内也称板状刚玉，是一种纯净的、不添加任何添加剂而烧成的收缩彻底完成的烧结氧化铝。

板状氧化铝是以氧化铝粉为原料，经磨细、成型、烘干后，在超高温窑内以稍低于刚玉熔点的温度，快速升温快速降温的条件下烧成，形成许多紧密结合的板柱状结晶，结晶粒大，中位径多在40～200μm，其晶体二维形貌呈平板状并相互穿插，晶体内部含有许多5～15μm的圆形封闭气孔，开口气孔较少，一般为2%～3%。

由于板状氧化铝不添加任何添加剂、纯度高，熔点高，晶粒硬度大，热负荷强度高，热收缩率低，高密度低透气性，耐磨性良好，特别是由于晶粒内存在许多封闭小气孔，热震稳定性好。除氢氟酸和磷酸外，大多数碱与无机酸对板状刚玉不起作用，耐化学侵蚀。

由于板状氧化铝的一系列特性，使它成为一种理想的耐火原料，既可以作为骨料用于Al_2O_3-C、Al_2O_3-SiO_2-C和Al_2O_3-Cr_2O_3等耐火材料中，也可以添加到其他高铝质不定形耐火材料中。磷酸盐结合和铝酸钙水泥结合的板状氧化铝不定形耐火材料得到广泛应用。凡是电熔刚玉或白刚玉应用的部位都可以用板状氧化铝替代，使耐火材料的性能得到改进。

板状氧化铝的煅烧多是在高温竖窑中进行。

板状氧化铝在钢铁工业中的应用几乎包括了从高炉、热风炉、混铁炉、鱼雷罐到转炉、二次精炼炉、模铸和连铸的钢包、中间包以及均热炉和加热炉等所有用氧化铝耐火材料的部位。

在陶瓷工业中，板状氧化铝用于窑具而使其性能得以明显改善。如用于陶瓷辊棒可以改善其热震稳定性和抗变形能力;用于制造烧制火花塞、氧化铝球等高温陶瓷用的匣钵、棚板等,寿命有明显提高。板状氧化铝还可以用作绝缘子,以及用于要求低气孔、高强度和高纯度的高温反应的催化剂载体等制造原料。

烧结莫来石和烧结尖晶石虽然也是耐火熟料,但其属合成原料。

3.3　耐火熔块

耐火熔块或称熔融耐火材料,是指将材料熔化、冷却凝固、加工而制得的耐火材料。由于使材料熔化采用的能源主要是电能,所以,通常也把这类材料称为电熔耐火材料。

耐火熔块可分为两大类,一类是将耐火原料熔融,并铸成一定的形状和尺寸;另一类是将耐火原料熔融后,冷却凝固、不需要确定的形状和尺寸,熔坨经破碎后,制成各种尺寸的颗粒和细粉。前者称为熔铸耐火材料,而后者称为电熔耐火原料。熔铸耐火材料包括熔铸锆刚玉制品(AZS),熔铸镁铬制品,熔铸莫来石制品和熔铸 α-β 刚玉制品等。电熔耐火原料包括熔融石英、电熔镁砂、电熔尖晶石、电熔刚玉等。本节重点介绍几种常见的熔融耐火原料。

熔融耐火材料具有晶粒大、气孔率低(一般为2% ~4%),体积密度高,容重大,机械强度高,耐磨性、抗渣性好,高温体积稳定,荷重软化点高,高温蠕变小等特点。

3.3.1　熔融石英

熔融石英是一种高级耐火原料,其最大特点是线膨胀系数极低(0 ~ 1000℃, 0.54×10^{-6}/℃),热震稳定性极佳,热导率低,耐火度较高,因而被用于制造陶瓷工业窑具,钢铁工业中的浸入式长水口等对热震稳定性要求较高的器件。

按照熔融石英的透明程度,可分为透明熔融石英和不透明熔融石英,透明或不透明与所用原料和制造工艺有关。

透明熔融石英没有或含有少量气泡等散射质点,呈透明状。通常用水晶或四氯化硅为原料,用电熔法或气炼法熔炼而成,其 SiO_2 含量通常在99.95%以上。透明石英通常用于制造高级石英玻璃。因其生产成本高,并不常用作耐火原料,而只是部分下脚料才用作耐火材料。

不透明熔融石英含有大量微小气泡等散射质点,使玻璃体呈不透明或半透明状。通常用纯净的石英砂为原料,用碳棒电阻炉或电弧炉熔制,SiO_2 含量通常在99.5%以上。热导率比透明熔融石英低。由于生产工艺和设备简单,石英砂原料丰富,因此价格低廉。耐火材料工业用熔融石英即为此种材料。

熔融石英在熔点以下处于介稳状态,在热力学上是不稳定的,在无其他氧化物杂质存在时,于1000℃以上能缓慢地析出 α-方石英。晶型转化产生体积效应,造成熔融石英制品松散、剥落甚至开裂而降低其热震稳定性。控制析晶和晶型转化是熔融石英制品应用中最主要的问题。

影响熔融石英析晶和晶型转化的因素有熔融石英中的杂质含量、颗粒尺寸、使用温度、保温时间和气氛。

熔融石英或与熔融石英配合料中的杂质要尽量低,特别是碱金属化合物、FeO 和碱土金属氧化物。

熔融石英粒度愈细,表面自由能越大。细颗粒熔融石英比粗颗粒熔融石英更容易转化为方石英。

熔融石英在1000℃以下一般能稳定存在,在1200℃以上有明显的析晶行为,而且温度越高,受热时间越长,转化成方石英的数量愈多。在同样温度下,熔融石英在氧化气氛中比在还原气氛和保护气氛中析晶速度要快。

熔融石英的生产一般采用电弧炉熔炼或石墨电阻炉熔炼。

3.3.2　电熔镁砂

电熔镁砂是以高品位的天然菱镁矿、轻烧氧化镁粉或其他含氧化镁的材料为原料，在电弧炉中熔融后进行自然冷却，使方镁石晶体从熔体中结晶长大。冷却后除掉大块上的欠熔料，熔块即为电熔镁砂。欠烧料可再返回电弧炉。熔块经过拣选分级，破碎成市场所需粒度即可。

由于采用了纯度较高的原料，硅酸盐杂质含量低，因此电熔镁砂中方镁石的直接结合程度高，能充分地发挥出方镁石的优良性能。电熔镁砂的发展方向是高纯度、大结晶。大结晶镁砂具有优良的结晶、稳定的晶格常数和热膨胀系数。由于使用时熔渣是从方镁石的晶界开始侵蚀的，因此大结晶电熔镁砂要比烧结镁砂中方镁石细晶抗侵蚀性强得多。烧结法制得的镁砂中方镁石平均尺寸为60～200μm，而一般电熔镁砂中方镁石结晶尺寸为200～400μm，大结晶电熔镁砂可达700～1500μm，甚至5000μm以上。方镁石晶粒尺寸愈大，电熔镁砂中的晶界面将大幅度减少，抗渣性能愈好。

天然菱镁矿或轻烧氧化镁粉在熔融后，冷却过程中，依据熔炉中部位的不同，电熔镁砂分成皮砂，柱状大结晶镁砂，块状大结晶镁砂和大颗粒镁砂。皮砂中方镁石结晶尺寸为10～100μm，镁砂呈多孔状。多孔状镁砂中与液相接触的方镁石可起到晶种作用，成为大结晶方镁石生长的先决条件。柱状大结晶镁砂中晶粒截面尺度为1000～5000μm左右，长度不等，最长可达20000～30000μm。柱状大结晶镁砂中方镁石间晶界宽度为5～10μm，沿晶界分布有钙镁橄榄石和镁橄榄石及气泡等杂质。块状大结晶镁砂中方镁石晶体为长方形块状，方镁石晶粒平均尺寸10000～15000μm，方镁石晶体结构完整、均匀，基本无杂质相和气孔，块状大结晶镁砂中方镁石晶界面宽度多为5μm左右，大部分呈直接结合状态，少部分有镁橄榄石和钙镁橄榄石胶结物。大颗粒镁砂中方镁石粒径为400～600μm，晶体内有钙镁橄榄石相存在，方镁石间晶界较宽，一般为25μm，最宽达50μm，晶界为钙镁橄榄石相。

由上述分析可知，电熔镁砂中块状大结晶镁砂最优，柱状大结晶镁砂次之，大颗粒镁砂较差，皮砂与一般烧结镁砂性能差别不大。

电熔镁砂，在耐火材料工业中主要用作制备镁碳质耐火材料，不定形耐火材料和坩埚；电熔镁砂的另一个用途是作家用电器加热元件的填充料或绝缘材料，其绝缘性能好，耐高温，热导率大。

3.3.3　电熔刚玉

电熔刚玉是指用富含Al_2O_3的原料经熔融制得的以刚玉为主晶相的产品或原料，如熔铸刚玉砖、熔铸α-β刚玉砖、电熔白刚玉、棕刚玉、β-刚玉等。

电熔刚玉品种很多，有白刚玉、棕刚玉、青刚玉、亚白刚玉、矾土刚玉和致密电熔刚玉等。

电熔白刚玉又称熔融氧化铝，它是以煅烧氧化铝或工业氧化铝粉为原料，在电弧炉内高温熔化而成。$w(Al_2O_3)>99\%$，白色，块料，显气孔率为6%～10%，主晶相为α-Al_2O_3，晶体为长条形和菱形，而且往往呈骸状晶体。由于原料很纯，在电炉熔化过程中不发生化学反应，但熔融液体的温度、冷却速度等对块料的结构有很大的影响。在均质方面，重要的是获得尽可能致密的块料。原料中的Na_2O凝固时形成β-Al_2O_3，容易集中在块料的中央部分，会对耐火材料、研磨材料带来不利影响，所以必须注意原料中Na_2O的含量。此外，块料中尚有少量的霞石、玻璃相等。

青刚玉也称低铝刚玉，是以高铁铝矾土热料为主要原料，在电弧炉中经高温熔融，结晶而成。青刚玉主晶相为刚玉相，次晶相为铁尖晶石，体积密度为3.7～3.9g/cm³，耐火度通常大于

1800℃。通过调整配方，控制主晶相和次晶相的比例，以满足耐火材料（$w(Al_2O_3) \geq 80\%$）和磨料（$w(Al_2O_3) \geq 73\%$）的不同要求。

耐火青刚玉替代白刚玉成功地用作炼铁高炉炮泥骨料；磨料青刚玉制成的切削砂轮，切削效果优于以白刚玉制成的同类砂轮。

棕刚玉是以天然铝矾土为原料，以炭素（主要是焦炭）为还原剂，同时加入铁屑为沉降剂（澄清剂），以形成硅铁沉于电炉炉底。

其制备的基本原理是：

$$Fe_2O_3 + C \longrightarrow Fe\text{（还原出来的铁量少）} + CO\uparrow$$

$$SiO_2 + C + Fe\text{（加入铁屑）} \longrightarrow FeSi\downarrow + CO\uparrow \quad \text{或} \quad SiO_2 + C \longrightarrow Si\uparrow + CO\uparrow$$

$$TiO_2 + C + Fe \longrightarrow Fe_3Ti\downarrow + CO\uparrow$$

上述反应中，Fe_2O_3、SiO_2和TiO_2的还原有先后、难易之分，而且开始还原的温度也不同，Fe_2O_3还原温度为720℃，SiO_2为1530℃，而TiO_2为1650℃。棕刚玉制备过程中以脱铁、脱硅为主。

棕刚玉呈棕褐色，一般$w(Al_2O_3) \geq 94.5\%$，$w(SiO_2) \leq 3.5\%$，$w(TiO_2) \leq 3.5\%$，$w(Fe_2O_3) \leq 1\%$。矿物组成以α-Al_2O_3为主，晶体形状中心部分为菱形、厚板形和带有裂纹的颗粒，周边有较多的氧化硅、氧化钙熔体结晶，呈长板状，最粗大晶粒呈骸状片晶。由于杂质尚未完全除去，因此棕刚玉中还含有六铝酸钙、钙斜长石、尖晶石、金红石等次晶相以及玻璃相、铁合金和固溶体等。棕刚玉的色调在很大程度上依赖于残存在制品中的氧化钛的含量。

棕刚玉主要用作磨料。近年来已用作大、中型高炉出铁沟浇注料和出铁口无水炮泥的骨料以及制造普通刚玉砖（包括高铝碳化硅砖）的原料。

致密电熔刚玉是以工业氧化铝为原料，加入外加剂，在电炉中熔融而成。熔融时应严格操作，以控制碳化物的过量生成。致密电熔刚玉外观呈灰色、灰黑色或灰白色，$w(Al_2O_3) \geq 98\%$，显气孔率比电熔白刚玉低，一般不大于3%，体积密度不大于$3.8g/cm^3$，主晶相为α-Al_2O_3，次晶相有$FeTiO_3$、$CaAl_{12}O_9$、$Ca_3Si_8O_9$、TiN、Ti_4O_7等，还有少量玻璃相。致密刚玉中C含量应不大于0.14%，并应尽量减少β-Al_2O_3的生成，以提高刚玉颗粒强度及抗侵蚀性能。致密电熔刚玉中含有较多的碳化物（Al_4C_3、Al_4O_4C、Al_2C）时，碳化物在常温下可与水反应：

$$Al_4C_3 + 12H_2O \longrightarrow 4Al(OH)_3 + 3CH_4\uparrow$$

可造成电熔刚玉颗粒粉化。配置不定形耐火材料时可致使施工疏松、膨胀，甚至严重开裂。致密电熔刚玉在耐火制品中多用作骨料，在不定形耐火材料中的应用正不断扩大。

亚白刚玉、矾土刚玉或称高铝刚玉实际上是一个品种，是铝矾土基的致密电熔刚玉。它是在还原气氛和控制条件下，电熔特级或一级铝矾土而制得的。熔融时加入还原剂（碳）、沉降剂（铁屑）及脱碳剂（铁鳞）。在冶炼中，前期以过量的还原剂将TiO_2还原除去，在冶炼后期再加入脱碳剂或吹氧以除去过量的碳，从而得到亚白色的电熔刚玉。其理化指标与致密电熔刚玉相当，颜色也接近，通常Al_2O_3含量大于98%，显气孔率小于4%；刚玉结晶一般为粒状，尺寸1～15mm；主要杂质矿物为六铝酸钙（CA_6）、金红石、钛酸铝及其固溶体。但在矿物组成中含有较高的钛化物，线膨胀系数较致密电熔刚玉高。它的应用目前主要是在不定形耐火材料及Al_2O_3-SiC-C砖中替代致密电熔刚玉，替代量可达25%～50%。应用时应控制C含量，一般应不大于0.14%。在定形耐火材料中使用时，尚应控制铁磁性物含量，以免砖表面产生黑斑。

亚白刚玉是一种十分有发展前途的耐火原料。

β-刚玉是以工业氧化铝为原料，熔融时引入Na_2O，刚玉中的Na_2O控制在5%～7%，使主晶相形成$Na_2O \cdot 11Al_2O_3$即β-Al_2O_3。其密度$3.25g/cm^3$，熔点为1600℃，热膨胀系数较α-Al_2O_3小，在2000℃左右转变为α-Al_2O_3而分解出Na_2O。

在浇铸不锈钢时,浸入式水口的本体多采用Al_2O_3-SiC-C材料。材料中的C和SiC被钢水中的氧及FeO、Cr_2O_3、MnO等氧化,还原出Fe、Cr代替C,致使在水口内孔、出钢口周围形成变质层并不断扩大,妨碍浇注。以β-刚玉替代α-Al_2O_3(多用作粗颗粒部分,细粉部分仍为α-Al_2O_3)制成浸入式水口,大大减小了变质层的厚度,并使抗剥落性大为改善。其原因在于高温下Na_2O被释放,与钢渣中的CaO、SiO_2等反应,在工作面生成玻璃膜,防止石墨氧化和渣成分的侵入以及钢水中Al_2O_3的沉积。

电熔刚玉主要应用于磨料磨具行业和耐火材料行业。电熔β-刚玉主要应用于玻璃工业窑炉。

电熔莫来石和电熔尖晶石虽然也是耐火熔块,但其属合成原料。

4 氧化硅质耐火材料

氧化硅质耐火材料是指以二氧化硅(SiO_2)为主要成分的耐火材料。主要制品有硅砖。硅砖系指二氧化硅含量在93%以上,用SiO_2为主要成分的硅石作原料,加少量矿化剂,经高温烧成的耐火材料。另外还有不定形硅质耐火材料及石英玻璃制品。

二氧化硅为非金属酸性氧化物,在地球上分布很广,地表中含量在59%以上。

氧化硅质耐火材料为典型的酸性耐火材料。其矿物组成为:主晶相为鳞石英和方石英,基质为石英玻璃相。氧化硅质耐火材料抵抗酸性炉渣侵蚀能力强,荷重软化温度高,耐磨,导热性好,在600℃以上使用时抗热震性较好,而在600℃以下使用时抗热震性很差。硅砖主要用于焦炉、玻璃熔窑、酸性炼钢炉以及其他热工设备。

为了适应焦炉大型化和强化生产的需要,氧化硅质耐火材料主要发展方向是研制生产高硅高密度硅砖和SiO_2与其他原料结合的硅质耐火制品。

4.1 SiO_2的同素异晶转变

用于制造氧化硅质耐火材料的矿物原料主要是硅石,其主要成分为SiO_2。无论何种硅石,SiO_2在加热过程中,在不同的温度下以不同的晶型存在,在一定条件下相互转变,并伴随有体积变化。因此,了解和掌握SiO_2的晶型转变规律和各晶型的性质,对于硅质耐火材料的生产、选择和应用具有十分重要的意义。

SiO_2在常压下有八种形态变体。其中七种为结晶形态:β-石英、α-石英;β-方石英、α-方石英;γ-鳞石英、β-鳞石英、α-鳞石英。一种非结晶形态:石英玻璃。SiO_2的这些同素异晶转变是很复杂的。SiO_2变体性质如表4-1所示,晶型转变伴随体积效应如表4-2所示。

表4-1 SiO_2变体的性质

变　体	晶系	常温下真密度/$g \cdot cm^{-3}$	比体积	稳定的温度范围/℃
β-石英	三方	2.65	0.3773	<573
α-石英	六方	2.533	0.3948	573~870
γ-鳞石英	斜方	2.27~2.35	0.4405~0.4255	<117
β-鳞石英	六方	2.242(转变温度下)	0.4460	117~163
α-鳞石英	六方	2.228(转变温度下)	0.4488	870~1470
β-方石英	斜方	2.33~2.34	0.4292~0.4273	<180~270
α-方石英	立方	2.229(转变温度下)	0.4486	1470~1723
石英玻璃	无定型	2.203	0.4539	>1713±10 快冷

表4-2 氧化硅在转变时的体积效应

主要变体间的慢转变	计算转变效应的温度/℃	体积效应/%	各种变体的快速转变	计算转变效应的温度/℃	体积效应/%
α-石英→α-鳞石英	870	+16.0	β-石英→α-石英	573	+0.82
α-石英→α-方石英	1000	+15.4	γ-鳞石英→β-鳞石英	117	+0.20

续表 4-2

主要变体间的慢转变	计算转变效应的温度/℃	体积效应/%	各种变体的快速转变	计算转变效应的温度/℃	体积效应/%
α-石英→石英玻璃	1000	+15.0	β-鳞石英→α-鳞石英	163	+0.20
石英玻璃→α-方石英	1000	-0.9	β-方石英→α-方石英	270	+2.80

在硅砖生产的烧成过程中，SiO$_2$的同素异晶转变按图 4-1 所示的顺序进行。

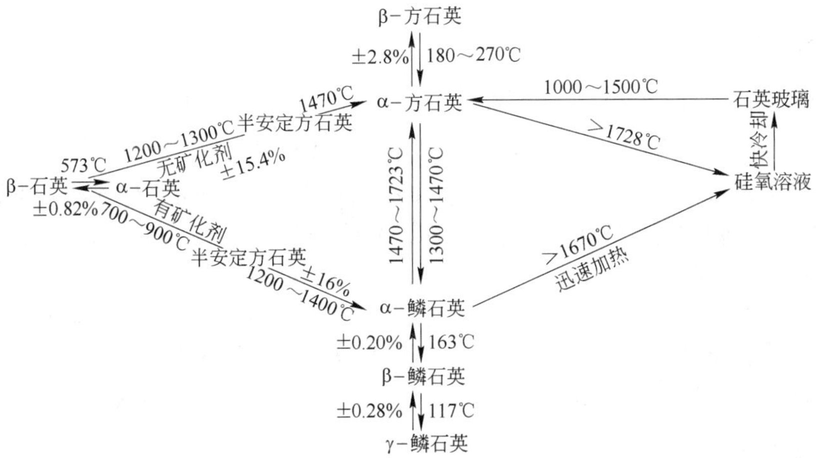

图 4-1 SiO$_2$的同素异型转变

根据转变特点和速度，SiO$_2$晶型转变分为两类：迟钝型转变和快速型转变。

4.1.1 不同晶型之间的转变（迟钝型转变）

在加热过程中，石英、鳞石英、方石英及硅氧熔液（石英玻璃）之间发生相互转化，是属于由一种晶型转变成另一种晶型的转变过程。如表 4-2 所示，这种转变过程伴随有较大的体积效应。一般是不可逆的。晶型之间在结构和物理性质上存在较大的差别。

不同晶型之间的转变从晶体的边缘开始，逐渐发展至中心，必须破坏原有的晶体结构，使 Si—O 键断开，实现原子的重新排列，组成新的结构。所以转变过程消耗能量大，转变温度高，转变速度慢，经过较长时间才能实现，故称为迟钝型转变。

4.1.2 同一晶型亚态之间的转变（快速型转变）

同一晶型亚态 α、β、γ 型之间也发生相互转变，并且是可逆的。这种亚态变体的结构和物理性质是相似的，转变时 Si—O 键没有被破坏和断开，只有键的角度发生变化，晶格发生扭曲或伸直，消耗能量小，转变温度低，转变速度快，只要达到转变温度，晶体从中心到边缘全部立刻转变，故称为快速型转变。由于快速转变是在瞬时发生的，其体积效应危害大。

低温型石英转变为高温型石英过程中，石英颗粒会开裂。如有矿化剂存在时，形成的液相就会沿着裂纹侵入颗粒内部，促使石英转变为鳞石英。通常，这种转变称为湿转变。如果很少或几乎没有矿化剂时，石英开始形成半稳定方石英，然后形成方石英，这种转变称为干转变。干转变时砖坯产生较大的不均匀膨胀，又无液相缓冲应力，会造成制品的结构开裂和松散。

经过高温烧成后，硅砖的性能主要与 SiO$_2$的晶型有关。各种晶型的熔点不同：石英的熔点最低，为 1600℃；方石英的熔点最高为 1723℃；鳞石英为 1670℃。因此，方石英的含量高，有利于提高硅砖的耐火度;而鳞石英含量高,则因其具有矛头双晶,在砖中相互交错形成网络状结构,有利于提高制品的荷重软化温度和高温强度。由于残余石英在高温下可继续向方石英或鳞石英转变,并伴有较大的体积膨胀,故其含量愈少愈好。

4.2　硅砖生产

硅砖生产和硅砖的性质均受到 SiO_2 同素异型转变的影响。因此,对硅砖生产使用的原料和生产工艺条件的控制是很严格的。

4.2.1　原料

制造硅砖的原料为石英岩,又称硅石。为保证硅砖的质量,要求硅石中 SiO_2 含量大于96%(我国多数在98%以上),Al_2O_3、TiO_2 及碱金属氧化物等杂质总含量一般要小于2%。

如前所述,硅石根据变质程度分为结晶质和胶结质两种。若结晶硅石中结晶颗粒较大,则此种硅石膨胀较大,转变慢、易松散。若结晶硅石晶体颗粒小,大小参差不一,并以锯齿状结构交错紧密结合,在加热时容易转变,膨胀不大,不易松散。胶结硅石是由硅质胶结物将细小石英晶体胶聚而成,含杂质较多,加热转变容易,易松散,很少用作制砖原料。因为胶结硅石在烧成时转变速度快,不易控制,所以成品率低。但是,若控制得当也可生产出合格产品。

制造硅砖用的原料愈致密愈好。致密原料可以生产出高质量致密硅砖。

4.2.2　硅砖生产的工艺流程

硅砖与其他耐火砖的生产工艺不同之处在于:原料不经煅烧,直接配用破粉碎和筛分后的硅石颗粒料和细粉;需加一定的矿化剂,其中石灰乳既是矿化剂又起结合作用。然后成型、干燥和烧成。生产工艺流程如图4-2所示。

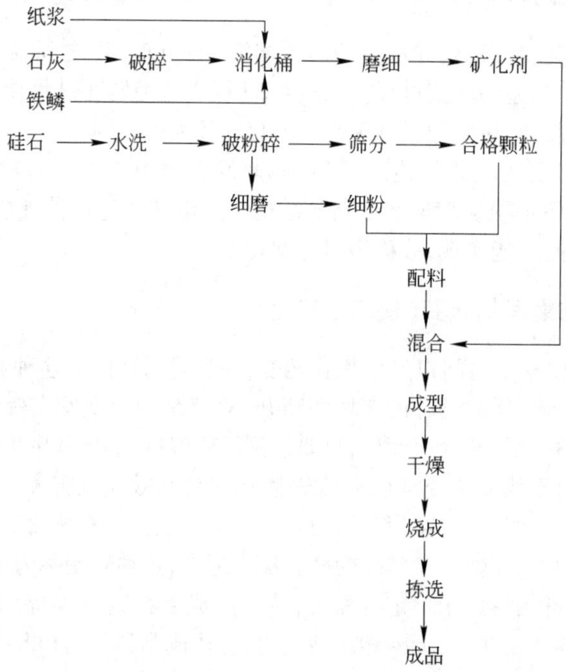

图4-2　硅砖生产流程

因硅砖烧成过程中有晶型转变，并伴有体积变化，为了促进石英向鳞石英转化和控制晶型转化时体积效应的危害，获得优质硅砖，在生产过程中要配入适量的矿化剂。矿化剂的种类很多，在生产中多以 CaO 和 FeO 为主要成分的消化石灰和铁鳞为矿化剂。

4.3 硅砖的性质和使用

硅砖的化学矿物组成、真密度、体积密度、耐火度、荷重软化温度、高温体积稳定性、抗热震性及抗渣性等性质与原料的性质、晶型转变状况和制造方法等诸多因素有关。

4.3.1 化学矿物组成

普通硅砖的化学矿物组成如表 4-3 及表 4-4 所示。

表 4-3 硅砖的化学组成

化学成分	SiO_2	Al_2O_3	Fe_2O_3	CaO	R_2O
质量分数/%	93 ~ 98	0.5 ~ 2.5	0.3 ~ 2.5	0.2 ~ 2.7	1 ~ 1.5

表 4-4 硅砖的矿物组成

矿物组成	鳞石英	方石英	石 英	玻璃相
质量分数/%	30 ~ 70	20 ~ 80	3 ~ 15	4 ~ 40

由以上两表可以看出：硅砖中 SiO_2 含量在 93% 以上；一般硅砖中的晶相为鳞石英和方石英以及少量残存石英，基质为玻璃相。

4.3.2 真密度和体积密度

硅砖真密度的大小是判断其晶型转变程度的重要标志之一。一般硅砖的真密度在 $2.38g/cm^3$ 以下，优质硅砖在 $2.33 \sim 2.34g/cm^3$ 范围内，硅石为 $2.65g/cm^3$。如表 4-5 所示，根据真密度可以判断硅砖的矿物组成。

表 4-5 硅砖的真密度与矿物组成（质量分数）

真密度/$g \cdot cm^{-3}$	鳞石英/%	方石英/%	石英/%	玻璃质/%
2.33	80	13	0	7
2.34	72	17	3	8
2.37	63	17	9	11
2.39	60	15	9	16
2.40	58	12	12	16
2.42	53	12	17	18

硅砖的体积密度与气孔率有关。一般硅砖的显气孔率为 17% ~ 25%，体积密度为 $1.8 \sim 1.95g/cm^3$。硅砖的成型压力愈高，体积密度愈大。增大体积密度可以提高硅砖的结构强度、导热性和抗渣能力。

4.3.3 耐火度

硅砖的耐火度为 1690 ~ 1730℃。随着 SiO_2 含量、晶型、杂质种类及数量的不同略有变化，但波动范围较小。SiO_2含量愈高，耐火度愈高，杂质含量愈多，特别是Al_2O_3、K_2O、Na_2O增高时，硅砖的耐火度降低。总的来看，硅砖的耐火度不高，不能满足强化冶炼的要求。

4.3.4　荷重软化温度

硅砖的荷重软化温度较高，一般为1620～1670℃，与其耐火度接近。这主要是因为构成硅砖的主晶相为具有矛头双晶的鳞石英形成网络状结构和基质为黏度较大的玻璃相所致。硅砖在荷重作用下加热从开始软化变形到其破坏之间温度间隔不大，一旦达到软化温度便迅速破坏，荷重软化变形温度范围很窄，开始软化温度与其耐火度接近。这是硅砖的一个特殊性能。

影响硅砖荷重软化温度的因素主要是砖中的杂质种类、数量和晶型与密实状况等，另外也与测定条件有关。

4.3.5　高温体积稳定性

硅砖在加热过程中，除了存在一般的热膨胀外，还发生晶型转变并伴有体积膨胀。如果砖内存在未转变的残存石英，高温下将继续转变成鳞石英或方石英，产生较大的体积膨胀。普通硅砖从常温加热至1450℃时，体积膨胀率为1.5%～2.2%，而从1450℃冷却到250℃时，体积收缩，最终残余膨胀率为0.1%～0.9%。优质硅砖的残余膨胀率不超过0.3%～0.4%。硅砖加热和冷却时体积膨胀与收缩变化曲线如图4-3所示。

4.3.6　抗热震性

硅质耐火制品的抗热震性很差，在850℃下水冷仅为1～2次。其原因在于温度剧烈变化时，硅砖内部的结晶发生快速型转变，体积突然膨胀或收缩，产生较大的内应力，使硅砖崩裂和剥落。但是，当硅砖的使用温度在600℃以上波动时，由于不发生快速晶型转变，它的抗热震性较好。

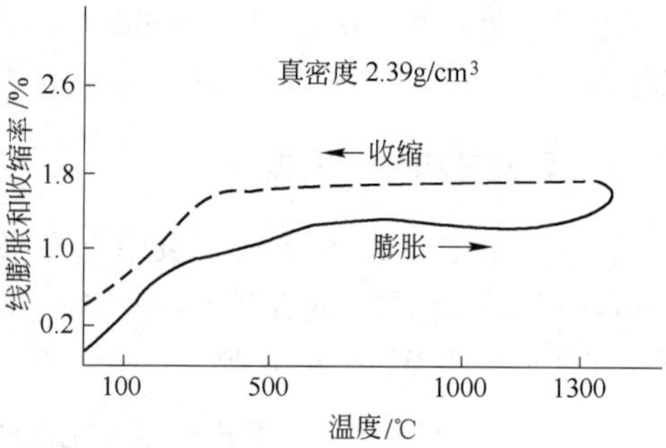

图4-3　硅砖加热和冷却时的膨胀与收缩曲线

4.3.7　抗渣性

硅砖是酸性耐火材料，对酸性及弱酸性炉渣和含腐蚀性炉气的侵蚀有很强的抵抗能力，对含CaO和FeO的炉渣侵蚀作用也有一定的抵抗能力。从图4-4及图4-5可见，SiO_2同CaO或FeO共存时，SiO_2能吸收一定数量的CaO或FeO，并在高温下生成两种互不溶解的液相。在SiO_2吸收CaO达30%或吸收FeO约40%的条件下，液相数量少，黏度大，系统完全达熔融时温度仍很高。当温度超过1700℃，并形成互不相溶的两液相时，由于黏度很大，不易发生熔滴或渗入砖的气孔之中。因此，硅砖曾用作炼钢电炉的炉顶砖。

虽然硅砖的耐火度不很高，但荷重软化温度较高，高温结构强度大，而且在600℃以上长期使用稳定性好，能抵抗酸性炉渣的侵蚀，因此，目前主要用于砌筑玻璃熔窑和焦炉。用硅砖砌筑焦炉炭化室隔墙，在高温下具有良好的稳固性和气密性，使用寿命可达10～15年，如使用得当，可达25年以上。硅砖曾用作酸性转炉的内衬砖。电炉炉顶、反射炉拱顶、蓄热室及沉渣室过去也广泛采用硅砖砌筑，现在已逐渐被高铝砖及镁铝砖所代替。

用硅砖砌筑的炉窑在加热烘烤过程中，应缓慢升温，以免因膨胀过激而使砌体破坏。

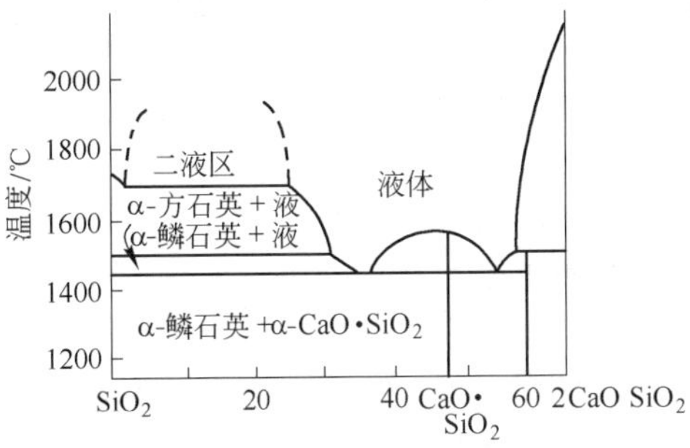

图 4-4 CaO-SiO_2系统状态图

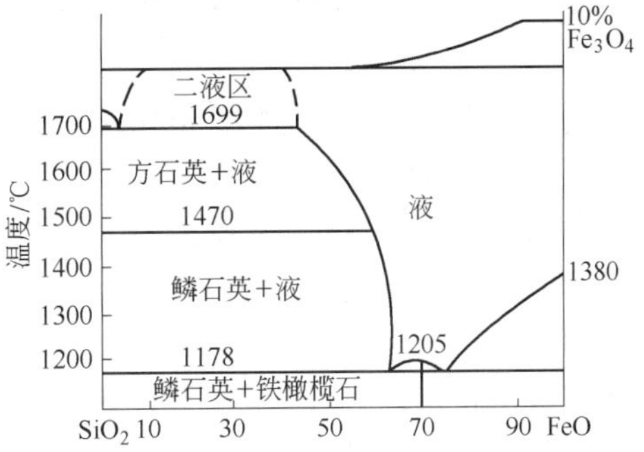

图 4-5 FeO-SiO_2系统状态图

4.4 其他氧化硅质耐火制品

4.4.1 高密度高导热性硅砖

为了适应焦炉大型化和强化生产的需要，对焦炉硅砖的质量提出了更高的要求。在保证焦炉稳固性和机械强度的前提下，适当减薄炭化室隔墙的厚度，以强化传热过程，缩短炭化时间。因此需要生产具有密度高、结构强度大和导热性能高的硅砖。

一般采用高硅质原料，经高压成型。在尽量减少玻璃相的数量和降低气孔率的同时，掺加CuO、Cu_2O、TiO_2、Fe_2O_3等导热能力高的金属氧化物，获得气孔率为16%左右，体积密度超过1.95g/cm^3，热导率大于18W/(m·K)，机械强度高的高密度高导热性硅砖。各种金属氧化物对硅砖导热性的影响为：氧化铜>氧化铁>氧化钛。随着金属氧化物的掺入，硅砖导热能力显著提高，但对制品的耐火度、荷重软化温度有影响。因此，金属氧化物的加入量一般不超过2%。表4-6为某厂研制的高密度高导热性硅砖的性能。

表 4-6 高密度高导热性硅砖的性能

种类	化学组成 w/%				耐火度/℃	显气孔率/%	体积密度/g·cm^{-3}	耐压强度/MPa	荷重软化温度/℃	热导率/W·(m·K)$^{-1}$
	SiO_2	TiO_2	Fe_2O_3	CuO						
含铁	94.12		2.50		1670~1690	16.5	1.96	48	1660	18.30
含铜	93.03			1.50		17.1	1.96	69	1650	19.95
含钛	93.52	1.63	1.08		1670~1690	17.4	1.95	56	1660	18.22

4.4.2 石英玻璃制品

石英玻璃制品也称熔融石英制品，作为耐火材料有两类：石英玻璃制品和石英玻璃再结合制品。

4.4.2.1 *石英玻璃制品*

石英玻璃制品是二氧化硅单一组分的玻璃相，为非晶质结构。用硅石或硅化物作为原料，经高温熔化或气相沉积而成。主要制品有管、棒、板、块和纤维等。

石英玻璃制品的主要性能：化学稳定性好、耐高温、线膨胀系数很小、抗热震性很高并具有良好的电绝缘性，能透过红外线、紫外线。广泛应用于机电、冶金、化工、建材及国防等工业部门。按透明度分为透明和不透明两种。

透明石英玻璃制品长期在高温下使用会失透，一般安全使用温度为1100℃，短时间可使用到更高的温度。

不透明石英玻璃制品隔热性能比透明石英玻璃好，其他性能不如透明石英玻璃。

4.4.2.2　石英玻璃再结合制品

石英玻璃再结合制品也称熔融石英再结合制品，或称熔融石英陶瓷制品和石英玻璃烧结制品。它以石英玻璃为原料，先制成细粉，然后加入结合剂，经再结合或再经快速烧成而制成再结合制品。

石英玻璃再结合制品仍保持有石英玻璃的特性，即耐酸性能强、耐火性能好、线膨胀系数很小（0.5×10^{-6}/℃），抗热震性很好，而且热导率很小，耐磨和耐冲刷，高温抗折及抗拉强度高。因此常用作钢铁冶金和有色冶金的浸入式水口等，使用效果好。其缺点是长期在1100℃以上使用，会产生高温析晶而开裂和剥落。熔融石英水口性能如表4-7所示。

表4-7　熔融石英水口的性能

$w(SiO_2)$/%	体积密度/$g\cdot cm^{-3}$	显气孔率/%	耐压强度/MPa	抗热震性（1200℃，水冷）/次
>99.0	1.70～1.90	12～22	>45	>40
>99.0	1.75～1.90	17～20	>70	>15

5 硅酸铝质耐火材料

硅酸铝质耐火材料是以 Al_2O_3 和 SiO_2 为基本化学组成的耐火材料。根据制品中 Al_2O_3 和 SiO_2 的含量,硅酸铝质耐火材料划分为三类:

半硅质耐火材料:Al_2O_3 含量为 15% ~30%;

黏土质耐火材料:Al_2O_3 含量为 30% ~46%(根据我国原料特点,为 30% ~48%);

高铝质耐火材料:Al_2O_3 含量大于 46%(根据我国原料特点,一般大于 48%)。

硅酸铝质耐火材料的性能和用途随 Al_2O_3 含量变化而异。

我国是最早应用硅酸铝质耐火材料的国家之一。古代金属的冶炼,制备玻璃和陶瓷等均采用黏土质耐火材料。我国有丰富的生产硅酸铝质耐火材料的资源。目前,我国已能大量生产各种规格型号的硅酸铝质耐火材料,满足国民生产的需要。

硅酸铝质耐火材料的原料广,生产过程简单,成本低,价格便宜,高温适应性强。冶金、机械、化工、动力及硅酸盐等工业部门的炉窑,均广泛应用硅酸铝质耐火材料作为主要的筑炉材料。其中用量最多的为冶金工业。钢铁冶金工业的高炉、热风炉、混铁炉、加热炉、均热炉,以及有色金属工业的回转窑、沸腾炉、鼓风炉、反射炉、熔铝炉和有色金属加热炉等热工设备,大量使用黏土砖、高铝砖、莫来石制品及刚玉质制品作为筑炉材料。

5.1 化学组成及相平衡

硅酸铝质耐火材料的基本化学组成为 Al_2O_3 和 SiO_2,其数量变化的多少决定耐火制品的品种、制品的性能及用途。

5.1.1 Al_2O_3-SiO_2 系统状态图

Al_2O_3-SiO_2 系统是硅酸铝质耐火材料中最重要的二元系统。通过对 Al_2O_3-SiO_2 系统状态图的分析,可揭示出硅酸铝质耐火材料的化学组成与相组成及与耐火材料性能之间存在着内在联系。它是正确选择和合理应用硅酸铝质耐火材料的理论依据。

Al_2O_3-SiO_2 系统状态图是 1942 年由鲍恩与格雷提出的,后经其他研究人员多次修正,目前广泛使用的如图 5-1 所示。

由二元系统状态图可见,在平衡状态下,硅酸铝质耐火材料基本化学组成、理论相组成与温度之间的关系,可以推断出耐火材料的种类及其性质。

A 晶相

在 1470℃以上系统内存在着三个晶相(方石英、莫来石、刚玉)和一个液相。二元化合物莫来石的含量是不固定的,莫来石是 Al_2O_3 含量为 71.8% ~77.5% 的固溶体,是此二元系统中唯一的二元化合物。方石英的熔点为 1713℃;莫来石的熔点为 1850℃;刚玉的熔点为 2050℃。

B 在 $w(Al_2O_3)=5.5\%\sim71.8\%$ 区域内的相组成

在常温下平衡相为方石英和莫来石。在 1595℃有低共熔物生成,其共晶成分为 $w(Al_2O_3)=5.5\%$,$w(SiO_2)=94.5\%$。在此化学组成范围内耐火材料开始出现液相的温度不会低于 1595℃。

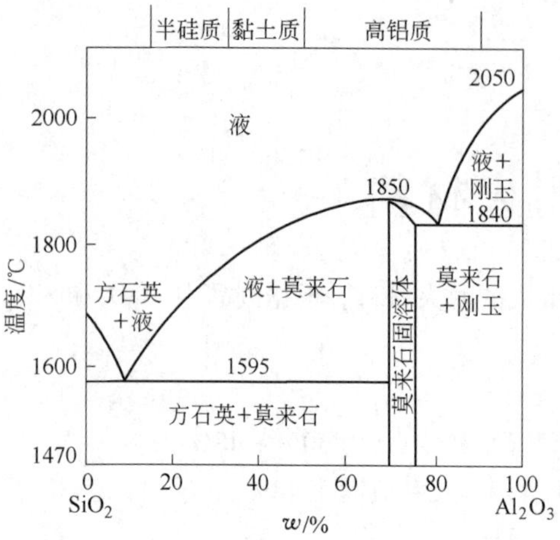

图 5-1　Al_2O_3-SiO_2二元系统状态图

但杂质的存在使得出现液相的温度降低。液相冷却至1595℃以下时也不可能完全转变为结晶相，有一部分则转变成非晶质玻璃相，降低了制品的耐火性能。这一特征决定了黏土制品的荷重软化开始温度不太高，荷重软化温度范围宽的特点。

C　Al_2O_3含量大于71.8%的相组成

在常温下平衡相组成为莫来石和刚玉。温度提高，开始出现低共熔物（液相）的温度为1840℃。在此化学组成范围内，随Al_2O_3含量的增加，刚玉相的数量增大。因此，属于该系统中的制品，其液相形成温度比黏土制品高245℃，具有比黏土制品高得多的耐火性质。

由Al_2O_3-SiO_2系统状态图，虽然可以大致推断出硅酸铝质耐火材料的组成和性质。但原料中的杂质含量、原料的颗粒组成、制品的组织结构和生产工艺等对耐火材料的性质也有影响。

5.1.2　杂质对组成的影响

硅酸铝质耐火材料中常含有Fe_2O_3、TiO_2、CaO、MgO、K_2O和Na_2O等5～6种杂质氧化物。这些杂质在硅铝二元系统中存在，对硅酸铝质耐火制品的耐火度影响很大。这些成分均起熔剂作用，降低熔液的生成温度及其黏度，增大液相的生成量，提高熔液对固相的溶解速度和溶解数量。但各成分所起的作用强弱程度不同，随着材料中化学成分的数量变化，其相组成也发生变化。

杂质成分中R_2O的危害最大，即使其存在数量很低（<1%），也使制品在1000℃左右就能生成共熔液相，明显地降低了制品的耐火性和高温力学性能。在使用过程中，含有碱金属成分的熔渣或气体，均对硅酸铝质耐火材料具有严重的腐蚀作用。在高温下，Fe_2O_3在莫来石和刚玉中有一定量的固溶度，形成有限固溶体。随着温度的升高，固溶度还会增加。此外，Fe_2O_3在TiO_2存在的条件下，可与Al_2O_3形成含铁的钛酸铝，从而降低烧结温度，降低制品的高温力学性能。所以，在高铝制品中，Fe_2O_3的含量应控制在2%～3%以下，并且使Fe_2O_3进入结晶相形成固溶体，防止Fe_2O_3、TiO_2同时进入玻璃相。TiO_2在硅酸铝质原料中存在一定数量，一般波动于1%～3%，最多不超过4%。在高铝制品中，当采用TiO_2含量较高的原料时，制品的荷重软化温度和高温蠕变性均有明显的降低。

5.2　黏土质耐火材料

Al_2O_3含量为30%～46%的硅酸铝质耐火材料称为黏土质耐火材料。黏土质耐火材料为弱酸性耐火材料。黏土制品主要由莫来石、玻璃相、方石英及石英组成，有较好的高温性能，对各种不同的使用条件有较大的适应性。

5.2.1　黏土质耐火材料的生产

黏土质耐火材料的主要生产过程为：

（1）原料准备。主要是熟料和结合黏土的制备。熟料的制备是将硬质黏土原料经高温煅烧制成熟料，然后经破粉碎、筛分和细磨制成各级颗粒料和细粉。结合黏土主要起结合剂作用，使成型后的半成品具有一定的强度。对结合黏土的基本要求是高可塑性、结合性、易烧结性和较高的耐火性。通常采用以半软质黏土为主,适当配以少量软质黏土,将部分结合黏土调制成泥浆,以泥浆形式加入的复合型结合黏土配方。这种配方可以改善制品的成型性能并促进烧结。

(2)配料、混练与成型。以耐火黏土熟料为瘠料,配以一定比例的结合黏土,制成混合料。混合料中熟料所占比例高,称多熟料制品。此种制品体积稳定性高,其他性质也较好,但需经强力成型。

配料按照"两头大、中间小"的紧密配合原则进行,以多级颗粒配比为宜,这对提高制品质量、稳定工艺制度等均起到了重要作用。临界颗粒尺寸取决于制品的外形和尺寸,一般不超过3~4mm,大型、异型制品则可放大到4~5mm,甚至更大些。

混合料在混合机中混练成具有一定可塑性和粘结能力的泥料,以备成型使用。成型方法很多,但目前对多熟料制品多采用半干压成型(机压半干泥料水分一般为4%~6%)。成型方法及成型压力对砖的致密度、结构强度、抗渣性均有影响。

(3)干燥。黏土砖砖坯含水量依成型方法而不同,半干压成型,砖坯含水量低,水分蒸发时几乎不发生收缩,可快速干燥,或不经干燥,直接装车入窑。对于一些特大异型或成型水分高的制品,成型后的砖坯应在空气中自然干燥一段时间,再入干燥器干燥;或采用特殊干燥方法(如电干燥等),使砖坯中水分能缓慢均匀地排出,防止产生干燥开裂。干燥过程控制的关键因素是干燥速度,应以保证砖坯不变形、不开裂和具有一定强度为原则。控制最终进入烧成窑内的砖坯含水量在2%以下。

(4)烧成。烧成的目的是将砖坯烧结,使其具有一定的外形尺寸、气孔率与致密性,机械强度要高、体积稳定性较好,耐火性能良好。

烧结过程中砖坯的基质部分要发生一系列物理、化学变化,即其中的结合黏土和熟料细粉在烧结过程中进行各种反应。在150~200℃时,坯体中残余水分排除。当加热至200~900℃时,砖坯结合黏土分解脱水,体积收缩2%~2.5%,铁的氧化物、有机物分解,碳酸盐、硫酸盐分解。至900℃以上时,开始形成液相和隐晶质莫来石,体积继续收缩。在1000~1100℃以上时,莫来石晶粒长大。在1300~1450℃下最终烧成。体积总收缩率可达4%~5%。为了实现莫来石的再结晶和聚集再结晶,烧成速度不能太快。烧成后要适当保温,使砖坯的烧结过程和各种物理、化学变化趋于一致。然后再缓冷出窑。

黏土制品要求在微正压氧化气氛中烧成,这是为了使砖坯内的有机物烧掉,以及使铁以高价态氧化物(Fe_2O_3)存在。若铁以低价态氧化物(FeO)存在,在低温下就会出现黏度较低的熔融液,易引起制品在烧成时扭曲变形,降低其耐火度。

5.2.2 黏土质耐火材料的种类

5.2.2.1 普通黏土砖

普通黏土砖是由可塑性强、分散性大的软质黏土与一部分黏土熟料配制而成。结合黏土的含量一般在40%~50%,而黏土熟料的含量在50%~60%。一般均采用可塑成型与半干压成型,规格特殊的也有用泥浆浇注成型的。普通黏土砖一般在1300~1450℃烧成。

5.2.2.2 多熟料黏土砖

多熟料黏土砖是由80%以上的熟料颗粒以及20%以下的结合黏土制成。多熟料黏土砖由于砖料大部分处于瘠化状态,在制造过程中不易变形保证了砖坯的外形尺寸,使烧成后的制品有较理想的体积密度、机械强度和抗热震性能。一般使用可塑性较强的软质黏土作为多熟料黏土砖的结合剂。因为泥料中结合黏土含量低,工艺性能较差,成型有一定困难,所以除采用压力较高的压砖机外，还需在砖料中另外加入一些结合剂（如亚硫酸纸浆废液、树脂、沥青、纤维素等），以增强砖料的结合性能，改善工艺性质。多熟料黏土砖的烧成温度一般应高于1450℃。

5.2.2.3　全生料砖

致密的硅质黏土、燧石黏土等在烧成时体积收缩不大，可以不必煅烧成熟料，而直接破碎作为瘠料再加结合黏土制成全生料砖，直接进行烧结。全生料砖的生产不仅省去了原料的煅烧工序，节约能源，降低成本，而且生料颗粒在制品烧结时与结合黏土结合得更好，提高了砖的致密度和机械强度。虽然全生料砖具有上述优点，但烧成时仍有一定的体积收缩，因此不能生产优质黏土砖。

5.2.2.4　不烧砖

不烧黏土砖是将黏土熟料颗粒、细粉或再加少量结合黏土与化学结合剂混合，经成型而制成的黏土耐火制品。这种制品不经高温烧成，生产简化，在实际应用过程中，经受与烧成温度差不多的高温作用而逐渐烧结。

5.2.2.5　改性黏土砖

A　低蠕变黏土砖

高炉的大型化，对高炉热风炉的风温提出了更高的要求。由于风温提高，对热风炉用黏土砖的要求也提高了，要求具备更好的高温体积稳定性、蠕变性和耐磨性。因此，需要生产低蠕变的优质黏土砖。低蠕变黏土砖所用原料一定要结构致密、纯度高、杂质少，以避免制品在烧成时产生过多的液相而降低抗蠕变性能，一般采用特级焦宝石熟料。制品还应具有优良的抗热震性和抗侵蚀性，因此一般还需添加部分合成莫来石以及在高温下能莫来石化的“三石”原料。低蠕变黏土砖一般在1400℃左右烧成。

B　低气孔黏土砖

低气孔黏土砖（也称致密黏土砖）是在一般黏土砖的基础上，改变工艺制造而成的。一般采用烧结质量优良、密度高、杂质含量低的特级焦宝石为主要原料，加入少量 $w(Al_2O_3)=55\%\sim75\%$ 的高铝矾土熟料细粉或“三石”或叶蜡石类膨胀性原料的混合粉制成。制砖时还需控制细粉的粒度，以获得致密的坯体。低气孔黏土砖的 Al_2O_3 含量较普通黏土砖的高，相应地，其烧成温度也稍高于普通黏土砖。

低气孔黏土砖的制作工艺主要有：采用磷酸或磷酸盐或微粉作结合剂，利用结合剂胶粒或微粉填充气孔的作用来降低砖的气孔率；加入少量含有一定量碱金属氧化物的助烧剂，以达到促进烧结、降低气孔的目的；另外还有一种较常见的方法是用浸渍法来封闭砖的气孔。低气孔黏土砖广泛用于玻璃窑、高炉、干熄焦装置、混铁炉等。

C　大型黏土砖

锡槽是浮法平板玻璃生产线的心脏，而锡槽槽底砖则是决定锡槽能否正常运行的关键结构材料，一般采用黏土砖。这种黏土砖一般较大，要求单重在50kg以上，有的甚至重达400～500kg，不宜采用普通的机压法或捣打法成型，一般采用浇注成型法。

采用振动浇注成型法生产浮法玻璃锡槽底用大型黏土砖的生产工艺要点如下：采用黏土熟料、莫来石细粉、氧化物超细粉和硬化剂组成自硬性泥料，将制砖泥料调配成既具有触变性（可采用振动浇注法成型），又具有自硬性，成型后经过一定时间静置后即可脱模的泥料。为满足成型工艺要求，在配料组成中适当加入微量的解胶剂和少量的迟效凝聚剂。加入解胶剂不仅能使用水量由10%～13%降低到5.5%～6.5%，而且可以获得均匀的组织结构；加入迟效凝聚剂可使坯体内外同步发生固化，从而缩短脱模时间。

5.2.3　黏土质耐火制品的性质

黏土质耐火制品的性质在较大范围内波动。表5-1所示为各等级黏土砖的几项主要性能。

表5-1　黏土砖的理化指标

制品名称	牌　号	$w(Al_2O_3)$/% 不小于	$w(Fe_2O_3)$/% 不大于	耐火度/℃ 不低于	显气孔率/% 不大于	常温耐压强度/MPa 不小于
黏土砖	ZGN-42	42	1.6	1750	15	58.8
	GN-42	42	1.7	1750	16	49.0
	RN-42	42		1750	24	29.4
	RN-40	40		1730	24	24.5
	RN-36	36		1690	26	19.6
	N-1			1750	22	29.4

制品名称	牌　号	荷重软化温度/℃ 不低于	热导率/W·(m·K)$^{-1}$	重烧线变化/% 1450℃,2h
黏土砖	ZGN-42	1450	$3.01+2.1\times10^{-3}t$	0 -0.2(3h)
	GN-42	1430	$3.01+2.1\times10^{-3}t$	0 -0.3(3h)
	RN-42	1400	$3.01+2.1\times10^{-3}t$	0 -0.4
	RN-40	1350	$3.01+2.1\times10^{-3}t$	0 -0.3(1350℃)
	RN-36	1300	$3.01+2.1\times10^{-3}t$	0 -0.5(1350℃)
	N-1	1400	$3.01+2.1\times10^{-3}t$	+0.1 -0.4(1400℃)

5.2.3.1　耐火度

黏土质耐火材料的耐火度波动于1580~1770℃,主要与制品的化学组成有关。一般情况下,耐火度随Al_2O_3含量的增加而提高,随杂质含量增加,尤其是随Fe_2O_3和碱金属含量的增加而显著降低。

按耐火度的高低,黏土质耐火制品划分为四个等级:

特等:耐火度不小于1750℃

一等:耐火度不小于1730℃

二等:耐火度不小于1670℃

三等:耐火度不小于1580℃

5.2.3.2　高温耐压强度

黏土砖高温耐压强度随Al_2O_3含量的增加而增大。同时受低熔点物质高温下出现液相温度、液相的数量及黏度的影响。一般在800℃以上可出现塑性变形,塑性变形可消除砖内应力的影响,强度提高,在1000~1200℃时出现最大值。当温度超过1200℃,液相大量形成,黏度降低,耐压强度迅速下降。因此,即使在炉墙单面受热的条件下,黏土砖使用温度也不宜太高。

5.2.3.3　荷重软化温度

黏土质耐火制品的荷重软化温度主要取决于制品中 Al_2O_3 含量和杂质的种类及数量。与其他耐火制品相比较，虽然在黏土质耐火制品中有熔点很高的莫来石晶相，但在很低的温度下（1250~1400℃）就开始软化。荷重软化温度远比硅砖低。因为黏土质耐火制品中莫来石晶体数量少，在制品中尚未形成结晶骨架结构，而分散存在于玻璃相之中，随着温度的升高，玻璃相的黏度下降，制品逐渐变形。因此，黏土质耐火制品的荷重软化温度开始于1250~1400℃，压缩40%时温度为1500~1600℃。

荷重软化温度低是黏土质耐火材料使用受限制的重要原因之一。提高荷重软化温度的有效途径是提高制品中 Al_2O_3 含量，降低杂质的数量，尤其是严格控制 Fe_2O_3 及 MgO、CaO、K_2O、Na_2O 等杂质的含量。另外，还可采用混合细磨和多熟料配料以及适当提高制品的烧成温度。

5.2.3.4　高温体积稳定性

黏土质耐火制品长期在高温下使用，会产生残余收缩。这是由于在生产过程中加入一定数量的结合剂（如结合黏土），在烧成时矿化作用不彻底造成的。一般情况下，残余收缩率为0.2%~0.7%，不超过1%。

5.2.3.5　抗热震性

黏土质耐火制品的抗热震性好，普通黏土砖1100℃水冷循环达10次以上，多熟料黏土砖可达50~100次或更高。黏土砖抗热震性好的原因主要是莫来石及整个制品的线膨胀系数小（平均为 $(4.5\sim5.8)\times10^{-6}$/℃），而且比较均匀，温度变化过程中不发生晶型转变所引起的体积变化。而且熟料颗粒之间尚有许多裂纹，可以缓冲应力作用。增加熟料量和颗粒的合理级配，提高成型压力，适当降低烧成终止温度，增加莫来石晶体数量并减少玻璃相的含量都能提高制品的抗热震性。

5.2.3.6　抗渣性

黏土质耐火材料属弱酸性耐火材料，抵抗弱酸性炉渣侵蚀的能力强，对酸性和碱性炉渣的抵抗能力较差。提高制品的致密度，降低气孔率，能提高制品的抗渣性能。增大 Al_2O_3 含量，抗碱性渣侵蚀能力提高，随 SiO_2 含量的增加，抗酸性渣的能力增强。

为了提高黏土制品的高温性质，经常采用以下措施：

（1）对黏土原料进行选矿纯化处理，降低杂质含量；

（2）适当提高烧成温度，使制品具有致密结构；

（3）采用高基质（基质中 Al_2O_3 接近莫来石组成）组成结构特征的配料；

（4）采用多熟料配料及混合细磨措施。

5.3　半硅质耐火材料

半硅质耐火材料是指含 SiO_2 大于65%，$Al_2O_3+TiO_2$ 小于30%的耐火材料。主要制品有半硅砖和蜡石砖。属半酸性耐火材料。

制造半硅质耐火制品的原料为含有天然石英杂质而 Al_2O_3 很低的耐火黏土或蜡石。还可利用高岭土或石英岩选矿的尾矿提取的半硅质料作原料。

这种原料中含有比普通耐火黏土更多的 SiO_2，比硅质原料含有较高的 Al_2O_3，在烧成过程中 SiO_2 发生一定的同素异晶转变，如在1250℃以前石英转变为方石英，体积膨胀，而其中黏土质部分则因脱水分解及易熔物形成液相，而发生体积收缩，故在1350~1410℃下烧成时，体积膨胀与收缩变化的结果相互抵消，最终体积变化很小。这是半硅质耐火制品一个突出特点。

半硅砖的生产一方面是扩大原料资源的综合利用,另一方面因它具有不太大的膨胀特性,这种微量膨胀有利于提高砌体的整体性,减弱熔渣沿砖缝对砌体的侵蚀作用。另一特点是当高温熔渣与砖面接触后发生化学反应,在砖面形成一层黏度很大的釉状物质(硅含量高的熔融物,厚度为1~2mm),掩盖了砖表层的气孔,阻止熔渣向砖内渗透,成为一层保护层,从而提高了制品的抗熔渣侵蚀的能力。

5.3.1　半硅质耐火材料的生产

半硅质制品的制造工艺和黏土砖没有原则区别。利用天然的硅质黏土时,要根据原料的性质和成品的使用条件,决定是否加入熟料。硅质黏土烧成收缩小,可不加熟料直接使用。半硅砖的烧成温度为1350~1410℃,随原料特性而有差异。用蜡石原料制砖时,可采用生料直接制砖,减少原料煅烧过程,降低生产成本,还可充分利用粉矿。但必须注意到当采用全生料制砖时由于蜡石脱水和石英转化引起的体积膨胀,会使制品发生疏松,强度降低。因此,也可将部分蜡石煅烧成熟料加入配料中。由于蜡石硬度低,易产生粉尘,应选择合适的破粉碎设备。泥料经过困料,成型性能要好些。蜡石砖的烧成温度不高,应控制在1320~1380℃左右,在冷却时要注意缓冷,不宜过快。

5.3.2　半硅质耐火材料的性质

(1)耐火度。半硅质制品中二氧化硅含量较高,耐火度可达1650~1710℃,接近于硅砖。

(2)荷重软化温度。在半硅质制品中,形成部分网络型结构,所以荷重软化温度比黏土质制品略高,可达1350~1450℃。

(3)抗热震性。半硅质制品的热震稳定性比黏土质制品略差,一般水冷次数为10次左右,原因是石英的线膨胀系数大,体积变化导致局部应力集中。

(4)抗渣性。半硅质制品在化学性质上属于半酸性,抵抗酸性渣侵蚀的能力较强。

(5)重烧线变化。在半硅质制品中,由于二氧化硅的膨胀抵消了黏土的高温收缩,体积稳定,比黏土质制品的重烧线变化小。

5.3.3　半硅质耐火材料的用途

半硅质耐火制品主要特点是体积稳定性好,对酸性、弱酸性炉渣有较好的抵抗能力,对含SO_2的高温烟气也有良好抵抗能力,荷重软化变形温度较高。在钢包内使用叶蜡石砖具有不挂渣、整体性好的优点,但其缺点是不耐侵蚀。因此钢包用蜡石砖正向着低碱、高SiO_2的方向发展,以提高制品的耐火度、荷重软化温度和抗热震性能。同时,在半硅质砖的基质中添加锆英石、石墨、碳化硅、氮化硅或SiAlON等,可以提高制品的抗侵蚀性能,延长其使用寿命。

水泥窑用耐碱砖也是一种蜡石砖,该制品在水泥窑内受碱侵蚀后,砖表面形成长石的保护釉层,起到良好的抵抗碱侵蚀的作用。

目前蜡石砖广泛用于各种炉窑的底部、烟道、火箱,冲天炉,铁水包,化铁炉的内衬、袖砖、流钢砖,玻璃熔窑的拱顶、胸墙、喷火口、拱脚、蓄热室格子砖,玻璃纤维用坩埚镶砖,精炼有色金属的氯化炉内衬,盛钢桶内座砖、水口砖,步进式加热炉底等,以及其他炉窑温度不太高的部位,受到强碱性之外其他化学作用的部位,或者受磨损作用的部位。近年来,日本很重视蜡石质钢包底砖的研究,认为高硅低碱蜡石砖荷重软化点高,与渣的接触反应少,取得了较好的使用效果。表5-2列出了一些典型蜡石砖的理化指标。

表 5-2　一些典型蜡石砖的理化指标

编　号	1	2	3	4	5
$w(SiO_2)/\%$	77.71	79.90	81.10	77～80	68.35
$w(Al_2O_3)/\%$	20.90	18.30	17.30	16～20	29.40
$w(R_2O)/\%$	0.12	0.70	0.40	<0.6	0.66
显气孔率/%	12.0	14.0	13.1	12～18	17.0
体积密度/$g \cdot cm^{-3}$	2.23	2.22	2.23	2.0～2.23	2.14
常温耐压强度/MPa	67.5	40.2	40.1	40～70	42.2
耐火度/℃	1630	1650	1660	1610～1650	1670
荷重软化开始温度/℃	1450	1480	1500	1480～1520	1450
永久线变化率/%（1400℃，2h）	+0.1	+2.12（1500℃，2h）	+4.10（1500℃，2h）	0.1～1.0	+0.2

5.4　高铝质耐火材料

Al_2O_3含量大于48%的硅酸铝质耐火材料统称为高铝质耐火材料。按Al_2O_3含量的多少划分为三个等级：

Ⅰ等：$w(Al_2O_3) > 75\%$

Ⅱ等：$w(Al_2O_3) = 60\% \sim 75\%$

Ⅲ等：$w(Al_2O_3) = 48\% \sim 60\%$

根据矿物组成分为：低莫来石及莫来石质（$w(Al_2O_3) = 48\% \sim 71.8\%$）、莫来石-刚玉质及刚玉-莫来石质（$w(Al_2O_3) = 71.8\% \sim 95\%$）、刚玉质（$w(Al_2O_3) = 95\% \sim 100\%$）（注：刚玉制品是指以刚玉为主晶相的耐火制品，不同文献对Al_2O_3含量的限定范围不同，有些文献指出刚玉制品是指Al_2O_3大于90%的高铝质制品）。在$w(Al_2O_3)$小于71.8%的范围内，随$w(Al_2O_3)$含量的增加，高铝质制品中主晶相莫来石增加；在$w(Al_2O_3)$大于71.8%的范围内，随Al_2O_3含量的增加，莫来石数量减少而刚玉数量增加。制品的耐火性则随Al_2O_3含量的提高而提高。

5.4.1　高铝制品的生产

高铝制品的生产工艺流程与多熟料黏土质制品生产工艺流程相似。矾土熟料在使用时，首先要进行严格的分级拣选，把不同品位等级的熟料分开，避免掺杂混合。熟料的质量取决于煅烧温度。通常煅烧温度达到或略高于矾土的烧结温度，以保证熟料充分烧结和尽可能高的密度，并使二次莫来石化和烧结收缩作用全部或大部分在煅烧过程中完成。通常采用软质黏土或半软质黏土作结合剂，同时还加入少量纸浆废液，以改善坯料的成型性能和提高坯体的强度。一般采用熟料和结合黏土共同细磨的措施，控制二次莫来石化反应在基质范围内均匀进行。共磨细粉中的Al_2O_3/SiO_2（质量比）应略大于2.55。高铝砖的烧成制度大致为：Ⅰ、Ⅱ等高铝制品可采用同一烧成制度，用倒焰窑烧成时，烧成温度一般为1430～1450℃，保温40h左右；Ⅲ等高铝制品烧成温度为1390～1420℃，保温24～32h。用隧道窑烧成时，Ⅰ、Ⅱ等高铝砖烧成温度为1500～1600℃，Ⅲ等高铝砖烧成温度为1450～1500℃。

5.4.2　高铝质耐火材料的性质

高铝质耐火材料与黏土质耐火材料相比较，突出的优点是耐火度及荷重软化温度高，随着

Al_2O_3含量的增加,抗渣性能显著改善。

(1)耐火度。高铝质耐火材料的耐火度波动范围大,一般为1770～2000℃,主要受Al_2O_3含量的影响,随着制品中Al_2O_3含量的增加而提高。同时耐火度还受杂质含量和种类的影响,与制品的矿相结构有关,如表5-3所示。

表5-3 高铝质制品的耐火度与矿相结构

$w(Al_2O_3)/\%$	$w(SiO_2)/\%$	矿物组成	耐火度/℃	使用温度/℃
>95		刚 玉	1900～2000	1700～1750
70～95	3～19	莫来石、刚玉	1800～1950	1600～1670
45～70	36～44	莫来石、方石英	1770～1850	1450～1650

(2)荷重软化温度。高铝质耐火制品荷重软化开始变形温度大于1400℃;并随着Al_2O_3含量的增加而提高。Al_2O_3含量小于71.8%的制品,荷重软化温度取决于莫来石和液相的数量比例,随莫来石数量的增加而提高。液相的数量和性质对荷重软化点有明显影响。Al_2O_3含量为71.8%～90%时为莫来石、刚玉质制品,随Al_2O_3含量的增加,玻璃相数量基本不变,刚玉虽有增多,但莫来石却有减少,故荷重软化温度提高不显著。Al_2O_3含量超过90%以后,随Al_2O_3含量的增加,玻璃相数量减少,荷重软化温度显著提高,由$w(Al_2O_3)=90\%$时的1630℃升至$w(Al_2O_3)=100\%$时的1900℃。Al_2O_3含量与荷重软化温度关系如图5-2所示。

(3)导热性。高铝质耐火制品比黏土质制品具有较高的导热能力。其原因是高铝质制品中导热能力很低的玻璃相较少,而导热能力较好的莫来石和刚玉质晶体量增加,提高了制品的导热能力。

(4)抗热震性。高铝质耐火制品的抗热震性介于黏土质制品和硅质制品之间。850℃水冷循环仅3～5次。这主要是由于刚玉的热膨胀性较莫来石高,而无晶型转化之故。提高高铝制品的抗热震性是亟待解决的重要课题。目前,从改善制品的颗粒结构,降低细粒料的含量及提高熟料临界颗粒尺寸和合理级配,来提高制品的抗热震性。具有合理结构的高铝砖抗热震性可提高到上述冷热循环30次以上。

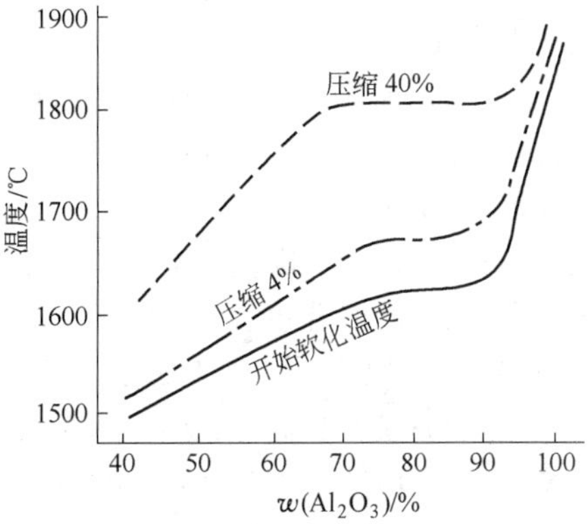

图5-2 高铝砖中Al_2O_3含量和荷重软化温度关系

(5)抗渣性。高铝质耐火制品主要成分为Al_2O_3。Al_2O_3为两性氧化物,当制品为莫来石-刚玉质结构时,抗渣性随着Al_2O_3含量的增加、液相量的减少而提高。既能抵抗酸性炉渣侵蚀,也能抵抗碱性炉渣的作用。但抗碱性渣的能力不及镁质材料,却优于黏土质材料,并随莫来石和刚玉质含量增加而增强。

此外,高铝质耐火制品的抗渣性能,还与制品在渣中的稳定性有关。如在$CaO\text{-}FeO\text{-}Al_2O_3\text{-}SiO_2$平衡系中,刚玉质制品稳定性较差,而在没有FeO的$CaO\text{-}MgO\text{-}Al_2O_3\text{-}SiO_2$平衡系中,刚玉质和莫来石-刚玉质制品的稳定性明显改善,抗渣性提高。经高压成型和高温烧成,使制品的气孔率降低,能提高制品的抗渣性。

5.4.3 高铝质耐火材料的种类及应用

5.4.3.1 普通高铝砖

高铝砖的主要矿物组成为莫来石、刚玉和玻璃相。随着制品中Al_2O_3含量的增加,莫来石和刚玉相的数量也增加，玻璃相相应减少，制品的耐火度和高温性能随之提高。玻璃相的数量增加和黏度降低均会破坏高铝砖的结构，尤其是 K_2O、Na_2O 的存在不仅使生成液相的温度降低，而且使液相黏度下降，导致制品的高温强度迅速下降。

Ⅲ等高铝制品和黏土制品的性能相近，其主晶相为莫来石和玻璃相。由于其高温性能较黏土砖的好，能用黏土砖的场合均可使用Ⅲ等高铝制品。Ⅱ等高铝制品的 Al_2O_3 含量范围为65% ~ 75%，相当于莫来石矿物的组成。该类制品的高温性能要明显优于黏土制品。Ⅰ等高铝制品的主晶相是莫来石和刚玉。由于刚玉的化学稳定性和耐火性比莫来石高，因此制品中刚玉含量越多，制品的耐火性和抗侵蚀性越高。但刚玉的线膨胀系数远远大于莫来石，因而刚玉含量增多时，会使制品的抗热震性能降低。

高铝质耐火制品具有一系列比黏土质耐火制品更加优良的耐火性能，是一种应用效果好、使用广泛的耐火材料。在钢铁冶金及有色冶金炉窑上得到广泛的应用。与黏土质耐火制品相比，可有效地提高炉窑的使用寿命。

5.4.3.2　改性高铝砖

（1）高荷软高铝砖。高荷软高铝砖和普通高铝砖相比，所不同的是基质部分和结合剂部分：基质部分除添加三石精矿外，按照烧成后化学组成接近莫来石的理论组成，合理引入高铝物料（磨细的高铝矾土、工业氧化铝或 $\alpha\text{-}Al_2O_3$ 微粉、刚玉粉、高铝刚玉粉）；结合剂选择优质球黏土等，视品种不同采用黏土复合结合剂，或莫来石质结合剂。通过采用以上办法，使高铝砖的荷重软化温度提高 50 ~ 70℃。

（2）微膨胀高铝砖。微膨胀高铝砖是以高铝矾土为主原料，添加三石精矿，按照高铝砖生产工艺流程制成的。为使高铝砖在使用过程中适量膨胀，关键是选择好三石矿物及其粒度，控制好烧成温度，使所选的三石矿物部分莫来石化，残留部分三石矿物。残留的三石矿物在使用过程中进一步莫来石化（一次或二次莫来石化），伴随着膨胀反应。选择的三石矿物以复合材料为好。因三石矿物的分解温度各不相同，莫来石化产生的膨胀也各有差异。利用此特征，高铝砖因工作温度不同而有相应的膨胀效应，挤紧砖缝，提高砖的整体密实性，从而提高了砖的抗熔渣渗透能力。

（3）低蠕变高铝砖。我国长期在热风炉使用的黏土砖、高铝砖的考核指标中，主要是荷重软化温度，未提出蠕变率的指标要求。经过长年使用，出现了砖的变形、开裂、下沉等问题。如果热风炉风温提高，此类问题更加突出。随着炼铁高炉大容积、高风温技术及长寿化的发展，对热风炉用耐火材料提出了更高的要求，要求材料能承受长期热应力和高风温等的作用而不易损坏。因此，要求热风炉用高铝砖具有低的蠕变率。近几年，通过生产实践，明确并规范了热风炉用砖的蠕变率的要求，这对热风炉的长寿起着重要的作用。对低蠕变高铝砖的性能指标要求见表 5-4。

表 5-4　低蠕变高铝砖的性能指标要求

项　目	指　标						
	DRL-155	DRL-150	DRL-145	DRL-140	DRL-135	DRL-130	DRL-127
$w(Al_2O_3)$/%	≥75	≥75	≥65	≥65	≥65	≥60	≥50
显气孔率/%	≤20	≤21	≤21	≤22	≤22	≤22	≤23
体积密度 /g·cm⁻³	2.65 ~ 2.85	2.65 ~ 2.85	2.50 ~ 2.80	2.40 ~ 2.60	2.35 ~ 2.55	2.30 ~ 2.50	2.30 ~ 2.50
常温耐压强度 /MPa	≥60	≥60	≥60	≥55	≥55	≥55	≥50

续表 5-4

项目		指标						
		DRL-155	DRL-150	DRL-145	DRL-140	DRL-135	DRL-130	DRL-127
蠕变率/% (0.2MPa,50h)		≤0.8 (1550℃)	≤0.8 (1500℃)	≤0.8 (1450℃)	≤0.8 (1400℃)	≤0.8 (1350℃)	≤0.8 (1300℃)	≤0.8 (1270℃)
线变化率/%	1550℃,2h	−0.2~0.1	−0.2~0.1	−0.2~0.1				
	1450℃,2h				−0.2~0.1	−0.4~0.1	−0.4~0.1	−0.4~0.1

为了解决高铝耐火材料的抗蠕变性,采用添加有益矿物的办法,利用所谓的未平衡反应来解决。当蠕变温度为1550℃、1500℃时,添加物为石英、三石矿物;蠕变温度为1450℃、1400℃、1350℃时,添加物为三石矿物,相应引入刚玉、α-Al_2O_3微粉等;蠕变温度为1300℃、1270℃、1250℃时,添加物为三石矿物。其中,三石矿物、活性氧化铝等主要以基质形式加入,基质的完全或近于完全莫来石化是关键。因为基质的莫来石化,必将提高材料的莫来石含量,降低玻璃相含量,而莫来石优异的力学、热学性能有利于材料高温性能的改善或提高。为使基质完全莫来石化,控制Al_2O_3/SiO_2比是关键。

有研究表明,在Ⅰ等高铝砖的生产中,加入15%~35%的硅线石精矿,可制得蠕变温度为1400~1450℃的高炉热风炉用高荷软、低蠕变高铝砖。对于蠕变温度为1500~1550℃的低蠕变高铝砖,除添加适量的硅线石外,还需加入一定量的莫来石,或采用部分电熔刚玉和硅石原料。

(4)磷酸盐结合高铝砖。磷酸盐结合高铝砖是以致密的特级或一级高铝矾土熟料为主要原料,磷酸溶液或磷酸铝溶液为结合剂,经半干法机压成型后,于400~600℃热处理而制成的化学结合耐火制品。它属于不烧砖。为避免在高温使用过程中制品收缩较大,配料中一般需要引入加热膨胀性原料,如蓝晶石、硅线石、叶蜡石、硅石等。与陶瓷结合的烧成高铝砖相比,其抗剥落性更好,但其荷重软化温度较低,抗侵蚀性较差,因此需加入少量的电熔刚玉、莫来石等,以强化基质。磷酸盐结合高铝砖适用于水泥窑、电炉顶、钢包等。

硅酸铝质耐火材料是目前产量和使用最多以及应用最为广泛的耐火材料。在冶金工业中的应用如表5-5所示。

表5-5 高铝质耐火材料应用简况

设备名称	$w(Al_2O_3)$/%		
	30~46(黏土质)	48~90(高铝质)	90~100(刚玉质)
高 炉	上部炉身	炉身下部 炉腰	炉腹 下部炉筒
热风炉	格子砖	格子砖 燃烧室	燃烧段
电弧炉	炉门,炉底非工作层	炉 顶	门拱电极环
钢水包	非工作层	内衬 磨损段	流钢砖
加热炉(钢)	炉墙、炉顶、燃烧室	炉膛、炉顶	无水冷滑轨
加热炉(有色)	非工作层、烟道	炉 衬	
反射炉	渣线以上炉墙、燃烧室	炉顶、炉墙(上部)	水口砖
熔铝炉	炉墙非工作层	炉顶、炉墙、炉底	
锡电炉	非工作层	非工作层,渣线衬砖	
回转窑	较冷段	高温段、燃烧段	
锅 炉	拱、墙、烟道	炉内衬	

5.5　硅线石族耐火材料

我国硅线石族耐火原料均为颗粒状及粉料状。原矿石经过精选，除去杂质矿物成精矿粉料后，才能供耐火材料使用。经精选后的原料精矿中，Al_2O_3含量应在56%左右，杂质成分的总量一般不应超过2% ~3%。

在高铝矾土、莫来石及刚玉等物料中，添加硅线石族矿物或添加这几种矿物的复合物，可明显改善制品的显微结构，从而改善和提高耐火制品的品质。蓝晶石的加热膨胀量很大，加入量不宜过高，但蓝晶石为不定形耐火材料的优良膨胀剂原料。硅线石和红柱石的加热膨胀量较小，可直接供制砖料使用，其加入量可高一些，通常与粉料加入到基质组分中，再与矾土熟料（或特级黏土熟料、刚玉）配合成砖料，制成相当于Ⅱ等（或低Ⅱ等）高铝制品组成的耐火制品，其精矿粉料的使用量一般为30% ~45%。也可将原矿煅烧到1500℃左右成为熟料使用，使其体积变化达到稳定状态，熟料经破粉碎后用作骨料和细粉，再加入适量的结合黏土制成硅线石砖或红柱石砖。

实践表明，在材料中添加硅线石族矿物原料时，宜在以下几个方面注意，以便使莫来石化反应、膨胀反应更有效、更充分地进行：

（1）精矿等级高，即精矿中矿物含量和游离 Al_2O_3含量要高，杂质含量低；

（2）合理选择、控制精矿的使用粒度和加入量；

（3）控制烧成温度和保温时间。

硅线石和红柱石制砖工艺与高铝砖生产工艺基本相同，不再重复叙述。

以硅线石族矿物为主原料生产的耐火制品，其最大特点是制品在使用过程中具有持续的抗蠕变性能。这与硅线石族原料的纯度高、抗蠕变性强及其持续的莫来石转化因素相关，有的制品还与硅线石族原料的二次莫来石化相关。

以硅线石族矿物为主原料生产的耐火制品，由于原料本身的 SiO_2和 Al_2O_3分布均匀，杂质含量低，故制品的组织结构均匀、致密，加热后的相组成比较接近于热平衡状态时的组成，因此，制品的性能优良。硅线石族精矿的 Al_2O_3含量直接影响其应用效果。Al_2O_3含量越接近于其理论值，表明原料的纯度越高，则其应用效果越好，制品在烧成时的收缩越小，其荷重软化温度也越高。与相应组成的高铝砖相比较，用硅线石族原料所制产品的荷重软化温度能提高100 ~150℃。国内生产的几种硅线石砖和红柱石砖的典型指标见表5-6。

表5-6　几种硅线石砖和红柱石砖的典型指标

项　目		硅线石砖		红柱石砖	
		A	B	A	B
化学组成 w/%	Al_2O_3	65.50	59.28	57.84	51.60
	Fe_2O_3	1.48	1.30	1.89	1.83
显气孔率/%		17	15	13	17
体积密度/g · cm^{-3}		2.52	2.60	2.56	2.46
常温耐压强度/MPa		101	114	88	88
荷重软化温度/℃		1700	1670	1670	1595
耐火度/℃		1790	1790	1790	1790

以天然硅线石族原料为主原料生产的耐火制品具有较高的荷重软化温度，热震稳定性好，耐磨性和抗侵蚀性优良，因此适用于钢铁、化工、玻璃、陶瓷等行业，如用作烟道、燃烧室、炉门、炉柱、炉墙及滑板等。在高炉上，为确保内衬结构的稳定性、密封性，避免碱性物的侵入和析出，或风口漏风，在出铁口、风口部位，选择内衬大块型组合砖结构的硅线石族耐火材料，延长了使用寿命。

5.6 莫来石质耐火材料

莫来石质耐火材料可分为莫来石、莫来石-刚玉、刚玉-莫来石三类。其 Al_2O_3 含量在 68% ~ 95% 范围内变化，相组成分别为：莫来石制品为莫来石单相结合；莫来石-刚玉制品为莫来石和刚玉复相结合，主晶相为莫来石，次晶相为刚玉；刚玉-莫来石制品结合相主要为莫来石，主晶相为刚玉，也属复相结合范畴。从生产工艺分，有烧结莫来石制品和熔铸莫来石制品两大类。

5.6.1 烧结莫来石制品

烧结莫来石制品的生产工艺与高铝制品的生产工艺相似。颗粒均采用合成莫来石熟料和细粉，或采用白刚玉、石英粉以及纯净黏土配制成相当于莫来石组成的混合细粉。将颗粒料和细粉按比例配合，常用配比为：颗粒料 45% ~55%，细粉（小于 0.088mm）55% ~45%。均匀混合后，高压成型。烧成温度为 1550 ~1600℃。当采用电熔合成莫来石熟料为颗粒料时，其烧成温度应大于 1700℃。

配料可根据使用条件所确定的 Al_2O_3 含量而定，目前最常见的配料方法为：

(1) 合成莫来石（烧结的或电熔的）为骨料 + 合成莫来石细粉；

(2) 合成莫来石（烧结或电熔）为骨料 + 合成莫来石细粉 + Al_2O_3 细粉 + 高纯黏土粉；

(3) 合成莫来石（烧结或电熔）与电熔白刚玉为骨料 + 合成莫来石细粉 + Al_2O_3 细粉 + 高纯黏土粉。

熔剂量增多，莫来石制品的高温性能降低。据此，应严格控制杂质含量，尤其是 K_2O、Na_2O 和 Fe_2O_3 的含量。表 5-7 为烧结莫来石制品性能指标。

表 5-7 烧结莫来石制品性能指标

名称		化学组成 w/%			显气孔率 /%	常温耐压强度/MPa	荷重软化温度(KD)/℃	高温蠕变率 (1550℃,50h) /%	体积密度 /g·cm^{-3}
		Al_2O_3	SiO_2	Fe_2O_3					
热风炉砖		80.94	18.20	0.76	15.6 ~16.5	197 ~367	>1700	0.08	2.77 ~2.79
窑头砖	A	68.3		0.84	16.7	77	1600		2.53
	B	67.07		0.50	17.1	65.7	1650		2.50
	C	69.24		0.70	17.5	83	1650		2.50
高炉炉墙砖		72		<1.7	<22	49	>1650		2.68
电熔合成莫来石制品	日本	75.1	20.99		12 ~16	210 ~250	>1700		2.56 ~2.66
	前苏联	66.05	24.8	3.35		196 ~215.7	>1700		3.1

5.6.2 熔铸莫来石制品

熔铸莫来石砖主要由高铝矾土或工业氧化铝、黏土或硅石进行配料，在电弧炉内熔融，再浇注成型及退火制成,其主要矿物成分是莫来石。当制品中含有适当 ZrO_2时,称为熔铸锆莫来石制品。

熔铸莫来石制品的原料通常采用工业氧化铝或天然高铝矾土,石英砂或优质高岭土。当采用高铝矾土时,矾土原料应进行预烧(1000℃左右),排除结构水,以避免在电弧炉内因水蒸气在高温下分解产生爆鸣气而引起喷溅。配料时莫来石组成中 Al_2O_3/SiO_2 比理论值为 2.55,考虑到高温熔融时 SiO_2的挥发和还原反应要消耗掉部分 SiO_2,使 Al_2O_3的相对含量增加。因此,在实际配料中,Al_2O_3/SiO_2 比控制值比理论值稍低,一般可取 2.50 左右。配合料在电弧炉里于 1900 ~ 2200℃熔化,基本在还原气氛中进行。将熔液注入一定形状和尺寸的模型中,经冷却成型和退火制成具有一定形状和尺寸的结构致密、组织均一的制品。经热处理后的铸块应具有足够的强度而无过大的内应力。由于模型形状不够精确,浇注时上下收缩不一致,产生缩孔、铸口及表面皱褶等,均需进行切割加工。用高铝矾土生产电熔高铝制品,由于杂质存在,高温下易生成低熔点硅酸盐,影响制品的性能。故在电熔时可加入少量焦炭,利用碳作还原剂,将杂质中的铁还原出来,形成硅铁加以除去,提高了制品理化性能。反应过程如下:

$$Fe_2O_3 + 3C = 2Fe + 3CO\uparrow$$

$$SiO_2 + 2C = Si + 2CO\uparrow$$

$$2Fe + Si = Fe_2Si\downarrow$$

反应生成的硅铁合金的真密度比 Al_2O_3熔体大而沉于炉底,与高铝质熔体分离。表 5-8 为熔铸莫来石制品性能及其化学组成。

表 5-8 熔铸莫来石制品性能及其化学组成

物理性能	指 标	化学成分	质量分数/%
体积密度/$g \cdot cm^{-3}$	2.90 ~ 3.30	Al_2O_3	70.10 ~ 75.47
显气孔率/%	<10	SiO_2	19.32 ~ 21.60
常温耐压强度/MPa	245 ~ 490	Fe_2O_3	0.92 ~ 1.90
耐火度/℃	1730 ~ 1800	MgO	0.23 ~ 0.70
荷重软化温度/℃	1700	CaO	0.16 ~ 1.50
热膨胀率(20 ~ 1000℃)/%	0.60 ~ 0.65	TiO_2	3.4

5.6.3 性能与应用

莫来石质耐火材料是以人工合成莫来石为原料制成的以莫来石为主晶相的耐火制品,属 Al_2O_3-SiO_2系列产品。当制品的 Al_2O_3含量低于莫来石理论组成时,还含有少量方石英;当 Al_2O_3 含量高于莫来石理论组成时,含有少量刚玉。莫来石制品的抗高温蠕变能力远远优于包括特等高铝砖在内的其他普通高铝砖,它的高温性能可与硅质、镁质、刚玉质制品的某些性能相媲美,抗热震性远优于这些制品,对酸性及低碱度熔渣的侵蚀抵抗能力则优于镁质制品,但不及刚玉制品。其中熔铸制品的致密度高,气孔率低;耐火度和荷重软化温度高;制品的晶体结构发育完整、晶粒粗大,化学稳定性好;高温结构强度大;导热性好;抵抗熔渣侵蚀能力强。典型的莫来石制品的主要性能示于表 5-9 中。

表 5-9 莫来石砖的理化性能

项 目	用烧结料制的莫来石砖		用电熔料制的莫来石砖
	用于热风炉	用于玻璃熔窑	用于热风炉
$w(Al_2O_3)$/%	82	65	73
耐火度/℃	1850	1825	—
显气孔率/%	18～21	18	14～16
体积密度/$g \cdot cm^{-3}$	2.68～2.74	2.5	2.7
常温耐压强度/MPa	79～105	70	160
蠕变率(1550℃,50h)/%	0.1	—	0.16
荷重软化温度/℃	—	1650	—

莫来石质耐火材料广泛应用于冶金工业的热风炉、加热炉、钢包,建材工业的玻璃窑、玻璃液流槽盖、蓄热室,机械工业的加热炉,石化工业的炭黑反应炉,耐火材料和陶瓷工业的高温烧成窑及其推板、承烧板等窑具。其中熔铸制品广泛用于钢铁冶金、有色冶金、玻璃工业、化工及其他工业炉窑的工作条件非常苛刻的部位。如用作有色冶金炉水口、高炉炉腹内衬,加热炉无水冷滑轨等,使用寿命比一般耐火制品高得多,但成本高,价格贵。

5.7 刚玉质耐火材料

刚玉质耐火材料是指以 Al_2O_3 为主成分,主晶相为 α-Al_2O_3(刚玉)的耐火材料。由于它具有耐高温、硬度大、强度高、抗氧化、耐腐蚀、电绝缘、气密性好等优良性能,因此具有广泛的用途。

天然刚玉在自然界中分布量很少,且不集中,主要用作机械工业的研磨材料以及珍贵的工艺品。到目前为止,还没有利用天然刚玉生产耐火材料的报道。耐火材料工业上使用的刚玉原料都是从含 Al_2O_3 矿物的矿石,主要是铝土矿中提取氧化铝,再由氧化铝制取。

5.7.1 烧结刚玉耐火材料

烧结刚玉耐火材料,由于所用原料的不同,可分为:

(1)用烧结刚玉熟料制造的刚玉制品,一般称为再结合烧结刚玉制品;

(2)用轻烧刚玉粉的颗粒及细粉制造的刚玉制品,也称为烧结氧化铝制品。

烧结刚玉耐火材料除了刚玉原料的纯度较高外,与传统的耐火材料的生产工艺没有差异。

5.7.1.1 烧结氧化铝制品

所用原料主要是工业氧化铝。工业氧化铝难以烧结,为改善其烧结性,降低烧结温度,需将工业氧化铝高度细粉碎并预烧,也可加入少量促进烧结的加入物。工业氧化铝在使用前应在1350～1600℃预烧,使 γ-Al_2O_3 转变为稳定的 α-Al_2O_3,并能减少制品的烧成收缩。缺点是烧后材料变硬,不易细磨。为了除掉粉碎过程中带入的铁,可用盐酸酸洗处理,再经多次水洗后,分离出白色的 α-Al_2O_3,再经干燥破碎而制得坯料。

根据制品的用途、性质要求、形状尺寸确定成型方法。具体的成型方法有:应用水悬浮液(泥浆)在石膏模内进行泥浆浇注成型(坩埚、管子及其他中空制品);形状复杂、尺寸小的制品采用热压注或挤压法成型;大型制品可采用机压或气锤捣打成型。制品在1600～1800℃烧成,烧成设备有小断面高温隧道窑和倒焰窑。对于管状制品,应在活顶倒焰窑中吊装烧成,以防烧成中变形。烧成后进行切割加工。

5.7.1.2　再结合烧结刚玉制品

以烧结氧化铝(烧结刚玉)为颗粒料,与刚玉细粉配制成泥料,经成型、干燥和烧成的制品,也称为刚玉熟料耐火材料。

高纯烧结刚玉制品中,颗粒料和细粉应采用同一成分的纯刚玉熟料(细粉也可采用 α-Al_2O_3 型的细小晶粒的氧化铝)。在生产普通烧结刚玉制品时,为了提高其热震稳定性或抗渣性,一般允许加入小于10%的第二组分,第二组分主要是莫来石。为改善成型性能,常加入适量的有机黏结剂。泥料应进行非常充分的混练,必要时困料,泥料水分一般波动于5% ~8%。普通制品采用半干压成型。形状复杂、尺寸较大的制品,采用气锤捣打或振动成型。特殊制品则用特殊设计的模具,采用流体等静压成型。刚玉熟料制品必须在高温下烧成。烧成温度介于1650 ~1800℃之间,有时达到1850℃。适当提高烧成温度,可以相应地提高制品的强度和密度。

5.7.2　电熔刚玉耐火材料

电熔刚玉耐火材料按照制造工艺可分为熔铸刚玉砖和再结合(半再结合)电熔刚玉砖。熔铸刚玉砖是以工业氧化铝及少量纯碱和石英粉在电弧炉内熔融,再经铸型、退火等工序,最后机械加工成所需的形状、尺寸。再结合(半再结合)电熔刚玉砖使用电熔刚玉颗粒及细粉,加入结合剂,经充分混练后,用压砖机成型,砖坯烘干后高温烧成。

5.7.2.1　熔铸刚玉制品

将氧化铝原料的配合料在高于熔融温度下熔化后,浇注在预制的耐火模型中,经过冷却固化使结晶发育长大而形成的制品,称为熔铸刚玉耐火材料。一般采用电熔方法熔化。

以工业氧化铝为主要原料电熔的熔铸刚玉耐火材料是经过配合料熔化、精炼,然后浇铸到模型中,铸件经过凝固、退火、切割、磨削和预组装,成为合格产品。按其化学矿物组成主要有三种类型:

(1)熔铸 α-Al_2O_3砖。又称电熔 α-Al_2O_3砖,是以 α-Al_2O_3为主晶相的熔铸耐火材料。α-Al_2O_3含量约95%,β-Al_2O_3含量为5% ~10%,玻璃相较少。这种砖结构致密,耐火度和高温结构强度较高,高温化学稳定性好,但在碱金属氧化物的作用下,可能转化为 β-Al_2O_3而发生体积增大,适用于砌筑玻璃窑冷却池部位和上部结构,以及有色金属冶炼炉及高温隧道窑。

(2)熔铸 β-Al_2O_3砖。又称电熔 β-Al_2O_3砖,是以 β-Al_2O_3为主晶相的熔铸耐火材料。β-Al_2O_3含量约99.5%,以较大的板状结晶互相啮合,玻璃相较少,约占0.5%以下,对碱蒸气呈惰性。在不含碱的气氛中,易分离出碱而转化为 α-Al_2O_3,并伴随有体积收缩,而可能引起砖的碎裂。熔铸 β-Al_2O_3砖抗热震性较好,700℃到常温空气循环可达40次左右,一般适用于砌筑玻璃熔窑的上部结构。

(3)熔铸 α、β-Al_2O_3砖。又称电熔 α、β-Al_2O_3砖,是含 α-Al_2O_3和 β-Al_2O_3的熔铸制品。α-Al_2O_3含量约40% ~55%,β-Al_2O_3含量约45% ~60%,玻璃相极少。同 β-Al_2O_3型制品相比,抗玻璃液的侵蚀能力较强,高温下抗碱蒸气的作用也较好,可用于玻璃窑上部结构,也可用于直接与玻璃液接触的低温部位。表5-10为我国某耐火材料厂生产的电熔刚玉砖的理化指标。

表5-10　电熔刚玉砖的理化指标

品　种	耐火度/℃	显气孔率/%	体积密度/$g \cdot cm^{-3}$	常温耐压强度/MPa	化学组成 w/%						
					Al_2O_3	SiO_2	Fe_2O_3	Na_2O	MgO	CaO	TiO_2
α-刚玉砖	>1900	0 ~20	>3.8	>70	>99	<0.5	<0.1	<0.8	<0.1	<0.5	<0.1
α、β-刚玉砖	>1875	0 ~5	>3.4	>150	>94	<1.5	<0.1	<4.5	<0.1	<0.5	<0.1
β-刚玉砖	>1875	5 ~15	>3.0	>20	>94	<0.5	<0.1	<7	<0.1	<0.5	<0.1

5.7.2.2 再结合电熔刚玉制品

再结合电熔刚玉制品以电熔刚玉熟料为颗粒料，电熔刚玉细粉或烧结刚玉细粉为基质，配合制成的再结合烧结制品。

作为原料的电熔棕刚玉或白刚玉，颗粒料用电磁除铁，细磨粉料则采用酸洗除铁。粒度配比应采用多级配比，减少中间颗粒，增加细粉量（含一定量超微细粉），有利于提高制品的密度和烧结性能。加入一定量的结合剂，混合均匀，水分约为3% ~4%。经高压成型，获得致密砖坯。电熔刚玉制品的纯度高，难烧结，需在高于1800℃下烧成。小批量生产时，以高温间歇窑为宜，成批稳定生产时可用小型高温隧道窑。再结合电熔白刚玉制品的化学组成与性能如表5-11所示。

表5-11 再结合电熔白刚玉制品的化学组成与性能

化学组成 w/%		性 能	
Al_2O_3	≥98	显气孔率/%	≤21
SiO_2	≤0.5	耐压强度/MPa	≥60
Fe_2O_3	≤0.7	热稳定性(1100℃水冷)/次	≥5
R_2O	≤0.6	荷重软化开始温度(0.2MPa)/℃	≥1700

5.7.3 刚玉质耐火材料的应用

由于刚玉质耐火材料具有很好的高温性能，适用于各种使用条件。不仅可以砌筑高炉炉腹，还可以用于高炉和其他炉窑的热风炉。可用于1500 ~1700℃的炉墙、炉顶和格子砖，煤气预热器，在碳、甲烷、天然气和焦炉煤气直接作用下的设备内衬和砖格子等，钢的炉外真空处理和连铸装置，对无烟煤和其他碳质材料进行高温处理连续作业的立式炉，高温炭化炉，高温荷重很大的窑炉，操作温度为1800℃的隧道窑及其他窑炉（低碱性氧化铝为主的刚玉制品使用温度可达1920 ~1950℃）作为催化剂和载热体喷嘴小球，沸腾炉风口带（如煅烧汞矿用），加热炉炉底，替代机器磨损快的金属部件和内衬，生产玻璃球和玻璃纤维的高温玻璃熔窑顶和内衬等。

6 碱性及尖晶石质耐火材料

碱性耐火材料是化学性质呈碱性的耐火材料，一般指以氧化镁、氧化镁与氧化钙或氧化钙为主要化学成分的耐火材料。目前，常用的碱性耐火材料的主要品种有镁质耐火材料、白云石质耐火材料和石灰质耐火材料。通常，这类耐火材料的耐火度都很高，抵抗碱性渣的能力很强，是炼钢碱性转炉、电炉、混铁炉、许多有色金属火法冶炼炉中使用最广泛而最重要的一类耐火材料，也是玻璃熔窑蓄热室、水泥窑等高温带最常用的耐火材料。

尖晶石质耐火材料是指以镁铝尖晶石、镁铬尖晶石及复合尖晶石为主晶相的耐火材料，属中性。但是，这类材料的矿物组成、结构和许多性质同镁质耐火材料中的一些品种相近，故在此一并讨论。

6.1 镁质耐火材料

以氧化镁为主成分和以方镁石为主晶相的耐火材料统称为镁质耐火材料。目前，镁质耐火材料的主要品种有：

(1)普通镁砖。以烧结镁石为原料，经烧结制成的，$w(MgO)=91\%$左右，以硅酸盐结合的镁质耐火制品。这是一种生产与使用最广泛的镁质制品。

(2)直接结合镁砖。以高纯烧结镁砂为原料，经烧结制成，含$w(MgO)>95\%$，是方镁石晶粒间直接结合的镁质耐火制品。

(3)镁钙砖。以高钙的烧结镁石为原料，经烧结制成，过去镁钙砖中CaO含量为6% ~10%，在新标准中镁钙砖有五种牌号，即MG-10、MG-15、MG-20、MG-25、MG-30，规定它们的CaO含量分别为($\geqslant 10\%, X_{min}=9\%$)、($\geqslant 15\%, X_{min}=14\%$)、($\geqslant 20\%, X_{min}=19\%$)、($\geqslant 25\%, X_{min}=24\%$)、($\geqslant 30\%, X_{min}=29\%$)。镁钙砖中$CaO/SiO_2$(物质的量比)≥2，是硅酸二钙结合的镁质耐火制品。

(4)镁硅砖。以高硅的烧结镁石为原料，经烧结制成，$w(SiO_2)=5\% \sim 11\%$，CaO/SiO_2(物质的量比)≪1，是镁橄榄石结合的镁质耐火制品。

(5)镁铝砖。以烧结镁石为主要原料，并加入适量富含Al_2O_3的材料，经烧结制成，$w(Al_2O_3)=5\% \sim 10\%$，是镁铝尖晶石结合的镁质耐火制品。

(6)镁铬砖。以烧结镁石为主要原料，并加入适量铬矿，经烧结制成，$w(Cr_2O_3)=8\% \sim 20\%$，是镁铬尖晶石结合的镁质耐火制品。

另外，还有其他不经烧结的不烧镁质制品和不定形镁质耐火材料。不烧制品中，若以熔融镁砂制成的制品也常称熔粒镁质制品。不定形镁质耐火材料中的主要品种是冶金镁砂。

镁质耐火制品的一般生产过程是以较纯净的菱镁矿或由海水、盐湖等提取的氧化镁为原料，经高温煅烧制成烧结镁石(硬烧镁石、重烧镁石、死烧镁石)或经电熔制成电熔镁石等熟料，然后将熟料破粉碎，依制品品种经相应配料，再依次经泥料制备、成型、干燥和烧成制成制品。

我国是菱镁矿资源储量丰富的国家，矿石质地优良，闻名于世。广阔的海岸线和盐湖还有提取氧化镁的美好前景。故为发展镁质耐火材料提供了得天独厚的条件。

镁质耐火制品的性质主要取决于其化学和矿物组成以及显微结构，并受原料和生产工艺制度与方法控制。

镁质耐火制品应依工作条件与其性质相适应而合理选择并使用。

6.1.1 镁质耐火材料的主晶相

镁质耐火材料的主成分是氧化镁，主晶相是方镁石。许多镁质耐火制品中还含有硅酸盐或尖晶石或其他组分。但是，主晶相方镁石的性状和在高温下的行为，直接影响镁质耐火材料的性能。

6.1.1.1 *方镁石*

方镁石多由煅烧碳酸镁制得，如煅烧由碳酸镁构成的菱镁矿在1000℃左右即可获得方镁石。有的国家也由海水提取。

方镁石是 MgO 的唯一结晶形态。属等轴晶系，NaCl 型结构。晶格常数和真密度分别随煅烧温度升高而减小和提高。充分烧结的方镁石晶格常数可达0.42nm，真密度为3.61g/cm^3。

方镁石的化学活性很大，极易与水或大气中的水分进行水化反应，即 $MgO + H_2O \longrightarrow Mg(OH)_2$，并伴随很大的体积膨胀效应。其化学活性也随煅烧温度升高而降低。如由菱镁矿经1000℃左右煅烧得到的产物，其主晶相是方镁石。在此条件下制得的方镁石晶格常数较大，晶体缺陷多，活性极高。通常称由此种方镁石构成的产品为轻烧镁石或苛性镁石。此种产品不宜直接作为镁质耐火材料使用。轻烧镁石经1650℃以上煅烧后，方镁石的晶体缺陷减少，晶格排列紧密，密度提高，活性降低，抗水化能力提高。通常称由此种方镁石构成的产品为烧结镁石或死烧镁石。镁质耐火材料的主晶相就是由这种化学活性较低的方镁石构成的。镁质耐火制品中的 MgO 含量越多，说明制品中的方镁石含量越多。

方镁石属离子晶体，离子间静电引力大，晶格能高达3935kJ/mol，故熔点很高，达2800℃。但是，当温度达1800℃以上，便可产生升华现象，而且其稳定性随温度升高而下降，压力越低，稳定性越低。如当 CO 的压力和金属镁的蒸气压皆为0.1kPa时，在1200℃即可分解，即产生 $MgO + C \longrightarrow Mg_{气} + CO_{气}$ 的反应；当 CO 的压力为100kPa时，在平衡状态下，金属镁的蒸气压力为1kPa时，则在1600℃下即可分解。通常炼钢钢液温度多在1600℃以上，因此，由方镁石构成的耐火材料在此种高温下的还原气氛中极易被还原。

$MgO + C \longrightarrow Mg_{气} + CO_{气}$ 的最低反应温度如表6-1所示。

表6-1 $MgO + C = Mg_{气} + CO_{气}$ 的最低反应温度

$p_{Mg_{气}}$		100kPa	10kPa	1kPa	0.1kPa
p_{CO} =	100kPa	1860℃	1720℃	1610℃	1510℃
	$p_{Mg_{气}}$	1860℃	1610℃	1420℃	1270℃

方镁石的活性经高温煅烧后虽有降低，但仍较高。在潮湿介质中易水化生成氢氧化镁，并伴有体积效应。因此，镁质耐火制品应防潮。

方镁石的热膨胀性较高，在20～1000℃平均线膨胀系数为 14×10^{-6}/℃。因此，凡由方镁石构成的镁质耐火材料抗热震性都较差。

6.1.1.2 *镁方铁矿*

当 MgO 与铁质介质或在还原气氛下与铁的氧化物接触时，在此 MgO-FeO 系统中，由于 Mg^{2+} 和 Fe^{2+} 的离子半径相近，分别为0.065nm和0.07nm，故很容易互相置换形成连续固溶体[(Mg,Fe)O]。如 MgO 与铁氧化物在还原气氛中于800～1400℃范围内，很容易形成此种固溶体，称它为镁方铁矿。在此种情况下，构成镁质耐火材料的主晶相，即为镁方铁矿。MgO-FeO 系统内镁方铁矿的存在见图 6-1。

由于镁和铁原子量的差别,镁方铁矿的真密度随铁固溶量增加而增加。由图 6-1 可见,随 FeO 固溶量增多,镁方铁矿在高温下开始出现液相和完全液化的温度皆有降低。但是,同可形成最低共熔物的其他二元系统相比,降低幅度不大,如当 MgO 与 FeO 的质量比各占 50% 时,出现液相的温度仍高达 1850℃,完全液化的温度超过 2000℃。所以,由方镁石为主晶相构成的镁质耐火材料是一种能够抵抗含铁熔渣的优质耐火材料。

6.1.2　镁质耐火材料的结合相

镁质耐火制品的高温性质,除了取决于主晶相方镁石以外,还受其间的结合相控制。若结合相为低熔点物相,则制品在高温下抵抗热、重负荷和耐侵蚀性能会显著降低;反之,若结合相以高熔点晶相为主,则上述性能改善;若主晶相间无异组分存在,主晶相间直接结合,则制品的上述性能会显著提高。而且,方镁石间结合相的种类和赋存状态,还影响制品的其他使用性能。所以,有必要就镁质耐火制品的几种结合相和结合状态及其对制品性能的影响和质量的控制等予以讨论。

镁质耐火材料的结合相主要有以下几种。

6.1.2.1　铁酸镁(镁铁尖晶石)

当方镁石与铁的氧化物在氧化气氛中,如在空气中接触时,方镁石与 Fe_2O_3 在 600℃ 即开始形成铁酸镁($MgO \cdot Fe_2O_3$,简写 MF)。当温度提高到 1200 ~ 1400℃ 反应就更加活跃。铁酸镁具有尖晶石类($R^{2+}O \cdot R_2^{3+}O_3$)结构,故又称镁铁尖晶石。在空气中 $MgO\text{-}Fe_2O_3$ 二元系统状态如图 6-2 所示。

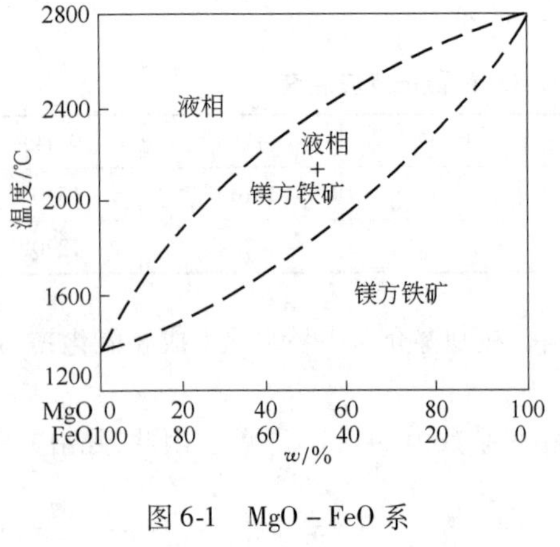

图 6-1　MgO – FeO 系

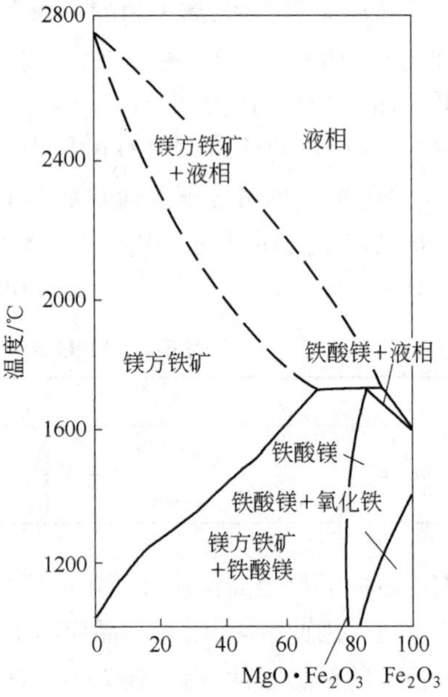

图 6-2　$MgO - Fe_2O_3$ 系

铁酸镁是 $MgO\text{-}Fe_2O_3$ 系统中的唯一二元化合物。其理论化学组成为 $w(MgO) = 20.1\%$,$w(Fe_2O_3) = 79.9\%$。它同其他尖晶石类晶体相同,属等轴晶系。其晶格常数为 0.836nm。真密度较方镁石重,为 4.20 ~ 4.49g/cm³。热膨胀性较高,但较方镁石低,25 ~ 900℃ 为 $(12.7 \sim 12.8) \times 10^{-6}/℃$。在 1713℃ 分解为镁方铁矿和液相。

铁酸镁在1000℃以上可显著地固溶于方镁石中，使方镁石形成镁方铁矿。溶解量随温度升高而增大，在近1713℃时，最高熔解Fe_2O_3可达70%。虽然铁酸镁在1713℃即可分解出现液相，但当固溶于方镁石中形成镁方铁矿后，却可使此固溶体出现液相的温度有所提高。铁酸镁向方镁石中溶解，由于形成的阳离子类晶格内有空位的异价型固溶体，并储存较高的晶体能量，提高了活性，故可明显地改善方镁石的烧结和再结晶，特别是在烧结初期，由于带有18个电子层的严重极化的离子，对主要是在烧结初期进行的表面扩散有很大影响。铁酸镁向方镁石的溶解，虽可使方镁石出现液相和完全液化的温度降低，但与方镁石溶解FeO的情况相似，影响不甚严重，方镁石吸收大量Fe_2O_3后仍具有较高的耐火度。

当固溶铁酸镁的方镁石由高温向低温冷却时，所溶解的铁酸镁可再从方镁石晶粒中以各向异性的枝状晶体或晶粒包裹体沉析出来。此种尖晶石沉析于晶体表面，多见于晶粒的解理、气孔和晶界处。通常，称此种由晶体中沉析出来的尖晶石为晶内尖晶石。

如温度再次升高，在冷却时沉析出来的晶内尖晶石，可能又发生可逆溶解。如此温度循环，发生溶解$\rightleftharpoons$沉析变化，并伴有体积效应。

6.1.2.2 镁铝尖晶石

在镁质耐火材料中，由于天然原料菱镁矿中不可避免地含有Al_2O_3杂质，有时为改善镁质耐火材料基质的高温性能，人为地加入含有Al_2O_3的组分。当Al_2O_3同方镁石在1500℃附近共存时，如在镁质耐火材料烧成过程中或在高温下使用时，即可经固相反应形成镁铝尖晶石（$MgO \cdot Al_2O_3$，简写MA）。若所用原料为γ-Al_2O_3，则此种反应在γ-Al_2O_3转向α-Al_2O_3的温度下，即在约1000℃左右就可急速地进行。此种尖晶石与方镁石的关系，如MgO-Al_2O_3二元系统状态图6-3所示。

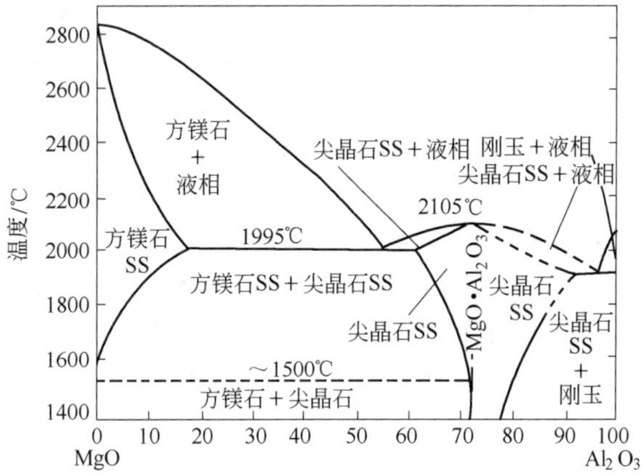

图6-3 MgO-Al_2O_3系统

由图6-3可见，镁铝尖晶石是MgO-Al_2O_3二元系统中唯一的二元化合物。常简称尖晶石。其理论化学组成$w(MgO) = 28.3\%$，$w(Al_2O_3) = 71.7\%$。等轴晶系，晶格常数为0.809～0.810nm。真密度同方镁石相近，较镁铁尖晶石低，为3.55g/cm^3。热膨胀性显著低于方镁石，也较铁酸镁小，25～900℃为6.7×10^{-6}/℃。熔点高达2105℃，MgO-$MgO \cdot Al_2O_3$最低共熔温度约为1995℃。

由MgO-Al_2O_3二元系统状态图可见，方镁石与尖晶石在约1500℃以上有明显互溶，并形成固溶体，且随温度的升高，溶解量增多。在1995℃，方镁石可溶Al_2O_3达16%；尖晶石可溶MgO为10%左右。虽然方镁石与尖晶石最低共熔温度为1995℃，但当方镁石溶解Al_2O_3或当尖晶石溶解MgO形成固溶体后，出现液相的温度却皆高于此方镁石和尖晶石两相的最低共熔点。

与方镁石固溶 Fe_2O_3 的情况相似，当固溶 Al_2O_3 的方镁石从高温下冷却时，镁铝尖晶石也可由方镁石晶体内沉析于其表面，并伴有体积效应。

虽然方镁石同 Al_2O_3 很容易形成尖晶石，但 $MgO \cdot Al_2O_3$ 聚集再结晶的能力较弱。所以，只有在较高温度下，通常高于 1600℃，才能得到充分的烧结。

当等分子数量的 MgO 和 Al_2O_3 之间进行反应时，因方镁石和刚玉的比体积较尖晶石小，伴生正体积效应，可使之构成紧密的碱性炉衬。

6.1.2.3　镁铬尖晶石

在镁质耐火材料中，主要是在镁铬砖中，除了含有方镁石等矿物外，还含有此种镁铬尖晶石（$MgO \cdot Cr_2O_3$，简写 MK）。此种尖晶石与方镁石的相关系如 $MgO\text{-}Cr_2O_3$ 二元系统图 6-4 所示。

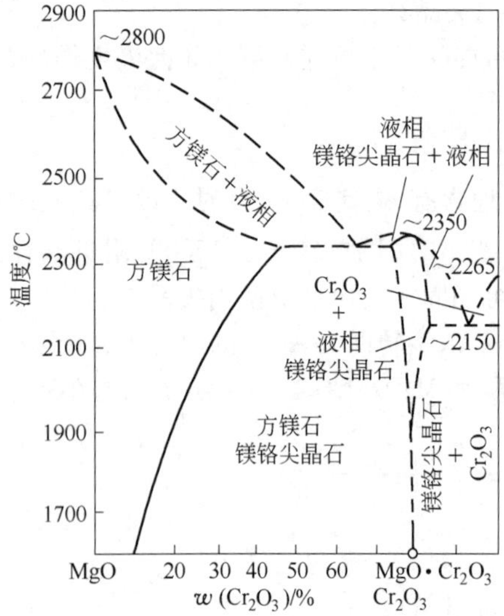

图 6-4　$MgO\text{-}Cr_2O_3$ 系统

由图 6-4 可见，镁铬尖晶石是 $MgO\text{-}Cr_2O_3$ 系统中唯一的二元化合物。其理论化学组成为 $w(MgO)=21\%$，$w(Cr_2O_3)=79\%$。在自然界中，很少有纯镁铬尖晶石，多与其他金属离子构成复合尖晶石，一般形式为 $(Mg,Fe)O \cdot (Cr,Al,Fe)_2O_3$。纯镁铬尖晶石的晶格常数为 0.832nm。真密度为 $4.40 \sim 4.43g/cm^3$。热膨胀性依其组成而异，一般在 25 ~ 900℃ 范围内为 $(5.7 \sim 8.55) \times 10^{-6}/℃$。纯者熔点约为 2350℃。$MgO\text{-}MgO \cdot Cr_2O_3$ 最低共熔温度大于 2300℃。此种尖晶石同铁酸镁和镁铝尖晶石相似，与方镁石在高温下也可互溶，溶解量也随温度升高而增大，随冷却而沉析。但溶解的起始温度和溶解最高量不尽相同。在 1600℃ 方镁石可溶 Cr_2O_3 10% 以上；在 2350℃ 附近可溶 Cr_2O_3 达 40%，介于 $MgO \cdot Fe_2O_3$ 和 $MgO \cdot Al_2O_3$ 之间。

上述 $MgO \cdot Fe_2O_3$、$MgO \cdot Al_2O_3$ 和 $MgO \cdot Cr_2O_3$ 三种尖晶石与方镁石的相关系对比，有以下特点：

三种尖晶石分别是这三个二元系统中的唯一二元化合物。虽然随着尖晶石的增多，其与方镁石构成的系统，完全液化的温度都有下降，但不严重。这些尖晶石都具有较高的熔点或分解温度，与 MgO 的最低共熔温度都较高，其中（$MgO\text{-}MgO \cdot Cr_2O_3$）>（$MgO\text{-}MgO \cdot Al_2O_3$）>（$MgO\text{-}MgO \cdot Fe_2O_3$）。可见，由方镁石为主晶相，以这些尖晶石为结合相构成的镁质耐火材料开始出现液相的温度都很高。其中尤以镁铬尖晶石最为突出。

三种尖晶石在高温下都可部分地溶解于方镁石中，形成固溶体。而且溶解度都随温度升降而变化，发生尖晶石的溶解⇌沉析。并对固溶体的性质有一定影响。只是开始溶解温度、各温度下的溶解度和在 $MgO\text{-}MgO \cdot R_2O_3$ 共熔温度下的最高溶解量有所不同。三种 R_2O_3 在方镁石中的溶解度按下列顺序递增：$Al_2O_3 < Cr_2O_3 \ll Fe_2O_3$，如图 6-5 所示。

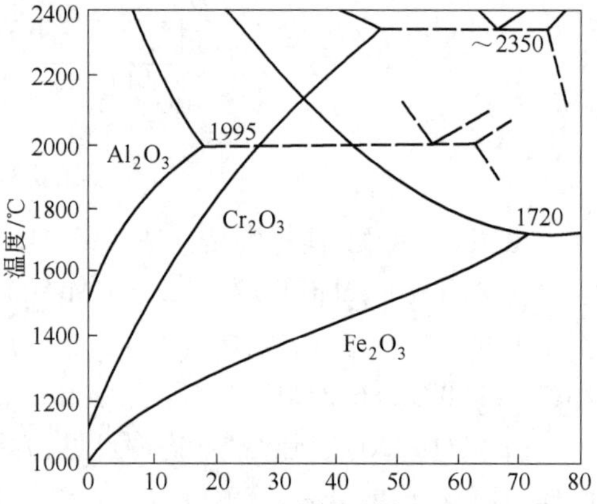

图 6-5　$MgO\text{-}R_2O_3$ 系统

由于 R_2O_3 固溶于方镁石，有助于其烧结，故对促进烧结的影响顺序可如下排列：$Fe^{3+} > Cr^{3+} > Al^{3+}$。

方镁石固溶 R_2O_3，使 $MgO-R_2O_3$ 系统开始形成液相的温度都有所提高。以 $MgO-R_2O_3$ 系统中固溶同量 R_2O_3 而论，$MgO \cdot Cr_2O_3$ 的熔点最高，同方镁石的共熔温度最高，溶解量也较高，溶于方镁石形成固溶体后开始出现液相温度最高，故在镁质耐火材料中，除高纯方镁石材料外，含镁铬尖晶石的镁质耐火材料的高温性能是最优秀的。

若将 $MgO-MgO \cdot Al_2O_3$ 和 $MgO-MgO \cdot Fe_2O_3$ 这两个系统对比，虽然方镁石同铁酸镁的共熔温度较低，仅 1713℃，但由于其在方镁石中的溶解量最多，故当含 R_2O_3 相同时，溶解 Fe_2O_3 的固溶体开始出现液相的温度较高，对含此种镁铁尖晶石的镁质耐火材料的高温强度影响反而较轻。

6.1.2.4 硅酸盐相

在镁质天然原料菱镁矿中往往还含有 CaO 和 SiO_2 等杂质，故在镁质耐火材料中同方镁石共存的还有一些硅酸盐相。同方镁石共存的各种硅酸盐相，可由 $MgO-CaO-SiO_2$ 三元系统图 6-6 看出。

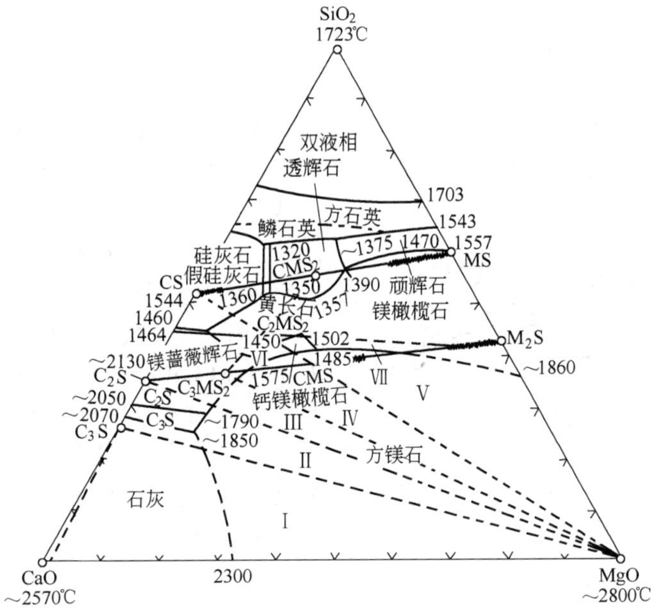

图 6-6 $MgO-CaO-SiO_2$ 系统

在 $MgO-CaO-SiO_2$ 三元系统中，按共存的平衡关系，同方镁石共存的硅酸盐相依系统中的 CaO/SiO_2 比不同而异。如图 6-6 中Ⅲ、Ⅳ、Ⅴ和表 6-2 所示。

表 6-2 同方镁石共存的硅酸盐矿物

CaO/SiO_2	物质的量比	0	0 ~ 1	1	1.0 ~ 1.5	1.5	1.5 ~ 2.0	2
	质量比	0	0 ~ 0.93	0.93	0.93 ~ 1.4	1.4	1.4 ~ 1.87	1.87
硅酸盐矿物		M_2S	M_2S-CMS	CMS	CMS-C_3MS_2	C_3MS_2	C_3MS_2-C_2S	C_2S

由表 6-2 可见，当系统中的 CaO/SiO_2（物质的量比）由 0 到 2 时，同方镁石共存的硅酸盐分别

为镁橄榄石（$2MgO \cdot SiO_2$，简写 M_2S）、钙镁橄榄石（$CaO \cdot MgO \cdot SiO_2$，简写 CMS）、镁蔷薇辉石（$3CaO \cdot MgO \cdot 2SiO_2$，简写 C_3MS_2）和硅酸二钙（$2CaO \cdot SiO_2$，简写 C_2S）。其中镁橄榄石熔点较高，为1890℃，M_2S-MgO 最低共熔温度为1860℃；钙镁橄榄石在1498℃即分解熔融，镁蔷薇辉石在1575℃分解熔融；硅酸二钙熔点最高，为2130℃，C_2S-MgO 共熔温度为1800℃。因此，当 CaO/SiO_2 比远小于1（质量比远小于0.93）或不小于2（质量比不小于1.87）时，由于同方镁石共存的为高熔点的镁橄榄石或硅酸二钙，故存在此种硅酸盐相的镁质制品在高温下出现液相的温度很高；而当 CaO/SiO_2（物质的量比）在1～2（质量比在0.93～1.87）之间时，则由于存在易熔的钙镁橄榄石和镁蔷薇辉石，镁质制品出现的液相温度很低，远低于方镁石的熔点。

6.1.2.5　镁质耐火材料中各种矿物的共存关系

镁质耐火材料的矿物组成已如上述。但各种矿物的共存关系，却依材料的化学组成差别而有所不同。

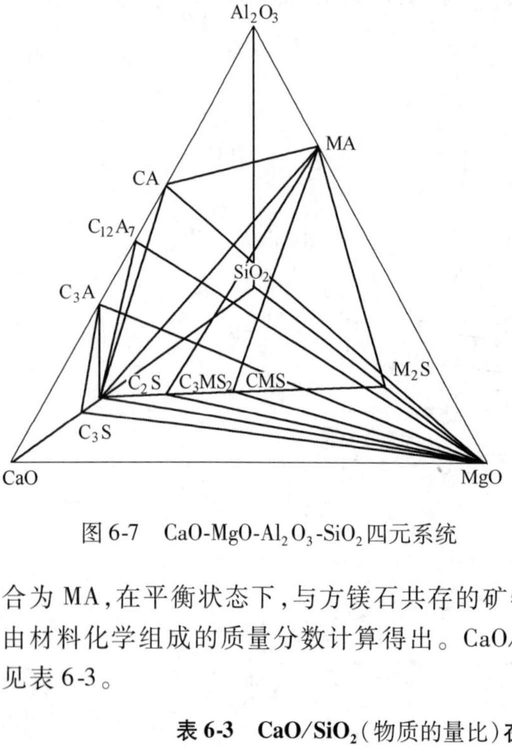

图6-7　$CaO-MgO-Al_2O_3-SiO_2$ 四元系统

当材料中只含 MgO、CaO、Al_2O_3、SiO_2 等组分时，在相平衡条件下，镁质耐火材料中共存的矿物关系包含在 MgO-C_2S-MA-M_2S 四面体内，如图6-7所示。依 CaO/SiO_2 比不同，共存矿物分别为：CaO/SiO_2（物质的量比）为2～1.5，MgO-C_2S-MA-C_3MS_2 共存，开始出现液相温度为1387℃；CaO/SiO_2（物质的量比）为1.5～1.0，MgO-C_3MS_2-MA-CMS 共存，开始出现液相温度为1366℃；CaO/SiO_2（物质的量比）为1.0～0，MgO-CMS-MA-M_2S 共存，开始出现液相温度为1380℃。

实际上，镁质耐火材料的化学组成更接近于 MgO-CaO-Al_2O_3-Fe_2O_3-SiO_2。若就此五元系统来讨论镁质耐火材料的矿物组成，并认为全部 Fe_2O_3 都结合为 MF，全部 Al_2O_3 都结合为 MA，在平衡状态下，与方镁石共存的矿物种类和其含量，可通过各种矿物的分子量比，由材料化学组成的质量分数计算得出。CaO/SiO_2（物质的量比）在0～2范围内的矿物含量见表6-3。

表6-3　CaO/SiO_2（物质的量比）在0～2范围内与方镁石共存的平衡相

CaO/SiO_2	0～1 (0～0.93)	MF = 1.25F；MA = 1.40A； M_2S = 2.34(S − 1.07C)；CMS = 2.79C
CaO/SiO_2	1～1.5 (0.93～1.40)	MF = 1.25F；MA = 1.40A； CMS = 2.60(3S − 2.14C)； C_3MS_2 = 2.73(2.14C − 2S)
CaO/SiO_2	1.5～2 (1.40～1.87)	MF = 1.25F；MA = 1.40A； C_3MS_2 = 2.73(4S − 2.14C)； C_2S = 2.87(2.14C − 3S)

注：表中F、A、S、C分别代表 Fe_2O_3、Al_2O_3、SiO_2、CaO 的质量分数。

上述这些系统开始出现液相的温度皆在 1300 ~ 1400℃。

当 CaO/SiO_2 比大于 2 时，系统中再无 M_2S、CMS 和 C_3MS_2 等硅酸盐矿物，其中的 CaO 除可生成 C_2S 以外，若余量 CaO 与 Fe_2O_3 的质量比小于 1.4，与 Al_2O_3 的质量比小于 2.2，则可形成 C_4AF，即此系统与方镁石共存的矿物为：$C_2S = 2.87S$；$C_4AF = 2.16(C - 1.87S)$；$MF = 1.25(F - 0.33C_4AF)$；$MA = 1.40(A - 0.21C_4AF)$。若系统中 CaO 余量形成 C_4AF 以外，与 Fe_2O_3 余量的质量比小于 0.70，则还可形成 C_2F，即此系统中与方镁石共存的矿物为：$C_2S = 2.87S$；$C_4AF = 4.77A$；$C_2F = 2.42(C - 1.87S - 2.20A)$；$MF = 1.25(F - 1.57A - 0.58C_2F)$。

6.1.3 各种镁质耐火材料的性质

由不同结合相与主晶相方镁石构成的各种镁质耐火材料虽具有很高的耐火度（一般皆高于 1920℃），抗碱性渣侵蚀的能力也强，但依结合相的种类、性质、数量和分布的不同，制品的性质也有一定差别。

6.1.3.1 硅酸盐结合的镁质耐火制品

硅酸盐结合的镁质耐火制品是指由 M_2S、CMS、C_3MS_2 和 C_2S 等硅酸盐相将方镁石联结为整体而构成的制品。在硅酸盐结合的镁质耐火制品中，镁铁尖晶石（MF）也与方镁石共存。但是，由于此种尖晶石在高温下固溶于方镁石中，在冷却时由晶粒内沉析于晶粒解理面和晶界上，方镁石晶粒间的结合仍往往由硅酸盐承担。由于这些硅酸盐相的性质不同，这类镁质耐火制品的性质也主要依硅酸盐相而异。

A 强度和荷重软化温度

这类镁质耐火制品的强度和荷重软化温度有如下特点：

由 M_2S 为结合相的镁质制品，如镁硅砖，其 M_2S 的熔点（1890℃）和 MgO-M_2S 最低共熔点（1860℃）都很高，虽然制品常温强度不高，但却具有较高的高温热态强度。无易熔物的密实制品荷重软化温度可达 1600℃以上。

当镁质耐火制品由 CMS 和 C_3MS_2 作结合相时，由于 CMS 和 C_3MS_2 的分解温度都很低（分别为 1498℃和 1575℃），远低于方镁石的熔点（2800℃），也低于 M_2S 的，MgO-CMS-C_3MS_2 尖晶石系统开始出现液相的温度仅在 1300 ~ 1400℃之间。而且，此种硅酸盐在高温下所形成的液相黏度都很低，对方镁石的润湿性较好，皆可将方镁石晶体包围，呈连续相，使方镁石呈分散相。故这类耐火制品的耐热重负荷性能很差，荷重软化温度很低，仅 1400℃左右。普通镁砖的结合相中虽常有少量镁橄榄石或 C_2S，但因含有此类易熔物，故荷重软化温度一般也只有 1500℃左右。

由 C_2S 结合的镁砖（如镁钙砖），由于 C_2S 具有很高熔点（2135℃），MgO-C_2S 共熔点 1800℃，所以开始产生液相的温度很高。在相当高的温度下（如炼钢温度），晶相间无液相形成。它同方镁石之间的结合为固相间的直接结合。而且，C_2S 的晶格能较高，在高温下的塑性变形较小，结晶体又呈针状和棱角状，故由 C_2S 结合的镁砖具有很高的高温强度。无易熔物的致密制品荷重软化温度可达 1700℃。

前已述及，镁质耐火制品中与方镁石共存的硅酸盐结合相，以哪一种为主，取决于材料化学组成中的 CaO/SiO_2 比，所以可认为以硅酸盐结合的镁质耐火材料的高温性能受其化学组成中 CaO/SiO_2 比的控制。当 CaO/SiO_2 比不同时，M_2S-C_2S 系统中硅酸盐的耐火度的变化和镁质耐火材料（以方镁石 90% 与 M_2S-C_2S 系统的硅酸盐 10% 构成，经 1560℃烧成）的荷重软化温度的变化都明显地依赖于 CaO/SiO_2 比，如图 6-8 所示。

B 抗热震性

镁质耐火制品的抗热震性都较低，这主要是由于方镁石的热膨胀性较高所致。在 20 ~

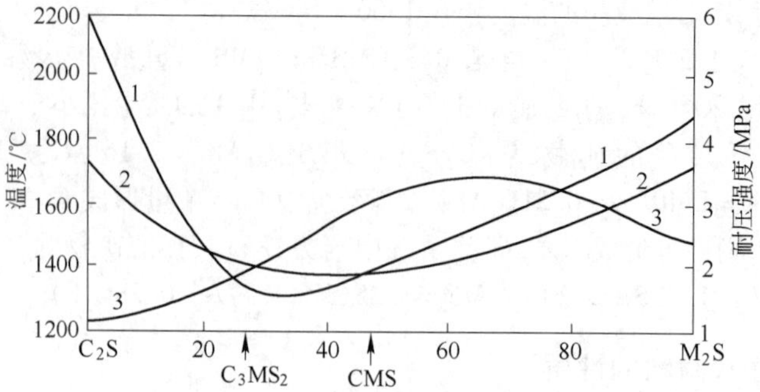

图 6-8　CaO/SiO_2 的影响

1—耐火度；2—荷重软化温度；3—耐压强度

1000℃平均线膨胀系数为 14×10^{-6}/℃。另外，普通镁质耐火制品中含有一定量铁酸镁等矿物，在温度变化时，反复固溶于方镁石中和脱溶，产生结构应力，而且当由晶粒中沉析于晶粒的解理面和晶界处时，阻碍方镁石晶粒沿此解理面滑移，使高温塑性降低，进一步影响其抗热震性。但是，结合相不同，制品的抗热震性也有一定差别。

由 M_2S 结合的镁砖，由于 M_2S 的热膨胀性较高，20～1500℃平均线膨胀系数为 11×10^{-6}/℃，故制品的抗热震性仍然较低。但在硅酸盐结合的镁砖中，它还是比较高的。

由 CMS 结合的制品，因 CMS 各向异性，热膨胀性在 x 轴向较高，为 13.6×10^{-6}/℃，故抗热震性低，普通镁砖经 1100℃水冷循环仅 2～3 次。

C　抗渣性

虽然镁质耐火制品具有抵抗碱性渣侵蚀的能力，但依结合相的不同，也有一定差别。

当以 M_2S 结合的镁质制品中含铁量较高时，特别是在还原气氛下同 Fe 直接接触时，除 MgO 可与 FeO 形成固溶体以外，M_2S 也可发生镁铁置换形成铁橄榄石（$2FeO \cdot SiO_2$，简写 F_2S），并共同形成无限固溶体[M_2S-F_2S]ss。虽然 M_2S 因镁铁置换及 F_2S 的形成与高温下镁蒸气的逸出而使结构破坏，并因 F_2S 的溶入而可能降低出现液相的温度，耐火度也有所降低，但不甚严重。如 M_2S 中固溶 F_2S 达 10%，即固溶 FeO 约占 5.4% 时，此种[M_2S-F_2S]ss 开始出现液相温度约为 1750℃，耐火度约为 1800℃。而且，若材料中存在的 MgO 数量较多，此种 MgO 可在高温下溶解更多的 FeO，而避免 F_2S 的形成，即发生 $4MgO + 2FeO \cdot SiO_2 \longrightarrow 2[MgO\text{-}FeO] + 2MgO \cdot SiO_2$ 反应。因此，此种以 M_2S 为结合相的镁质耐火材料具有一定的抵抗含铁介质侵蚀的性能。

由 CMS 和 C_3MS_2 结合的镁质耐火制品，由于在使用过程中极易形成液相，而且，这些液相又呈连续相，使外来杂质易于沿此种液相通道迁入耐火材料内部，促进熔渣向内部侵蚀，而且形成较厚的变质层，导致结构崩裂。故由此类易熔硅酸盐结合的镁质制品，抗渣蚀能力较差。

通常，含有 CMS 或 C_3MS_2 的普通镁砖中，往往还含有铁酸镁。这类镁质耐火制品，在遭受氧化和还原气氛影响时，由于 $MgO \cdot Fe_2O_3 \rightleftharpoons [MgO\text{-}FeO]ss$ 的转化，其体积也随之发生显著变化（如图 6-9 所示）。这种变化成为该耐火制品损坏的主要原因。由此可见，当气氛经常变化时，镁质制品中的铁含量应予限制。

由 C_2S 结合的镁质制品，由于 C_2S 形成及同方镁石的直接结合，使液相润湿方镁石晶粒的能力大为下降，既可使制品内（因杂质带入）可能形成的少量液相从方镁石晶粒表面排挤到晶粒的间隙中（呈孤立状），又可使外来液相不易渗入制品内部，从而大大提高这种制品的抗渣能力。实践证明，CaO/SiO_2 比很高的镁砖，对炼钢的初期渣的抵御能力是很高的。

6.1.3.2　尖晶石结合的镁质耐火制品

尖晶石结合的镁质耐火制品是指主要由镁铝尖晶石（$MgO \cdot Al_2O_3$）或镁铬尖晶石（$MgO \cdot Cr_2O_3$）或复合尖晶石[$(Mg,Fe)O \cdot (Cr,Al,Fe)_2O_3$]为结合相的制品。如前所述，镁铁尖晶石（MF）虽与方镁石共存，但对制品的主晶相起主要结合作用的仍然是上述镁铝尖晶石和镁铬尖晶石等。

由于上述各种尖晶石的性质不尽相同，故所含尖晶石的种类、数量和分布不同的镁质耐火制品的性质也有相应差别。

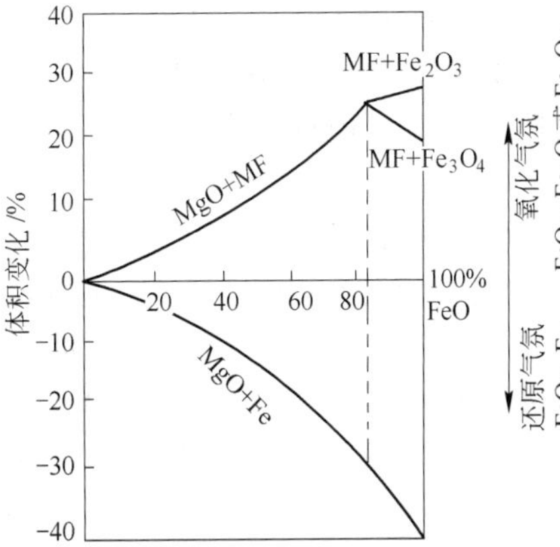

图6-9　（Mg，Fe）O在还原和氧化气氛下的体积变化

A　强度和荷重软化温度

尖晶石结合镁质耐火制品的高温强度和荷重软化温度，一般都较普通镁砖为高。

以镁铝尖晶石结合的镁质耐火制品，如镁铝砖，由于MA的熔点和MgO-MA共熔温度都较高，分别为2105℃和1995℃。故单纯由方镁石与此种尖晶石构成的镁质耐火制品在1995℃以下不会出现液相。这种尖晶石若以占镁质耐火制品的30%计，在高温下只有少部分溶于方镁石（这是由于开始溶解的温度已高达1500℃以上）。其多数则存在于方镁石晶粒之间，构成方镁石晶粒间的联结相。此种联结相在高温下与方镁石皆呈固态，因而常称此种尖晶石为第二固相或次晶相。此种尖晶石晶体之间与方镁石晶粒间多呈直接结合。而且，此种制品的气孔率较小，一般为18%～20%，故由此种尖晶石结合的镁质耐火制品具有很高的高温强度。当制品中含有杂质时，其中也可能有易熔硅酸盐相存在，但是只要此种硅酸盐不呈连续相，而固相间仍直接结合，则制品仍会具有较高的高温强度。荷重软化温度可达1750℃以上。

由镁铬尖晶石结合的镁质耐火制品，如镁铬砖，由于MK熔点较其他尖晶石高，约2350℃，MgO-MK共熔点达2300℃以上，故由纯MgO和$MgO \cdot Cr_2O_3$构成的耐火材料在2300℃以下不会出现液相，而且，此种铬尖晶石固溶于方镁石之后，还会使出现液相的温度更高。在镁铬砖中，这种铬尖晶石在高温下除部分溶于方镁石以外，也存在于方镁石晶粒之间，作为第二固相在方镁石晶粒间搭桥，使尖晶石晶体间与方镁石晶粒间实现直接结合。故由此种铬尖晶石结合的镁铬砖具有优良的高温强度。普通烧结镁铬砖的荷重软化温度一般都高于1600℃以上，电熔镁铬砖的荷重软化温度可达1750℃以上。

B　抗热震性

尖晶石结合的镁质耐火制品的抗热震性，一般都较普通镁砖好。

MA结合的镁砖，如镁铝砖，较仅含MF的普通镁砖具有较好的抗热震性。因而常称此种镁砖为抗热震镁砖。抗热震性良好的原因是MA属正型尖晶石，具有较低的热膨胀性，25～900℃平均线膨胀系数为6.7×10^{-6}/℃，而MF属反型尖晶石，热膨胀性高，25～900℃平均线膨胀系数为$(12.7 \sim 12.8) \times 10^{-6}$/℃。同时，MA的弹性模量较低，在常温下为$2.3 \times 10^5$MPa，在1250℃为$0.9 \times 10^5$MPa，而方镁石（气孔率为2%），在常温下为$11.69 \times 10^5$MPa，1200℃为$5.88 \times 10^5$MPa，1300℃为$5.39 \times 10^5$MPa。另外，由于MA溶解MF的能力较MF在方镁石中的溶解度大得多，MA能从方镁石中将MF转移出来，形成[MA-MF]ss，消除了因温度波动而引起的MF溶解和沉析的变化，提高了方镁石的塑性，而MA的此种溶解和沉析变化影响又较小，从而提高了制品的抗热震性。1100℃加热和水冷循环达20次左右。

以镁铬尖晶石结合的镁铬砖，由于镁铬尖晶石的热膨胀性也较低，25～900℃的平均线膨胀系数为(5.7～8.55)×10^{-6}/℃，MF 可固溶于 MK 中形成[MK-MF]ss，且溶解度很大，溶解的温度范围很宽，减缓了因 MF 溶入方镁石和其中沉析的影响，而且 CMS 含量也较少，故镁铬砖的抗热震性也较好。1100℃加热和水冷循环达 25 次。

C　抗渣性

尖晶石结合的镁质耐火制品的抗渣性，一般也优于普通镁砖。

MA 结合的镁铝砖抵抗熔融钢液和含铁熔渣侵蚀的能力较强。虽然 MA 与 FeO 反应可形成铁尖晶石($FeO\cdot Al_2O_3$，简写 FA)，即发生 $MA+FeO \rightleftharpoons MgO+FeO\cdot Al_2O_3$ 反应，而 $FeO\cdot Al_2O_3$ 分解熔融温度仅 1750℃，较 MA 的熔点低 380℃以上，但 MA 与 FA 可形成连续固溶体，而且，在镁质耐火材料中，总有大量方镁石存在，同 FeO 形成镁方铁矿。故由 MA 结合的镁铝砖能吸收相当数量的 FeO，而不致严重降低其出现液相的温度。

当熔渣中含有较高 CaO 时，MA 与 C_2S 的共熔点仅 1418℃，远低于它们的熔点，故 MA 受此种熔渣侵蚀时，其高温性质有所降低。但是，由于 MA 与方镁石直接结合，两者间的界面张力远低于 MA 或 MgO 的表面张力，从而使熔渣渗入这些界面的速度和深度都小于普通镁砖，故抗渣性还优于普通镁砖。

优质镁铝砖中易熔物含量较少，且气孔率较低，熔渣也不易渗入，故形成变质层的危害也较轻。

以 MA 结合的镁砖，由于 MA 在氧化或还原气氛下较稳定，故在气氛变化条件下使用，同含 MF 较多的镁砖相比，耐久性较高。

镁铬砖的耐蚀性有以下特点：MF 和 MA 都可固溶于 MK 中形成[MK-MF]ss 和[MK-MA]ss 连续固溶体。MF 和 MA 固溶于 MK 后液相面边界温度增加。即随 Cr_2O_3 量的相对提高，出现液相温度提高，在一定温度下液相量降低。而且，当系统中有硅酸盐相共存时，随 Cr_2O_3/Al_2O_3 和 Cr_2O_3/Fe_2O_3 比的增加，尖晶石相在硅酸盐中的溶解度也逐渐降低。如图 6-10 和图 6-11 所示。所以以镁铬尖晶石(MK)为结合相，代替 MF 和 MA，对提高制品的高温强度和耐蚀等性能都是有利的。

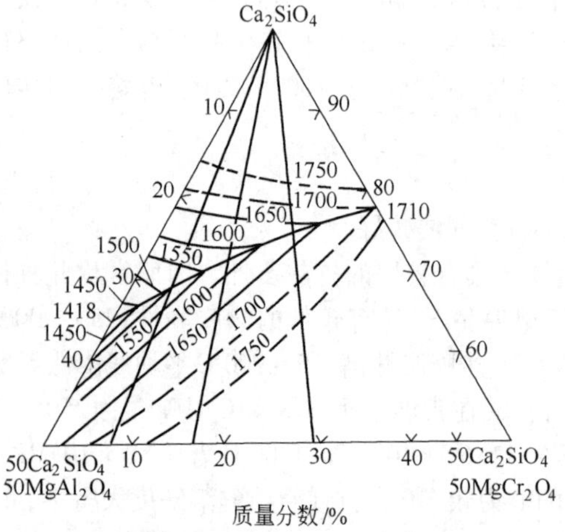

图 6-10　MA-MK-C_2S 系统

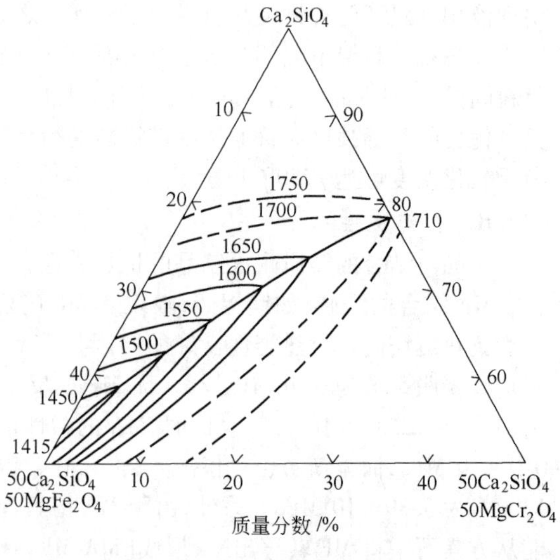

图 6-11　MF-MK-C_2S 系统

在自然界中，铬尖晶石大多取自铬矿石，并非单纯由 MK 构成，而多为不同尖晶石的固溶体复合尖晶石[$(Mg,Fe^{2+})\cdot(Cr,Al,Fe^{3+})_2O_4$]，其中对尖晶石构成的制品体积稳定性影响大的主要成分为铬铁矿（$FeO \cdot Cr_2O_3$，简写 FK）。

由这些含 FeO 的铬铁矿结合的镁质耐火制品，因铬铁矿对于氧化和还原气氛很敏感，氧化产生收缩，还原产生膨胀。含铁高的尖晶石，在氧化气氛下，从 350℃ 开始到 1000℃ 显著氧化，其中的 FeO 氧化为 Fe_2O_3。氧化终了，Fe_2O_3 与 Cr_2O_3 形成固溶体，因晶格常数由大变小，体积收缩。若随后发生还原作用，则在 450℃ 开始，约到 1050℃ 结束，又使 Fe_2O_3 转化为 FeO，形成尖晶石，因晶格松弛，产生膨胀。虽然理论计算膨胀不超过 3%，但实际上可达 30%，线膨胀率达 10%。这种计算值与实测值的差别是由于同时发生气孔率增加之故。由于气孔容积大，一度氧化再次还原的铬铁矿，很容易发生脆性开裂——常称"爆胀"或"爆裂"。因此，含铁较高的铬尖晶石结合的镁铬砖，在气氛经常变化的条件下不宜使用。

6.1.3.3 直接结合的镁质制品

前已述及，镁质耐火制品的直接结合主要指方镁石晶粒间无易熔硅酸盐相间隔而直接互相连接的结构状态。当系统中存在第二固相时，此第二固相间以及与方镁石间的直接连接也称为直接结合。当制品完全由固相构成时，制品烧结致密气孔消失，即可达固-固直接结合。当制品中固液共存时，只有在一定条件下才能实现直接结合。制品中固相间直接结合的程度以直接结合率标之，即

$$直接结合率 = \frac{N_{ss}}{N_{ss} + N_{sl}} \times 100\%$$

式中，N_{ss} 为固相颗粒间的接触数目；N_{sl} 为固液间的接触数目。

A 实现直接结合的基本条件

当耐火制品中固液共存时，固相间是否实现结合，取决于晶粒界面间和固-液相界面间界面张力 γ 的平衡条件，即取决于固-液界面形成的二面角 ϕ。如图 2-13 所示，当晶粒界面张力（γ_{ss}）与固液界面张力（γ_{sl}）处于平衡条件时，关系式为

$$\gamma_{ss} = 2\gamma_{sl}\cos\frac{\phi}{2}$$

由 γ_{ss} 与 γ_{sl} 的差别可决定固相与液相的分布状态。

若 $\gamma_{ss} < \gamma_{sl}$，则 $\phi > 120°$，液相被孤立成包囊状存在于晶粒之间。

若 $\gamma_{ss}/\gamma_{sl} = 1 - \sqrt{3}$，则 $\phi = 60° \sim 120°$，液相部分地穿插在晶界之间存在于三个晶粒交界处。

若 $\gamma_{ss}/\gamma_{sl} > \sqrt{3}$，则 $\phi < 60°$，液相存在于整个晶界，并在三个晶粒交界处成为三角形棱柱。

若 $\gamma_{ss}/\gamma_{sl} \geqslant 2$，则 $\phi = 0°$，液相将晶粒完全包围。

固相和液相在各种二面角时的分布，如图 6-12 所示。

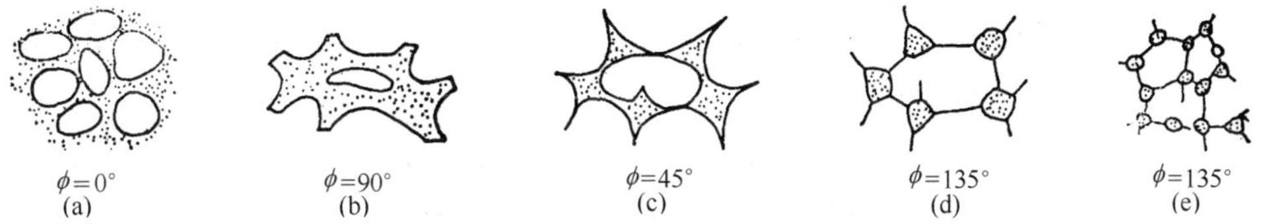

图 6-12 各种二面角固相与液相的分布

由于固相间的直接结合率取决于 γ_{ss}/γ_{sl} 之比，所以，当固相的种类和性质确定，即 γ_{ss} 不变时，直接结合率取决于 γ_{sl} 的大小，即取决于液相的性质和液相与固相的界面关系。若液相组分的变化也影响固相时，则 γ_{ss} 也因之变化。若变化的结果，使 γ_{ss} 降低和 γ_{sl} 提高，则必有利于直接结合。反之，则有损于直接结合。

B　方镁石-液相系统的直接结合

在方镁石-液相系统中，溶入的少量 R_2O_3 和硅酸盐中的 CaO/SiO_2 比，对直接结合有显著影响。

(1) R_2O_3 对直接结合的影响。当耐火材料中只有方镁石主晶相，无尖晶石，也无游离 CaO 时，若取一定量 MgO(如 85%)并使 CMS 含量不变(如 15%)，以 Fe_2O_3 和 Cr_2O_3 不断取代等量的 MgO 制成配料，经成型和在 1550℃煅烧，冷淬的试样中方镁石颗粒与液相间的二面角和 N_{ss}/N_{sl} 比如图 6-13 和图 6-14 所示。

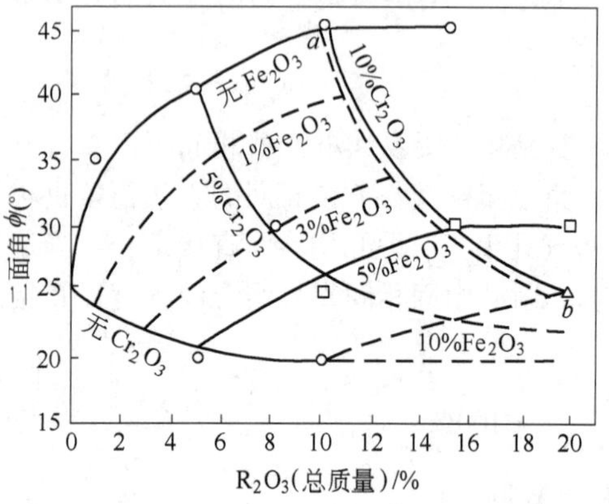

图 6-13　加入 Cr_2O_3 和 Fe_2O_3 对方镁石颗粒间形成二面角的影响

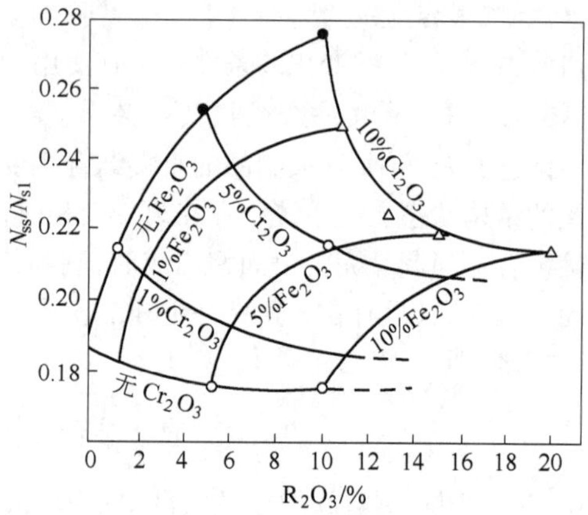

图 6-14　加入 Cr_2O_3 和 Fe_2O_3 对方镁石颗粒间接触同方镁石液相接触比值的影响

图 6-13 中 *ab* 线表示在煅烧温度下溶解尖晶石的饱和极限。在 *ab* 线以外，混合物在 1550℃除含有镁方铁矿和液相外，还含有尖晶石。

由图 6-13 和图 6-14 可见，在系统中只有方镁石和液相时，加入 Cr_2O_3 使二面角增大，从而促进直接结合，而加入 Fe_2O_3 其作用则相反。

当系统中以加入 Al_2O_3 取代 MgO 时，也有与 Fe_2O_3 相近的作用。

加入 Cr_2O_3 之所以使二面角增加，是由于 Cr^{3+} 可溶于镁方铁矿和 R_2O_3 中，并在方镁石和硅酸盐界面处析出来，而 Cr_2O_3 在硅酸盐液相中的溶解度却无例外地都很低。因而在降低方镁石晶粒间的晶界能的同时，提高固液界面能，使 γ_{ss}/γ_{sl} 比下降，二面角增大，直接结合率提高。

(2) CaO/SiO_2 比对直接结合的影响。当在 MgO 含量为 85%、硅酸盐含量为 15% 的试样加入少量 R_2O_3 取代部分 MgO，而硅酸盐含量不变，经 1725℃煅烧 2h 后，依硅酸盐的 CaO/SiO_2 比不同，其中直接结合率的变化如图 6-15 所示。

当系统中只有方镁石和液相时，不论混合物中有无 R_2O_3，凡 CaO/SiO_2 比增大，皆可使直接结合率提高，其中以加入 Cr_2O_3 影响最为突出。当加入 Fe_2O_3 或 Al_2O_3，则直接结合率较未加入者有所降低。

随 CaO/SiO_2 比增大直接结合率提高的原因是液相中 MgO 的饱和浓度会随 CaO/SiO_2 比提高而降低，当固相和液相二者间的组成差别增大时，会使 γ_{sl} 增大。

C　固-固-液系统的直接结合

在两种固相和液相共存的系统中，如在镁铬砖、铬镁砖和镁铝砖以及白云石砖中，由于第二固相的出现会使固-固接触增加。如在 MgO-MK-CMS 混合物中，CMS 含量为 15%，其余 85% 由

MgO 和 Cr_2O_3 共同组成的各试样经成型和1700℃煅烧后，其中直接结合率较单一固相者明显提高，见图6-16。

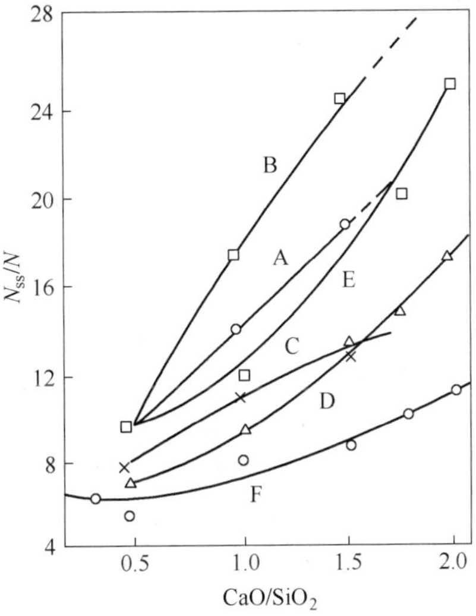

图6-15 CaO/SiO_2 比对氧化镁-硅酸盐混合物的 N_{ss}/N 影响

混合物氧化镁：硅酸盐＝85：15，1725℃煅烧

A—无加入物；B—5% Cr_2O_3；C—5% Fe_2O_3；D—1% Al_2O_3；E—1% Al_2O_3 + 1% Cr_2O_3；F—5% Al_2O_3

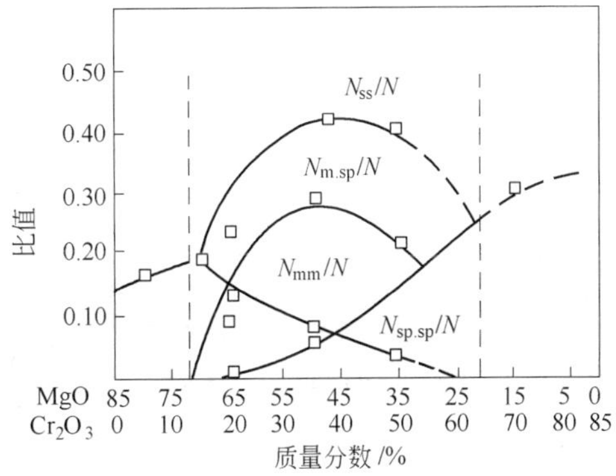

图6-16 1700℃下 MgO/Cr_2O_3 比对各种界面接触的影响

在MgO-MA-CMS系统中也发现这种现象。对比MA、MF和MK三种尖晶石在固-固-液系统中的作用，MK具有最高的MgO-尖晶石接触程度及总固-固接触程度。尖晶石中的 Al_2O_3 和 Fe_2O_3 被 Cr_2O_3 部分地取代，也能提高MgO-尖晶石的接触程度。其他以 C_2S 和 M_2S 作为次晶相，也有助于直接结合率提高。在MgO-游离CaO-液相系统中，例如白云石砖也有此种作用。

固-固-液系统中，固相间的直接结合率较固-液系统者为高，是因为异晶粒间的界面能低于同晶粒间的界面能，$\gamma_{AB} < \gamma_{AA(或BB)}$，即在异晶粒间与液相形成的二面角比同晶粒间与液相的二面角大，液相在异晶粒间的渗透能力要低于在同晶粒间的渗透能力。故当液相含量一定时，第二固相的出现会使固-固结合增加。

在方镁石-尖晶石-液相系统中，在高温下，各种尖晶石可被选择性地溶解于方镁石和硅酸盐熔体中，其中镁铬尖晶石在熔体中的溶解度最低，如以 R_2O_3 表示尖晶石在熔融硅酸盐中的溶解度，顺序为 $Cr_2O_3 \ll Al_2O_3 < Fe_2O_3$，故以MK为第二固相的镁质耐火材料更易获得较高的直接结合率。

耐火材料主晶相间、主晶相与次晶相间和次晶相间的直接结合以及在有外来熔剂吸入和液相含量增加的使用条件下，仍能保持高度直接结合的能力，是耐火材料的极重要的特性，是保证其具有优良的耐高温性和耐侵蚀性的重要标志。

如何提高耐火材料的直接结合率，从而保证其具有优良的性能，取决于耐火材料的原料与工艺，即原料的精选与熟料的高温煅烧、精确配料、充分混练和高压成型以及高温烧成等制度。

6.1.3.4 镁质不定形耐火材料

镁质不定形耐火材料是以各级粒度的烧结镁砂为原料加适当结合剂不经成型和烧成而制成的混合料。其中，冶金镁砂是主要品种之一。分为普通冶金镁砂和合成冶金镁砂。普通冶金镁砂是由烧结镁石经破碎和筛分后加入烧结剂制成的MgO含量在78%以上的不定形耐火材料，其配料工作主要是根据使用部位对粒度的要求不同而调整粒度组成。合成镁砂是将高钙低硅菱镁矿或与白云石等原料破碎,加入适量铁矿石等助熔剂,混匀后制成料球,在1600℃煅烧而成熟料。此种熟料即为合成冶金镁砂,经破碎调整粒度后即可使用。合成镁砂的配料除要求含方镁石外,还要求含有适量 C_2F 或 C_4AF,以便于烧结。另外也含有一定 MF 和 C_2S。要控制 C_2S 的量,以免影响烧结和引起烧结料疏松。一般要求 MgO 含量在80%左右,Fe_2O_3 和 CaO 含量分别为8%和7%左右,SiO_2 含量要小于6%。

几个主要品种镁质耐火材料的化学矿物组成和各项主要物理性质的技术指标如表6-4所示。

表 6-4　几种镁质耐火材料的主要性质

名　称	普通镁砖 MZ-91　MZ-89　MZ-87	镁硅砖 MGZ-82	镁铝砖 ML-80 ML-80 (A)(B)	镁　铬　砖 MGe-20　MGe-16　MGe-12　MGe-8
主要化学成分的质量分数/%	MgO≥91 MgO≥89 MgO≥87 CaO≤3　CaO≤3　CaO≤3	MgO≥82 $SiO_2$5～10 CaO≤2.5	MgO≥80 $Al_2O_3$5～10	MgO≥40 MgO≥45 MgO≥55 MgO≥60 Cr_2O_3≥20 Cr_2O_3≥16 Cr_2O_3≥12 Cr_2O_3≥8
主要矿物组成	方镁石　镁橄榄石 钙镁橄榄石	镁橄榄石 方镁石	方镁石 镁铝尖晶石	方镁石　镁铝尖晶石
耐火度/℃			≥2100	
最高使用温度/℃	约1700	1650～1700	1650～1700	约1750
气孔率/%,不大于	18　20　20	20	18　20	23　23　23　24
体积密度/$g \cdot cm^{-3}$	2.6～3.0	2.6	2.8	约2.8
比热容/$J \cdot g^{-1} \cdot ℃^{-1}$	$0.97+2.89\times10^{-4}t$			$0.789+3.47\times10^{-4}t$
平均线膨胀系数/$℃^{-1}$	14.3×10^{-6} (20～1000℃)	11×10^{-6} (20～700℃)	10.6×10^{-6} (20～1000℃)	
常温耐压强度/MPa,不小于	58.8　49　39.2	39.2	39.2　29.4	24.5　24.5　24.5　24.5
0.2MPa荷重软化温度/℃,不低于	1550　1540　1520	1550	1600　1580	1550　1550　1550　1530
抗热震性/次	2～3		≥3	>25
抗渣性	好	好	好	好

6.1.4　镁质耐火材料的应用

(1)普通镁砖。能经受钢液、熔渣的高温热负荷、流体的流动冲击和钢液与强碱性渣的化学侵蚀。因此凡遭受上述作用的冶炼炉的内衬,如转炉、电炉、混铁炉、有色金属冶炼炉、均热炉和加热炉的炉床,以及水泥窑和玻璃窑蓄热室等处都可使用此种耐火制品。但因其抗热震性较差,故不宜使用于温度急剧变化之处。另外,由于其热膨胀性较大和荷重软化温度较低,用于高温窑炉炉顶时必须用吊挂方式。

(2)镁钙砖和镁硅砖。可用于同普通镁砖使用条件相同之处。但由于这些制品荷重软化温度较高，且镁钙砖抗碱性渣的性能更良好，镁硅砖也具有抗各种渣的能力，故适用范围更为广泛。如镁钙砖用于受碱性渣侵蚀处效果更佳。但此种制品抗热震性较差，易崩裂。镁硅砖还可用作平炉和玻璃熔窑蓄热室上部温度变化较小的格子砖。

(3)镁铝砖。可代替普通镁砖，用于遭受上述作用的部位效果良好。因此种制品抗热震性优良，荷重软化温度也较高，故也可用于遭受周期性温度波动之处，如用于平炉炉顶、水泥窑高温带和玻璃熔窑蓄热室等处，使用效果明显优于普通镁砖。也可用于其他高温炉窑如高温隧道窑等的炉顶之上。

(4)镁铬砖。宜于在高温、渣蚀和温度急剧变化的条件下使用。用在同镁铝砖相似的工作条件之处，如在平炉炉顶、有色金属冶炼炉、水泥窑的高温带和玻璃窑蓄热室中，效果更佳。但不宜使用在气氛频繁变动的条件下。

(5)直接结合镁砖。它具有较高的高温强度和优良的抗蚀性，用于遭受高温、重荷和渣蚀严重之处，使用效果一般都优于上述普通镁质耐火制品。

6.2 白云石质耐火材料

白云石质耐火材料是以白云石为主要原料，以 CaO 和 MgO 为主要成分的碱性耐火材料。一般 $w(CaO) = 40\% \sim 60\%$，$w(MgO) = 30\% \sim 40\%$。另外，对含氧化镁较高的（$w(MgO) = 50\% \sim 85\%$，$w(CaO) = 10\% \sim 40\%$）MgO-CaO 系统耐火材料，常称为镁白云石耐火材料。通常，将白云石质耐火材料分为两大类：一类为含游离 CaO 的白云石耐火材料，另一类为稳定性白云石耐火材料。

白云石质耐火材料同镁质耐火材料相同，也是一种强碱性耐火材料，具有优良的耐碱性熔渣的能力。由于含 CaO 较多，此种材料也具有一些不同于镁质耐火材料的特性。

6.2.1 含游离 CaO 的白云石耐火材料

当前，在白云石质耐火材料中，生产应用最广泛的就是此种含游离 CaO 的白云石耐火材料。它是一类重要的碱性耐火材料。主要品种有冶金白云石制品、沥青白云石制品、轻烧油浸白云石制品、烧成油浸白云石制品、半稳定性白云石制品以及镁白云石烧成油浸制品和镁钙碳不烧制品。这些白云石耐火制品都是由烧结白云石或烧结镁白云石为主要原料制成的。其主要成分是 MgO 和 CaO，除杂质外，绝大多数制品中还含有一定量的碳。主晶相由方镁石和石灰（CaO）共同构成。含游离 CaO 白云石耐火材料的性能皆受此两种主晶相所控制。这些制品都是炼钢炉中特别是转炉中广泛使用的主要耐火材料。

6.2.1.1 烧结白云石耐火材料的矿物组成

含游离 CaO 的各种白云石耐火材料的主晶相和易熔物的特点以及碳的作用概述如下：

(1)主晶相。此种白云石耐火制品的主晶相是方镁石和石灰。石灰与方镁石相似，也具有很高的熔点(2570℃)。它属于四方晶系，晶格棱边长为 0.4799nm，真密度为 3.32g/cm³。此两种氧化物的二元系统中无二元化合物。共熔温度很高，达 2370℃，如图 6-17 所示。故由纯 MgO 和 CaO 构成的耐火材料在 2370℃以下不会出现液相，从而使其具有高的耐火度。若两种晶体实现直接结合，必具有很高的高温强度。

由图 6-17 可见，CaO 和 MgO 共存时，在高温下具有一定的互溶性。溶解度随温度升高而增大。CaO 在 MgO 中的溶解度由 1620℃时的 0.9% 到 2370℃时的 7.8%，MgO 在 CaO 中的溶解度由 1620℃时的 2.5% 到 2370℃时的 17%。由此可见，在前述的镁质耐火材料中，若有硅酸盐存在，MgO 也可从硅酸盐中夺取 CaO 以生成 MgO-CaO 固溶体，从而影响系统中 CaO/SiO_2 比的比值。MgO 与 CaO 的互溶，引起材料中相组成的相应变化，并对烧结有所促进。

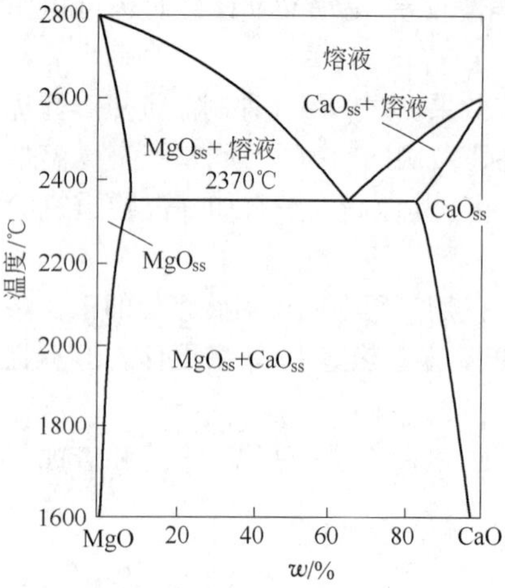

图 6-17　MgO-CaO 二元系统相平衡图

(2)易熔物。在天然白云石中除含 CaO 和 MgO 外，还往往含有少量 Al_2O_3、SiO_2、Fe_2O_3 等组分。这些组分同 MgO 和 CaO 也可发生反应，生成另外一些矿物，并对白云石耐火材料的生产和性质以及使用寿命带来危害。

在 MgO 和 CaO 与上述氧化物构成的混合料中，由于 CaO 的活性比 MgO 高，在加热过程中 CaO 首先同 SiO_2、Al_2O_3 和 Fe_2O_3 等反应形成钙化合物。在此 CaO-MgO-Al_2O_3-SiO_2-Fe_2O_3 系统中，若存在游离 MgO 和 CaO，当其中 Al_2O_3/Fe_2O_3(质量比)小于 0.64 时，则在平衡条件下，此系统中与 MgO 和 CaO 共存的矿物为 $4CaO \cdot Al_2O_3 \cdot Fe_2O_3$(简写 C_4AF)、$2CaO \cdot Fe_2O_3$(简写 C_2F)和 $3CaO \cdot SiO_2$(简写 C_3S)。当其中 Al_2O_3/Fe_2O_3(质量比)大于 0.64 时，则与 MgO 和 CaO 共存的矿物为 C_4AF、C_3A 和 C_3S。C_4AF 在 1415℃分解熔融。C_2F 熔点为 1449℃。CaO-C_2F 共熔点为 1438℃。C_3A 在 1535℃ 分解为 CaO 和液相。CaO-MgO-C_3A 系统出现液相温度仅为 1450℃。C_3S 不一致熔融，1900℃分解为 C_2S 和 CaO，出现液相温度虽然很高(约为 2070℃)，但 CaO-MgO-C_3S 系统出现液相温度只有 1850℃。CaO-MgO-C_3S-C_2F-C_4AF 系统和 CaO-MgO-C_3S-C_3A-C_4AF 系统最初出现液相的温度则分别小于 1280℃和 1300℃。因此，在由 CaO 和 MgO 构成的白云石耐火材料中，所含的 SiO_2、Al_2O_3 和 Fe_2O_3 起强烈的助熔作用，是有害杂质。通常，对白云石中的这些助熔剂以 AFS 标之。欲提高白云石耐火材料的耐高温的性能，必须严格控制这些助熔剂(AFS)的含量。如对烧成油浸白云石砖要求 AFS 含量小于 3%。

(3)碳的作用。在含游离 CaO 的白云石耐火材料中，虽然所用烧结白云石已经过高温煅烧，其中游离 CaO 的活性已有所降低，但是在大气中仍极易吸潮水化，由 CaO 变成 $Ca(OH)_2$。由于充分烧结的 CaO 真密度较高($3.32g/cm^3$ 以上，高者达 $3.40g/cm^3$)，而水化后的 $Ca(OH)_2$ 真密度较低(仅为 $2.34g/cm^3$)，故在 CaO 水化过程中伴有很大的膨胀疏松效应，甚至导致制品溃散。因此，对含游离 CaO 的白云石熟料和耐火制品在生产、储运和使用过程中，不许同水接触，并必须采取措施防止水化。通常，在生产时采用的结合剂都是无水和不吸潮而防水的含碳较高的有机物，如脱水焦油沥青和树脂最为常用。对烧成制品还常用石蜡、无规聚丙烯等。另外，制品经高温热处理后，也往往再以此类含碳高的有机物浸渍处理，使其填充于熟料颗粒内和其间隙中，既将熟料颗粒包覆实现防水目的，当有机物中的挥发分逸出后，炭素残留，又可使制品增碳，甚至实现碳结合。有时为进一步提高制品中的碳含量，还在制砖时加入适量石墨等炭素材料。

制品中残碳的存在，对制品的性质有以下几方面积极作用：

1)可明显地提高制品的抗渣性。与碳在镁炭砖中的作用相同，白云石制品中碳的存在，可使熔渣对烧结白云石的润湿性降低，抑制熔渣向耐火材料的纵深处渗透，不易形成厚的变质层而导致剥落，渣蚀均匀且缓慢，如图 6-18 所示。

2)易使白云石砖中的 MgO 还原成 CO 气幕，并在制品表面形成氧化镁致密层，阻止熔渣侵入。

3)可使制品的高温强度得到提高。这不仅是因为碳在高温下不软化。而且碳造成的还原气氛可使含 MgO 的白云石吸收其中大量氧化铁杂质而不出现液相。另外，烧成制品以含碳有机物浸渍也有利于制品密度的提高。

4)有利于制品的抗热震性。这是因为碳的导热性较高，如石墨在室温下高达121～163W/(m·K)，而热膨胀性却很低，仅为(0.16～3.7)×10^{-6}/℃之故。

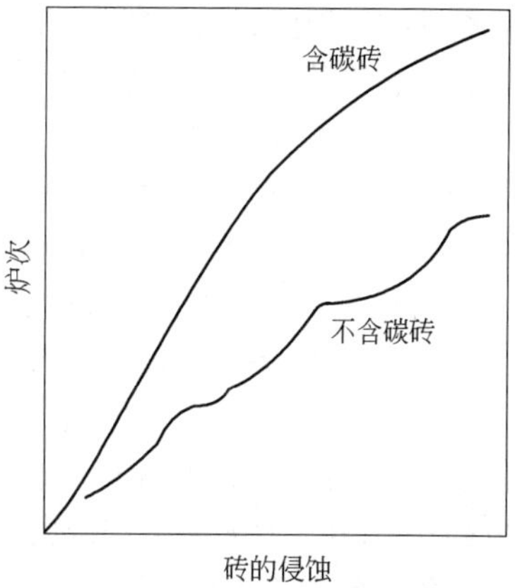

图6-18 不同砖的侵蚀示意图

6.2.1.2 含游离CaO白云石耐火制品的生产特点

同镁质耐火制品相比，含游离CaO白云石耐火制品的生产，都因其组成中含有游离CaO，而必须采取相应措施。

A 烧结白云石的煅烧

由碳酸镁和碳酸钙复盐[$CaMg(CO_3)_2$]组成的天然白云石的理论组成为$w(CaO)=30.41\%$，$w(MgO)=21.87\%$，$w(CO_2)=47.72\%$，CaO/MgO(质量比)为1.39。当此值小于1.39时称镁质白云石；大于1.39时称石灰质白云石。纯净的天然白云石经煅烧，约在730～760℃温度下，其中$MgCO_3$首先分解，继之在880～940℃温度下$CaCO_3$分解，CO_2气体逸出后，残留MgO和CaO。煅烧产物的理论组成为$w(CaO)=58.17\%$、$w(MgO)=41.83\%$。此种煅烧后的白云石疏松多孔，密度仅为1.45g/cm^{3}左右，气孔率高达50%以上，活性甚高，极易水化。通常，在低于1200℃温度下煅烧的产品称轻烧白云石，不宜作为耐火材料使用。欲获得作为耐火材料原料的密度达3.3g/cm^{3}以上和活性很低的烧结白云石，必须经1650℃以上，纯者甚至要在1900℃温度下煅烧。因此种分解后的白云石中CaO和MgO约各占一半，互相妨碍晶体发育长大，且两者共熔温度很高(2370℃)，不易烧结。白云石在煅烧过程中产物的气孔率、体积密度和水化能力随煅烧温度的变化分别如图6-19和图6-20所示。

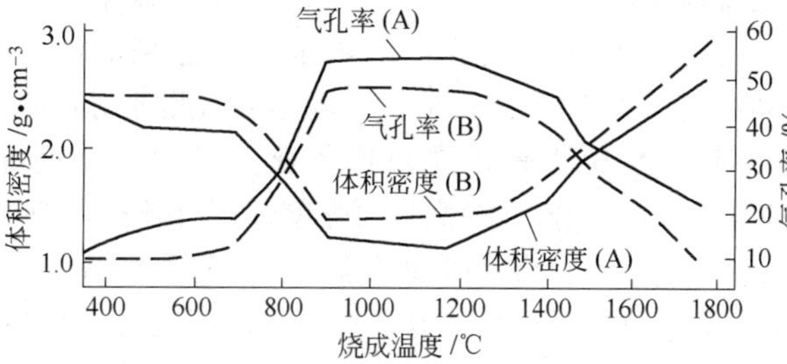

图6-19 烧成温度对烧结白云石的气孔率与体积密度的影响

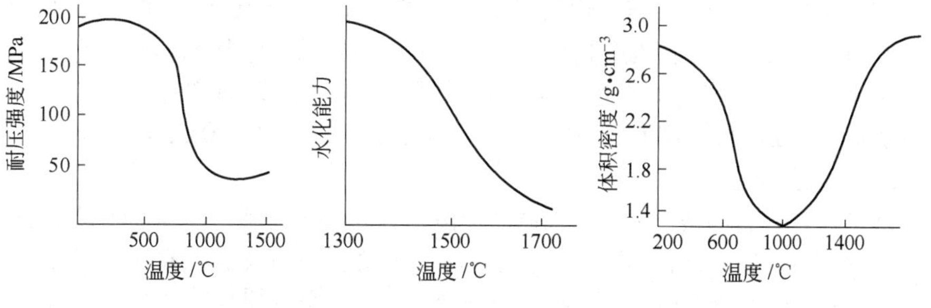

图6-20 煅烧温度与烧结白云石物理性质的关系

天然白云石中含有SiO_2、Al_2O_3和Fe_2O_3等组分有助于白云石的液相烧结。但是，前已述及，这些杂质对烧结白云石和制品起强烈助熔作用。另外，当天然白云石中含SiO_2较多时，在白云石煅烧过程中可能局部形成 C_2S。此种 C_2S 在冷却过程中因发生相变伴有体积效应而导致白云石熟料溃散。因此,应高温煅烧,以使白云石熟料中的 C_2S 充分化合成 C_3S,或急冷抑制其晶型转化以防熟料溃散。若生产合成白云石熟料,则可加适量稳定剂。

含游离 CaO 的白云石耐火材料,除了直接利用天然白云石作原料进行高温煅烧制成烧结白云石以外,根据对制品性质和使用要求,还可人工合成白云石熟料。如为提高白云石中的 MgO 含量,可人工合成镁白云石熟料。对此,多利用优质菱镁矿和白云石为原料,经 1100℃左右轻烧和细粉碎,分离和清除杂质,按要求配料,再经高压成球或制坯,在 1700℃以上高温下煅烧(即经二步煅烧)而成。此种镁白云石熟料一般 $w(MgO) = 55\% \sim 80\%$,$w(CaO) = 15\% \sim 40\%$,杂质很低,AFS 含量小于 3%;矿物组成主要为方镁石和游离氧化钙,另有 3% ~4% 的 C_2S、C_2F 和 C_4AF;体积密度较高,为 3.28 ~3.32g/cm^3;吸水率很低,仅在 1% 左右;抗渣性、常温强度和高温强度均较高;大气稳定性较普通烧结白云石有所提高。

B　含游离 CaO 白云石制品的生产

各种含游离 CaO 白云石制品的生产特点如下:

(1)冶金白云石。同冶金镁砂的生产相似,冶金白云石既可直接将烧结白云石破碎、筛分和合理级配而制成,也可合成冶金白云石熟料,即在破碎成数毫米的白云石颗粒中加入少许铁鳞,经高温(1750 ~1850℃)煅烧而制成的。这种合成冶金白云石熟料的化学组成为 $w(MgO) = 30\% \sim 38.6\%$,$w(CaO) = 53.5\% \sim 55.4\%$;矿物组成主要为方镁石、石灰、铁酸二钙及微量铁铝酸四钙。

(2)焦油沥青白云石制品。这是长期以来生产及使用的一种不烧白云石耐火制品。将烧结白云石经破粉碎和筛分,经合理级配并在 150 ~180℃下预热,然后在热态下按先加粗颗粒,再加结合剂后加细粉的顺序,与 5% ~6.75% 热塑冷固性的、软化点大于 110℃的脱水焦油沥青混合,使混合料保持在略高于沥青软化点的温度,再经热压或振动成型,待坯体冷却硬化后,即可作为耐火制品,砌筑于冶炼炉上。此种制品制成后,虽有憎水性的焦油沥青将白云石熟料颗粒包覆并将其结合为整体,但仍不宜久存,更不可受潮,应随产随用。由此种制品砌筑的冶金炉,使用前应快速烘烤,使制品中的沥青未及显著软化就快速焦化。有的在使用前还预先经适当温度(250 ~400℃)热处理,排除部分挥发分,以提高低温强度,避免在使用初期塌落。

(3)沥青结合捣打料。在热态下将合理级配的烧结白云石与沥青混合均匀,架设胎模,在热态下捣打或振动密实,构成整体炉衬。对此种混合料常称沥青结合捣打料。此种整体炉衬无砌缝危害,但应避免受组成偏析和捣打或振动操作影响,以保证质量稳定。由此种沥青白云石构成的整体炉衬,也需快速烘烤。

(4)轻烧油浸白云石制品。当上述沥青结合的白云石制品制成后,若再在强还原气氛下经 800 ~900℃轻烧,使沥青中的挥发分逸出,炭素半焦化,然后将此轻烧制品在真空容器中抽真空(一般真空度为$(9.07 \sim 9.87) \times 10^4$Pa),再在 0.2 ~0.5MPa 下浸以加热到 150 ~250℃温度的热态沥青,使制品中的空隙皆充满沥青,则可使制品的密实度进一步提高,碳含量进一步增多。多次轻烧油浸效果尤其显著。

(5)烧成油浸白云石和镁白云石耐火制品。白云石制品多是利用高纯高密度的烧结白云石或烧结镁白云石为原料。镁白云石制品多是采用二步煅烧法制成的合成镁白云石熟料。生产时,将充分烧结的白云石或镁白云石熟料,经破粉碎、筛分和合理配合,与 3% 左右脱水有机结合剂在热态下搅拌和成混合料,再经成型并在 1600 ~1700℃温度下烧成,最后,经抽真空和高压浸沥青处理而制成。

(6)镁钙碳制品。这种制品多利用高质量的烧结镁白云石为主要原料,加入适量炭黑和石墨等炭素材料，以残碳率较高的无水有机结合剂结合，依结合剂性质在常温或在热态下混练并经高压成型制成，属于不烧制品。若成型后再经轻烧焦化并油浸处理可明显提高制品性能。

(7)半稳定性白云石制品。它是用半稳定性白云石熟料为原料，以烧成油浸的方法生产的制品。半稳定性白云石熟料是将白云石细粉碎后，加铁鳞混匀，经成球后煅烧制成的。此种半稳定性白云石的颗粒表面形成了 C_2F 薄膜，从而可在一定程度上防止游离 CaO 的水化，提高白云石耐火制品的大气稳定性。但是，这种制品的耐高温性能却受到危害。

C 含游离 CaO 白云石耐火制品的性质与应用

含游离 CaO 白云石耐火制品的突出特点是抗碱性渣的性能好，高温强度也较高，但大气稳定性很差。

a 强度

未经高温烧成的沥青结合的白云石耐火制品，当气孔率约为 20% 左右与普通镁砖相近时，其常温强度一般较经高温烧成的普通镁砖稍低，约相当于普通镁砖的 50% ~65%。此种制品的强度除与其密实度有关以外，也与沥青的含量密切相关。沥青用量过低，制品中存在大空隙，强度低；沥青量过多，制品性脆，强度也低。因此沥青用量必须适当。通常控制在 5% ~6.75% 为宜。

沥青结合制品的强度，随温度的提高，因沥青软化而降低，甚至因自重而变形。制品中沥青含量越多，强度降低越严重。由此种制品砌筑的炉衬或由这类材料捣打的构筑物，在沥青未焦化以前，在升温过程中停留时间较长，极易变形甚至倒坍。故制品宜轻烧焦化处理，否则砌体或整体构筑物必须快速烘烤。

当沥青中的挥发分逸出，沥青焦化后，制品具有相当高的强度。特别是在热态下的强度显著提高，如将焦化和未焦化的制品对比，在 260℃ 下 15min 后的耐压强度约提高 1 ~ 10 倍甚至更高，依沥青含量而异。当制品中的残存碳含量经多次油浸而增多时，制品焦化后的强度更可提高。此种焦化后的制品砌于冶金炉上，在使用初期不会塌落。

若制品中的残存碳，在升温过程中被大量氧化，则其强度必将严重降低。为避免此种危害，制品的致密性应尽量提高；制品的焦化处理必须在还原气氛下进行，绝不能在强氧化条件下“焦化”。

白云石制品的高温强度较高，尤其是由高纯高密度的烧结白云石制成，并经烧成油浸的制品，其荷重软化温度一般可达 1500 ~ 1570℃。由高纯高密度烧结镁白云石制成的可达 1700℃。这与白云石质制品主晶相间的直接结合率很高相对应。各种 CaO/MgO 比的混合物与 10% Fe_2O_3 共存的系统在 1550℃ 下晶粒间的直接结合率如图 6-21 所示。另外也与 CaO-MgO 系统出现液相的温度很高和碳存在的积极作用有关。但是，当制品中 Al_2O_3 和 Fe_2O_3 等杂质较多，在高温下形成的熔体不仅在主晶相间隙中，并且侵入晶界，在碳被氧化后，则会严重降低。

一旦制品受水化作用影响，无论是常温强度还是高温强度，均会显著降低。

b 抗渣性

当含游离 CaO 白云石耐火制品同碱性熔渣接触时，由于它是强碱性耐火材料，加之含碳结合剂和油浸处理增碳的结果，制品的组分既不易溶于碱性渣中，熔渣也不易渗入制品内部。

以炼钢初期渣而论，其中 SiO_2 较高，白云石制品中 CaO 的存在可以增大熔渣与耐火材料的二面角，减少熔渣对耐火材料的润湿，降低熔渣向耐火材料内部渗透的速度。而且制品中游离 CaO 与 SiO_2 作用，也不易形成 CMS 和 C_3MS_2 等低熔物，而易形成高熔点的 C_2S。反之，若耐火材料中仅有 MgO，则因 MgO 晶粒与熔渣间的二面角小，易受熔渣润湿，并易受 SiO_2 侵蚀形成 CMS 等易熔物。所以，在此条件下，CaO 的抗渣性较 MgO 为好。

对炼钢后期渣来说，FeO 含量很高，白云石中的 MgO 可吸收 FeO 形成镁方铁矿，不易形成熔融体。当在耐火制品表面形成此镁方铁矿时，可使晶粒长大，即 MgO-FeO 固溶体的形成，起到了保护白云石耐火材料的作用。若制品为由含 MgO 较高的高密度的烧结镁白云石构成，则抵抗此种熔渣的作用更强。反之，若耐火材料中仅有 CaO，则可与 FeO 或 Fe_2O_3形成易熔物。故在此情况下，MgO 抵抗侵蚀的性能又优于 CaO。

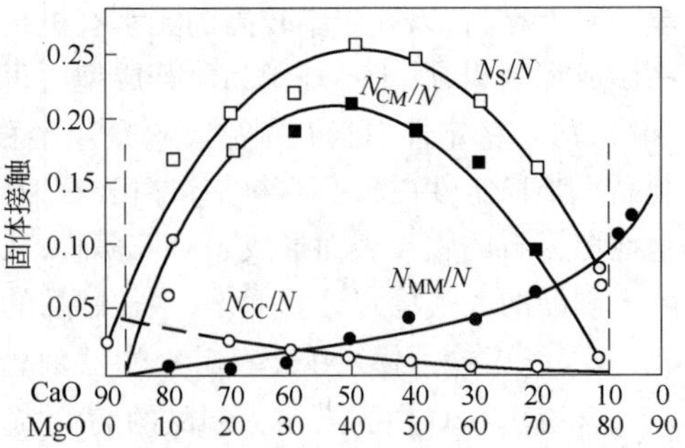

图 6-21　各种 CaO/MgO 比的混合物与 Fe_2O_3 共存时 CaO-MgO 接触情况

由此可见，含游离 CaO 白云石耐火材料对炼钢熔渣的综合抵抗性能是良好的。特别是由高纯高密度的镁白云石熟料为原料并经油浸处理的制成品，加入适量炭素材料并经油浸处理的镁钙碳制品，抗渣性更为优良，与镁碳质耐火制品相近或相当。

由于含游离 CaO 白云石耐火材料，特别是由高纯高密度烧结白云石制成的和增碳的白云石耐火制品，有抵抗炼钢碱性熔渣侵蚀的良好性能，加之成本较低，故长期以来世界许多国家都以此种白云石耐火材料作为炼钢转炉、电炉炉衬的主要材料。

c　大气稳定性

含游离 CaO 的白云石耐火制品在大气中的稳定性皆较低，游离 CaO 极易吸收大气中的水分而水化疏松。抗水化性能很差是此种耐火制品的重要缺点。从而在相当大程度上影响此种制品更广泛的生产与应用。烧结白云石中 CaO 含量越多，大气稳定性越差。反之，MgO 含量越多，抗水化性越强。故合成镁白云石熟料，一般都较普通烧结白云石有较强的抗水化性。白云石熟料煅烧温度越高，越密实，抗水化性越好。但与镁质材料相比，仍很差。为提高白云石耐火制品的大气稳定性，生产时必须以防水材料包覆；运输及储存时必须采取防潮措施并随产随用；使用时绝不应同水和水汽接触。此外，最有效的措施是烧结白云石中的游离 CaO 与其他氧化物相化合，形成含钙的复合氧化物，制成稳定性白云石。

6.2.2　稳定性白云石制品

稳定性白云石是指大气下稳定性很高的人工合成的无游离 CaO 的白云石熟料。由此种熟料制成的耐火制品称为稳定性白云石制品。

6.2.2.1　*化学和矿物组成*

稳定性白云石熟料和制品的化学成分为 CaO 和 MgO 各占40%左右，$w(SiO_2)=13\%\sim15\%$，CaO/SiO_2（质量比）在 2.8 左右，R_2O_3 含量约为 5%。主要矿物为 C_3S 和方镁石以及少量 C_2S 和 C_4AF。在此 $CaO\text{-}MgO\text{-}SiO_2\text{-}Al_2O_3\text{-}Fe_2O_3$系统中，根据 Al_2O_3/Fe_2O_3 比的不同，其中还可能含有C_2F 或 C_3A。在系统处于平衡时，各种矿物的含量可由其化学组成计算。当 Al_2O_3/Fe_2O_3（质量比）大于 0.64 时，系统中共存矿物为 $C_4AF=3.04F$，$C_3S=3.80(3KH-2)S$，$C_3A=2.65(A-0.64F)$，$C_2S=8.61(1-KH)S$，其余为方镁石。当 Al_2O_3/Fe_2O_3（质量比）小于 0.64 时，共存矿物为 $C_4AF=4.77A$，$C_3S=3.80(3KH-2)S$，$C_2F=1.70(F-1.57A)$，$C_2S=8.61(1-KH)S$，余量为方镁石。C、S、A、F 和 KH 分别为 CaO、SiO_2、Al_2O_3、Fe_2O_3 百分含量和石灰饱和系数的简写。石灰饱和系数(KH)与 Al_2O_3/Fe_2O_3（质量比）比值有关。当 Al_2O_3/Fe_2O_3（质量比）大于 0.64 时，$KH=(CaO-1.65Al_2O_3-0.35Fe_2O_3)/2.8SiO_2$；当 Al_2O_3/Fe_2O_3（质量比）小于 0.64 时，$KH=(CaO-1.1Al_2O_3-0.7Fe_2O_3)/2.8SiO_2$。

6.2.2.2 稳定性白云石熟料及制品的生产

稳定性白云石熟料采用优质天然白云石和石英砂以及磷灰石为原料，经细粉碎后，再经正确配料、高压成球或压坯和高温煅烧而成。

配料应按消除游离 CaO 和尽量生成 C_3S，即使 KH 值尽量接近 1 的原则进行，以免生成大量 C_2S，因 C_2S 易发生晶型转化而影响熟料和制品的结构稳定性。实际上，由于原料组成的波动、混料未充分均匀化和高温煅烧系统难以达到平衡，往往仍存在 C_2S。仍需加入磷灰石（$3CaO \cdot P_2O_3$）作为稳定剂，以便于形成 C_2S 固溶体，抑制 C_2S 晶型转化。

高压成球或高压成坯与高温煅烧是保证其中各组分接触和反应形成预期矿物以及提高熟料密度的重要措施。一般在 1600℃左右保温 6 ~ 8h 煅烧成熟料。

稳定性白云石制品是将熟料破粉碎、筛分、合理级配后，加入 4% ~6% 水混匀，泥料成型即可制成不烧制品。因为稳定性白云石熟料的细粉即可作为结合材料，通称白云石水泥，它和水后形成水化物并凝结硬化。也可加入适量的纸浆废液，经混合、成型、干燥，在 1350 ~ 1450℃下烧成制品。

6.2.2.3 稳定性白云石制品的性质和应用

（1）强度和荷重软化温度。稳定性白云石耐火制品的主晶相为硅酸三钙（大于 40%）和方镁石（大于 30%）。这些都是具有高分解温度和熔点的矿物。但是普通白云石制品由于其中低熔物较多，此种制品的耐火度和高温强度，较含游离 CaO 的白云石制品为低，荷重软化温度约为 1500℃。但常温强度还较高，气孔率为 18% ~24% 的制品，其耐压强度为 50 ~ 70MPa。

（2）抗热震性。由于制品中的矿物组成热膨胀较大，线膨胀系数约为 $12.5 \times 10^{-6}/℃$，故制品的抗热震性较差。常温 ~ 1300℃循环只有 3 ~ 5 次。但不亚于普通镁砖。

（3）抗渣性。硅酸三钙和方镁石都是碱性氧化物和复合氧化物。故此种制品抗碱性渣的能力很强。当碱性渣中含有 SiO_2 较多时，也具有较好的抵抗能力，因为即使 C_3S 与之反应，形成的 C_2S 熔点仍较高。

（4）大气稳定性。由于无游离 CaO 存在，制品具有较高的抗水化性，在大气中不易吸潮而疏松化。但是，由于其中含有许多可水化的矿物 C_3S、C_2S 和方镁石，故在运输储存中仍需防潮。

这种稳定性白云石制品可代替普通镁砖使用，主要用于各种炼钢炉的副炉底和炉衬的安全层、加热炉均热床和高温段炉底，以及水泥回转窑高温带、化铁炉和钢包的内衬等。

各种白云石耐火制品的主要性质如表 6-5 所示。

表 6-5 白云石耐火制品的主要性质

名 称	含游离 CaO 的白云石制品		稳定性烧成白云石制品
	沥青结合不烧制品	烧成油浸制品	
主要化学成分的质量分数/%	CaO 15 ~ 33 MgO 55 ~ 80 AFS < 1.5 ~ 3.5	CaO 18 ~ 32 MgO 59 ~ 69 AFS < 3.5	CaO 20 ~ 40 MgO 40 ~ 65 SiO_2 8 ~ 15
主要矿物组成	方镁石，石灰	方镁石，石灰	方镁石，C_3S

续表 6-5

名　称		含游离 CaO 的白云石制品		稳定性烧成白云石制品
		沥青结合不烧制品	烧成油浸制品	
耐火度/℃		>1920	>1920	>1820
气孔率/%		5 ~ 7	1 ~ 2	16 ~ 22
体积密度/$g \cdot cm^{-3}$		2.9 ~ 3.0	3.1 ~ 3.15	2.6 ~ 2.8
平均线膨胀系数	温度	25 ~ 1000℃	25 ~ 1000℃	25 ~ 1000℃
	/$℃^{-1}$	$(12 \sim 14) \times 10^{-6}$	$(12 \sim 14) \times 10^{-6}$	$(12 \sim 13) \times 10^{-6}$
常温耐压强度/MPa		35 ~ 45	40 ~ 80	60 ~ 80
荷重软化温度/℃		>1650	>1650	1700
抗热震性/次				3 ~ 5
抗渣性		很　好	很　好	好

6.3　镁橄榄石耐火材料

镁橄榄石耐火材料是以镁橄榄石为主晶相的耐火材料。多用橄榄岩和纯橄榄岩等作为主要原料制成。其中经成型的制品称镁橄榄石砖。

6.3.1　镁橄榄石耐火材料的主要组成

镁橄榄石耐火材料的化学组成：$w(MgO) = 37\% \sim 62\%$，MgO/SiO_2（质量比）波动于 0.95 ~ 2.00。主晶相镁橄榄石（M_2S）占 65% ~ 75%。其余为 MF 和其他矿物。MgO/SiO_2（质量比）大于 1.33 者还往往含有少量方镁石。

镁橄榄石熔点较高，达 1890℃。它与顽辉石（$MgO \cdot SiO_2$，简写 MS）都是 $MgO\text{-}SiO_2$ 二元系统中的二元化合物。它与 MgO 的共熔温度很高，达 1850℃。与此相反，它与顽辉石共存出现液相的温度却很低，仅为 1557℃，如图 6-22 所示。

镁橄榄石在还原状态下同铁直接接触时，由于 Mg^{2+} 和 Fe^{2+} 离子半径相近，镁铁置换形成无限固溶体，如图 6-23 所示。从而使系统出现液相的温度降低，制品的耐火度也随之降低。而且，

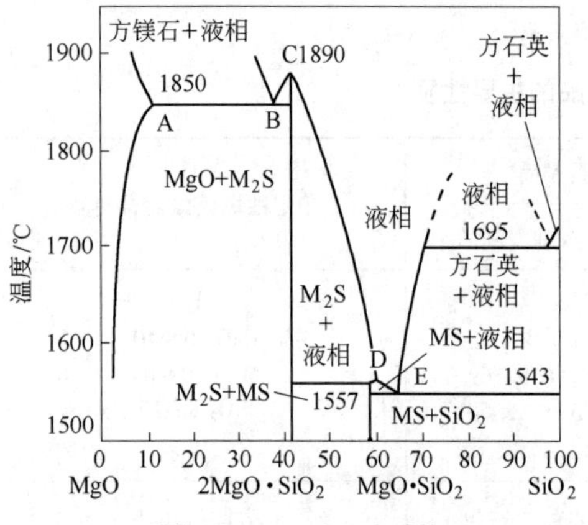

图 6-22　$MgO\text{-}SiO_2$ 系统

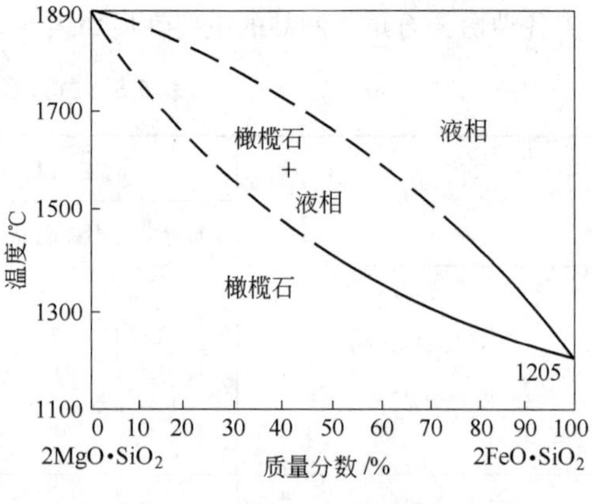

图 6-23　$2MgO \cdot SiO_2\text{-}2FeO \cdot SiO_2$ 系统

在氧化气氛下，$2FeO \cdot SiO_2$在700℃时即可分解为Fe_2O_3和SiO_2。这些Fe_2O_3在开裂面和晶粒界面析出，并在1400℃以上与M_2S反应形成MF和MS。FeO的氧化和MF的生成都伴有很大的体积膨胀。若此种Fe_2O_3析出后，随后在还原气氛下，又再次成为$2FeO \cdot SiO_2$而消失，但在橄榄石晶粒上形成的裂隙却仍然存在。故当此种材料中含铁的氧化物较高或受铁质侵蚀后，极易在气氛性质频繁变动的情况下产生松散作用。

6.3.2 镁橄榄石耐火材料的生产特点

6.3.2.1 镁橄榄石耐火材料的原料

生产镁橄榄石耐火材料的主要原料为橄榄岩和纯橄榄岩。这些矿石主要由橄榄石[$2(MgFe)O \cdot SiO_2$]组成，并含有辉石。其中纯橄榄岩矿物成分较单纯，含橄榄石85%～100%，辉石0～15%。这种原料中不含水和受热分解矿物，在受热时灼减和收缩都很小，体积稳定。可不经高温煅烧直接作为耐火材料使用。既可经切割制成块状制品，或经破粉碎、筛分、合理级配后制成不定形耐火材料，也可加结合剂经成型或再经烧成制成不烧或烧成制品。若原料中含蚀变产物含水矿物蛇纹石[$Mg_6[Si_4O_{10}](OH)_8$]和滑石[$Mg_3[Si_4O_{11}](OH)_2$]，则应煅烧，不宜直接使用。对此应经预烧，并需外加适量轻烧MgO或镁砂制成团块预烧，以保证体积稳定和形成大量M_2S。含蛇纹石的原料加镁砂的块团预烧温度为1400～1450℃。原料煅烧应在氧化气氛下进行，以使铁的氧化物处于高价态，保证产品的体积稳定性。

当原料中含铁氧化物量较高时，既对材料的抵抗高温性能和体积稳定性有影响，FeO氧化及MF形成的膨胀松散效应，也使材料难于烧结。故橄榄石含FeO大于10%时，不宜作为耐火材料。

6.3.2.2 镁橄榄石烧结制品的生产

镁橄榄石烧结制品的生产工艺与镁砖基本相同。若为保证原料中的SiO_2和MS都形成M_2S，Fe_2O_3形成MF，以提高制品的高温性能，需加入轻烧MgO或死烧镁砂。以细粉的形式加入，可强化制品的基质。由于镁橄榄石生熟料都是瘠性料，宜用黏结性较高的结合剂，如浓度较大的纸浆废液与$MgCl_2$溶液等，用量依成型方法而定，水分总含量约为3%～5%。制品的烧成与熟料煅烧相同，应控制在氧化气氛下进行。此种制品烧成范围较窄。烧成温度依基质中MgO/SiO_2比而定，MgO/SiO_2比较高者一般烧成温度在1550℃左右。

6.3.3 镁橄榄石耐火材料的性质与应用

6.3.3.1 强度和荷重软化温度

由于镁橄榄石的熔点较高，$MgO\text{-}M_2S$共熔温度也很高，故MgO/SiO_2比较高的制品，耐火度很高，在1800℃以上。此种制品也具有较高的高温强度。荷重软化温度可达1600℃。故此种制品可用于高温下受重负荷较大的情况。但是，当MgO/SiO_2比较低时，因其中有顽辉石共存，故耐火度和高温强度都较低。

6.3.3.2 抗热震性

镁橄榄石耐火材料中的M_2S虽热膨胀性较高，20～1500℃平均线膨胀系数约为11×10^{-6}/℃，但在温度变化时无晶型转变，故具有一定的抗热震性。

6.3.3.3 耐侵蚀性

镁橄榄石耐火材料是一种弱碱性耐火材料。对Fe_2O_3侵蚀有较强的抵抗性，有一定的抗碱性渣能力。MgO/SiO_2比较高者，即矿物组成主晶相镁橄榄石所占比例很高，或在主晶相以外还有少量方镁石抗渣性较好。但是，由于 M_2S 同 CaO 接触，从 1400℃起即可反应形成易熔的 CMS，同 Al_2O_3接触在 1250℃以上就易形成堇青石（$2MgO \cdot 2Al_2O_3 \cdot 5SiO_2$），而此种堇青石在 1460℃分解熔融，故此种制品，既不宜用在受强碱性渣侵蚀之处，也应避免直接与黏土质高铝质耐火材料接触。由于 M_2S 在高温下（如在 1650℃以上）可被炭素材料分解，发生以下反应：

$$2MgO \cdot SiO_2 + 3C \longrightarrow 2Mg\uparrow + SiO\uparrow + 3CO\uparrow$$

从而使 M_2S 消失，故应避免与它接触。

由于此种制品中的 M_2S 与铁直接接触时，易形成$[M_2S\text{-}F_2S]_{SS}$使出现液相温度降低，而且铁氧化物在气氛变动下易导致晶粒松散，故不宜使用于气氛经常变动的情况下。

镁橄榄石耐火材料可部分代替镁砖，主要用作有色金属冶炼炉的炉衬材料，炼钢转炉和电炉的安全衬，炼钢平炉的蓄热室和玻璃熔窑蓄热室格子砖，锻造加热炉和水泥窑的内衬材料等。

6.4　尖晶石耐火材料

尖晶石耐火材料是以尖晶石族矿物为主晶相或以尖晶石与方镁石共同构成主晶相的耐火材料。当前，生产与应用最广泛的尖晶石耐火材料有两大类：以镁铝尖晶石为主晶相或以镁铝尖晶石与方镁石或与刚玉共同构成主晶相的镁铝尖晶石质耐火材料，常称尖晶石耐火材料；以镁铬尖晶石为主晶相或以镁铬尖晶石与方镁石或 Cr_2O_3共同构成主晶相的铬质和铬镁质耐火材料。在这类耐火材料中，依其中方镁石与尖晶石的含量比不同，有许多品种，制品的性质也有相应差别，其基本变化是由弱碱性向中性发展。无方镁石而富铝和富铬的尖晶石属中性耐火材料。

6.4.1　镁铝尖晶石质耐火材料

前已述及，镁铝尖晶石（MA）的理论化学组成为 $w(MgO) = 28.3\%$，$w(Al_2O_3) = 71.7\%$。它具有很高的熔点，达 2105℃。尖晶石与方镁石的共熔温度也很高，达 1995℃。而且，在 1500℃以上，MgO 还可溶于尖晶石，在 1995℃固溶量约为 10%，当 MgO-MA 系统中 MgO 含量在超过尖晶石的理论组成约 10% 的范围内，即系统中的 MgO 含量约在 28% ~38% 范围内，此种富镁尖晶石开始出现液相的温度还随系统中 MgO 含量接近于理论组成的变化，由约 1995℃提高到约 2105℃。尖晶石与刚玉的共熔温度也很高，大于 1900℃。刚玉也可溶于尖晶石中，在约 1900℃下固溶量可达 20% 以上。因此，在 1900℃以上，此种富铝尖晶石出现液相的温度也很高。

6.4.1.1　镁铝尖晶石的合成

镁铝尖晶石的合成方法和技术很多。最简单和最直接的是在氧化物混合料之间的直接反应法，即利用纯净的氧化镁与氧化铝材料配料，然后再经压球和烧结或电熔制成均质的合成尖晶石料块，最后再经破粉碎制成粒状和粉状料。

A　烧结尖晶石

以烧结法生产合成尖晶石时，宜采用活性较高的氧化物，如用轻烧镁石和工业氧化铝，较用烧结镁石和电熔刚玉易于烧结。也可直接用碳酸盐或草酸盐共同磨细，以代替纯氧化物。

配料中无论是 MgO 还是 Al_2O_3过剩，都会促进混合料烧结，形成尖晶石固溶体，分别制成富镁尖晶石和富铝尖晶石。与化学计量尖晶石相比，富镁尖晶石可含过量的（约 3%）MgO。当原料中含 SiO_2、CaO、Fe_2O_3等杂质较多时，为使过剩 MgO 能将这些杂质结合成为镁化合物，配料中 MgO 总过剩量可达 20%。富铝尖晶石可含过量 Al_2O_3（约 3%）。在烧结尖晶石中加入适量含 Cr_2O_3的铬矿，也可因形成固溶体使晶格畸变促进烧结，而且硅酸盐熔体中 Cr_2O_3的浓度增高，将恶化对晶相的润湿，使熔体聚集于晶间空隙中，晶相直接结合率提高。一般铬矿加入量约在 15% ~20%。但是，应尽量避免由铬矿引入硅酸盐杂质的危害。

由烧结法制成的合成尖晶石熟料，在生产中由富镁尖晶石到富铝尖晶石，可任意调节组成，甚至还可有游离 MgO 或 Al_2O_3，分别构成 MgO-MA 和 MA-Al_2O_3系统的尖晶石熟料。其中以 MgO-MA 熟料生产与使用较多。但是，当 MgO 和 Al_2O_3过多时，都可因其在 MA 的固溶量随温度降低而从 MA 晶粒中沉析出来。

生产烧结尖晶石应使用对混合料无污染的暂时性结合剂，并经较高压力压成团块，以获得最佳密度。一般在 100MPa 左右压力下成型无层裂为宜。

由于 Al_2O_3与 MgO 混合料压制的团块在约 1000 ~ 1400℃温度下形成尖晶石时体积膨胀，不易烧结，而且尖晶石在烧结过程中固溶度随温度而提高，而尖晶石的晶粒又不易长大，烧结尖晶石的煅烧应在 1750℃以上的温度下进行，以获得晶体较大和总气孔率很低而致密度很高的合成料块。

烧结致密的合成尖晶石，晶粒平均为 20 ~ 30μm，致密度可达 90%以上。一般体积密度可达 3.25g/cm^3，其中富铝尖晶石者稍大一些。矿物组成中主晶相为镁铝尖晶石，多直接接触。另外可能有少量方镁石或刚玉等次晶相存在，依 MgO 和 Al_2O_3含量而定。另外还有少量硅酸盐相 M_2S、CMS、C_3MS_2、C_2S 和堇青石（$2MgO \cdot 2Al_2O_3 \cdot 5SiO_2$），存在于晶粒间的空隙中。硅酸盐矿物的种类依杂质中 CaO/SiO_2比而定，当 CaO/SiO_2比大时，熔体对晶体的润湿性低。

B 熔铸尖晶石

合成镁铝尖晶石也可以熔融法生产。若生产富镁尖晶石熔块，配料中 MgO 含量应控制在 35% ~ 50%，不宜过高和偏低，否则熔体黏度高而难浇注。以尖晶石化学计量的组成配料，熔体浇注后的熔块内尖晶石约占 80% ~ 95%，其余为硅酸盐矿物和玻璃状物质。这些硅酸盐因在熔炼过程中向外围层迁移，故多集中于熔块外围。含过量 MgO 的熔体在冷凝时，组成有偏析，使熔块成为非均质结构。富镁尖晶石在共熔温度以上析出纯尖晶石，分布在熔块下部；在共熔温度以下析出的尖晶石晶体为溶有方镁石的固溶体，分布在熔块上部。熔块各部位密实性也不一致，上部及边部蜂窝形的气孔多，一般占熔块的 20% ~ 30%。按化学计量配成的尖晶石熔块，气孔最多。

6.4.1.2 镁铝尖晶石耐火制品

镁铝尖晶石耐火制品主要有不烧和烧成定形制品，也可以合成尖晶石做成不定形耐火材料，用以构成整体构筑物和喷补内衬。

A 镁铝尖晶石耐火制品的生产

尖晶石耐火制品的生产工艺与普通镁砖的生产过程基本相同。但在配料组分中的各级颗粒料由烧结合成尖晶石或电熔合成尖晶石构成或两者混合构成。细粉可用经 1000 ~ 1400℃合成的轻烧尖晶石，也可用 MgO 和 Al_2O_3的混合料。应适当降低极限粒度和降低细粉料的粒度，使细粉料粒度小于 0.063mm 甚至小于 10μm，并采用多级间断级配配料，使细粉占 35% ~ 42%，以避免泥料混练和成型时粗颗粒再破碎和对制品的抗热震性不利，并便于烧结。

坯体应高压成型和高温烧成。成型压力一般可波动于 120 ~ 200MPa，依配料组分和不出现颗粒再破碎和层裂为度。若采用合成轻烧尖晶石为细粉，坯体在约 1300℃开始收缩，到 1550℃体积即可稳定。对 100%的尖晶石细粉坯体经 1750℃烧成，坯体收缩约达 16% ~ 17%，体积密度可达 3.45g/cm^3，已达理论密度 96%以上。若采用 MgO 和 Al_2O_3 的混合料作为细粉，在约 1000 ~ 1400℃产生膨胀，此后开始烧结，烧成温度必须在 1650 ~ 1750℃，保温 10h，甚至更高温度下烧成。

B 镁铝尖晶石耐火制品的性质

经 1750℃高温烧成的镁铝尖晶石耐火制品，气孔率很低（小于 9%），体积密度达 3.22 ~

3.23g/cm^3。气孔率在12%～17%者体积密度为2.9～3.1g/cm^3。制品内高熔点晶粒间直接结合率很高，故常温和高温强度很高，荷重软化温度为1700～1750℃，抗蠕变能力也很强。此种制品抵抗硅酸盐与含铁熔渣渗透能力强，不易形成厚变质层，特别是当制品中含8～25μm的气孔体积很少时更是如此。同时，它抵抗熔渣直接侵蚀的性能也优良。总之，抗渣性远优于镁铝砖。此种制品在真空中的挥发性小，特别是以熔融颗粒为主的合成尖晶石制品，抵抗真空挥发的性能很好。由于此种尖晶石的线膨胀系数较低，为8.2×10^{-6}/℃，故抗热震性也较好，1300℃水冷循环达6～13次。只是当制品中MgO或Al_2O_3过多时，在MA中的固溶量随温度高低变化而溶解和沉析时，其抗热震性有所降低。另外，由于含铁氧化物的量很少，当气氛变化时，体积稳定性很好。

这种制品是使用于有色金属冶炼炉中铜镍炉和炼铝炉内衬、电炉盖、钢包内衬、炼钢炉外精炼真空处理装置内衬、水泥煅烧窑高温带内衬和玻璃熔窑蓄热室格子砖等处的优质耐火制品。

6.4.2　镁铬尖晶石耐火材料

对以方镁石为主晶相、镁铬尖晶石为结合相共同构成的镁铬砖的主要组成和性质，在镁质耐火材料中虽有提及，由于这种制品的原料、生产工艺和制品的性质与以镁铬尖晶石与方镁石共同为主晶相的铬镁砖相同或相近，而前者的生产与使用又较为广泛，故本书对以镁铬尖晶石为主晶相和镁铬尖晶石与方镁石共同构成主晶相的耐火材料一并再予述及。

镁铬尖晶石质耐火材料可用烧结或电熔镁砂、铬矿（有时配入少量铬绿）为原料或以镁砂和电熔预合成镁铬尖晶石为原料，经配料、成型，在氧化气氛中于1600～1800℃烧制而成，也可用化学结合剂制成不烧砖。依照制品中MgO含量的不同，可分为镁铬砖和铬镁砖。国际标准ISO 1109按主要化学成分MgO和Cr_2O_3的含量划分镁铬尖晶石耐火材料，镁铬砖：$55\%\leqslant w(MgO)<80\%$；铬镁砖：$25\%\leqslant w(MgO)<55\%$；铬砖：$w(Cr_2O_3)\geqslant25\%$，$w(MgO)\leqslant25\%$。YB/T 5011—1997将镁铬砖按$Cr_2O_3$含量分为四类，每类按理化指标分为三个牌号：MGe-8A、MGe-8B、MGe-8C，MGe-12A、MGe-12B、MGe-12C，MGe-16A、MGe-16B、MGe-16C，MGe-20A、MGe-20B、MGe-20C。相应镁铬砖的理化指标应符合表6-6的规定。

表6-6　镁铬砖的理化指标

项　目		指　标					
		MGe-20A	MGe-20B	MGe-20C	MGe-16A	MGe-16B	MGe-16C
$w(MgO)$/%	不小于	50	45	40	55	50	45
$w(Cr_2O_3)$/%	不小于	20	20	20	16	16	16
显气孔率/%	不大于	18	19	22	18	19	22
常温耐压强度/MPa	不小于	35	30	25	35	30	25
0.2MPa荷重软化开始温度/℃	不低于	1700	1650	1550	1700	1650	1500
抗热震性(950℃空冷)/次	不小于	提供数据					
项　目		指　标					
		MGe-12A	MGe-12B	MGe-12C	MGe-8A	MGe-8B	MGe-8C
$w(MgO)$/%	不小于	65	60	55	70	65	60
$w(Cr_2O_3)$/%	不小于	12	12	12	8	8	8
显气孔率/%	不大于	18	19	21	18	19	21
常温耐压强度/MPa	不小于	40	35	30	40	35	30
0.2MPa荷重软化开始温度/℃	不低于	1700	1650	1550	1700	1650	1530
抗热震性(950℃空冷)/次	不小于	提供数据					

镁铬尖晶石耐火材料耐火度高,高温强度大,抗碱性渣侵蚀能力强,热稳定性好,对酸性渣也有一定的适应性。这类耐火材料主要用于冶金工业和建材工业的热工窑炉中,如炼钢电炉、有色冶金炉、混铁炉、炉外精炼的真空处理装置、水泥回转窑的煅烧带、玻璃熔窑蓄热室等领域。根据制品所用原料和工艺特点,商业交往流行最广的提法有镁铬砖(普通镁铬砖、硅酸盐结合的镁铬砖)、直接结合镁铬砖、再结合(半再结合)镁铬砖、不烧(化学结合)镁铬砖、熔铸镁铬砖等。

6.4.2.1 硅酸盐结合镁铬砖

硅酸盐结合镁铬砖,也称普通镁铬砖,一般由烧结镁砂($w(MgO)=89\%\sim92\%$,$w(SiO_2)\leq4.0\%$)和耐火级铬矿($w(Cr_2O_3)=32\%\sim45\%$)为原料,按适当比例配合,以亚硫酸纸浆液为结合剂,混练成型后,于1600℃左右烧成制得。制品矿物组成为方镁石、尖晶石和少量硅酸盐相。

为了防止制品在烧成时由于铁的变价所产生的异常膨胀,镁铬砖烧成时窑内必须保持弱氧化气氛。

在镁铬砖的配料中,铬矿通常以颗粒形式加入,镁砂以细粉和部分颗粒形式加入。在强调镁铬砖抗热震性能时,常加大铬矿颗粒的临界尺寸或增加铬矿粗颗粒的比例。配料中镁砂含量的提高,能增强制品的抗渣能力。镁铬砖中硅酸盐结合相主要矿物为M_2S、CMS、C_3MS_2,除M_2S外,CMS和C_3MS_2都是低熔点矿物,因此,应限制原料中的CaO含量,并使砖中的硅酸盐结合相生成高耐火的M_2S。

在还原气氛下煅烧镁铬耐火材料时,细粉镁砂中的MgO置换粗颗粒铬矿中尖晶石的FeO的固相反应在650℃开始,体积收缩约为24.3%。这样大的体积收缩必然产生烧成裂纹。在氧化气氛下铬矿中的FeO于500℃开始即被氧化成Fe_2O_3,形成固溶体,体积收缩1.5%,而且在氧化气氛中由MgO置换出来的FeO氧化成Fe_2O_3,即与MgO结合成铁酸镁,这两个反应的总体积膨胀只有6.6%,故镁铬砖应在弱氧化气氛下烧成。

制品的化学成分:$w(SiO_2)=2.98\%\sim4.50\%$,$w(MgO)=61.75\%\sim72.69\%$,$w(Cr_2O_3)=10.04\%\sim14.90\%$。物理性能:显气孔率18%~21%,常温耐压强度36.1~50.0MPa,荷重软化温度1600~1640℃,耐火度大于2000℃。

硅酸盐结合镁铬砖生产工艺简单,比镁砖抗热震性好,高温下体积稳定,广泛用于水泥回转窑、玻璃蓄热室、电炉、精炼钢包永久衬、有色冶金炉,混铁炉及耐火材料高温窑炉内衬等领域。

硅酸盐结合镁铬砖的SiO_2含量高,高温下抗侵蚀性差,强度低。随着强化冶炼新工艺的不断采用,使用条件苛刻部位,逐渐被直接结合制品替代。

6.4.2.2 直接结合镁铬砖

直接结合的概念起源于镁铬耐火材料的研究,由英国的拉明(Laming)首先提出。直接结合的镁铬砖是指这些砖中方镁石-尖晶石和方镁石-方镁石的直接结合,在一定程度上取代被硅酸盐膜包围铬矿颗粒和方镁石晶粒的典型结构,从而使耐火材料具有较高的高温强度、抗渣性以及高温体积稳定性。由于烧成温度较高(一般大于1700℃),高温液相在冷却过程中,析出晶间二次尖晶石,大大提高了方镁石-尖晶石的直接结合程度。直接结合镁铬砖的关键在于要求原料的SiO_2含量较低(一般SiO_2的含量在3%以下),在1700℃以上的高温下烧成。

直接结合镁铬砖的显微结构特点与硅酸盐结合镁铬砖不同,这与烧成温度有关。在1550℃以下烧成的镁铬砖,其铬矿颗粒被近似于镁橄榄石组成的硅酸盐所包围,而方镁石晶体,尤其基质中的晶体也为硅酸盐膜包围。烧成到1550℃的镁铬砖的显微结构显示出铬矿颗粒和方镁石晶粒形成边界,出现了直接结合的雏形。当加热到1700℃以上时,围绕铬矿颗粒的方镁石镶边已成为显微结构的主要特征。显微结构的新特征是次生尖晶石晶体的出现。在高的烧成温度下,出现方镁石与方镁石或方镁石与尖晶石的直接结合,而硅酸盐却被限制在方镁石晶粒之间的孔隙里。直接结合可以在冷却时形成并发展，方镁石和尖晶石从高温硅酸盐熔体中结晶，导致连续交错结构的形成。故烧成温度是决定镁铬砖直接结合程度的重要工艺因素。

用于制备直接结合镁铬砖所用的镁砂，要求 MgO 的含量一般应大于 95%，体积密度在 3.25g/cm^3左右，铬矿中的 SiO_2含量一般应限定在 3% 以下，采用铬精矿时，SiO_2的含量可在 1% 以下。根据不同的使用要求，有时可采用几种镁砂和铬矿进行配料。水泥窑用直接结合镁铬砖，一般以镁砂作为细粉料和部分颗粒料，而铬矿以颗粒料的形式配入，此镁铬砖的 Cr_2O_3含量为 3% ~14%；用作冶金炉衬的直接结合镁铬砖，有时需要 Cr_2O_3的含量高一些，当以较纯镁砂和铬矿共磨细粉作为基质时，制品烧成时往往发生膨胀产生裂纹废品，因此，基质细粉的铬矿含量应控制在烧成许可的范围内。

直接结合镁铬砖的最高烧成温度因原料的纯度和烧结程度而异，镁砂的烧结程度越高，配料中的杂质成分越少，越有可能实现超高温烧成。直接结合镁铬砖，通常采用 1700℃ 以上高温烧成，有时烧成温度达 1750℃。

直接结合镁铬砖杂质含量少，晶相之间的直接结合程度高，因而抗渣性和高温性能好，抗热震性优良，1100℃ 水冷循环达到 4 ~10 次。

直接结合镁铬砖应用于水泥回转窑、炼钢电炉、精炼炉、有色冶炼炉、玻璃窑蓄热室、混铁炉等。

6.4.2.3　再结合和半再结合镁铬砖

由电熔镁铬砂制成的镁铬砖称为再结合镁铬砖，将加入部分电熔镁铬砂制成的镁铬砖称为半再结合镁铬砖。从显微结构的角度看，再结合、半再结合的镁铬砖是直接结合率更高的直接结合砖。

电熔法合成镁铬砂，工艺简单，熔融温度高，物相反应充分，气孔少，合成料的致密度高，因而在国内外得到广泛应用。一般选用高纯原料如高纯轻烧 MgO 或重烧镁砂（灼减为零时 MgO 含量大于 97%）和精选铬矿（杂质含量尽量低，SiO_2含量小于 1%）。有时为了得到纯度高的镁铬砂，在配料中加入纯 Cr_2O_3粉。电熔合成镁铬砂，通常采用电弧炉，为了防止电极燃烧不完全，造成 Fe_2O_3、Cr_2O_3还原，应控制高电压长弧作业，使电弧位于熔液面之上，即氧化法。

在再结合镁铬砖的配料中，基质组分 Cr_2O_3含量高，有利于提高基质部分的直接结合程度和增加二次尖晶石的数量。使制品的抗渣性和高温性能提高。当制品需要有较高的抗热震性时，可增加再结合镁铬砖配料中粗颗粒的比例，也可以加入部分镁砂或铬矿，即半再结合镁铬砖的配料组成。随着电熔镁铬砂加入量的减少，制品的抗热震性提高，但密度、强度、抗渣性下降。

再结合（半再结合）镁铬砖的纯度高，杂质（SiO_2、CaO、Fe_2O_3）含量少；显气孔率低，透气度小，体积密度高，高温强度大，体积稳定性好；显微结构特征为方镁石、尖晶石的直接结合，硅酸盐相呈孤立分布。它广泛用于冶金炉渣蚀最严重的部位，如炉外精炼装置 AOD 炉风眼区，RH 炉真空室下部槽及浸渍管，VOD 炉渣线，有色冶金转炉风口区，闪速炉反应槽，沉淀池，阳极炉渣线，艾萨炉渣线，碱性耐火材料窑炉高温带等。

6.4.2.4　化学结合镁铬砖

化学结合镁铬砖，也称不烧镁铬砖，是以镁砂和铬矿为原料，加入少量化学结合剂，在较低温度下热处理使制品硬化而制成。

化学结合镁铬砖采用的原料及配料、混练、成型等工艺过程与硅酸盐结合的镁铬砖相同。结合剂除采用镁质耐火材料常用的亚硫酸纸浆废液、卤水、硫酸镁溶液外，还可加入水玻璃、可溶性铬盐等。为了防止镁铬砖的剥落，提高整个砌体的结构牢固程度，制品外表面可包覆铁皮。加热时，铁皮缓慢氧化，同时产生膨胀，有利于抵消砖的烧成收缩，而随后氧化铁与镁砂形成铁酸镁的反应则使方镁石跨越原砖表面交错长大，因而得到一种整体的结构。

化学结合的镁铬砖价格便宜，省去了烧成费用，仍在一些要求不太苛刻的部位使用。

6.4.2.5　熔铸镁铬砖

熔铸镁铬砖是以镁砂和铬矿为原料经电熔、浇铸制得的耐火制品。该产品最早由美国科尔哈特（Corhart）公司在20世纪50年代研制并取得专利。与化学结合或烧结砖相比，该方法制得的耐火材料晶粒近表面处细小，中心粗大，且在内部有粗大气孔存在，制品密度高，强度大，耐腐蚀，抗渣性好。其缺点是制品热震稳定性差，原料消耗、能源消耗高，成品率低，价格昂贵。熔铸镁铬砖通常适用于渣侵、腐蚀、磨损和冲刷严重的部位。使用最多的是有色金属冶炼闪速炉反应塔侧壁和沉淀池渣线部位。

6.4.2.6　铬镁砖

铬镁砖与镁铬砖相比，原料和生产工艺相同；含 MgO 较少而 Cr_2O_3 较多，一般 $w(MgO) = 25\% \sim 55\%$，$w(Cr_2O_3) = 18\% \sim 30\%$，依 MgO/Cr_2O_3 比由高到低，从弱碱性向中性变化；主晶相主要由方镁石与镁铬尖晶石构成，晶粒间多呈直接结合，硅酸盐相很少；常温耐压强度相近或较高；抗热震性较好等。

此种材料也有熔粒再结合制品和化学结合制品。

此种制品特别是其中熔粒再结合制品可有效地应用于有色金属冶炼炉内衬受热应力最大部位，耐用性很高。也可用于钢液真空处理装置的内衬和玻璃熔窑蓄热室格子体。

6.4.2.7　铬砖

铬砖是以铬矿为主要原料制成的。因为铬矿中含 FeO 和 Fe_2O_3 较多，并夹有硅酸盐矿物，在高温下易形成低熔物，故制造时要加入10%～25%的镁砂。制品主要组成为铬尖晶石 $[(Fe,Mg)O \cdot (Cr,Fe,Al)_2O_3]$，属中性耐火材料，与酸性或碱性耐火材料的作用都较弱。故主要用于碱性与酸性耐火材料的隔离层。可用作有色金属冶炼炉的炉衬，但不宜直接用于与铁液接触和气氛性质变化频繁的部位。

7 含碳耐火材料

含碳耐火材料是指由碳或碳化物为主要组成的耐火材料，以及由含碳耐火原料或石墨和高熔点氧化物原料（或复合原料）制成的耐火材料。其中，由无定形碳为主要组成的称炭素耐火材料；由结晶型石墨为主要组成的称石墨耐火材料；由 SiC 为主要组成的称碳化硅耐火材料。由含碳耐火原料或石墨与高熔点氧化物制成的耐火材料称碳复合耐火材料。故含碳耐火材料可分为四个类别：

（1）炭素系砖，如炭砖；

（2）石墨砖、人造石墨砖；

（3）碳化硅系砖，如氮化硅结合碳化硅砖、自结合或再结晶碳化硅砖等；

（4）碳复合砖，如镁炭砖、铝炭砖、氧化铝-碳化硅-炭砖、铝镁炭砖等。

这种耐火材料多利用含碳材料作原料，加结合剂，经混练、成型，在隔绝空气条件下高温热处理制成。

含碳耐火材料是一种优质耐高温的材料。它具有抗热震性能好、高温强度高、抗渣性强和密度较小等特性。

7.1 炭素耐火材料

含碳耐火材料的品种之一是炭砖。因其尺寸较普通耐火制品大，常称炭块。其他品种有供砌筑用炭块和捣固内衬用的炭素糊。

7.1.1 炭砖生产的简要过程

（1）原料。炭砖的原料是低灰分（小于 8%）的无烟煤和灰分少、强度高、挥发分少而无水的煤焦、煤沥青焦和石油沥青焦。根据原料性质和制品的要求适当配合，一般将气孔率低和强度高的作为颗粒，而将气孔率高、强度较低的破碎成细粉。有时为保证坯料有良好的可塑性，可在其中加入适量的石墨。

（2）配料。配料遵循粒度合理级配的原则。极限粒度根据制品大小及形状而定。结合剂宜采用含碳较高的有机物，多采用软化点为 65 ~ 75℃ 中温焦油沥青。为降低成型温度，也可混以部分煤焦油。但应保证结合剂的成焦率大于 35%，软化点不低于 40℃。结合剂的加入量依成型方法和坯料密实性与粒度而定，一般为 15% ~ 20%。

（3）混练。坯料在比结合剂软化点高 50 ~ 70℃ 的加热条件下混练，混练时间要充分，以保证各级颗粒均匀分布，并使结合剂将颗粒黏结。

（4）成型。砖坯的成型也在热态下进行，然后冷却定型。

（5）焙烧。炭砖的焙烧必须在隔绝空气条件下进行。焙烧时坯体预热，结合剂中的挥发分在 200 ~ 500℃ 之间逸出，坯体产生收缩。此时应控制升温速度，以免坯体内因坯体温差过大，收缩不一致，而产生过大内应力。在 450℃ 开始焦化，直到 800℃ 焦化基本完成。坯体强度和体积稳定性均随焦化程度而增加。为使挥发分逸出和焦化充分，并提高坯体体积稳定性，最高烧结温度一般控制在 1000 ~ 1300℃ 之间，并依制品尺寸及形状适当保温。制品经焙烧后，要在隔绝空气下缓慢降温,以防坯体氧化和开裂。冷却后进行机械加工,以获得规定尺寸的制品。

7.1.2 炭砖的性质与应用

7.1.2.1 炭砖的性质

炭砖是由无定形碳构成的,含游离碳量大于或等于94% ~99%,其余为灰分。由于炭砖中的无定形碳都经过高温焦化过程,它具有一些不同于一般煤炭的其他物理性质。除碳含量有提高以外,其强度和耐磨性都显著增大。虽然炭砖气孔率较高,一般为15% ~25%,常温耐压强度仍达30 ~60MPa。此种无定形碳是不熔的,仅在3500℃升华,而且在普通温度下稳定性好并具有化学惰性,仅在高温下可燃烧形成简单的氧化物 CO 和 CO_2。故只要在高温下不与氧接触,它就具有很高的高温强度,抵抗高温热负荷的能力很强,长期使用不软化。

它具有很低的热膨胀性,常温至1000℃,线膨胀系数为$(3 \sim 4) \times 10^{-6}$/℃,而导热性很高,300 ~1000℃下为27.5 ~47.1W/(m·K),弹性模量很小,仅为1.3×10^4MPa,故抗热震性很好。

它几乎不溶于所有已知的酸、碱、盐类及有机物的溶液中,而且其表面张力非常大,也不易被金属液和硅酸盐熔融体润湿,故它耐化学溶剂、金属液和熔渣侵蚀的性能非常优越。由于碳易溶于熔融含铁的金属中,故炭砖与之接触可使其增碳。

无定形碳在空气中从350℃左右就开始氧化,与碳酸气在600℃以上也可反应,灼热的碳与水蒸气接触很易分解为 CO 和 H_2。此种制品易氧化,是这种耐火制品的主要缺点。

此种制品真密度很低,为1.9 ~2.1g/cm^3,体积密度为1.50 ~1.80g/cm^3,为致密耐火制品中的质轻制品。

7.1.2.2 炭砖的应用

炭砖可有效地用于高温下受化学溶液、熔融金属和熔渣侵蚀的部位,用于温度急剧变化之处效果也很好。但不宜用于高温下与氧化性气体和水蒸气接触之处。由于这种制品比电阻较低,可作为电导体。

它是供砌筑炼铁高炉的炉底、炉缸、炉腹、炉身等处内衬用的重要耐火制品。其中炉底用炭块应有良好的抗铁水和抗渣性能;炉缸以上要求耐氧化、耐碱和耐磨。在炼铁高炉中,以这种制品代替高铝砖或其他耐火砖后,使高炉炉衬的连续作业率和寿命得到显著提高。它也可用于铝电解槽,抵抗氟化盐电解质及熔融铝的侵蚀。用作铝电解槽槽底时,既作为内衬材料,也作为电解槽阴极。此种制品还适用于作为电解镁工业竖式炉的炭素格子砖。其他如电石炉、铁合金炉、石墨化炉等也可采用此种制品,其耐腐蚀和耐热性都很高。

7.1.3 炭糊

砌筑炭块或捣固内衬用的炭糊是用石油焦、沥青焦或无烟煤、冶金焦为原料,经破粉碎和分级后,按要求配料,结合剂常用软化点为65 ~75℃的中温沥青,有时还调以焦油或蒽油,以控制其软化点,混合料经混练即制成炭糊。具体配料比,依炭糊使用部位的不同而定。制成的炭糊冷后凝成块,使用时再破碎、加热使其软化后再施工。这种炭糊可用于砌筑炭块和构筑整体内衬。

7.2 石墨耐火制品

石墨耐火制品是由石墨为主要原料和主要组成的耐火制品。主要品种为石墨黏土制品。另外,还有石墨碳化硅制品等其他耐火制品。

7.2.1 石墨黏土制品

7.2.1.1 石墨

石墨是炭素晶型之一。它具有比无定形碳更高的高温性质，不熔化，在3704℃挥发，也不溶于酸碱盐溶液，具有抗金属液和熔渣侵蚀的性能。线膨胀系数很低，25～1600℃区间，平均只有3.34×10^{-6}/℃。热导率很高，1000℃为63.8W/(m·K)。是热和电的良导体。易氧化，但氧化开始温度较高(开始于600℃)。其硬度低，晶体呈层状结构，层间结合力很弱，不宜单独用作耐火材料。常和与其膨胀性相近的材料相混，做成制品。如与耐火黏土熟料和可塑性耐火黏土混合，可结合为具有较高强度的耐火制品。由于可塑性黏土能将石墨晶粒表面包覆，防止石墨在高温下急剧氧化。这种制品具有很好的耐高温热负荷性能、抗热震性以及耐侵蚀性，还具有较强的抗氧化能力。

7.2.1.2 石墨黏土制品

石墨黏土制品有石墨黏土坩埚、蒸馏罐、铸钢用塞头砖、水口砖以及钢包砖等。其中使用最广泛的为石墨黏土坩埚。

石墨黏土制品的原料为石墨、耐火黏土熟料和可塑性耐火黏土。有时为提高制品的导热性和荷重软化温度，还可加入少量碳化硅。依结合黏土、石墨的性质和制品的要求不同，配料量为：石墨35%～60%，黏土熟料0～40%，结合黏土30%～60%。掺入碳化硅可相应减少黏土熟料，其用量依要求而定，可控制在10%～20%之间。混合料的加水量，依制品形状和成型方法而定，约为9%～18%。泥料混练要充分，或经多次混练或再经困料。可用可塑法或半干压法以及等静压成型。石墨是鳞片状结晶，其在平行与垂直方向上导热性和热膨胀性差别很大(沿层状方向导热性大、热膨胀性小)，制品中石墨的鳞片状结晶又易与坯体压制方向成垂直排列，故制品在压制方向上抗渣性强，荷重软化点高；而在另外方向上热膨胀性小和导热性高，抗热震性好。为此，制品在成型时应采用适当加压方法，以控制制品性能。坯体经缓慢干燥后，在埋炭匣钵中或在强还原气氛下或对制品表面涂氧化保护层后烧成。烧成温度一般控制在1000～1150℃。

石墨黏土制品具有较高的强度，有相当高的耐金属液和熔渣侵蚀的能力，热膨胀性较低，导热性较高，抗热震性也较强。故可作为直接接触熔融金属的耐火材料。如石墨坩埚广泛用作熔炼金属的容器。钢液浇注用的塞头砖、水口砖以及钢包内衬砖等也广泛采用石墨黏土制品。

7.2.2 其他石墨耐火制品

随着炼钢技术的发展，以可塑性耐火黏土作结合剂制成的石墨制品，因黏土抵抗高温的性能较差，制品的应用受到限制。为了提高石墨制品的耐高温能力，以碳化硅代替熟料，以焦油沥青代替结合黏土，并经焦化处理，制成石墨碳化硅制品、碳化硅石墨制品、石墨碳化硅和碳的复合制品。由此种SiC-C系材料制成连续铸钢用浸入式水口，使用效果较好。

另外，也可加入其他耐高温材料如刚玉、ZrO_2等代替黏土熟料。为了便于成型，提高制品的密度、强度和耐磨损等性能，还可适当降低石墨含量，制成各种石墨的复合制品，如Al_2O_3-C系制品等。

7.3 碳化硅耐火制品

碳化硅耐火制品是以碳化硅(SiC)为原料和主晶相的耐火制品。当前，碳化硅耐火制品主要有以下几类：黏土和氧化物结合碳化硅制品；碳结合碳化硅制品；氮化物结合碳化硅制品；自结合和再结晶碳化硅制品。另外，还有半碳化硅制品。

因为碳化硅耐火制品的原料和主晶相都主要是碳化硅，所以制品的许多性质都取决于碳化硅的性质。这类耐火制品中，碳化硅为瘠性料，生产中必须由结合剂将其粘结为整体，故结合剂的性质和黏结形式对制品的性质有相当大的影响。

7.3.1　碳化硅

7.3.1.1　碳化硅的性质

碳化硅是 Si-C 二元系统中唯一的二元化合物，如图 7-1 所示。其原子比为 1∶1，$w(C) = 29.97\%$，$w(Si) = 70.03\%$。SiC 有几种晶型：β-SiC 和 α-SiC。β-SiC 为立方晶系，从 2100℃开始到 2400℃不可逆地缓慢转化为六方晶系 α-SiC。在转化温度下保温时间与转化的量如表 7-1 所示。β-SiC 真密度为 $3.21g/cm^3$，α-SiC 为 $3.22g/cm^3$。通常，在碳化硅耐火制品中 SiC 多为 α-SiC。它具有很低的热膨胀性，$\overline{\alpha} = 2.34 \times 10^{-6}/℃$，约为莫来石的 1/2。导热性很高，在室温下约为 35W/(m·K)，它虽随温度而下降，在高温下仍很高，例如在 1300℃仍在 11W/(m·K)以上，如第 2 章图 2-9 所示。

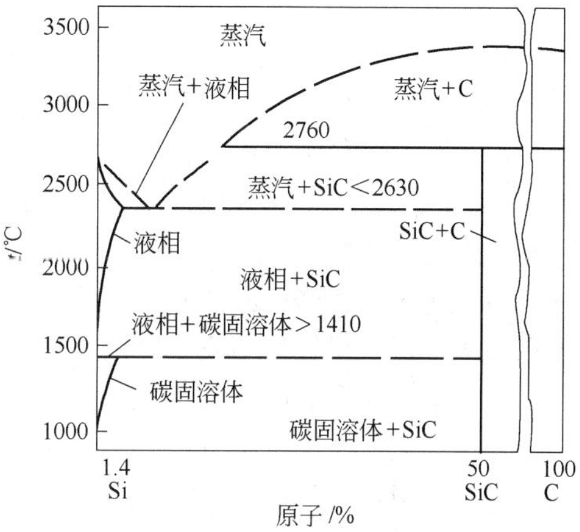

图 7-1　Si-C 二元系统

表 7-1　β-SiC→α-SiC 的转化

时间/s	温度/℃	组成/%		时间/s	温度/℃	组成/%	
		β-SiC	α-SiC			β-SiC	α-SiC
0	2100	100	0	0	2300	100	0
300		86	14	300		16	84
600		81	19	600		5	95
900		63	37	900		1	99
1200		67	33	1200		0	100

由 Si-C 系统平衡图可见，SiC 不熔化，当温度高于 2760℃开始分解为蒸气和 C。实际上，碳化硅从 2200～2500℃起即开始分解，到 2700℃以上已显著分解。

SiC 的化学稳定性较好，在 HCl、H_2SO_4 和 HF 中煮沸也不受侵蚀。SiC 同硅酸在高温下也不发生反应，故具有抵抗酸性熔渣的良好性能。但却易受碱性熔渣侵蚀。SiC 同石灰在 525℃开始反应，到 1000℃附近反应显著。在此温度下它同 MgO 反应显著。与氧化铜的反应在 800℃已强烈进行。同氧化铁在 1000～1200℃进行反应，到 1300℃已明显可见崩裂现象。同氧化锰反应从 1360℃起出现崩裂现象。SiC 在氯气中从 600℃开始与之反应，到 1200℃可使其分解为 $SiCl_4$ 和 CCl_4。熔融碱在赤热温度下可使 SiC 分解，故不能抵抗硼砂、冰晶石、水玻璃、碳酸钾等的侵蚀。不含氧化物的金属熔融液，在 1000～1200℃侵蚀 SiC，但锌和铅等例外。因 SiC 在这些金属液中不受侵蚀，故在锌蒸馏用的耐火材料中，碳化硅使用最广泛。

在 1000℃以上 SiC 同强氧化性气体容易反应分解。同水蒸气接触也容易反应分解。总之，SiC 的主要缺点是在高温下易氧化，颗粒愈细，愈易氧化。在氧分压很高时，生成的氧化物有 SiO_2

和 CO_2 或 CO，即发生

$$SiC + 2O_2 \longrightarrow SiO_2 + CO_2$$

$$SiC + \frac{3}{2}O_2 \longrightarrow SiO_2 + CO$$

SiO_2 的生成从 1000℃开始，随温度升高而显著加速。因此，碳化硅在强氧化气氛下使用，以 1100℃以下为宜。

SiO_2 生成时，由于真密度降低，伴有体积膨胀效应，使 SiC 疏松。若生成熔融硅酸盐，则在 SiC 表面形成薄膜。此种薄膜一旦生成，正常的氧化受到抑制而减弱，形成保护层防止进一步氧化。若生成 SiO，则因其挥发，可加速氧化。在真空炉中，当真空度小于 1346.55Pa 时，在 1300℃下，氧化速度为在空气中的 3 倍。SiC 与水蒸气反应，产生甲烷和 SiO_2。若生成 SiO_2 保护膜，因水蒸气分解而被破坏，氧化剧烈进行。

在合成 SiC 时残留的 Si、C 及氧化铁均对 SiC 的氧化程度有影响。在普通氧化气氛下纯 SiC 可在高达 1500℃的温度下安全使用，而含杂质的碳化硅，在 1220℃即严重氧化。

由于碳化硅不熔化和分解出蒸气的温度很高，并具有很高的导热性和低的热膨胀性，从而具有很好的抗热震性。此外，SiC 抗化学侵蚀和酸性熔渣侵蚀的能力很强，故可认为是一种良好的耐火材料的原料，在耐火材料中占有重要地位。

7.3.1.2　碳化硅的合成

碳化硅是人造合成材料，在自然界中极少，只在陨石中有少量发现。

合成碳化硅的主要原料是纯净的硅石（$w(SiO_2) > 98.5\%$）和焦炭、无烟煤等炭素材料。冶金焦中的灰分一般都较高（8% ~12%），用之甚少，而多用石油沥青焦（灰分 0.2% ~1.9%）和煤沥青焦（灰分 0.3% ~0.6%），有的也用低灰分无烟煤（灰分 1.7% ~4.5%）。除了上述原料以外，还需加入木屑和少量食盐（NaCl）。

碳化硅的合成首先是将上述原料破粉碎，按理论质量比（$w(Si) = 70.03\%$；$w(C) = 29.97\%$）配料，并混入木屑和少量食盐组成混合料。然后，利用电阻炉在 2000 ~2500℃下合成碳化硅，其基本反应式如下：

$$SiO_2 + 3C = SiC + 2CO \qquad -4704kJ$$

上述 SiC 化的过程大致在 1500℃开始先形成 β-SiC，在 2100℃ β-SiC 向 α-SiC 转化，到 2400℃转化结束。在实际生产中一般控制在 2000 ~2500℃之间。上述反应是通过气相进行的，即

$$SiO_2 + 2C = Si_{(气)} + 2CO \quad 和 \quad SiO_2 + C = SiO_{(气)} + CO$$

$$SiO_{(气)} + C = Si_{(气)} + CO$$

$$Si_{(气)} + C = SiC$$

在 SiC 形成过程中，其中一些杂质在与 NaCl 作用后形成氯化物而气化，其中的 Na_2O 也随之气化，并皆沿木屑碳化形成的通道逸出，如

$$Al_2O_3 + 6NaCl = 2AlCl_3\uparrow + 3Na_2O$$

$$Fe_2O_3 + 6NaCl = 2FeCl_3\uparrow + 3Na_2O$$

纯净的 SiC 是无色透明的，但实际上多为黑色和绿色的，其中黑色的含铁、铝、硼、碳等杂质较多；绿色的杂质少、质较纯，但掺杂有氮和磷等元素。

7.3.2　碳化硅耐火制品

碳化硅耐火制品，常依主晶相间结合物的差别，而划分为几个不同品种。不同品种在生产上和性质上都各有特点。

7.3.2.1 黏土和氧化物结合的碳化硅制品

A 制品的生产

黏土结合的碳化硅制品是用耐火度和可塑性都较高的耐火黏土(10% ~15%)与 SiC(50% ~90%)以及其他瘠性耐火材料配合,加密度为 1.25 ~ 1.35g/cm^{3}的亚硫酸纸浆废液或糊精等作结合剂,使泥料含水约4% ~5%,以生产黏土耐火制品的工艺方法制成。

配料中碳化硅颗粒应粗、中、细适当配合。极限粒度为 3 ~ 0.5mm,依制品要求而定。细粉量多,坯体体积密度较高,但易氧化。可塑黏土量多和 SiC 细粉量适当减少,易成型,坯体较易致密化,制品不易氧化,但荷重软化温度低,蠕变大。

泥料制备时,为防止 SiC 颗粒氧化,黏土可部分以泥浆形式加入。坯体的致密性高,有利于导热性和防氧化,因此应尽量减少泥料水分,采用高压成型。依结合黏土种类和数量,一般在氧化气氛下,经 1350 ~ 1400℃烧成。

在配料中可以纯净 SiO_2细粉代替结合黏土,并采用上述黏土结合碳化硅制品的生产方法制成氧化物结合碳化硅制品。SiO_2组分在坯体烧成时,在 SiC 颗粒表面形成 SiO_2薄膜,将 SiC 颗粒结合为整体。

B 制品的性质

黏土结合和氧化物结合的碳化硅制品,含 SiC 多为 50% ~90%。体积密度为 2.3 ~ 2.55g/cm^3,气孔率为 17% ~24%,依制品组成和烧成温度而定。常温强度很高,上述密度的制品,一般耐压强度达 50 ~ 100MPa 以上。热导率很高,上述密度的制品在 1000℃时为 3.99 ~ 10.58W/(m·K)。其中黏土结合者较低,纯净 SiO_2结合者较高。此种制品的抗热震性很强。由于主要由 SiC 构成,故抗渣性和耐磨性也较高。

C 制品的应用

黏土和氧化物结合的碳化硅制品可作为炼铁高炉炉腰、炉腹和炉身内衬,金属液的出液孔砖和输送金属液的通道砖和管砖,也可作为有色金属锌、铝等冶炼设备的内衬砖、铸造容器和各种加热炉内衬和换热器管材,还可用作焦炉碳化室和陶瓷窑具用耐火制品。

7.3.2.2 氮化硅结合碳化硅制品

氮化硅结合碳化硅制品是由氮化硅(Si_3N_4)将碳化硅晶粒结合为整体而构成的耐火制品。

A 氮化硅的性质

氮化硅(Si_3N_4)是一种耐高温的材料,在 1900℃分解为氮和被氮所饱和的硅熔融物。

Si_3N_4有两种晶型:低温型 α-Si_3N_4 和高温型 β-Si_3N_4。在温度低于 1400℃时,能生成 α-Si_3N_4,而在较高温度下则生成 β-Si_3N_4。加热时,约在 1500℃左右发生 $\alpha\rightarrow\beta$ 型的转化。通常,用反应烧结法,在 1400℃左右制成者为 α-Si_3N_4 和 β-Si_3N_4 的混合体。本书除标明者外,Si_3N_4即指此种混合体。

α-Si_3N_4 的真密度为 3.18g/cm^3;β-Si_3N_4 为 3.21g/cm^3;工业氮化硅,即 α-Si_3N_4 和 β-Si_3N_4 的混合物为(3.19 ±0.01)g/cm^3。

Si_3N_4的强度与其密度成正比,两者都很高,蠕变很小,如常温耐压强度为 506 ~633MPa;即使在高温下也降低得很少,如在 1000℃热态下其抗折强度仍达 140 ~160MPa;荷重软化温度高达 1800℃以上;在 1200℃下荷重 24MPa,1000h 后,其变形仅为 0.5%。氮化硅的弹性模量与碳化硅相近,Si_3N_4为 11.9×10^4MPa,SiC 为 11.5×10^4MPa。可见,Si_3N_4是一种耐热重负荷共同作用能力很强的材料。

Si_3N_4的硬度很高,莫氏硬度为 9,与 SiC 相近。因为其强度高,硬度又高,也是一种很耐磨的材料。

氮化硅与氧化物相比，热膨胀性很低和导热性较高。Si_3N_4在20～1020℃，平均线膨胀系数为2.75×10^{-6}/℃。热导率为9.47W/(m·K)。故Si_3N_4是一种抗热震性很强的材料，1200～20℃气冷，热循环大于1400次而不破坏。

Si_3N_4对氢氟酸以外的所有无机酸都有良好的抵抗性。不被金属液尤其是非铁金属液润湿，能耐大部分有色金属，如Al、Pb、Sn、Zn等熔融液的侵蚀，对Mg的抵抗性略小，对Cu则更小。在700℃以上，Fe能将其分解并析出氮。但是它仍能在不太长时间内抵抗铁水与钢水的侵蚀。所以，它是一种耐酸液、耐金属液和熔渣侵蚀的材料。

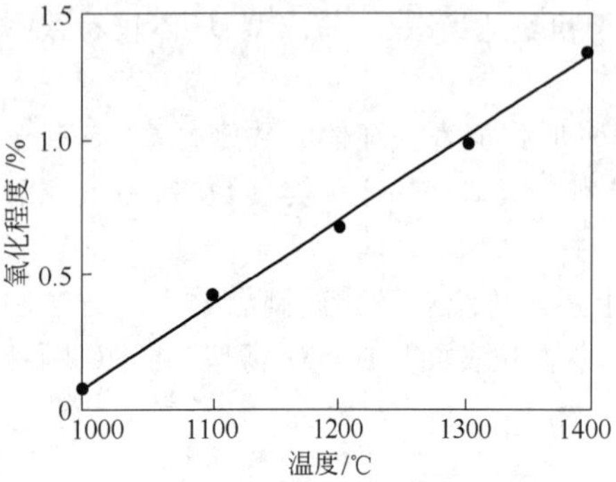

图7-2　氮化硅被空气氧化的程度与温度的关系

在高温，Si_3N_4在氧气或水蒸气作用下，可被氧化，并析出方石英，其反应式如下：

$$Si_3N_4+3O_2 = 3SiO_2+2N_2$$

$$Si_3N_4+5O_2 = 3SiO_2+4NO$$

$$Si_3N_4+6H_2O = 3SiO_2+4NH_3$$

但是，这种氧化与温度和材料的致密程度有关。而且随时间进展，逐渐在其表面形成方石英薄膜，起保护作用而使氧化过程减缓。氮化硅被空气氧化的程度与温度的关系，如图7-2所示。氮化硅也是一种耐氧化的材料。耐氧化的温度可达1400℃，在还原性气氛中最高使用温度可达1870℃。

B　氮化硅结合碳化硅制品的生产、性质和应用

a　制品的生产

以氮化硅作为结合剂生产碳化硅制品，一般皆采取反应烧结的方法，特别是多采用硅氮直接反应法。这种方法是将一般小于44μm的碳化硅细粉与细粉状的硅(Si)混合，经成型制成多孔的坯体，在电炉中于1300～1350℃温度下，充氮气，当坯体在氮气中加热相当时间后，如升温5～6h，保温5～10h，依制品形状而定，其中的Si可完全与N_2在坯体烧结过程中互相反应，即按下式反应生成Si_3N_4。

$$3Si+2N_2 = Si_3N_4$$

由于与SiC形成强力结合的氮化键，从而将碳化硅颗粒结合为坚固的整体。

此种通过氮气扩散进行氮化的办法，坯体的形状在氮化前后几乎没有变化，因而可制成形状很规整的制品。

除了上述氮化硅结合的制品以外，还有以氧氮化硅(Si_2ON_2)结合的碳化硅制品。这种制品是在SiC与Si粉的配料中，再加入SiO_2细粉成型，并在N_2气中于1450℃下反应烧结而制成。在烧结过程中发生以下反应，即

$$Si+SiO_2 = 2SiO\text{（中间产物）}$$

$$Si+SiO+N_2 = Si_2ON_2$$

另外，Si_3N_4与SiO_2在1450℃反应，也可直接形成Si_2ON_2。Si_2ON_2在SiC颗粒表面形成后，可使颗粒上的SiO_2薄膜结合牢固，并形成连续保护膜。较Si_3N_4结合者，在氧化气氛中的稳定性高，结合强度也更高，抗侵蚀性也强。

b　制品的性质和应用

这种氮化硅结合或氧氮化硅结合的碳化硅制品，一般$w(SiC)=70\%\sim80\%$，$w(Si_3N_4)=15\%\sim25\%$。气孔率为10%～18%。常温耐压强度大于100MPa。在1000℃时，抗拉强度为

20MPa。0.2MPa 荷重下加热至 1800℃仍未变化。体积密度为 2.6g/cm^3 的制品弹性模量为 18×10^{4}MPa。它的热膨胀性仍很小,20~1200℃平均线膨胀系数为 3.8×10^{-6}/℃。温度为 800℃时的热导率为 9.65W/(m·K)。对具有内部空腔的质量为 2.5kg 的异型制品,从单面加热,在 900~1100℃范围内反复冷热 500 次,无任何损毁。在 1600℃保温 5~15h,制品的抗氧化性比纯碳化硅制品好。制品的耐侵蚀性与纯 SiC 和纯 Si_3N_4 性质相当。

此种以氮化硅结合的碳化硅制品可以完全代替以氧化物结合的碳化硅制品,用于各种高温设备中,而且适应于工作温度更高,重负荷更大,温度急剧变化更严重的条件。

7.3.2.3 自结合和再结晶碳化硅制品

自结合碳化硅耐火制品是指原生的 SiC 晶体之间由次生的 SiC 晶体结合为整体的制品。再结晶碳化硅耐火制品是原生的 SiC 晶体经过再结晶作用而结合为整体的制品。

A 制品的生产

自结合制品按 SiC/C 比,将碳化硅和石油焦配合。一般控制 C 含量约占 15%~30%。若 SiC 颗粒较粗,应少加;SiC 由细粒构成时,应多加。然后,将混合料挤压或等静压制成多孔坯体。坯体的气孔应与 Si 加 C 形成次生 SiC 的量相适应,以能形成次生 SiC 连续相为宜。由于坯体在常温下无可塑性和结合强度,成型前应在 SiC 与石油焦的混合料中加少量有机结合剂,如糊精、淀粉或其他树脂乙醇溶液等,制成可塑性混合料。最后,将坯体于(1950±20)℃下,在氩气中用熔融硅浸渍。根据制品尺寸,经过一定时间(如小型制品经 2~4h),碳溶于熔融物中,熔融硅定向扩散,硅碳直接反应,生成次生碳化硅。在此反应烧结条件下,硅还与碳发生多相反应,也生成次生碳化硅,从而使坯体烧结。

自结合碳化硅制品也可以采用固相反应烧结法。但一般应加入适量外加剂以促进反应及烧结。一般在 2000~2200℃中性气氛下烧结。

再结晶碳化硅耐火制品多利用常压烧结法制成高密度制品。首先向碳化硅细粉中加少量添加剂,如 0.3%~0.8%的硼和 1.5%的碳或 1.1%左右的铝和碳,混合后,经浇注或等静压或半干压成型制成坯体。然后,将坯体置于氩气或还原气氛中,在大气压力下,经 1950~2100℃高温处理,使坯体在无液相的条件下,通过 SiC 在凸面颗粒处蒸发,而在凹面及平坦表面颗粒处凝结这种物质迁移作用,以及在颗粒接触处发生颗粒共生作用,使制品达到烧结。当坯体中有添加剂时,因易形成固溶体,使碳化硅晶界能降低,促进物质迁移,加速烧结。如加硼和碳,硼与碳形成 B_4C,并与 SiC 再形成 Si(C,B),促进 SiC 烧结,使 SiC 晶体间生成 SiC 再结晶连生体,烧结成为坚实的坯体。

B 制品的性质和应用

自结合碳化硅制品和再结晶碳化硅制品的矿物组成基本上都是 SiC 晶体。自结合碳化硅制品在原生 SiC 晶体周围,由形成的次生 SiC 构成连续胶结相。这些次生 SiC 多为 β-SiC。由于原料的性质、数量和工艺上的差别,有的制品中还有少量硅、石墨。

再结晶碳化硅制品完全由原生 SiC 晶粒直接结合成整体,其间有少量气孔。这类再结晶制品的密度为理论密度的 90%~95%,有的热压再结晶制品最高可达 99%。这种制品具有相当高的强度,体积密度为 3.1g/cm^3 的制品,常温耐压强度可达 3000~3700MPa,抗弯强度可达 450~460MPa;体积密度为 3.20~3.32g/cm^3 的热压制品,强度更高,常温抗弯曲强度达 700~1100MPa,1600℃时无显著降低,一般仍为常温下的 93%~95%。故它是一种承受热重负荷共同作用的非常优秀的耐火制品。另外,此种制品的热膨胀性仍较低,常温至 1000℃,平均线膨胀系数为(4.0~4.8)×10^{-6}/℃。导热性仍较高,室温下为 65.36~125.66W/(m·K)。故仍具有很好的抗热震性。而且,耐磨性也极高。抗氧化能力也因 SiC 固溶体的形成而有所提高。

此种制品可广泛应用于受高温和承受重负荷以及受磨损和有强酸和熔融物侵蚀的部位。例如用作热处理电加热炉、均热炉和加热炉的烧嘴及滑轨，各种高温焙烧炉内的辊道和高负重轻窑具，换热气体炉和铁鳞还原炉马弗罩等，效果很好。其中再结晶碳化硅制品使用效果尤为突出。

各种含碳耐火制品的主要性能如表 7-2 所示。

表 7-2　含碳耐火制品的主要性能

名　称		炭　砖	碳化硅石墨砖	氧化物结合碳化硅砖	氮化硅结合碳化硅砖	再结晶碳化硅砖
主要化学成分的质量分数/%		C 94 ~ 99	SiC > 85，石墨 30 ~ 60	SiC > 85，SiO_2 10	SiC 70 ~ 80，Si_3N_4 15 ~ 25	SiC 约 100
主要矿物组成		无定形碳	α-碳化硅，石墨	α-碳化硅	α-碳化硅 α-氮化硅	α-碳化硅
耐火度/℃，不小于		3000		1800		
气孔率/%		< 24	10 ~ 22	13 ~ 16	10 ~ 18	0.5 ~ 32
体积密度/$g \cdot cm^{-3}$		1.5 ~ 1.8	1.9 ~ 2.2	2.55 ~ 2.62	2.5 ~ 2.8	2.1 ~ 3.3
比热容/$J \cdot (g \cdot ℃)^{-1}$		0.837		$0.963 + 0.146 \times 10^{-3}t$		$0.963 + 0.146 \times 10^{-3}t$
热导率/$W \cdot (m \cdot K)^{-1}$		$30.51 + 20.93 \times 10^{-3}t$		$209.34 - 104.67 \times 10^{-3}t$		
平均线膨胀系数	温度	20 ~ 1000℃		20 ~ 900℃	20 ~ 1200℃	20 ~ 900℃
	/$℃^{-1}$	$(3 \sim 4) \times 10^{-6}$		2.93×10^{-6}	3.8×10^{-6}	$(2.93 \sim 4.8) \times 10^{-6}$
常温耐压强度/MPa		30 ~ 60	> 40	100 ~ 120	> 100	68.6 ~ 3700
荷重软化温度/℃		不软化	> 1600	1800	> 1600	> 1700
抗热震性/次		> 25		> 30	好	50 ~ 150
抗渣性		极好　易氧化			好　抗氧化	很好
最高使用温度/℃		2000				1800

7.4　碳复合耐火材料

将耐火的氧化物与石墨等碳质原料以及一定的结合剂与外加剂制成的复合材料称为碳复合材料。

石墨具有熔渣对其湿润性差、线膨胀系数小与导热性能好等优点，将石墨与一些耐火氧化物制成碳复合耐火材料，会明显提高耐火材料的抗熔渣侵蚀性与抗热震性。因此，此类材料在 20 世纪 70 年代开始研制以来，得到迅速发展，并广泛应用于冶金工业，满足了钢铁冶金新设备、新工艺对耐火材料提出的日益苛刻的要求。如今，镁炭砖广泛应用于炼钢转炉、电炉等领域，炉外精炼、钢包、滑动水口与连铸浸入式水口也大多采用碳复合耐火材料，如镁炭砖、铝炭砖、铝镁炭砖、镁钙炭砖、铝锆炭砖。铁水预处理及高炉出铁沟广泛采用 Al_2O_3-SiO_2-C 质材料。

虽然石墨的抗氧化性差，但可通过添加抗氧化剂的方法加以克服，这类耐火材料具有多方面优良的性能，适应了大型高炉、铁水预处理、超高功率电炉、复吹转炉、炉外精炼和连续铸钢等钢铁冶金新技术发展的需要，成为 20 世纪 80 年代发展最快的耐火材料。

7.4.1 镁炭砖

镁炭砖是以高温煅烧或电熔镁砂以及石墨为原料，添加非氧化物添加剂，用碳质结合剂结合而成的不烧碳复合耐火材料。

7.4.1.1 镁炭砖的生产

A 原料的选用

生产镁炭砖所需的主要原料有镁砂、石墨、结合剂和添加剂，这些原料的质量直接影响着镁炭砖的性能和使用效果。

生产镁炭砖一般采用 MgO 含量高的电熔镁砂或烧结镁砂。在化学成分方面要求 MgO 含量在95% ~99%，CaO/SiO_2（物质的量比）大于 2 和杂质含量少。MgO 含量越高，杂质相对越少，硅酸盐相分割程度降低，方镁石直接结合程度提高，镁炭砖抵抗渣的渗透及渣的熔损能力越高。在组织结构方面要求镁砂高密度和结晶大。方镁石晶粒尺寸越大，方镁石晶粒的比表面积越小，即熔渣与方镁石反应的面积越小，则抵抗渣的能力越强。

石墨一般选用结晶发育完整、纯度高达92% ~99%的天然鳞片状石墨。石墨越纯，固定碳含量越高，则灰分及挥发分越少，生产出来的镁炭砖在高温下使用时结构好、高温抗折强度大、耐侵蚀性越好。石墨粒度要求大于0.125mm，厚度不大于0.02mm，最好不大于0.01mm。因为大鳞片石墨具有高的热导率和小的比表面积，同时鳞片石墨厚度越小，其端部表面发生氧化的有效面积越小（鳞片石墨边缘的氧化速度比其表面要快 4 ~100 倍），所以由大鳞片石墨制成的镁炭砖耐剥落性和抗氧化性好。石墨的加入量应与不同的砖种及不同的使用部位结合在一起考虑。镁炭制品中如碳含量小于10%，则制品中不能形成连续的碳网，从而不能有效地发挥碳的优势。反之，如石墨加入量过多，生产时成型较困难，而且制品易氧化，因此，镁炭砖中的石墨加入量一般在10% ~20%范围内。

镁炭砖生产早期使用焦油沥青作结合剂，近年来则主要使用酚醛树脂。使用酚醛树脂作结合剂的优点如下：

（1）酚醛树脂系线性结构的高分子，对石墨有优良的润湿性，热解生成非晶态碳；

（2）混练与成型性能好，在室温下可直接混练与成型，压制的砖坯强度高；

（3）可降低烟尘质量浓度，减少环境污染；

（4）残碳量高。

镁炭砖的优良性能依赖于砖中碳的存在，但在使用过程中碳极易被氧化，使制品组织劣化，降低砖的使用寿命。目前主要通过添加抗氧化剂的手段来提高镁炭砖的抗氧化性能。通常选用的抗氧化添加剂有金属铝粉、硅粉、铝镁合金粉、碳化硅、碳化硼等。抗氧化剂的作用机理为：

（1）首先抗氧化剂与氧发生反应，避免碳与氧反应；

（2）氧化后形成的新物相（如碳化物、氧化物及尖晶石）产生体积膨胀，封闭气孔，使砖的致密度提高，阻止了炉渣的渗透；

（3）新生成的物相在石墨和氧化镁之间“搭桥”，使其形成牢固的结合。抗氧化剂的加入量一般为1% ~6%。

B 产品的制备

镁炭砖一般为不烧制品，其生产工艺与其他不烧制品基本相同，主要包括原料准备、配料、混练、成型和热处理。

把所选用的原料按规定的比例配合，用行星式混砂机或高速混砂机进行混练。混练时加料顺序为：镁砂（粗、中）→结合剂→石墨→镁砂细粉和添加剂。一般将粗、中颗粒混合 3 ~5min，然后加入树脂混练3～5min,再加石墨混练4～5min,再加入镁砂细粉及添加剂的混合粉,混合3～5min,总混练时间在20～30min。采用高压力成型机成型,以提高砖的密度。成型时应严格按照先轻后重、多次加压的操作规程进行压制,以免产生成型裂纹,最好采用抽真空、排气加压装置。成型后砖坯浸防滑剂进行防滑处理,避免施工时发生安全事故。

镁炭砖一般在200～250℃温度下进行热处理,时间不少于32h。热处理后即为成品(有特殊要求的再经轻烧、浸渍沥青)。

7.4.1.2 镁炭砖的性质和应用

镁炭砖的主要成分氧化镁和碳具有高耐火性,MgO熔点2800℃,石墨不熔化,在3704℃挥发,且氧化镁和碳没有共熔关系,不形成低熔点物质,因而镁炭砖具有良好的高温性能。MgO本身对碱性渣及高铁渣具有很强的抵抗能力,石墨对钢水和渣的不润湿作用可阻止炉渣渗透,因而镁炭砖抗渣性较好。同时石墨的高热导率和低的线膨胀系数使镁炭砖具有良好的抗热震性。另外,由于镁炭砖的基质是由高熔点的石墨和镁砂细粉组成,且颗粒间存在着牢固的碳结合网络,不易产生滑移,MgO与C又无共熔关系,液相少,使镁炭砖显示出比其他陶瓷结合耐火材料更好的抗蠕变性。

镁炭砖主要应用于转炉炉衬和底部供气元件、电炉热点部位和炉墙、钢包、炉外精炼炉等。

镁炭砖已向多品种发展,如高抗氧化镁炭砖、高抗侵蚀镁炭砖、低碳镁炭砖等。应根据不同炉窑的工作特点及其不同使用部位的具体要求选用不同的产品,以均衡炉衬,体现优质优用。

7.4.2 铝碳质耐火材料

铝碳质耐火材料主要是指将氧化铝原料和碳质原料,多数情况下还加入其他原料,如碳化硅、金属硅等,用沥青或树脂一类有机结合剂黏结而成的碳复合耐火材料。

铝碳质耐火材料按生产工艺不同可分两大类,即不烧铝碳质耐火材料和烧成铝碳质耐火材料。

不烧铝碳质耐火材料属于碳结合耐火材料,其抗氧化性明显优于镁炭砖,抗Na_2O系渣的侵蚀性能优良,因此在炼铁高炉、铁水预处理设备中得到广泛应用。烧成铝碳质材料属陶瓷或陶瓷-碳复合结合型,由于其强度高,抗侵蚀能力强,热震稳定性好,因而广泛应用于连续铸钢系统滑板和长水口、浸入式水口和整体塞棒,成为一代长寿命的连铸耐火材料。

铝碳质耐火材料具有优异的抗酸性炉渣、碱性炉渣、金属液和玻璃熔液的侵蚀能力,在氧化性气氛或还原性气氛下均能使用,热稳定性良好。与镁碳质耐火材料相比,铝碳质耐火材料的抗碱侵蚀和含Ti_2O渣侵蚀能力更强。对于烧成制品,由于添加物硅与碳在高温下反应形成碳化硅,使其具有双重结合,即碳结合和陶瓷结合,因而具有较高的力学性能。

7.4.2.1 铝炭滑板砖

以刚玉、鳞片状石墨为主要原料烧制而成的用于铸钢的耐火制品。铝炭滑板砖的生产过程是:先将各种原料及添加剂准确称量,粉料预混均匀,充分混练,泥料的堆积密度控制在1.4～1.5g/cm^3;成型前泥料应过筛以除去结块,用摩擦压砖机成型,注意排气,以避免产生层裂,砖坯体积密度不应低于2.8g/cm^3;埋碳烧成,烧成温度1350℃;浸渍沥青要浸透,热处理要彻底,使用中不应溢沥青,不发烟。因所用原料纯度高,并加入了铝、硅等少量抗氧化剂、耐磨剂,用酚醛树脂作结合剂,砖的性能明显优于天然原料制作的滑板砖,具有强度高、耐冲蚀、耐磨损、抗氧化等特性。该制品用作铸钢滑动水口,适用于普通碳素钢、合金钢及低合金钢等钢种的连铸。

7.4.2.2 铝炭浸入式水口

以刚玉和鳞片状石墨为主要原料烧成的,用作浸入式水口的碳结合制品。

其制造工艺是以刚玉和石墨为主要原料,加入少量添加剂,采用酚醛树脂作结合剂,经混练、造粒后，在等静压机上成型。半成品经干燥后，在无氧化烧成窑内烧成。经加工、无损探伤和喷涂防氧化涂料后即为成品。制造过程中要求原料必须符合工艺要求，配料要准确，泥料要造粒，成型压力为 120 ~ 150MPa。采用无氧化烧成，烧成温度 1000 ~ 1350℃。为了提高铝碳质浸入式水口的使用寿命，可以在渣线部位复合一层锆碳层。制品要干燥保存，必须预热方能使用。

其特点是对钢种适应性强，特别适宜于浇注含锰较高的钢种，耐钢水和熔渣侵蚀性好，使用寿命长。主要用于连铸中间包至结晶器之间的钢水保护浇注。

7.4.2.3 铝碳质整体塞棒

以刚玉和鳞片状石墨为主要原料烧成的控制钢液流量的耐火制品。其特点是整体性好，代替了由传统的袖砖和塞头组装的塞棒，使用更安全，而且还可以通过塞棒向中间包水口吹氩，净化钢水，防止水口堵塞。其制造工艺是将刚玉、石墨和添加剂等原料按配比称量，以酚醛树脂为结合剂，经混练，用等静压机成型。半成品经干燥后，在无氧化烧成窑内完成。最后经 X 射线无损探伤、车床加工、喷涂防氧化涂层等工序，经检验合格后为成品。

7.4.2.4 氧化铝-碳化硅-炭砖

以电熔刚玉（或烧结刚玉、特级高铝矾土熟料）、碳化硅、鳞片状石墨为主要原料，以酚醛树脂为结合剂，经混练、成型、热处理等工序制成的耐火制品。工艺要求：配料误差要小，混练应使用强制混合机，用大吨位的摩擦压砖机或液压机成型，成型压力为 150MPa 左右。该制品具有良好的抗渣性、抗热震性和抗铁水冲刷性。主要用作铁水预处理装置，电炉出钢槽等。

7.4.3 铝镁炭砖

铝镁炭砖是以氧化铝（特级高铝矾土熟料、电熔刚玉、烧结刚玉）、镁砂（电熔镁砂、烧结镁砂）和石墨为主要原料，用沥青或树脂作结合剂制成的不烧耐火制品。其特征是除了因含碳而具有高的耐侵蚀性和不易剥落等优点外，还因在高温使用过程中生成尖晶石而具有优异的性能：

（1）尖晶石化反应及其产生的膨胀，使耐火炉衬形成整体，可有效阻止钢水从砖缝处往炉衬内部的渗透；

（2）使用过程中形成的尖晶石能吸收渣中的 FeO 形成固溶体，而 Al_2O_3 则与渣中的 CaO 反应形成高熔点 CaO-Al_2O_3 系化合物，堵塞气孔并增大熔体黏度，抑制了渣的渗透，提高了材料的抗渣性。铝镁炭砖是随着连铸及炉外精炼技术的发展而开发出来的，主要用于钢包内衬以替代黏土砖、高铝砖或焦油白云石砖，是 20 世纪 90 年代初钢包内衬的主流产品。

7.4.4 镁钙炭砖

镁钙炭砖是以白云石砂、镁砂和鳞片状石墨为主要原料制成的耐火制品。为了防止 CaO 的水化，白云石砂应以粗颗粒加入，结合剂要用无水系树脂，在 150 ~ 200℃ 温度下进行热处理。在镁钙炭砖的生产中不宜加入金属 Al 粉和 Si 粉，因为 Al 粉和 Si 粉虽可提高材料的抗氧化性，但同时也提高了熔损速度，降低材料使用寿命。镁钙炭砖相对于镁炭砖更适用于低氧化铁含量低碱度渣的工作环境。因为低碱度渣能提高 MgO 的溶解度，同时容易向方镁石晶界浸润，并促进结晶晶粒的分离和溶出，使镁砂溶损加剧；同时低碱度渣中 CaO/SiO_2 比低、总铁含量小，在工作面附近难以形成 MgO 致密层，使砖内易于进行 MgO 与 C 的反应，造成镁炭砖组织劣化。而镁钙炭砖中的 CaO 与炉渣中的 SiO_2 反应，使炉渣碱度提高，形成硅酸二钙高熔点反应层，可抑制炉渣的渗透和石墨的氧化。但对高铁含量高碱度的渣，因为 CaO 与铁的氧化物反应生成低熔点物，同时炉渣中铁的氧化物还会使砖中石墨氧化脱碳，在这种情况下镁钙炭砖的溶损比镁炭砖大。所以镁钙炭砖更多用在冶炼不锈钢、纯净钢及低硫钢等优质钢种的冶炼设备中，如炉外精炼钢包 VOD 炉等。

8 含锆质耐火材料

含锆质耐火材料是指含有氧化锆(ZrO_2)或锆英石($ZrO_2 \cdot SiO_2$)的耐火材料。本章只对以锆英石为主要原料制成的锆英石耐火材料和锆刚玉耐火材料进行介绍。

8.1 锆英石质耐火材料

锆英石质耐火材料是以锆英石精矿砂为主要原料制成的,其中有纯锆英石耐火制品和锆英石与其他耐火组分组成的复合制品。这些制品既可用烧结法制得,也可用熔粒再结合法制成。前者称烧结锆英石制品;后者称熔粒再结合锆英石制品。另外,还有锆英石不定形耐火材料。

8.1.1 锆英石

8.1.1.1 锆英石的性质

锆英石($ZrO_2 \cdot SiO_2$)是ZrO_2-SiO_2二元系统中的唯一二元化合物。其理论组成为$w(ZrO_2)=67.2\%$,$w(SiO_2)=32.8\%$。在自然界中的锆英石,实际上,常含有少量化学性质与ZrO_2相近的氧化铪(HfO_2)(0.5%~3.0%)和氧化钍(ThO_2)(0~2%)。

锆英石属四方晶体,真密度为4.6~4.8g/cm^3。锆英石的热膨胀性很低,室温~1400℃平均线膨胀系数约为4.5×10^{-6}/℃,比莫来石还低。导热性较高,随温度升高而降低,100℃时为6.69W/(m·K);400℃为5.0W/(m·K);1000℃为4.18W/(m·K)。

锆英石的常温和高温强度都很高,常温耐压强度约150MPa,荷重软化温度大于1500℃。弹性模量较高,室温下约为230GPa;1150℃为100GPa。

锆英石难于与酸发生作用。也不易被一些熔融金属润湿和与之发生反应。对炉渣、玻璃液等都有良好的抵抗性。但是,易受碱金属、碱土金属的作用而分解。

8.1.1.2 锆英石的热分解

如图8-1所示,锆英石在1676℃分解为四方型ZrO_2和方石英。此ZrO_2溶有含量不大于0.1%的SiO_2,即0.3%的$ZrSiO_4$,故为四方型ZrO_2固溶体。当温度达1687℃时,热分解产物除了四方型ZrO_2以外,开始出现液相。

锆英石发生热分解的温度,众说不一,这可能与其分解所形成的产物在冷却时又重新化合为锆英石有关。即在此分解温度附近,热分解产物的数量,被重新化合所掩盖。另外,锆英石的热分解温度受加热温度与加热时间影响。如Curtis和Sowman用美国佛罗里达州产的高纯锆英石在电炉中加热并保温2h,所测得锆英石离解为ZrO_2的量,从1540℃开始,到1870℃时达95%,如图8-2所示。若受热时保温时间延长,例如保温6h,则锆英石在1760℃下即可热分解完毕。若锆英石中有杂质,则此种热分解温度更有所降低。

锆英石在分解温度下,由于分解产物之一方石英的真密度比原来的锆英石小得多,故产生较大的体积膨胀,从而导致其耐热性降低。若将锆英石加热到很高温度,SiO_2一旦挥发逸出,则由于残留的ZrO_2在温度变化时因晶型转化产生不规则热膨胀,使其抗热震性能降低。

锆英石开始分解时,其强度降低。为使锆英石耐火制品不受此种危害,锆英石耐火材料使用温度的上限,以在1670℃以下为宜。

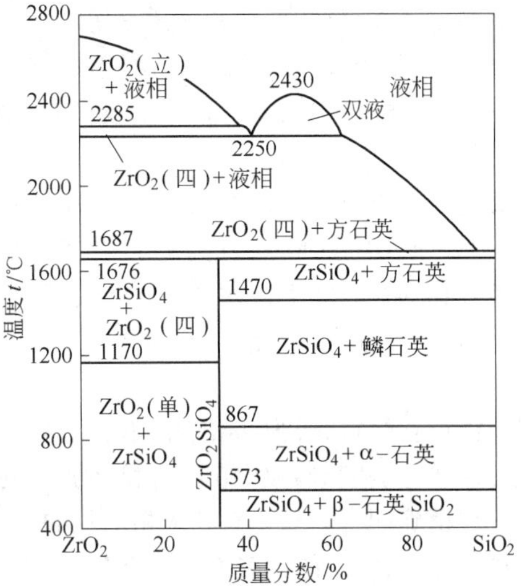

图8-1 ZrO_2-SiO_2系统

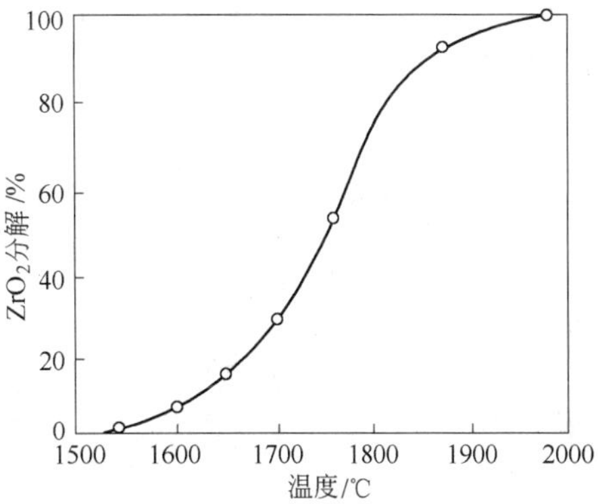

图8-2 锆英石分解的ZrO_2与温度的关系(各温度保温2h)

8.1.1.3 锆英石的再结合

锆英石热分解后形成的ZrO_2和SiO_2,在温度降低时,还可重新结合为锆英石,特别是当缓冷时更是如此。如将经熔融热分解的试样在1450℃下保温3h,可全部再结合为锆英石。若锆英石在加热时已有75%游离ZrO_2的材料在1500℃保温一星期,即可完全再结合。

由于锆英石的热分解产物很容易再结合,故ZrO_2与SiO_2的混合物也易于合成。如对等分子比的混合物加热,在1500~1700℃下即可反应形成锆英石,而且在此温度范围内,反应产物随温度上升而增加。此时,若存在矿化剂,甚至在1050℃下即可发生反应形成锆英石。

8.1.2 纯锆英石耐火制品

纯锆英石耐火制品是以锆英石为主晶相的耐火制品,简称锆英石耐火制品,是含锆质耐火材料的重要品种之一。

8.1.2.1 纯锆英石耐火制品的生产

A 原料的处理

锆英石耐火制品的原料是精选的锆英石矿砂,简称锆砂。其中含锆英石约90%。

锆英石精矿砂粒度很细,而且单一,一般为0.1~0.2mm,不宜直接制砖。

欲制成有粗颗粒的纯锆英石制品,为便于调整制品的粒度组成,并减少烧成收缩,通常,要对精矿砂预先煅烧或高温熔融制成锆英石熟料团块。煅烧熟料时首先将精矿砂的一部分磨成细粉,与另一部分精矿砂混合,用暂时性有机结合剂黏结制成料球或荒坯,在1500~1700℃(低于锆英石分解温度)下煅烧成密实的团块。若存在碱金属氧化物或MgO、CaO等矿化剂,则也可在1050℃以上的较低温度下煅烧。锆英石砂在煅烧时从900℃开始产生收缩,约到1350℃收缩趋于停止,此后反而有所膨胀,在1700℃以后又急剧收缩。锆英石精矿砂团块经煅烧后致密性提高,体积密度可达$3.5g/cm^3$以上。

若以细粉料生产纯锆英石制品,则可直接将精矿砂在1450℃下煅烧,经急冷使其疏松,然后再磨细。

B　制品的生产

生产纯锆英石制品宜采用暂时性的结合剂，如亚硫酸盐纸浆废液、糊精和木质素等。也可用乙基硅酸盐、烷基酸钙和磷酸以及水玻璃等。若用可塑耐火黏土作结合剂，制品便于成型和烧结，但往往会引起制品耐火度和体积稳定性的降低。特别是当配料中加入的黏土量较高时，影响尤为显著，如图 8-3 所示。

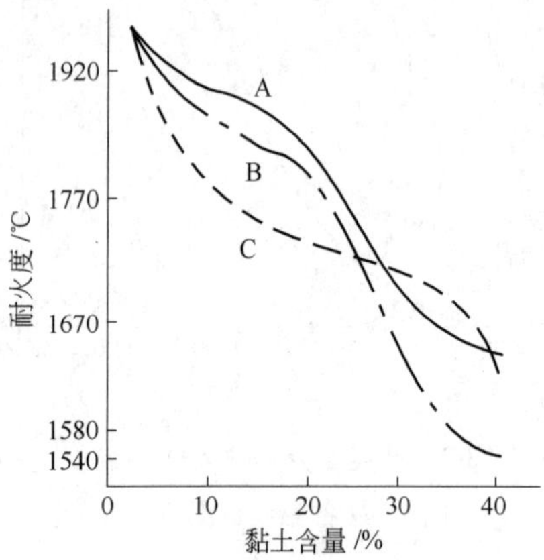

图 8-3　黏土对锆英石耐火度的影响
A—$SiO_2/Al_2O_3 \approx 3.2$，碱含量极少，耐火度 1670℃，以蜡石为主要成分的黏土；
B—$SiO_2/Al_2O_3 \approx 3.5$，碱含量 4.5%，耐火度 1520℃，系游离石英的硅质黏土；
C—$SiO_2/Al_2O_3 \approx 1.3$，碱含量在 0.8% 以下，耐火度 1750℃，硬质黏土

为促进纯锆英石制品的烧结，在配料中常加入少量 CaO 或 $Ca(OH)_2$，MgO 或 MgF_2以及其他矿化剂。这种外加剂在高温下促使 $ZrO_2 \cdot SiO_2$分解，并与 ZrO_2形成 ZrO_2固溶体和进入玻璃相中，从而促进烧结。

用纯锆英石配料时，为保证制品有良好的性质及精确的形状，其颗粒粒度，结合剂和外加剂的数量等都必须精确配合。对含有各级粗颗粒的制品，需多级颗粒配料，细粉的比表面积和含量应比普通耐火制品高，以利于制成致密的坯体和便于烧结。若坯体完全由细颗粒组成，细粉的最大粒度通常为 44μm 以下，其中数微米级者应占多数。成型时，根据对制品体积密度的要求，普通制品一般以挤泥法和干压法成型；致密者多用泥浆浇注法；高致密者常用泥浆浇注和等静压法。配料中各种组成应与成型方法相对应。这种纯锆英石制品必须在较高的温度下烧成。高致密的制品需更高的温度，根据坯体中细粉的性质、含量和矿化剂的种类与数量，最高烧成温度一般在 1700℃ 左右，应控制在使坯体烧结而不发生显著变形的温度下，并与保温时间相对应。

8.1.2.2　纯锆英石制品的性质和应用

A　制品的性质

纯锆英石制品中 ZrO_2 含量为 65% 左右，几乎全部由锆英石晶体组成，只有极少量玻璃相和游离 ZrO_2。真密度为 4.55g/cm³左右，最高达 4.62g/cm³，普通制品体积密度为 3.6 ~ 3.8g/cm³，显气孔率大于 13%；致密者体积密度为 3.8 ~ 4.0g/cm³，显气孔率为 5% 左右；高致密性制品，体积密度大于 4.1g/cm³，显气孔率小于 1.0%。

由于此种制品几乎全由锆英石晶体组成，其中所含的极少量玻璃相，在高温下黏度也很高，故耐火度很高，大于 1825℃。制品的常温耐压强度为 100 ~ 430MPa，抗弯强度达 17.6 ~ 76.3MPa，荷重软化温度在 1650℃ 以上，并随其中的助熔性矿化剂减少和烧成温度提高而增加，高者可达 1750℃。因而，它是一种在高温下抵抗热重负荷共同作用的优良而耐磨性较好的耐火制品。

由于锆英石的热膨胀性较低，制品又经高温烧成，故制品的体积稳定性较高。由室温到 1400℃，热膨胀率仅为 0.5%。1500℃ 下 2h 重烧，残存收缩仅为 0.04% ~ 0.20%。有的制品经 1650℃ 重烧无任何残存收缩。

高致密性的锆英石制品，当其中无粗颗粒时，抗热震性较差。在使用时必须缓慢加热或冷

却。当制品由多级颗粒构成时，其抗热震性会显著提高。

此种制品不易受金属液和熔渣的润湿与侵蚀，特别是不易受铝及其合金润湿。故具有良好的耐熔渣、金属液和玻璃液侵蚀的性能。高致密的制品更是如此。例如受碱性熔渣侵蚀的程度只相当于莫来石制品的1/3。

B 制品的应用

锆英石制品可用作连续铸钢用钢包中的内衬以及其他受熔渣侵蚀极严重的部位，也可用作铜、铝冶炼炉的铸口等。另外，还可用于玻璃熔窑与玻璃液直接接触之处和上部结构以及用作电熔锆刚玉砖与硅砖之间的隔离砖。

8.1.3 含锆英石的其他烧结耐火材料

含锆英石的其他烧结耐火材料有许多品种，如锆英石-氧化铝耐火制品、锆英石-氧化铝-氧化铬耐火制品、锆英石-碳化硅耐火制品以及其他耐火制品。另外，还有锆英石不定形耐火材料。

8.1.3.1 锆铝砖

锆英石-氧化铝耐火制品简称锆铝砖。在锆英石的配料中添加氧化铝质材料（如电熔刚玉或高铝矾土熟料），以生产普通烧结耐火制品法经高温烧成而得此种制品。与致密的纯锆英石耐火制品相比，含 ZrO_2 低（如当 Al_2O_3 含量为26% ~13%时，ZrO_2 含量为37% ~54%）；体积密度较小，气孔率略高，显气孔率一般为15% ~24%；强度稍低。当加入的电熔刚玉细粒度含量很高时，强度较高；荷重软化温度相近或稍低；耐火度有所降低，如其中 Al_2O_3 较高者，其低限为1790℃；热膨胀性和热导率相近；制品为粒状结构，气孔率较高，抗热震性有明显提高；抗金属液和熔渣性略低。这些差别基本上随氧化铝含量增多而变得显著。这种制品主要用于钢包衬砖和连续铸钢中间钢包内衬。

8.1.3.2 锆铝铬砖

锆英石-氧化铝-氧化铬耐火制品简称锆铝铬砖。这是在锆英石和氧化铝配料中加入少量超细氧化铬粉而制成的耐火制品。加入氧化铬超细粉，既有利于坯体密度的提高，强化基质的耐高温性，又降低熔渣的浸透性，增强抗蚀性。此种制品的许多性质与锆英石-氧化铝耐火制品相近，但其抗渣性较好。

8.1.3.3 锆英石碳化硅砖

锆英石碳化硅砖是在纯锆英石砖配料中加入碳化硅而制成的耐火制品。加入碳化硅可提高制品的抗渣性和耐磨性。在锰钢钢包中使用，寿命较长。

另外，在一些普通酸性耐火材料配料中加入一定量锆英石，组成复合耐火材料，可使这些普通耐火材料的性质（特别是抗渣性）得到一定的改善。

8.2 锆质熔铸耐火制品

锆质熔铸耐火制品以含 ZrO_2 的材料为主要原料，经熔化、浇注、凝固和退火并经机械加工而制成。锆质熔铸耐火制品，依其主要组成，可分为锆莫来石制品和锆刚玉制品。目前，生产与使用广泛的主要是熔铸锆刚玉制品，并依其中 ZrO_2 含量分为许多品种。

8.2.1 熔铸锆刚玉制品的矿物组成

熔铸锆刚玉制品按其组分论，属于 Al_2O_3-ZrO_2-SiO_2 系统的耐火材料，故常简称这种熔铸锆刚玉制品为熔铸 AZS 制品。由于具体组成和熔融液的熔化以及冷却过程的差别，析出的矿物晶体、制品的结构和性质也不尽一致。

熔铸锆刚玉制品的组成一般都落在 Al_2O_3-ZrO_2-SiO_2 三元系统的 ZrO_2 初晶区内，如图 8-4 所示。熔融液在正常冷却过程中，ZrO_2 晶体首先由液相中析出，然后沿 ZrO_2-Al_2O_3 共熔线析出 ZrO_2 与 Al_2O_3 的共晶体，最后当冷却到 ZrO_2-Al_2O_3-SiO_2 的共熔点温度时，析出莫来石。由于组分中含有少量 R_2O，使熔融液在冷却时一般并未析出莫来石，而以玻璃相形式残留于制品中。如以含 ZrO_2 近 33% 的制品为例，随着熔融液中 Na_2O 组分含量增加，锆刚玉基质中莫来石的形成受到抑制，而玻璃相却增加，约在 $w(Na_2O) = 1.5\%$ 附近，莫来石完全消失，玻璃相含量可达 20%，如图 8-5 所示。故熔铸锆刚玉制品的矿物组成为 ZrO_2 晶体和刚玉，另外还有玻璃相。

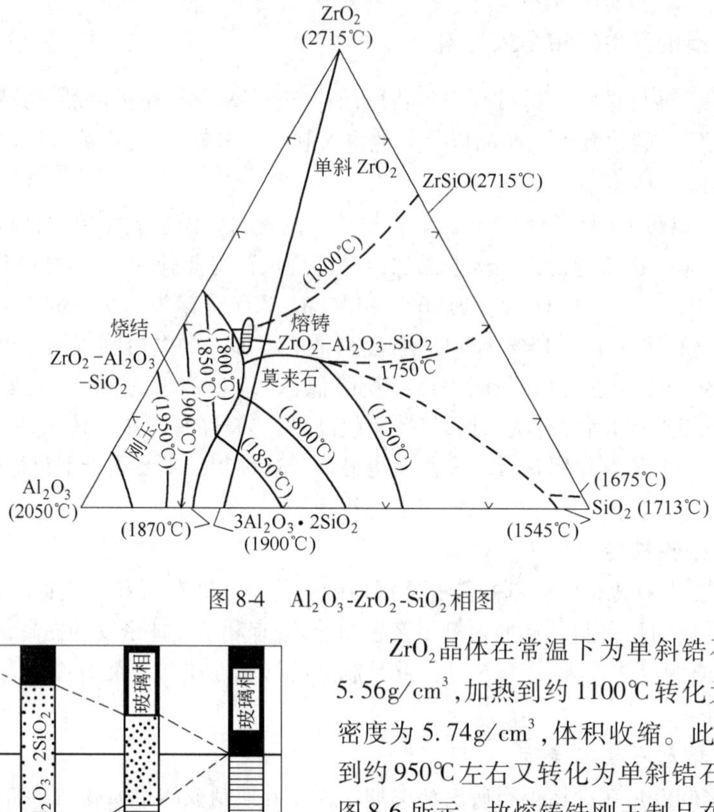

图 8-4　Al_2O_3-ZrO_2-SiO_2 相图

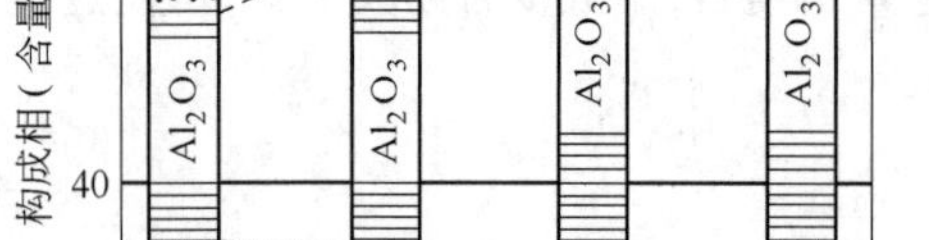

图 8-5　Na_2O 对 AZS 熔铸制品矿物组成的影响

ZrO_2 晶体在常温下为单斜锆石，其真密度为 5.56g/cm³，加热到约 1100℃ 转化为四方 ZrO_2，真密度为 5.74g/cm³，体积收缩。此四方 ZrO_2 冷却到约 950℃ 左右又转化为单斜锆石，体积膨胀，如图 8-6 所示。故熔铸锆刚玉制品在常温下的矿物组成为斜锆石、刚玉、斜锆石与刚玉的共晶体。玻璃相介于其间。制品的性质，即取决于这些物相的性质、数量、分布及结合状态。

此种 AZS 制品中玻璃相的化学组成近于钠长石（$Na_2O \cdot Al_2O_3 \cdot 6SiO_2$）。因少量 ZrO_2 溶于其中，其软化温度约为 850℃，比钠钙硅酸盐玻璃的软化温度高得多，见图 8-7。另外，此种玻璃相在高温下的黏度也非常高，在 1200℃ 下，钠长石玻璃的黏度约为相同温度下钠钙硅酸盐玻璃的数万倍，提高 4 个数量级，几乎与固体相似。这些玻璃相的上述性质，对制品的耐高温性能虽有不利影响，但并不甚严重。而且玻璃相介于各种晶体的间隙中，在高温下，对 AZS 制品中晶相转化所带来的异常变形，还可起缓冲作用。但是应该指出，此种制品中玻璃相一般含量较高，以含 ZrO_2 为 33% 的普通制品而论，含玻璃相 20% 左右。因此，此种玻璃相的性状，特别是其中杂质组分的含量和其所处的价态，对玻璃相在高温下的行为，从而对制品的性质仍有重要影响，应予以严格控制。

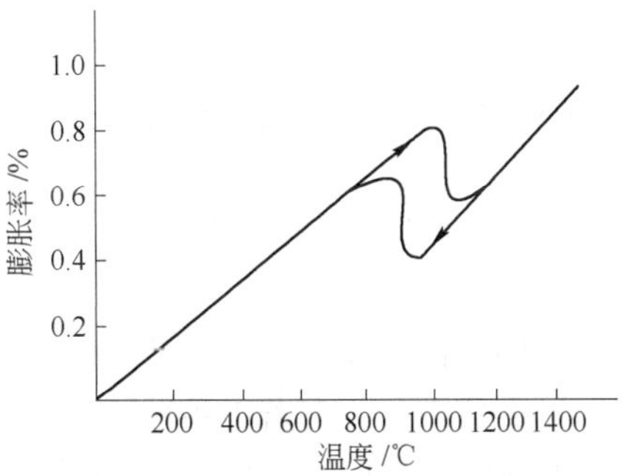

图 8-6　锆刚玉砖热膨胀曲线

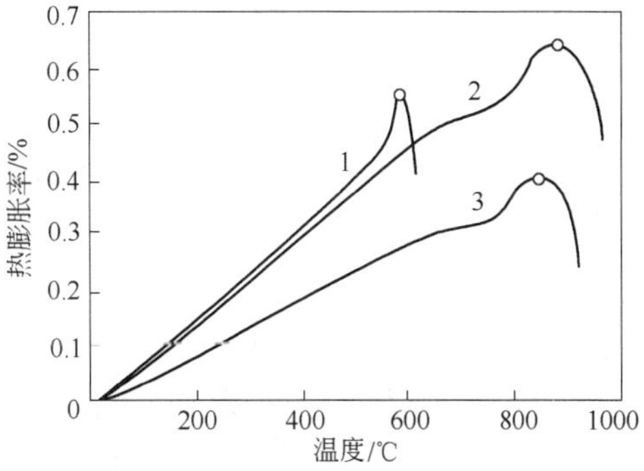

图 8-7　AZS 砖的基质玻璃相和钠长石玻璃软化温度的比较

1—钠钙硅酸盐玻璃；2—钠长石玻璃；3—基质玻璃

8.2.2　熔铸锆刚玉耐火制品

8.2.2.1　熔铸锆刚玉制品的生产要点

A　制品的生产过程

熔铸锆刚玉耐火制品是以精选的锆英石矿砂或锆英石砂再经脱硅处理的产品和工业氧化铝为原料。首先将粉状原料混合制成料球，在电弧炉内（约 2000℃）熔化。然后，将熔融液浇注入砂模或金属模内，铸成具有一定形状的粗坯或制品，并经退火处理。最后，经切割和磨平等机械加工制成具有一定形状和尺寸的制品。

B　熔化

熔化时除应保证适当的熔化温度以外，气氛对熔融液的组成和性质以及制品的性质影响很大，应严格控制。当熔化是采用埋弧操作，即在还原气氛下进行时，称还原熔化法，简称还原法。此时，由于电极存在而未充分氧化的 CO 和 C，在高温下使熔融物料和熔融液中的部分组分还原，即可能发生以下反应：

$$SiO_2 + C \longrightarrow Si + CO_2$$

$$Fe_2O_3 + C \longrightarrow 2FeO + CO$$

$$2TiO_2 + C \longrightarrow Ti_2O_3 + CO$$

这些组分被还原后，使系统中的组分增加，液相线下降。制品中玻璃相的软化温度和黏度下降，容易从制品内部渗出，使制品的晶体易受侵蚀。另外，此种被还原的组分易从与其接触的熔融物中夺取氧，使溶于熔融液中各成分的溶解度降低，或变成不溶物，如当此种制品与玻璃液接触时，溶于玻璃液中的 SO_3 变成 SO_2，因 SO_2 在玻璃中的溶解度降低而成为气泡。

当熔化是采用长弧或吹氧操作，即在氧化条件下进行时，电极中的碳充分氧化，称为氧化熔融法，简称氧化法。此时，熔融液和制品基质中的金属氧化物处于高价态，玻璃相软化温度和黏度都较高，不易由制品中渗出，制品耐侵蚀性良好。对与其接触的熔融物的发泡危害也小。故生产优质制品一般皆采用氧化熔融法。两种熔融方法所制的熔铸锆刚玉制品在玻璃液中受侵蚀的情况如图 8-8 所示。

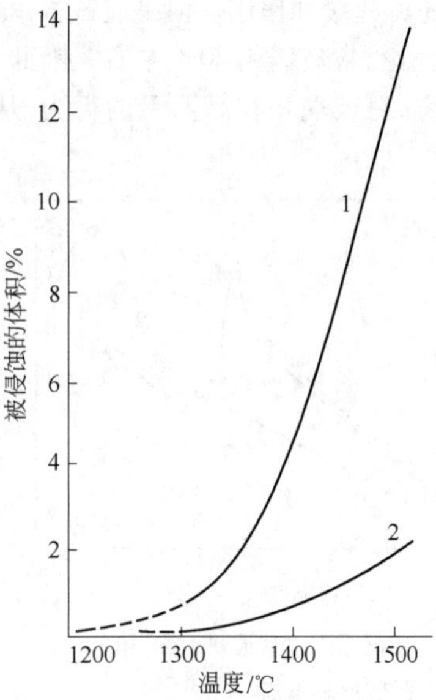

图 8-8　AZS 砖受侵蚀情况
1—还原法制造；2—氧化法制造

C　浇注与退火

熔铸耐火制品的熔融液浇注后，在凝固过程中，因体积收缩而在浇注口下方形成缩孔。缩孔附近杂质富集，结构疏松，耐侵蚀性极差。缩孔越大危害越严重。为尽量减小缩孔的危害，在浇注时可采用两次浇注法、倾斜浇注法、切去缩孔法。

此种制品在浇注后应经退火，以控制其结构和避免冷凝不当而开裂。

8.2.2.2　熔铸锆刚玉制品的性质和应用

A　制品的性质

熔铸锆刚玉制品是当前生产和使用最广泛的熔铸耐火制品。根据其中 ZrO_2 含量的高低，划分若干品种。如含 ZrO_2 在 33% 左右者，通称 33 号锆刚玉制品；含 36% 者称 36 号锆刚玉制品；含 41% 者称 41 号锆刚玉制品；含 45% 者称 45 号锆刚玉制品，等等。

这种制品主要为具有耐高温和耐侵蚀的单斜锆石和刚玉以及两者的共晶体组成。高黏度的玻璃相介于晶体间隙中。此种制品中的晶体是由熔融液中直接析出的，各种结晶发育良好，一般晶粒较大，晶体稳定性很高。除缩孔部分外，组织结构很密实，致密性远比普通烧结制品高。所存在的气孔也多为封闭性的，且晶体相互交错，故力学性能和耐磨性良好，外来杂质也不易侵入制品内部。所以，此种制品耐侵蚀性是很好的。另外，此类制品的 ZrO_2 在 900 ~ 1150℃ 加热和冷却过程中，因可能发生晶型转化而伴有不规则变形。虽然制品中有高黏度玻璃相存在，可部分缓解其危害，但在上述温度范围内，温度急剧变化或反复变化，也会产生龟裂。因此，在烤窑时应缓慢升温。

B　制品的应用

熔铸锆刚玉制品是用于直接与金属液和熔渣接触处抵抗侵蚀的良好材料。是玻璃熔窑受侵蚀最严重的关键部位不可缺少的材料。用于金属冶炼炉和容器中受渣蚀严重之处效果也佳。但是，此种材料不宜用于 900 ~ 1150℃ 范围内温度频繁变化的部位。

最后，在此一并提及，锆刚玉制品也可用烧结法生产，制成烧结锆刚玉砖。同理，也可生产烧结锆莫来石砖。

几种含锆耐火制品的主要技术指标如表 8-1 所示。

表 8-1　几种含锆耐火制品的主要技术性能指标

名　称	锆英石砖	烧结锆刚玉砖	熔铸锆刚玉砖
主要化学成分的质量分数/%	ZrO_2 38 ~ 65 SiO_2 28 ~ 52	ZrO_2 10 ~ 20 Al_2O_3 70 ~ 80	ZrO_2 33 ~ 40 Al_2O_3 45 ~ 51 SiO_2 10 ~ 16
主要矿物组成	锆英石	刚玉，斜锆石	斜锆石，刚玉
耐火度/℃	1825 ~ 1850		
气孔率/%	8 ~ 25(总)	15 ~ 23	0.1 ~ 0.15

续表 8-1

名　称	锆英石砖	烧结锆刚玉砖	熔铸锆刚玉砖
体积密度/$g \cdot cm^{-3}$	2.7 ~ 4.25	2.92 ~ 2.93	3.4 ~ 3.7
线膨胀率(1000℃)/%	0.3 ~ 0.6		0.7 ~ 0.8
常温耐压强度/MPa	25 ~ 430	13.7 ~ 22.7 （抗折强度）	>300
荷重软化温度/℃	1400 ~ 1750		>1700
残存线收缩率(1500℃,2h)/%	0 ~ +2		
抗热震性	好	很好	较好
抗渣性	好	好	耐熔融玻璃极好

9 不定形耐火材料

不定形耐火材料始于1914年，与烧成耐火材料相比，它具有节约能源，整体性好，可灵活调整组成、生产效率高等优点，所以发展很快。20世纪70年代以后，不定形耐火材料在耐火材料生产总量中的比例大幅度上升，而且在冶金工业中，不定形耐火材料具有更大的比例。我国自1958年开始，迄今也有较大的发展。据不完全统计，我国不定形耐火材料约占耐火材料总量的20%～30%。

不定形耐火材料是由合理级配的粒状和粉状料与结合剂共同组成的不经成型和烧成而直接使用的耐火材料。通常，对构成此类材料的粒状料也常称骨料；对粉状料称掺和料；对结合剂称胶结剂。这类材料无固定的外形，可制成浆状、泥膏状和松散状，因而也通称为散状耐火材料。因用此种耐火材料可构成无接缝的整体构筑物，故还称为整体性耐火材料。

不定形耐火材料的基本组成是粒状和粉状的耐火物料。依其使用要求，可由各种材质制成。为了使这些耐火物料结合为整体，除极少数特殊情况外，一般皆加入适当品种和数量的结合剂。为改进其可塑性，可加少量适当的增塑剂。为满足其他特殊要求，还可分别加入少量适当的促硬剂、缓硬剂、助熔剂、防缩剂和其他外加剂。

不定形耐火材料的种类很多，可依所用耐火物料的材质而分类，也可按所用结合剂的品种而分类。通常，多根据其工艺特性分为浇注耐火材料（简称浇注料）、可塑耐火材料（简称可塑料）、捣打耐火材料（简称捣打料）、喷射耐火材料（简称喷射料）、投射耐火材料（简称投射料）和耐火泥等。耐火涂料也可认为是一种不定形耐火材料。按工艺特性划分的各种不定形耐火材料的主要特征如表9-1所示。

表9-1　各种不定形耐火材料的主要特征

种　类	定义和主要特征
浇注料	以粉粒状耐火物料与适当结合剂和水等配成，具有较高流动性的耐火材料。多以浇注或（和）振动方式施工。结合剂多用水硬性铝酸钙水泥。用绝热的轻质材料制成者称轻质浇注料
可塑料	由粉粒状耐火物料与黏土等结合剂和增塑剂配成，呈泥膏状，在较长时间内具有较高可塑性的耐火材料。施工时可轻捣和压实，经加热获得强度
捣打料	以粉粒状耐火物料与结合剂组成的松散状耐火材料。以强力捣打方式施工
喷射料	以喷射方式施工的不定形耐火材料。分湿法和干法施工两种。因主要用于涂层和修补其他炉衬，还分别称为喷涂料和喷补料
投射料	以投射方式施工的不定形耐火材料
耐火泥	由细粉状耐火物料和结合剂组成的不定形耐火材料。有普通耐火泥、气硬性耐火泥、水硬性耐火泥和热硬性耐火泥之分。加入适量液体制成的膏状和浆状混合料，常称耐火泥膏和耐火泥浆。用于涂抹之用时，也常称为涂抹料

不定形耐火材料的化学和矿物组成主要取决于所用的粒状和粉状耐火物料。另外，还与结合剂的品种和数量有密切关系。由不定形耐火材料构成的构筑物或制品的密度主要与组成材料及其配比有关。同时，在很大程度上还取决于施工方法和技术。一般而论，与相同材质的烧结耐火制品相比，多数不定形耐火材料由于成型时所加外力较小，在烧结前甚至烧结后的气孔率较

高;在烧结前构筑物或制品的某些性能可能因产生化学反应而有所变动,有的中温强度可能稍为降低;由于结合剂和其他非高温稳定的材料存在,其高温下的体积稳定性可能稍低;其气孔率较高,可能使其耐侵蚀性较低,但抗热震性一般较高。

通常,不定形耐火材料的生产只经过粒状、粉状料的制备和混合料的混练过程,过程简便,成品率高,供应较快,热能消耗较低。根据混合料的工艺特性采用相应的施工方法,即可制成任何形状的构筑物,适应性强,用在不宜用砖块砌筑之处更为适宜。多数不定形耐火材料可制成坚固的整体构筑物,可避免因接缝而造成的薄弱点。当耐火砖的砌体或整体构筑物局部损坏时,可利用喷射进行冷态或热态修补,既迅速又经济。用作砌筑体或轻质耐火材料的保护层和接缝材料尤为必需。用以制造大型耐火制品也较方便。

鉴于上述优点,近年来不定形耐火材料得到快速发展。目前在各种加热炉中,不仅广泛使用普通不定形耐火材料,还可使用轻质不定形耐火材料,并向纤维化方向发展。在熔炼炉中,不定形耐火材料的应用也在进一步发展。不定形耐火材料在有的国家已发展到约占全部耐火材料产量的二分之一以上。

9.1 浇注耐火材料

浇注料是一种由耐火物料制成的粒状和粉状材料。这种耐火材料制成时要加入一定量结合剂和水分。它具有较高流动性,适用于以浇注方法施工的不定形耐火材料。有时为提高其流动性或减少其加水量,还可另加塑化剂或减水剂。有时为促进其凝结和硬化,可加促硬剂。由于其基本组成和施工、硬化过程与土建工程中常用的混凝土相同,因此也常称此种材料为耐火混凝土。在浇注料的发展中,结合剂的发展是关键,按结合剂的发展,可以把浇注料分为三个阶段:第一阶段是以 1918 年法国应用高铝水泥为标志,开始了以铝酸盐水泥(包括低温用硅酸盐水泥)作为结合剂的耐火浇注料应用。第二阶段比较漫长,结合剂的应用逐渐扩大到各种无机非水合物结合剂,如磷酸、硫酸铝、水玻璃、聚氯化铝、聚合磷酸盐等等。同时也发展了黏土结合浇注料。高铝水泥也发展到纯铝酸钙水泥和电熔高铝水泥,使浇注料的适用范围扩大和耐高温性能提高。第三阶段是 20 世纪 70 年代后期,也是由法国首先推出低水泥浇注料,从而开始了以添加超细粉以及其他添加剂为特征的高技术浇注料时代。这一阶段的代表如低水泥、超低水泥浇注料、无水泥超细粉结合浇注料,$\rho\text{-}Al_2O_3$结合浇注料,复合溶胶结合浇注料等。

9.1.1 浇注料用耐火原料

9.1.1.1 粒状料

粒状料可由各种材质的耐火原料制成。以硅酸铝质熟料和刚玉材料用得最多。其他如硅质、镁质、铬质、锆质和碳化硅质材料也常用,根据需要而定。

当采用硅酸铝质原料时,常用蜡石、黏土熟料和高铝矾土熟料。硅线石类天然矿物可不经煅烧直接使用,但蓝晶石不宜直接用作粒状材料。因此种矿物在 1200 ~ 1400℃ 范围内形成莫来石时可急剧发生 16% ~ 18% 的体积膨胀。若将其制成粉状料,适当加入不定形耐火材料之中,可防止烧缩。红柱石在莫来石化时的膨胀性介于硅线石和蓝晶石之间,直接使用效果不及硅线石。烧结和熔融的合成莫来石,可用作浇注料的优质原料。烧结和熔融刚玉制成的各级粒状料可制成高温性能良好,耐磨和宜于在强还原气氛下使用的不定形耐火材料。

硅质材料中的硅石由于在中温下体积膨胀较大,高温下与碱性结合剂的反应强烈,体积稳定性和抗热震性都很低,因此用者极少。在硅质材料中的熔融石英,由于其线膨胀系数极小,抗热震性很好,并耐酸性介质的侵蚀,可作为在中温下使用的而且要求抗热震性很高的化学工业的一些窑炉所用浇注料的原料。

镁质材料主要由天然菱镁矿石经高温热处理制取，或自海水、盐湖中提取的富含 MgO 的高纯原料，是制造耐碱性熔渣侵蚀的镁碳浇注料和铺加热炉炉底的浇注料的主要原料。当采用此种材料配制浇注料时，不适宜使用含水的结合剂，这主要是因为其中的 MgO 与 H_2O 会发生 $MgO + H_2O \rightarrow Mg(OH)_2$ 反应，使得最终的结构强度变小。

铬质材料的质量因产地而异。可用于加热炉中气氛变化不大的部位。在制造碱性同酸性材料间隔层的浇注料中，应用此种原料较适宜。

锆质材料，如锆英石含 ZrO_2 为 67.01%，可作为配制锆英石浇注料的主要原料。主要用于玻璃、化工、铸造、建筑、陶瓷等各个行业。在冶金工业中主要用于钢包内衬、钢包衬砖、精炼炉渣线等部位。

碳化硅是配制浇注料的优良材料。它很适宜于用作耐高温、耐磨或要求高导热之处的浇注料原料。

碳化硅浇注料具有耐高温、耐腐蚀、抗冲刷、耐磨、质量轻等特点。可以作为耐磨构件、热交换器及火箭发动机燃烧室喉衬和内衬材料等。

一般认为，以烧结良好的吸水率为 1% ~5% 的烧结材料作为粒状料，可获得较高的强度。以熔融材料作为粒状料，因其表面不吸水，易使浇注料中粗颗粒的下部集水较多，使颗粒与结合剂之间结合强度降低，而且在使用过程中也不易烧结为密实的整体。但若以超细粉的形式加入，则不仅对强度无不利影响，而且可提高耐侵蚀性。

若欲制造体积稳定性较高和抗热震性很好的不定形耐火材料，可选用线膨胀系数很小的材料作为粒状料。如在中温下使用的浇注料，除可使用熔融石英外，利用 SiO_2-Al_2O_3-MgO 系的堇青石和 SiO_2-Al_2O_3-Li_2O 系的锂辉石作为粒状料，就具有此种效果。

浇注料的粒状料也可用轻质多孔的材料制成。另外，也可使用纤维质的耐火材料。

9.1.1.2　粉状料

浇注料中的粉状料，对实现瘠性料的紧密堆积，避免粒度偏析，保证混合料的流动性，提高浇注料的致密性与结合强度，保证其体积稳定性，促进其在使用中的烧结和提高其耐侵蚀性都是极重要的。因此，粉状料的质量必须得到保证。

在浇注料中，由于结合剂的加入，往往产生助熔作用，使浇注料基质部分的高温强度和耐侵蚀性有所减弱。为提高基质的质量，避免基质部分可能带来的不利影响，常采用与粒状料的材质相同但等级更优良者作为粉状料，以使浇注料中的基质与粒状料的品质相当。

浇注料中粉状料的粒度必须合理，其中应含一定数量粒度为几微米甚至小于 1μm 的超细粉。

浇注料的基质部分在高温下一般要发生收缩。而由体积稳定的熟料所制成的粒状料却因受热而膨胀。两者间产生较大的变形差，并因而引起内应力，甚至在结合层之间产生裂纹，降低耐侵蚀性。为避免此种危害，除应尽量选用线膨胀系数较小的耐火材料作为粒状料以外，在构成基质的组分中应加入适量膨胀剂。

通常，依瘠性料材质的不同而对浇注料分类，并分别生产和使用。

9.1.2　浇注料用结合剂

结合剂是浇注料中不可缺少的重要组分。由于不定形耐火材料在使用前未经高温烧结，瘠性物料之间无普通烧结制品所具有的那种陶瓷结合或直接结合，只有靠结合剂的作用，才可使其粘结为整体，并使构筑物或制品具有一定强度。

浇注料浇注于模型中和振捣密实后，要求结合剂应及时凝结硬化，在短期内即具有相当高的强度。但是,为保证混合料便于施工,以获得组分分布均匀和结构密实的结合体,结合剂的凝结速度又不宜太快。在浇注料中,应充分利用和发挥结合剂的粘结性能和其他有利作用,而尽量减少和避免结合剂对材料高温性能带来的不利影响。故结合剂的性质和用量必须适当。

可作为不定形耐火材料结合剂的物质很多。根据其化学组成,可分为无机结合剂和有机结合剂。根据其硬化特点,可分为气硬性结合剂、水硬性结合剂、热硬性结合剂和陶瓷结合剂。浇注料所用的结合剂多为具有自硬性或加少量外加剂即可硬化的无机结合剂。最广泛使用的为铝酸钙水泥(高铝水泥)、水玻璃和磷酸盐。

9.1.2.1 铝酸钙水泥

铝酸钙水泥常指一种以一铝酸钙($CaO \cdot Al_2O_3$,简写 CA)和二铝酸钙($CaO \cdot 2Al_2O_3$,简写 CA_2)为主要成分的水泥,有普通铝酸钙水泥和纯铝酸钙水泥之分。普通铝酸钙水泥又以 Al_2O_3 含量不同,分为不同的等级或牌号。与硅酸钙水泥比较,铝酸钙水泥具有较高的耐火度和稳(安)定性,因此被广泛用作不定形耐火材料的结合剂。

铝酸钙水泥的化学组成主要是 Al_2O_3 和 CaO,有的还有 Fe_2O_3 和 SiO_2。其矿物组成为铝酸一钙(CA)、二铝酸钙(CA_2)、七铝酸十二钙($12CaO \cdot 7Al_2O_3$,简写 $C_{12}A_7$)以及钙黄长石($2CaO \cdot Al_2O_3 \cdot SiO_2$,简写 C_2AS)、铁铝酸四钙($4CaO \cdot Al_2O_3 \cdot Fe_2O_3$,简写 C_4AF)等。我国用烧结法生产的普通铝酸钙水泥中的物相含量为:$w(CA) = 40\% \sim 50\%$,$w(CA_2) = 20\% \sim 35\%$,$w(C_2AS) = 20\% \sim 30\%$。通常根据其化学矿物组成分为三类,如表 9-2 所示。

表 9-2 几种铝酸钙水泥的组成

水泥类别	化学组成 w/%				Al_2O_3/CaO	主要矿物	颜 色
	SiO_2	Al_2O_3	Fe_2O_3	CaO			
铝酸钙水泥①	3 ~ 9	35 ~ 45	10 ~ 17	36 ~ 40	0.85 ~ 1.3	CA、C_4AF、C_2AS	灰色到黑色
铝酸钙水泥②	3 ~ 6	50 ~ 65	1 ~ 3	29 ~ 40	1.2 ~ 2.2	CA、C_2AS	淡黄色
纯铝酸钙水泥	0 ~ 1.4	68 ~ 80	0 ~ 1	17 ~ 27	2.8 ~ 4.7	CA、CA_2、α-Al_2O_3	白 色

A 铝酸钙水泥的水化和硬化

铝酸钙水泥与水接触后可发生水化反应,然后在适当条件下硬化。浇注料用铝酸钙水泥中可水化的矿物主要是 CA 和 CA_2。其中含钙较高的水泥中以含 CA 为主;低钙水泥中 CA_2 与 CA 含量之比约等于 1。

CA 属单斜(或斜方)晶系,体积密度为 $2.98g/cm^3$,具有很高的水硬活性,它的水化及水化物的结晶,对水泥的凝结和硬化有重要影响。凝结虽不快,但硬化迅速,即凝结与硬化之间的时间差较短,是铝酸钙水泥获得强度特别是早期强度的主要原因。CA 物相水化后强度发展较快,因此含 CA 较高的水泥,早期强度高,而后期(养护 7d 后)强度增长不显著。CA 的水化过程和水化产物与养护温度有密切关系。当温度不同时,水化反应的过程和产物也不同,如下式:

$$CaO \cdot Al_2O + H_2O \xrightarrow{\text{低于 } 20 \sim 22℃} CaO \cdot Al_2O_3 \cdot 10H_2O(\text{六方})$$

$$\xrightarrow{>25℃} 2CaO \cdot Al_2O_3 \cdot 8H_2O(\text{六方}) + Al_2O_3 \cdot 3H_2O$$

$$\downarrow 35 \sim 45℃$$

$$3CaO \cdot Al_2O_3 \cdot 6H_2O(\text{立方}) + Al_2O_3 \cdot 3H_2O$$

CA_2属单斜晶系,体积密度为$2.9g/cm^3$。其水化反应与CA基本相似。但其水化反应速度较慢,早期强度较低,而后期强度较高。这主要是因为CA_2水化反应的同时会析出氧化铝溶胶。其水化反应式如下:

$$CaO \cdot 2Al_2O_3 + H_2O \longrightarrow CaO \cdot Al_2O_3 \cdot 10H_2O + Al_2O_3 \cdot 3H_2O$$

此种CA_2水化反应随着养护温度提高,可显著提高。CA_2含量过高的铝酸钙水泥会影响其硬化速度。CA_2的耐火度比CA要高约150℃,因此可提高浇注料的使用温度。

一般认为,CAH_{10}或C_2AH_8都属六方晶系,其晶体呈片状或针状,互相交错结合,可形成坚强的结晶集合体。氢氧化铝凝胶又填充于晶体骨架的空隙中,形成致密的结构,从而使水泥石获得很高的强度。C_3AH_6属立方晶系,多为粒状晶体,晶体之间的结合较差,故由此种水化产物构成的水泥石的强度一般都较低。可认为,对水泥石强度的促进作用$CAH_{10} > C_2AH_8 \gg C_3AH_6$。

铝酸钙水泥的水化和水化后的凝结与硬化以及水泥石的强度还与调制水泥浆时所用的水量有关。用水量以水灰比计,对每种水泥在一定的施工条件下都有一最佳值。这说明,虽然随着水灰比的提高有利于水泥的水化,但是水灰比过高,凝结硬化缓慢,水泥石的结构密实度也随之降低,水泥石的强度即急剧下降;水灰比过少使水泥浆的流动性降低,从而也不易获得结构密实的水泥石。以各种水泥为结合剂,以熔融氧化铝制成的浇注料干燥后的强度随水灰比变化的曲线如图9-1所示。

随着养护龄期的延长,铝酸钙水泥中各种可水化的矿物持续水化,水泥浆由无水相经水化、溶解逐渐形成胶体,并随水化铝酸钙结晶而凝结硬化,强度不断增加,形成坚固的水泥石。各种水泥所制浇注料的强度发展曲线见图9-2。

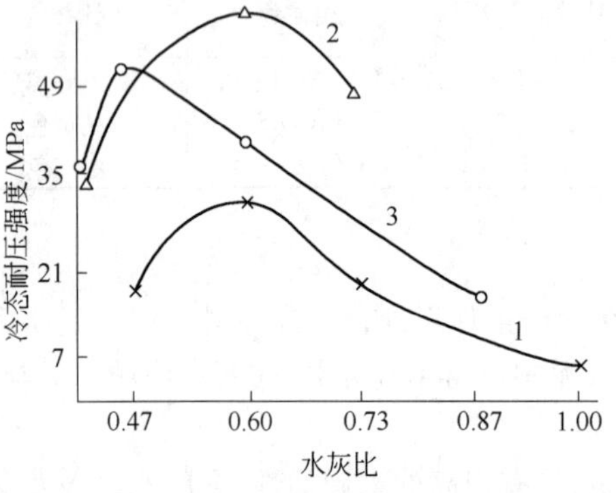

图9-1　各种水泥配制的浇注料强度与水灰比的关系
1,2,3—三种不同水泥

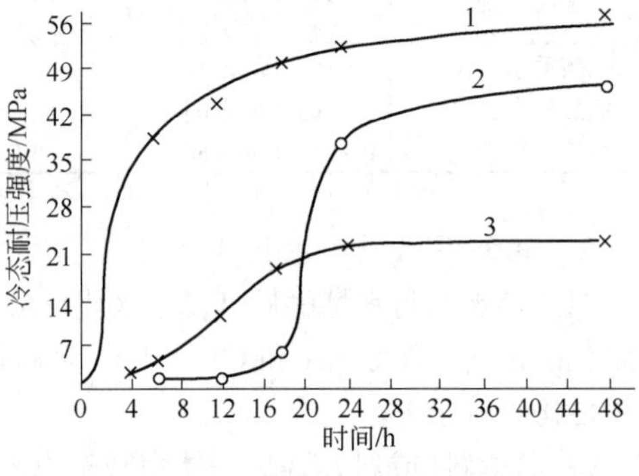

图9-2　各种水泥所制浇注料的强度发展曲线
1,2,3—三种不同水泥

由此可见,以铝酸钙水泥为结合剂,必须严格控制配料时的水灰比,并应采取正确的养护措施,使混合料在适当的温度和湿度下水化和硬化。

由于此种水泥必须经水化和在潮湿环境下硬化,故常称水硬性结合剂。

B　水泥产物在加热过程中强度的变化

铝酸钙水泥硬化后的水化产物在加热过程中可发生脱水分解反应和结晶化等变化。主要水化物CAH_{10}、C_3AH_6和AH_3的转化如下:

$$CAH_{10} \xrightarrow{>110℃} C_3AH_6 + AH_3$$

$$C_3AH_6 + AH_3 \xrightarrow{225 \sim 295℃} C_{12}A_7 + Ca(OH)_2 + AH + Al_2O_3$$

$$C_{12}A_7 + Ca(OH)_2 + AH + Al_2O_3 \xrightarrow{510\sim550℃} C_{12}A_7 + CaO + Al_2O_3$$

$$C_{12}A_7 + CaO + Al_2O_3 \xrightarrow{>600℃} C_{12}A_7 + CA + Al_2O_3$$

$$C_{12}A_7 + CA + Al_2O_3 \xrightarrow{>1000℃} C_{12}A_7 + CA + CA_2 + CA_6$$

水化产物在脱水和转化过程中，由于脱水分解和转化前后的真密度不同，固体实体积变化很大，使水泥石的结构密实度和强度相应降低。当加热温度提高到水化物的脱水分解和转化过程完成以后，强度的变化就趋于平缓。直至在高温下水泥石逐渐烧结，强度又显著提高。水泥石强度随温度的变化，如图 9-3 所示。

C 铝酸钙水泥的耐火性能

水泥中的 C_4AF 熔点仅为 1415℃，$C_{12}A_7$ 熔点仅为 1455℃，CA 的熔点为 1608℃，CA_2 为 1770℃。硬化后水泥石中的各种产物的熔点均较低。故铝酸钙水泥的耐高温性能较低。对浇注料的耐高温性能有不利的影响。特别是含 Al_2O_3 较低而含 CaO 较高的水泥影响尤为显著。

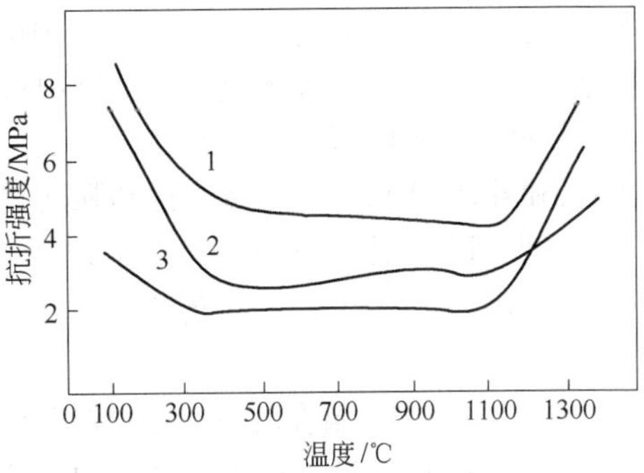

图 9-3 浇注料的强度变化

1,2,3—三种不同水泥

由以上对铝酸钙水泥的简要分析可见，铝酸钙水泥是浇注料的重要组分，控制着浇注料的硬化和强度。但是，此种水泥硬化后的水泥石在受热后中温强度有显著降低，耐高温性质也较差。因此，为保证浇注料构成的构筑物在使用中强度稳定和耐高温，用量不宜过多，甚至应力求降低其用量，而部分代之以对浇注料的高温性能无危害并且粒度小于 1μm 的具有自硬性的高活性超细粉。

铝酸钙水泥作为耐火浇注料和喷射料的主要结合剂。在中低档耐火浇注料中，如黏土质、高铝质等主要采用普通铝酸钙水泥。对于高档耐火浇注料，如刚玉质、莫来石质等则宜采用纯铝酸钙水泥作结合剂。普通耐火浇注料中铝酸钙水泥加入量约为 10% ~20%，低水泥浇注料加入量约为5% ~7%，超低水泥浇注料加入量一般小于 3%。

9.1.2.2 其他结合剂

浇注料常用的结合剂还有水玻璃、磷酸和磷酸盐、氯化盐和硫酸盐等无机物。

A 水玻璃

水玻璃是一类水溶性的碱金属盐，又称泡花碱。一般化学式为 $Na_2O \cdot nSiO_2$ 或 $Na_2O \cdot nSiO_2 \cdot mH_2O$，上式中 n 为 SiO_2 与 Na_2O 的分子比，通称模数。模数不同，水玻璃的成分不同。模数越高，粘结能力越强。浇注料用的水玻璃的模数为 2.0 ~3.0。通常使用的水玻璃多是黏稠状液体，体积密度为 1.30 ~1.40g/cm^3。

水玻璃的生产方法有干法和湿法之分。干法是用石英粉和碳酸盐或硫酸盐按一定比例混合之后，在熔融炉内 1350 ~1500℃下经熔融反应制得的固体熔合物。湿法是用硅石细粉和苛性碱（NaOH）直接反应而制得，目前一般采用干法制造。

水玻璃具有良好的粘结性。此种粘结性的形成过程依凝结硬化条件不同而有某些差别，但都与形成凝聚结构有关。

在常温下，硬化较缓慢。在生产中为促进水玻璃的硬化，往往添加一定促硬剂。通常多用酸或含金属离子的外加物，以使水玻璃碱溶液发生中和作用，加速硅酸钠的水解，使硅氧凝胶不断析出并凝聚。如加入氟硅酸钠的反应式如下：

$$2(Na_2O \cdot nSiO_2) + Na_2SiF_6 + 2(2n+1)H_2O \rightarrow 6NaF + (2n+1)Si(OH)_4$$

加入氟硅酸钠，会加速水解反应和形成硅氧凝胶。硅氧凝胶体的形成式如下：

$$n\left[\begin{array}{c} OH \\ | \\ HO-Si-OH \\ | \\ OH \end{array}\right] \longrightarrow -\left[\begin{array}{c} OH \\ | \\ -Si-O- \\ | \\ OH \end{array}\right]_n - + nH_2O$$

硅氧凝胶经凝聚和重结晶促进了水玻璃的硬化。由于此种水玻璃加促硬剂后在大气中即可硬化，故常称为气硬性结合剂。水玻璃加促硬剂的硬化速度在很大程度上取决于 Na_2SiF_6 的加入量，量越多硬化越快。但是，Na_2SiF_6 是强的熔剂，它会严重降低耐火材料的耐火性质，因此其加入量也不宜过多。一般加入量为水玻璃用量的10%～12%。Na_2SiF_6 有毒，使用时应注意安全。

氟硅酸钠的溶解度对水来说比较小，它与水玻璃的反应较缓慢，这个性质对于施工是非常有利的，并且，由于硬化物的致密性和强度都较高，因此，它是水玻璃理想的促凝剂。

水玻璃硬化体加热到50℃以上即开始脱水，超过100℃时硅氧凝胶中的大部分水分即可排除，到300℃基本排尽。水分的排除，凝胶体产生紧缩，使水玻璃硬化体的结构致密性和强度提高。

在300～500℃温度范围内，水玻璃硬化体的结构无明显变化。此后，当温度升高到600℃附近，体积略为膨胀，结构略为疏松，强度稍有下降。水玻璃的模数愈大，这种影响也愈突出。

当加热到700℃以上至900℃时，由于局部部位逐渐出现液相，强度又有降低。水玻璃的模数愈小，加入的 Na_2SiF_6 数量愈多，此种现象愈严重。

B 磷酸及磷酸盐结合剂

磷酸在常温下并不与酸性或中性耐火材料反应，不产生胶结物相，因此很难发生凝结与硬化。在一定条件下，磷酸与一些耐火材料接触后可反应生成酸式磷酸盐，这些酸式磷酸盐具有能产生凝结与硬化的胶结相。如磷酸与黏土质或高铝质耐火材料反应可形成酸式磷酸铝 $Al(H_2PO_4)_3$。无论是磷酸与耐火材料反应形成的磷酸铝，还是直接使用这类酸式磷酸盐作为结合剂，因其具有相当强的胶凝性。可将一些不定形耐火材料黏结成为坚强的整体，故应用最为广泛。

在磷酸盐中，可作为耐火材料结合剂的有磷酸铝、磷酸锆、磷酸铬和一些复合磷酸盐。其中应用最广泛的是磷酸铝，其余结合剂只在特殊条件下使用。

a 磷酸铝的凝结与硬化

酸式磷酸铝在加热过程中，变成焦磷酸铝和偏磷酸铝，并随之发生聚合反应，即发生以下反应：

$$2Al(H_2PO_4)_3 \xrightarrow{250\sim300℃} Al_2(H_2P_2O_7)_3 + 3H_2O\uparrow$$

$$\frac{n}{2}Al_2(H_2P_2O_7)_3 \xrightarrow{300\sim400℃} nAl(H_2P_3O_{10}) + \frac{n}{2}H_2O\uparrow$$

$$Al(H_2P_3O_{10}) \xrightarrow{500℃左右} Al(PO_3)_3 + H_2O\uparrow$$

$$nAl(PO_3)_3 \xrightarrow{>800℃} [Al(PO_3)_3]_n$$

上述脱水过程，虽有失重并发生收缩，但量少，结合体体积较稳定，只气孔率有所提高。强度不仅未降，反而由于此种新化合物的形成和聚合以及同时形成较强的黏附作用，使结合体的强度显著提高。由于磷酸铝结合剂只有在远高于常温的条件下（约500℃左右）才可获得相当高的强度,故常称为热硬性结合剂。

b 磷酸铝硬化体在高温下的变化

随着温度的提高,从500~900℃,硬化体的冷态强度虽逐渐降低,但热态强度却持续增长。与水泥结合剂相比,此种结合剂硬化体的中温强度较高,可认为是一项优点。从高于1000℃左右到1300~1500℃为止,硬化体中的各种磷酸铝,都先后分解成$AlPO_4$和P_2O_5。P_2O_5挥发后,只残留$AlPO_4$。此种残留$AlPO_4$在高于1760℃还可分解,只残留Al_2O_3。随磷酸盐的分解和P_2O_5的挥发,强度有所降低。当硬化体中含有杂质,在高温下出现液相时,热态强度有显著降低。但冷态强度因烧结却有提高。

磷酸铝结合剂不宜用作碱性材料的结合剂,主要用作酸性或中性耐火材料。其性质相似于磷酸,因此在使用磷酸过程中遇到的问题,同样磷酸铝也会遇到,解决方法相同。

C 不定形耐火材料用其他结合剂

硫酸铝水解生成碱式盐,然后生成氢氧化铝,并逐渐形成氢氧化铝凝胶体而凝结硬化。故在不定形耐火材料中应用也较普遍。另外,生产碱性不定形耐火材料常用氯化镁。生产高铝质、锆质和其他中性耐火材料也常用聚氯化铝。

由于结合剂在不定形耐火材料中的重要作用,通常,也常按所用结合剂的品种,将浇注料分类并命名,如铝酸盐水泥浇注料、水玻璃浇注料、磷酸盐浇注料等。

9.1.3 浇注料的外加剂

浇注料中使用外加剂的经验已经相当成熟,应用广泛。外加剂能显著提高浇注料的性能,稳定浇注料质量。从某种意义上来讲,材料性能的优越与否,主要取决于外加剂的选择。常用的外加剂品种有减水剂、分散剂、解胶剂、促凝剂、缓凝剂、增塑剂、发泡剂、烧结剂、膨胀剂、保存剂、防爆剂及快干剂等。外加剂的品种较多,性能和作用也各不相同,每个品种都有一定的适用范围,因此应该根据基本组成和使用条件选择合适的外加剂。外加剂的作用对象一般是结合剂和基质材料,选择外加剂时应以这两类材料为主要依据。优质耐火浇注料一般使用复合外加剂,即几种外加剂同时使用,以获得良好的常温和高温性能。

铝酸盐水泥浇注料常用的外加剂,通常有减水剂、促凝剂和缓凝剂,有时还可掺入烧结剂和膨胀剂。减水剂应用的最多,主要有:亚甲基二奈磺酸钠、β-奈磺酸盐甲醛缩合物、聚亚甲基磺酸钠聚合物、木质素磺酸盐、磺化焦油类烷基磺酸钠、磺化三聚氰胺甲醛缩合物(即米胺树脂)、盐酸氢胺、尿素、羟基羧酸及其盐类、碳酸氢钠、硼酸、三聚磷酸钠和六偏磷酸钠等,其用量一般为水泥质量的0.005%~1.0%。这些物质之所以能起到减水的作用,主要是因为掺加减水剂后,减水剂的疏水基团定向吸附于水泥质点表面,亲水基团指向水溶液,组成了单分子或多分子吸附膜,使水泥颗粒间的絮凝构造分散解体,释放出游离水,从而起到减水作用。促凝剂有$NaOH$、Na_2CO_3、三乙醇胺、硅酸钠和锂盐等,一般只在特殊情况下使用。缓凝剂有$NaCl$、$AlCl_3$、硼酸、羧甲基纤维素、葡萄糖酸钠、异丙醇和木质素磺酸盐等,大多数的减水剂都有缓凝效应。例如CA-50水泥掺加0.1%的$AlCl_3$,凝结时间由4h延长到6h左右。常用的烧结剂有软质黏土、膨润土、锂辉石和金属硅等。膨胀剂通常采用蓝晶石、硅线石和硅石等能在高温下产生较大膨胀的材料。

磷酸盐浇注料所用的外加剂主要是促凝剂和抑制剂。常用的促凝剂有铝酸盐水泥、氧化镁、氟化铵等铵盐、氯化铝、氟硅酸钠及硅酸盐水泥等。常用的抑制剂有酒石酸、草酸、柠檬酸、异丙胺和异丙醇胺等。抑制剂的主要作用是抑制磷酸和磷酸铝等结合剂与原料中的铁反应,使铁表面带负电荷,形成薄膜,从而防止或者减慢反应速度,以免材料鼓胀影响材料使用性能。

由于水玻璃耐火浇注料的结合剂水玻璃易与空气中的CO_2反应,在材料表面形成碳酸钠和硅酸钠的硬壳结构,阻碍水分的蒸发,因此一般都使用促凝剂。典型的促凝剂有氟硅酸钠、氟化铝、氯化铝、磷酸、磷酸钠、聚磷酸钠、硅酸盐水泥、柠檬酸、酒石酸、乙酸乙酯和乙二醛等。目前使用最普遍的是氟硅酸钠促凝剂,因为其与水玻璃反应速度适宜,有充足的施工时间。

其他的如黏土结合的耐火浇注料,主要使用 CA-50 或 CA-70 等水泥做促凝剂等应用也很广泛,但其用量得经过实验来确定。

9.1.4 浇注料的配制与施工

浇注料的各种原料确定以后,首先要经过合理的配合,再经搅拌制成混合料,有的混合料还需困料。根据混合料的性质采取适当方法浇注成型并养护,最后将已硬化的构筑物,经正确的烘烤处理后投入使用。

9.1.4.1 浇注料的配合

A 颗粒料的配合

对各级粒度的颗粒料,根据最紧密堆积原则进行配合。确定配合比例时,应主要考虑制品的组成与性能要求,保证制品达到所需要的性能指标,而且经过混练后,坯料还具备必要的成型性能,同时还要考虑降低成本和合理利用资源等问题。

由于浇注料多用于构成各种断面较大的构筑物和制成大型砌块,粒状料的极限粒度可相应增大。但是,为避免粗颗粒与水泥石之间在加热过程中产生的胀缩差值过大,而破坏两者的结合,除应选用低膨胀性的粒状料以外,也应适当控制极限粒度。一般认为,振动成型者应控制在 10 ~ 15mm 以下;机压成型者应小于 10mm,对大型制品或整体构筑物不应大于 25mm;皆应小于断面最小尺寸的 1/5。

各级颗粒料的配比,一般为 3 ~ 4 级,颗粒料的总量约占 60% ~ 70%。

在高温下体积稳定的和细度很高的粉状掺和料,特别是其中还有一部分超细粉的掺和料,对浇注料的常温和高温性质都有积极作用,应配以适当数量,一般认为细粉用量在 30% ~ 40% 为宜。

B 结合剂及促凝剂的确定

结合剂的品种取决于对构筑物或制品性质的要求,应与所选粒状和粉状料的材质相对应,也与施工条件有关。

当制造由非碱性粒状料组成的浇注料时,一般多采用水泥作结合剂。采用水泥作结合剂,应兼顾对硬化体的常温和高温性质的要求,尽量选用快硬高强而含易熔物较低的水泥,其用量应适当,一般认为不宜超过 12% ~ 15%。为避免硬化体的中温强度降低和为提高其耐高温的性能,水泥用量应尽量减少,而代以超细粉的掺和料。

若采用磷酸或磷酸盐作结合剂,则应视对浇注料硬化体性质的要求和施工特点,采用相应浓度的稀释磷酸或磷酸盐溶液。以浓度为 50% 左右的磷酸计,其外加用量一般控制在 11% ~ 14%。若以磷酸铝为结合剂,当 Al_2O_3/P_2O_5(物质的量比)为 1∶3.2,相对密度为 1.4 时,外加用量宜控制在 13% 左右。由于此种结合剂配制的浇注料硬化体在未热处理前凝结硬化慢,强度很低,故常外加少量碱性材料以促进凝固。所采用的促凝剂有 MgO、$CaO \cdot Al_2O_3$、$CaO \cdot 2Al_2O_3$、NH_4F、ZnO、NaCl、滑石等。在不定形耐火材料中,以 MgO、$CaO \cdot Al_2O_3$ 最为常用。以 MgO 作为促凝剂,将会发生以下反应:

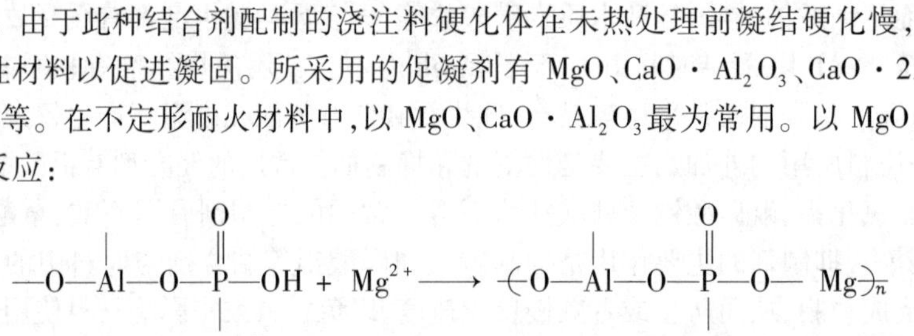

生成铝与镁的复合磷酸盐而硬化。由于 MgO 属碱性氧化物,此项反应会很强烈,所以应该

控制其细度和加入量来调节浇注料的凝结与硬化时间。若以普通铝酸钙水泥作促凝剂，一般用量为2%～3%。

若采用水玻璃，其作业性能主要取决于水玻璃的黏度，而黏度则随水玻璃的密度与模数而改变，所以应控制其模数及相对密度。当用模数为2.4～3.0，相对密度为1.36～1.40者时，一般用量为13%～15%。若用氟硅酸钠促硬剂，其用量一般占水玻璃的10%～12%。

其他结合剂及其用量，也根据瘠性料的特性、对硬化体的性质及施工要求而定。

C 用水量

各种浇注料皆含有与结合剂用量相应的水分。这些水分可以在结合剂与瘠性料组成混合料后再加入，如对易水化且凝结速度较快的铝酸钙水泥就常以此种形式进行。也可以预先与结合剂混合制成一定浓度的水溶液或溶胶的形式加入，如对需预先水解才可具有粘结性的结合剂则主要以此种形式进行。当结合剂与水反应后不变质时，为使结合剂在浇注料中分布均匀，也往往预先同水混合如前述磷酸和水玻璃等就是如此处理的。

就水泥结合剂而论，水泥的凝结硬化速度与硬化后的强度除与水泥特性有关外，主要由加水量决定，即由水灰比决定。最适当的水灰比应依水泥品种而相应地在其水灰比-强度曲线上选取，并以近于最高峰者为宜。浇注料的水灰比-强度曲线一般皆为具有单峰特征的曲线，但其峰值却不尽相同(见图9-1)。它不仅依水泥品种而异，颗粒料的吸水率、形状、表面特征不同和施工时密实化的手段不同，峰值也有所改变。在生产上，为保证浇注料的强度，在选用适当的水灰比时，应全面考虑以上各个方面。一般对由普通铝酸钙水泥结合的硅酸铝质熟料制成的浇注料，采用的水灰比多在0.4～0.65。其中以振动成型者常取0.5～0.65，混合料的水分约在8%～10%；机压成型者常取0.4左右，混合料水分约在5.5%～6.5%。为了减少浇注料中的水分，提高硬化体的密度，在浇注料中应加适当增塑减水剂。

9.1.4.2 浇注料的困料

以水泥结合的浇注料制成混合料后，不久即凝固硬化，不应困料。水玻璃加促硬剂后制成者，在空气中久存也自硬，也不困料。当瘠性料中加入磷酸溶液制成混合料后，瘠性料中的金属铁等杂质与酸反应，形成气体，使混合料鼓胀、结构疏松，使硬化体强度降低，故需困料，即加入部分酸混成混合料后，在15℃以上的温度，静止一段时间，使金属铁与磷酸充分反应。在加入剩余的酸之前，先加入促凝剂，将材料混合均匀，再加入余酸，搅拌均匀后即可浇注成型。这样就可避免发生鼓胀。若在混合料制备过程中加入适当抑制剂，也可不需困料。

9.1.4.3 浇注料的浇注与成型

浇注料的流动性一般较捣打料为好。因此，多数浇注料仅经浇注或再经振动，即可使混合料中的组分互相排列紧密和充满模型。

9.1.4.4 养护

浇注料成型后，必须根据结合剂的硬化特性，采取适当的措施进行养护，促其硬化。铝酸钙水泥要在适当的温度及潮湿条件下养护，其中普通铝酸钙水泥应首先在较低(小于35℃)温度下覆盖，凝固后浇水或浸水养护3d；低钙铝酸钙水泥养护7d，或蒸汽养护24h。对某些金属无机盐要经干燥和烘烤。如水玻璃结合者要在15～25℃的空气中存放3～5d，不许受潮，也可再经300℃以下烘烤。但绝不可在潮湿条件下养护，更不许浇水，因硅酸凝胶吸水膨胀，失去黏结性，水溶出后，强度更急剧降低。磷酸盐制成者，可先在20℃以上的空气中养护3d以上，然后再经350～450℃烘烤。未烘烤前，也不许受潮和浸水。

9.1.4.5 烘烤

浇注料构成热工设备的内衬和炉体时，一般应在第一次使用前进行烘烤，以使其中的物理水和结晶水逐步排除，使其体积和某些性能达到在使用时的稳定状态，达到某种程度的烧结。烘烤制度是否恰当对使用寿命有很大影响。制订烘烤制度的基本原则是升温速度与可能产生的脱水及其他物相变化和变形要相适应。在急剧产生上述变化的某些温度阶段内，应缓慢升温甚至保温相当时间。若烘烤不当或不经烘烤立即快速升温投入使用，极易产生严重裂纹，甚至松散倒塌，在特大特厚部位甚至可能发生爆炸。硬化体的烘烤速度依结合剂及构筑物断面尺寸不同而异。以水泥浇注料而论，可大致分为三个阶段：

(1)排除游离水。以10～20℃/h的速度升温到110～115℃后保温24～48h。

(2)排除结晶水。以15～30℃/h的速度升温到350℃，保温24～48h。

(3)均热阶段。以15～20℃/h升温到600℃，保温16～32h。然后以20～40℃/h升温到工作温度。构筑物断面大者升温速度取下限，保温取上限，小者相反。

9.1.5　浇注料的性质

浇注料的性质取决于所用原料，其中许多性质在相当大程度上取决于结合剂的品种和数量。另外，也在一定程度上受施工技术控制。

9.1.5.1　强度

浇注料粒状料的强度一般皆高于结合剂硬化体的强度和其同颗粒之间的结合强度，故浇注料的常温强度实际上取决于结合剂硬化体的强度。中温和高温下强度的变化，也主要发生于或首先发生于结合剂硬化体中。故可认为高温强度也受结合剂控制。由于结合剂硬化体的强度受温度影响而变化，故由浇注料构成的制品或构筑物的内部结构在使用中变成具有不同强度层的层状结构。这种因水泥石分解脱水使结构疏松和因形成层状结构并使其易于剥落的状况，往往是水泥制成的浇注料损毁的主要因素之一。

9.1.5.2　耐高温性能

若所选用的粒状和粉状料具有良好的耐火性，而结合剂的熔点既高又不致与耐火物料发生反应形成低熔物，则浇注料必定具有相当高的耐火性。若所用粒状和粉状料的材质一定，则浇注料的耐高温性能在相当大程度上受结合剂所控制。如在一般铝酸钙水泥所配制的浇注料中，多数或绝大多数易熔组分总是包含在水泥石中，所以水泥的用量对浇注料的耐火度和荷重软化温度等高温性质的影响也十分显著。铝酸钙水泥浇注料中水泥含量对其耐火度的影响见图9-4。磷酸盐和水玻璃结合者也有类似影响。另外，浇注料硬化后的高温体积稳定性较低和抗渣性较低等特点也与此有关。一般而论，浇注料的抗热震性较同材质的烧结制品优越。这主要是由于浇注料硬化体的结构特点，能吸收或缓冲热应力和应变之故。

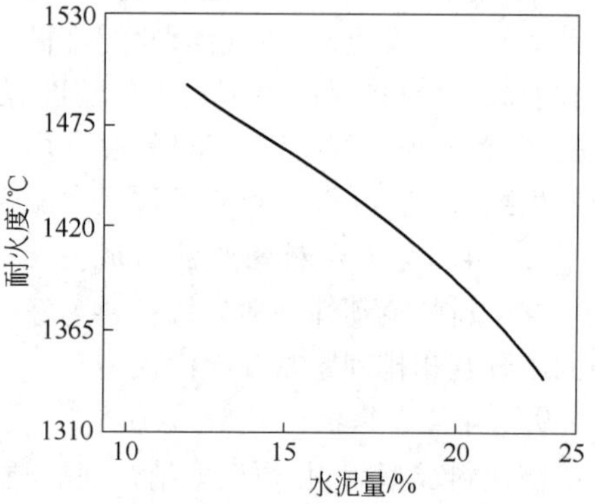

图9-4　浇注料的耐火度与水泥用量的关系

9.1.6　浇注料的应用

浇注料是目前生产与使用最广泛的一种不定形耐火材料。主要用于构筑各种加热炉内衬等整体构筑物。某些由优质粒状和粉状料组成的品种也可用于冶炼炉。如铝酸钙水泥浇注料，可广泛用于各种加热炉和其他无渣、无酸碱侵蚀的热工设备中。磷酸盐浇注料根据耐火粉粒料的性质既可广泛用于加热金属的均热炉和加热炉中，也可用于出铁槽、出钢槽以及炼焦炉、水泥窑中直接同熔融金属和高温热处理物料接触的部位。冶金炉和其他容器中的一些部位，使用优质磷酸盐浇注料进行修补也有良好效果。在一些工作温度不甚高，而需要耐磨损的部位，使用磷酸盐浇注料更为适宜。若选用刚玉质或碳化硅耐火物料制成浇注料，一般在还原气氛下皆有较好的效果。若在浇注料中加入适当钢纤维构成钢纤维浇注料，则耐撞击和耐磨损，使用效果很好。

9.1.7 新技术耐火浇注料

新技术耐火浇注料是在耐火材料基本理论的指导下，根据不同热工设备和操作条件，采用优质、高纯或合成的耐火原料，优良添加剂和高效外加剂，采用超微粉等先进技术，科学制定材料配方和技术条件，配制成的性能优良的新技术耐火材料。其品种有低水泥浇注料，高技术、高纯度和高性能耐火浇注料，含铬、含碳和微膨胀耐火浇注料等。配置新技术耐火浇注料的基础是优质、高纯或合成的耐火原料。如致密刚玉、板状刚玉、刚玉莫来石、球状高铝矾土和高纯镁砂等都是很好的配置新技术耐火浇注料的原料。另外，一些矾土基合成原料如棕刚玉、白刚玉、亚白刚玉(也称灰刚玉)和镁铝尖晶石等由于经过适当的工艺处理，其性能得到很大的改善，可部分或全部取代氧化铝基合成料，得到广泛的应用。低水泥耐火浇注料是在20世纪80年代发展起来的，主要分为低水泥、超低水泥和无水泥等耐火浇注料，它具有高密度、低气孔、高强度、低磨损、抗热震和抗侵蚀等优点，同时还具有体积稳定性好、施工用水量少和流动性强等特性，因此应用较广泛。

9.1.7.1 低水泥浇注料

低水泥浇注料是与传统的铝酸盐水泥耐火浇注料相比较而言的。传统耐火浇注料的水泥用量，一般为12%～30%，用水量为9%～13%。高的水泥用量可以获得足够高的常温强度，但中温时大量铝酸钙的晶型转变，使得强度明显降低；并且由于引入大量的CaO与材料中的SiO_2和Al_2O_3反应，生成低熔点的钙长石(CAS_2)或钙铝黄长石(C_2AS)，导致高温强度和抗侵蚀性下降。低水泥浇注料由于采用了超微粉技术、高效外加剂和科学的颗粒级配，使水泥用量降至8%以下，水用量降至7%以下，引入的CaO量也减少到2.5%以下，其各项性能都超过一般的铝酸盐耐火浇注料。

低水泥耐火浇注料的显著特点是其致密强度高，使用性能优良，但却存在着烘烤易剥落或易炸裂等现象。因此，必须制定合理的烘烤曲线和采取适宜的防爆措施，使耐火浇注料成型体中的水分顺利排除，提高材料的使用稳定性。

低水泥耐火浇注料的基本配置原则是耐火骨料尽量采用三级或四级级配，避免采用统料，以期达到最大的颗粒堆积密度。一般来说，耐火骨料的用量为68%～72%；耐火粉料采用比骨料级别高的同材质材料或改用性能更加优良的同性质材料，提高基质的性能。耐火粉料的用量为18%～25%，若掺加高档材料，一般加入量为5%～10%；低水泥耐火浇注料普遍采用的超微粉有活性SiO_2微粉(硅灰)、α-Al_2O_3粉、Cr_2O_3粉和SiC粉等。其用量为2%～12%。应当指出，低水泥浇注料的品种不同，超微粉的用量也不同，均有相应的最佳用量，须经实验确定；常用的外加剂，主要是高效减水剂和分散剂，选用时应注意与超微粉匹配，用量一般为0.03%～1.0%。一般低水泥浇注料还应掺加膨胀剂，如蓝晶石和硅线石等，使浇注料在高温下呈微膨胀状态；水的用量一般应小于7%，并且越少越好。

低水泥耐火浇注料的凝结硬化机理，是水合结合和凝聚结合共同作用的结果。水合结合主要由铝酸钙水泥发生水化反应而使材料获得强度；凝聚结合是由于活性SiO_2微粉遇水后形成胶体粒子，与加入的外加剂缓慢解离出的离子结合，使胶粒表面的ζ电位下降，达到“等电点”而发生凝聚。同时，高温下活性 SiO_2 微粉还会与其包裹的 Al_2O_3 发生反应生成莫来石，提高材料中、高温强度。

低水泥耐火浇注料的种类非常多，如用黏土熟料配制的低水泥硅酸铝质耐火浇注料，用莫来石和刚玉配制的低水泥莫来石刚玉质浇注料，用 SiC 配制的低水泥 SiC 质浇注料等。低水泥莫来石刚玉质浇注料适用于轧钢加热炉炉衬、水冷管包扎及烧嘴砖，中间包挡渣堰，中、小高炉出铁沟和电炉盖等热工设备。低水泥 SiC 质浇注料在发电锅炉，有色冶金炉及垃圾焚烧炉等热工设备上使用，也取得了很好的使用效果。

9.1.7.2　无水泥浇注料

无水泥耐火浇注料是在低水泥和超低水泥耐火浇注料的基础上发展起来的。与低水泥耐火浇注料相比，最大的区别是无水泥浇注料的凝结硬化是通过超微粉的凝聚实现的，外加剂只起到促进凝结的作用。因此对无水泥耐火浇注料来说，微粉的选择和含量更加重要。其配制原则与低水泥耐火浇注料基本相同，因此不再赘述。

无水泥浇注料的配合比，应在科学理论指导下根据实验最终确定。尤其是超微粉的种类选择，一般配制无水泥耐火材料时，应优先选择活性 SiO_2 微粉为主要组成的复合超微粉，以利于提高材料的高温性能和减少费用。生产实践证明，无水泥耐火浇注料尽量应选择 CaO 含量少的高铝质、镁质及含碳的耐火原料，以便达到良好的技术效果。

9.1.7.3　高性能超微粉结合耐火浇注料

高性能超微粉结合耐火浇注料是在高技术钢包耐火浇注料的基础上发展的。其配料的理论基础，材料的选用原则及品种，强化基质的理念，临界粒径及其颗粒级配的选用和配合比的设计，都是相同的。二者不同之处是用超微粉代替了铝酸盐水泥，克服了水泥的缺陷，发挥了超微粉的优势。因此，配制的超微粉结合耐火浇注料，除保持了高技术钢包耐火浇注料的特性外，还提高了抗渣性，高中温强度比很小，提高了抗热剥落性能。

A　超微粉及其品种

超微粉和微粉一般以颗粒尺寸作为区分标准，二者的粒度界限，各行业间并不统一。耐火材料行业中，一般以 5μm 作为二者的划分界限，即不大于 5μm 的粉料称为超微粉，大于 5μm 的称为微粉。一般来说，粒度越小，耐火浇注料的性能改善越大，但成本也成倍增加。因此在实际应用中，对于既含 40% ~80% 超微粉，又含有 20% ~60% 的微粉的粉状材料，也称之为超微粉。

超微粉和微粉的品种较多，主要有活性 SiO_2 微粉、α-Al_2O_3 粉、白刚玉粉、棕刚玉粉、莫来石粉、镁铝尖晶石粉、高铝粉、电熔镁砂粉、锆英石粉和 SiC 粉等，其细度可以根据用户的要求制作。

B　超微粉的性能及其作用机理

超微粉是大量的固体颗粒集合体，属于粉体材料的范畴。其性能主要有颗粒大小、颗粒分布、颗粒形状、密度、熔点和化学组成，颗粒流动性、填充性、凝聚性、固结性和高温下的物理化学变化等。另外，比表面积也是一项重要的性能指标。

超微粉的作用机理是复杂的，品种不同，其作用机理也有区别。在耐火浇注料中，其基本作用是填充。传统耐火浇注料中由于有许多空隙被过量的水填充，当水分蒸发以后，留下许多气孔，影响了材料的使用性能；当采用超微粉后，这些气孔大部分被超微粉占据，极少量的微孔被水填满，因此耐火浇注料的用水量降低，并且成型体的水分排除之后，留下的空隙也很少，降低了气孔率同时，也提高了材料的体积密度。

活性 SiO_2 微粉（硅灰）的主要成分是非晶质无定形的二氧化硅，比表面积大，表面能高，易吸水发生团聚。二氧化硅微粉在水中形成胶体粒子，当有分散剂存在时，粒子表面形成双电层的重叠而产生静电斥力,克服了质点间的范德华力,降低了微粒的表面能,防止了粒子间的吸附絮凝,同时微粒周围吸附了分散剂而形成溶媒层,因此增大了浇注料的流动性。二氧化硅微粉与水化的氧化镁料浆可形成很好的网络状链键,而且直至1200℃烧后,链形态无大的变化,可确保浇注料具有高、中温烧后强度。

α-Al_2O_3超微粉是用工业氧化铝煅烧后制成的。其特点是分散性好、颗粒小、高温下易于烧结且体积效应小等。氧化铝微粉对于确定浇注料的浇注性能及高温下莫来石化的程度十分重要。氧化铝和二氧化硅的细粉在1300~1400℃发生反应,形成莫来石(如果CaO含量很低),莫来石化决定高温强度的发展,增强了浇注料的高温热力学性能。氧化铝微粉的类型(如粒度、结晶大小等)对于浇注料的浇注性能及其他性能也具有很大的影响。

C 超微粉结合的耐火浇注料

超微粉结合的耐火浇注料的种类非常多,现仅以超微粉结合铝镁尖晶石和超微粉结合镁质类耐火浇注料为例进行说明。

(1)超微粉结合铝镁尖晶石质耐火浇注料。该耐火浇注料主要应用于中小型钢包,平均使用寿命约为100炉次左右。耐火骨料采用山西特级矾土熟料,临界粒度约为25mm,采用连续级配方式,为了控制MgO与Al_2O_3等物质的反应速度,镁砂粒度以0~3mm和不大于0.088mm等多种粒度加入为宜;结合剂采用活性二氧化硅微粉,另加聚磷酸钠等分散剂和快干剂而配制的浇注料具有烘干强度高,高中温强度适当,抗热震性较好,抗剥落性好,体积密度大。1500℃烧后线变化为正值,呈膨胀状态,有利于提高抗剥落性能。当然,要配制高性能低价位的超微粉结合铝镁尖晶石质耐火浇注料,除了要强化基质和用料配料得当外,还应该参照与高技术钢包浇注料相关的其他浇注料的配料方式,从而能提高性能,迅速推广使用。

(2)超微粉结合镁质类耐火浇注料。超微粉结合镁质类耐火浇注料是在1990年左右开发成功的,具有良好的抗熔渣侵蚀能力,较少污染钢水且有净化作用,但因氧化镁的存在,降低了抗熔渣渗透性和抗热震性,同时中温强度低、易吸水而粉化,影响了浇注料的推广使用。

近年来,在研究和提高超微粉结合镁质类耐火浇注料的品种和性能方面,做了大量而有成效的工作。其品种有所增加,缺陷有所改善,在钢包渣线、中间包工作衬和挡渣堰、有色冶金澳斯麦特炉和渣贫化炉等热工设备上,得到了应用,效果较好。

超微粉结合镁质类耐火浇注料的品种有镁质、镁铬质、镁尖晶石质和镁钙质等。前3种浇注料发展得较早、较快和较实用,后1种镁钙质耐火浇注料正在研发中,关键是解决水化等问题。

9.1.7.4 高纯耐火浇注料

高纯耐火浇注料是随着人们对冶金材料技术要求的严格和设备的高功率和大型化而诞生的,由于所冶炼金属液体成分的严格性,使得耐火材料的成分必须高纯。其品种主要有高纯度刚玉质、高纯度铬刚玉质、高纯度铬镁刚玉质等耐火浇注料。

高纯度刚玉质耐火浇注料主要应用于大中型超高功率电炉盖三角区和LF精炼钢包包盖等。采用高纯的电熔白刚玉、板状刚玉及致密刚玉作骨料,致密刚玉、白刚玉作粉料,添加适量的活性SiO_2微粉及α-Al_2O_3粉,同时添加分散剂和减水剂,采用合适的配方和成型工艺就可以生产出寿命相当或超过进口同类产品的高纯刚玉质耐火浇注料。

高纯度铬刚玉质耐火浇注料主要用来生产透气砖和水口等,在炼钢工业中应用相当广泛,社会效益和经济效益都很好。该材料主要采用板状刚玉及致密刚玉作骨料,电熔白刚玉作粉料,添加适量的工业氧化铬,少量的活性SiO_2微粉及α-Al_2O_3粉,以CA-80水泥为结合剂,同时掺加减水剂和缓凝剂配制而成。

高纯度铬镁刚玉质耐火浇注料是在高纯度刚玉质和镁质耐火浇注料的基础上开发的。主要应用于透气砖、水口砖、座砖、RH 吸嘴外衬和钢包渣线等位置，使用效果也很好。在高纯镁尖晶石质耐火浇注料中加入适当的 Cr_2O_3 粉，在高温下能与 MA 形成 $MgO(Al,Cr)_2O_3$ 固溶体，从而改善了其高温性能。

9.1.7.5　自流浇注料

自流浇注料(SFC)是一种无须振动即可浇注成型的高触变性的、仅靠自身重力作用即流动脱气的新型耐火浇注料。随着钢铁冶炼技术的发展，自流浇注料的应用也在不断拓展，它不仅能用于座砖与包底砖的接缝处，而且还可用于钢包壁和包底、中间包永久层、电炉三角区、高炉出铁沟、CAS-OB 炉、加热炉等。

自流浇注料能够具有自流和良好的性能，在配制时必须遵循几个原则，主要有：

(1)合适的颗粒形状和颗粒级配。骨料的粒径越大，自身重量也越大，从而更难以悬浮和流动，因此骨料的颗粒粒径以不大于 5mm 为宜，同时应该选择吸水率低的、近似球形的耐火骨料，以方便颗粒流动。自流浇注料一般采用连续级配，特别应该注意骨料级配、粉料级配及其二者之比。据研究和实践证明，自流浇注料的颗粒级配：≤0.045mm，26%～40%；0.045～1mm，18%～33%；>1mm，35%～50%。耐火骨料与耐火粉料骨料质量之比为 6∶4，最小质量比约为 6.5∶3.5。耐火骨料粗、中、细的质量之比约为 20∶45∶35；耐火粉料细粉与超微粉质量之比为 2.1～2.8为宜。

(2)适宜的结合剂和减水剂。自流浇注料一般采用铝酸盐水泥作结合剂，基质含量较多，水泥含量较少，因此要有好的流动性需水量也较大，为了充分降低用水量并得到良好的流动性，必须选择合适的减水剂，充分分散超微粉和分离出基质中团聚的自由水，从而降低拌和料的黏度，提高流动性。

(3)恰当的用水量。自流浇注料中，增大用水量可以提高流动性，但成型时容易偏析，且烘干后气孔率大，强度等性能随之降低。

总之，自流浇注料的流动性受其颗粒-粉料-水系统的流变特性影响较大。结合剂、外加剂的品种、用量及其用水量也都会影响流动性，因此，应该通过实验确定材料的品种和各自的用量，以获得优良的自流浇注料。

9.1.7.6　特殊性能耐火浇注料

特殊性能耐火浇注料是为了适应窑炉对耐火材料某种性能的特殊要求而配制的，主要包括耐酸、耐碱、耐磨和高热导率等浇注料。如在炼油催化裂化装置的反应器、氧化铝气体悬浮焙烧炉、旋风分离器等既处于高温，又含有介质冲刷侵蚀的部位需用耐磨耐火浇注料。在高炉热风炉球顶保护层、钢制烟囱内衬等中低温和酸介质作用下选用耐酸耐火浇注料。在大中型干法水泥窑喷煤管和窑口、预热器和管道等高温且具有钠盐等碱金属盐熔融物侵蚀的部位选用耐碱耐火浇注料。在高炉热风炉砖托圈、旋风式燃煤加热炉的旋风管等需要良好导热性及热稳定性的部位，选用高热导率耐火浇注料等。总之，特殊性能的耐火浇注料在选用材质和结合剂等不但要考虑材料的烧结等性能，而且还要充分考虑其使用条件，才能配制出优质高效的耐火浇注料。

9.2　可塑耐火材料

可塑耐火材料是由粒状和粉状物料与可塑黏土等结合剂和增塑剂配合，加少量水分，经充分混练，所组成的一种呈硬泥膏状并在较长时间内保持较高可塑性的不定形耐火材料。

可塑料的分类方法很多，按耐火骨料材质分为：黏土质、高铝质、刚玉质、硅质、镁质、铬质、锆英石质和碳化硅质耐火可塑料等。按结合剂种类分为：水玻璃、磷酸盐、硫酸盐和有机结合剂耐火可塑料等，按硬化方式分为气硬性和热硬性耐火可塑料等。

粒状和粉状料是可塑料的主要组分，一般约占总重的70% ~85%。它可由各种材质的耐火原料制成。由于这种不定形耐火材料主要用于不直接与熔融物接触的各种加热炉中，一般多采用黏土熟料和高铝质熟料。制轻质可塑料可采用轻质粒状料。

可塑性黏土是可塑料的重要组分。它只占可塑料总重的10% ~25%，但对可塑料和其硬化体的结合强度，对可塑料的可塑性，对可塑料和其硬化体的体积稳定性和耐火性却影响很大。在一定意义上，可认为黏土的性质和数量控制着可塑料的性质。

9.2.1 可塑料的性质

9.2.1.1 可塑料的工作性

一般要求可塑料应具有较高的可塑性，而且经长时间贮存后，仍具有一定的可塑性。

可塑性除与黏土特性和黏土用量有关以外，主要取决于水分的数量，它随水量的增多而提高。但水量过高会带来不利的影响。一般以5% ~10%为宜。

为了尽量控制可塑料中的黏土用量和减少用水量，可外加增塑剂。其增塑作用可能有以下数种：使黏土颗粒的吸湿性提高，使黏土微粒分散并被水膜包裹；使黏土中腐殖物分散并使黏土颗粒溶胶化；使黏土-水系统中的黏土微粒间的静电斥力增高，稳定溶胶；将阻碍溶胶化的离子作为不溶性的盐排除于系统之外等等。可作为增塑剂的材料很多，如纸浆废液、环烷酸、木质素磺酸盐、木质素磷酸盐、木质素铬酸盐以及其他无机和有机的胶体保护剂等等。

可塑料混合后如经困料，既能消除料中部分气体，又能增加泥料的可塑性，经挤压或再加真空脱气包装，可塑料的可塑性会更好。耐火可塑性好坏，对可塑料的施工和贮存等都非常重要。

欲使可塑料的可塑性在其保存期内无显著降低，不能采用水硬性结合剂。

9.2.1.2 可塑料的硬化与强度

为了改进以软质黏土作结合剂的可塑料在施工后硬化缓慢和常温强度很低等缺点，往往另外加入适量的气硬性和热硬性结合剂。如硅酸钠、磷酸和磷酸盐、氯化盐等无机盐和其聚合物。

可塑料中无化学结合剂者称普通可塑料。此种可塑料在未烧结前的强度很低，但随温度升高水分逸出而提高。经高温烧结后，冷态强度增大。在高温下热态强度随温度上升而降低。各种温度下的冷态和热态强度如图9-5所示。

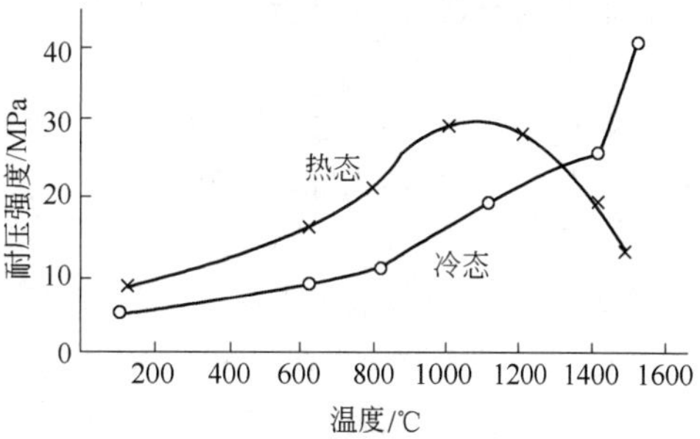

图9-5 普通可塑料在不同温度下的耐压强度

加有硅酸钠的可塑料在施工后的强度随温度升高而增长较快，在施工后可较快地拆模。但是，在干燥过程中，这种结合剂可能向构筑物或制品的表面迁移，防止水分的顺利排除，引起表皮产生应力和变形。另外，施工后的可塑料碎屑也不宜再用。含有此种结合剂的可塑料宜用于建造工期较长的大型窑炉和用于炉顶等处。

磷酸铝是可塑料中使用最广泛的一种热硬性结合剂。施工后经干燥和烘烤可获得很高的强度。

9.2.1.3 可塑料在加热过程中的收缩

可塑料中含有较多黏土和水分，在干燥和1000℃以上加热过程中，往往产生很大的干缩和烧缩。如不加助胀剂的可塑料干缩4%左右；在1100 ~1350℃温度范围内出现的总收缩可达7%左右。为防止收缩，减少其危害，还需另外采用助胀剂，即在黏土和配料的其他细粉中加入在热处理或使用过程中可能发生膨胀的物质，以抵消黏土产生的收缩。通常，多在配料的细粉中加入适量（5%～15%）的蓝晶石细粉。蓝晶石在1380℃左右分解形成莫来石和SiO_2时，急剧产生15%～20%的体积膨胀，可抵消可塑料中基质部分的高温收缩。此种可塑料在加热时的变形如图9-6所示。

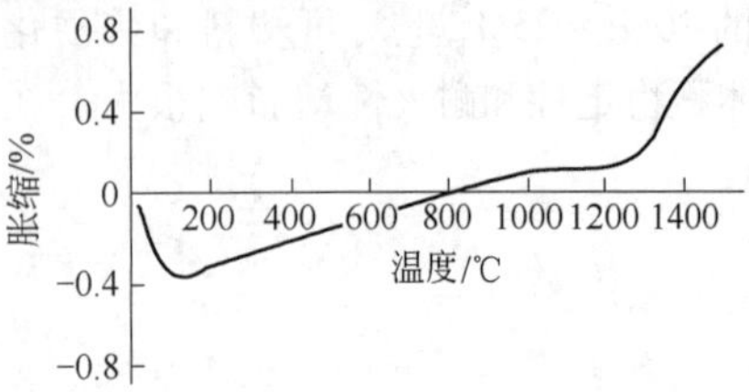

图9-6　可塑料的加热变形

可塑料中加入少量蓝晶石虽可抵消一部分在高温下的收缩，但干燥收缩仍然存在。为了解决在热处理或第一次使用时未达烧结前的体积稳定，有时还可加入适量的小于1μm的超细粉，如刚玉、锆英石和石英等超细粉，以代替部分黏土，既对减少收缩有所裨益，又能提高高温负荷能力。

一般而言，由于可塑料中含有相当数量的黏土，其高温负荷下的变形较其他不定形耐火材料要高。故常将体积稳定性视为一项重要技术指标，并作为质量分级的主要内容。如有的国家规定：高级黏土质可塑料加热到1400℃冷却后的收缩率应不大于4%；特级黏土质可塑料加热到1600℃冷却后的收缩应在2.5%以下。

9.2.1.4　可塑料的抗热震性

与相同材质的烧结耐火制品和其他不定形耐火材料相比，可塑料的抗热震性较好。其主要原因有以下几方面：由硅酸铝质耐火原料作为粒状和粉状料的可塑料，在加热过程中和在高温下使用时，不会产生由于晶型转化而引起的严重变形；在加热面附近的矿物组成为莫来石和方石英的微细的结晶，玻璃体较少，沿加热面向低温侧过渡，可塑料的结构和物相是递变而非激变；可塑料具有均匀的多孔结构，膨胀系数和弹性模量一般都较低等等。

9.2.2　可塑料的配制和使用

可塑料的配制过程：一般先配料，再混练、脱气并挤压成条，最后经切割或再挤压成块、饼或其他需要的形状，密封储存，供应使用。有的也采用其他密实化手段，如经振实、压实等制成料块。

可塑料在施工时无须特别的技术。当用以制作炉衬时，将可塑料由密封容器中取出，铺在吊挂砖或挂钩之间，用木锤或气锤分层（每层厚50～70mm）捣实即可。在尚未硬化前，可进行表面加工。为便于使其中水分排出，每隔一定间隔打通气孔。最后根据设计设置胀缩缝。若用以制作整体炉盖，可先在底模上施工，经干燥后再吊装。

可塑料特别适于用在各种加热炉、均热炉、退火炉、渗碳炉、热风炉、烧结炉等处。也可用于小型电弧炉的炉盖、高温炉的烧嘴以及其他相似的部位。使用温度主要依所用粒状和粉状料的品质而异。如普通黏土质可用于1300～1400℃；优质者用于1400～1500℃；高铝质用于1600～1700℃，甚至更高；铬质用于1500～1600℃。

9.3　其他不定形耐火材料

在不定形耐火材料中，除上述浇注料和可塑料以外，广泛使用的其他品种还有捣打料、喷射料和投射料以及耐火泥。

9.3.1　捣打料

捣打料是由耐火原料制成的粒状和粉状料，常含有适当的结合剂，经合理级配和混练而制成，呈松散状。与干硬性的浇注料相似，但有的并无自硬性结合剂。通常，需经强力捣打的方式施工。

9.3.1.1 捣打料的组成

捣打料中粒状和粉状料所占的比例很高,而结合剂和其他组分所占的比例很低,甚至全部由粒、粉料组成。故粒状和粉状料的合理级配是重要的一环。

捣打料的临界粒度一般为8mm,有时也可以为10mm,颗粒料的用量为60% ~70%,耐火粉料的用量为30% ~40%,结合剂或水的用量为6% ~10%,当采用黏土结合剂时,其用量为5% ~10%,一般根据使用部位和施工要求酌情变化。

粒、粉料可由各种材质制成,依使用需要而定。无论采用何种材质,由于捣打料主要用于与熔融物直接接触之处,要求粒、粉料必须具有高的体积稳定性、致密性和耐侵蚀性。通常,都采用经高温烧结或熔融的材料。用于感应电炉者还应具有绝缘性。

在捣打料中常依粒、粉料的材质和使用要求选用适当的结合剂。有的捣打料不用结合剂,或只加少量助熔剂以促进其烧结。在酸性捣打料中常用硅酸钠、硅酸乙酯和硅胶等结合剂。其中干式捣打料以使用硼酸盐居多。碱性捣打料常用镁的氯化盐、硫酸盐以及磷酸盐和其聚合物。也常使用含碳较高的,在高温下可形成碳结合的有机物沥青和树脂以及暂时性的结合剂。如白云石、镁碳质捣打料多由沥青或树脂结合。其中干式捣打料多加适当含铁的助熔剂。铬质捣打料也常用芒硝。高铝质和刚玉质捣打料常使用磷酸和铝的酸式磷酸盐、氯化盐和硫酸盐等水溶液,也可用暂时性结合剂。黏土质捣打料有时仅加适当软质黏土,或再加少量上述结合剂。含碳质捣打料主要使用形成碳结合的结合剂。在捣打料中不用各种水泥。

捣打料中一般不加增塑剂和缓凝剂之类的外加剂。所含水分也较低。当采用非水溶性有机结合剂时,混合料中无水。在有些捣打料中,还使用耐火纤维作为增强材料。

9.3.1.2 捣打料的性质

与同类材质的其他不定形耐火材料相比,捣打料呈干的或半干的松散状,多数在成型之前无黏结性,因而只有以强力捣打才可获得密实的结构。用暂时性结合剂制成的多数捣打料未烧结前的常温强度较低,只有在加热达到烧结时,强度才可显著提高。用化学结合剂制成的和由含碳结合剂制成的,经适当热处理后,使结合剂产生强力结合作用或使其中的含碳化合物焦化后才获得高的强度。

捣打料的耐火性和耐熔融物侵蚀的能力,可通过选用优质耐火原料,采用正确配比和强力捣实而获得。同浇注料和可塑料相比,高温下它具有较高的稳定性和耐侵蚀性。但是,其使用寿命在很大程度上还取决于使用前的预烧或在第一次使用时的烧结质量。若加热面烧结为整体而无龟裂并与底层不分离,则使用寿命可得到提高。耐火捣打料的缺点是施工速度慢,劳动强度高。

9.3.1.3 捣打料的施工和使用

捣打料可在常温下施工,用风镐或机械捣打,其风压不低于0.5MPa。料量较少或使用不重要的部位,也可用手工打结。但当采用热塑性有机材料作结合剂时,要热拌和热捣施工。

成型后,针对混合料的硬化特点,采取不同加热方式促其硬化或烧结。对含无机质化学结合剂者,应根据结合剂硬化特性,采用相应的热处理方法,促其硬化,硬化达相当强度后可拆模烘烤;对含热塑性炭素结合剂者,待冷却使捣打料具有相当强度后再脱模。脱模后在使用前应迅速加热使其焦化。对不含常温和中温下硬化的结合剂,常在捣实后带模进行烧结,如硅质捣打料仅加1% ~2%硼酸制造感应电炉炉衬时,将混合料填入铁芯模外捣实后,即可通电加热烧结。捣打料炉衬既可在使用前预先烧结,也可在第一次使用时采取合适热工制度的热处理方法来完成。

捣打料主要用于与熔融物料直接接触的各种冶炼炉中作为炉衬材料。除用以构成整体炉衬外,也用以制造大型制品。

9.3.2 喷射耐火材料和投射耐火材料

喷射料和投射料均以压缩气体为动力,用喷射机具喷射,或以高速运转的运载机具投射。喷射料广泛应用于冶金炉炉衬的修补,因此也常称喷补料。现在人们已习惯把这类施工方法称为无模施工法,是今后不定形耐火材料发展的主要方向之一。

9.3.2.1 喷射料

自20世纪40年代初期以来,随着喷射机具和技术的改进,喷射料有了很大的发展与提高,现在已成为许多工业窑炉炉衬所使用的一种最重要的不定形耐火材料。它既可在冷态下用于构筑和修补炉衬以及涂覆成保护层,更宜于用在热态下修补炉衬。冷态施工时,与浇注方式相比,工期短,在高空施工无须模型与支架,可获得结构致密的构筑物。热态下修补用之,由于损坏处及时修补,故可延长炉衬使用寿命,使生产率得到提高,有时还可使耐火材料的单耗降低。

A 喷射料的组成

喷射料主要是由各种耐火的粒状和粉状料组成,结合剂含量一般较低,还往往含有适量助熔剂以促进烧结,多数还加有少量水分。

a 粒状和粉状料

应根据炉内可能达到的最高使用温度、温度波动范围、炉渣性质和对炉衬性质的要求来选定材质。当用于涂覆在其他炉衬之上时,其材质应与原炉衬相当,两者的化学性质、耐火度、高温强度和变形、线膨胀等应相近。通常,根据粒状和粉状料的材质将喷射料分类,如常用的有高硅质、黏土质、高铝质、铬镁质、镁铬质、镁质、白云石质、碳化硅质和锆英石质等。按施工方法可分为湿法(泥浆法)、半干法(喷嘴混合式)和火焰法(熔射法)喷射料;按使用条件又可分为转炉用喷补料、电炉用喷射料、钢包用喷补料、真空脱气装置(RH、DH)用喷补料、出铁沟用喷补料和高炉内衬用喷射料等。

对粒状材料的极限粒度,应根据喷射机的结构和喷射层的厚度以及喷射方法(如湿法或干法)不同,适当选择。极限粒度选择不当,对喷射料与基底间的附着性和回弹损失有很大影响。回弹损失指喷射于基底之上时被弹回而未能附着于其上的那一部分的数量。颗粒级配不仅对喷射层的结构密实性有影响,与附着性和回弹损失的高低也有很大关系。一般而论,湿式喷射料的颗粒过粗和粗粒过多或过少,对喷射层的密度都不利;而且颗粒粗和粗粒多往往导致回弹损失较大。可以认为,在一定范围内,附着率随细粉含量的增加而提高。干式喷射料则相反,一般认为以粗粒较多而细粉较少为宜。通常湿法用粒状料的粒度多为0.5mm;干法用的可达6~7mm甚至更大。

b 结合剂

除冷态喷射有时可使用水泥以外,热态喷射不宜采用水泥,因其高温附着性较差。快速凝结的化学结合剂,不仅可使喷射层迅速地获得必要的强度,而且会与底衬迅速地结合成牢固的整体,避免从炉衬之上滑落,因而应用较多。最常使用的如硅酸钠、磷酸盐和聚磷酸盐等。有的也用氯化盐或硫酸盐。其中,硅酸钠的附着率较高,但磷酸盐的中温强度很高且耐侵蚀性较强,因而应用最多。另外,也常用有机质结合剂。结合剂的用量应控制适当,特别是含低熔物较多者更应少用。否则,烧缩过大。

c 助熔剂

热态喷射除可加结合剂外,有的还另加或只加少量助熔剂,以利于其快速烧结。常用的助熔剂有:氧化铁、蛇纹石、橄榄石、硼砂等。

d 水分

水分在喷射料中的作用有利也有弊。加水较多，喷射料的黏度较小，有利于喷射操作，但对喷射层的体积稳定性、结构密实性、强度和抗热震性以及对炉子的热效率等却有不利影响。另外，对喷射层的形成过程也有不利作用，如热态喷射时，水分的汽化，使喷射层的烧结延缓；冷态喷吹时，使喷射层的干燥速度降低。当加水不足时，喷射料缺乏粘结性，回弹损失大而附着率低。因此，喷射料的水分应根据对喷射层的质量和厚度的要求以及喷射机具有的性能和操作技术等权衡确定。高的可达25%以上，低的16%左右，直至完全采用干混合料，而仅在喷嘴端部混以少量水分进行喷射。干法与湿法相比，干法用料不需预先混练，但喷射操作较复杂；喷射回弹损失多达20%左右；喷射层的厚度大，可达50~60mm；喷射层的结构较致密和耐侵蚀性好。湿法用料必须预先混练，但喷射操作较简便；喷射回弹损失少，仅5%左右；喷射层厚度也较薄，一般仅20~25mm；喷射层的结构致密性较低和耐侵蚀性较差。

B 喷射料的性质和应用

a 性质

喷射料的附着性是其重要性质之一。单就材料方面而言，影响与基底间附着性的最主要因素是混合料本身的粘结性。因此，凡可使物料的粘结性得到提高的措施都可使其与基底间的附着性提高。特别是结合剂的作用最为重要。在热态下不用结合剂进行喷补时，添加有助于烧结的助熔剂也对附着性有影响。

同浇注料相比，以喷射方式施工可获得高密实度和高强度的喷射层。两种施工方法对强度的影响尤以在常温和中温下最为显著。两种施工方法对冷态耐压强度的影响如图9-7所示。喷射施工强度较高的原因是混合料的各种颗粒具有很高的动量，可连续地喷射入底层材料之内，颗粒之间堆集紧密，嵌合牢固，从而形成强的结合。

喷射料的耐侵蚀性与材质有关。与浇注法相比，由于喷射施工可使构筑物的密度得到提高，因而耐侵蚀性也较高。

若喷射料中含水较少和结合剂用量较低，其收缩也较低。

b 应用

喷射料是修补冶金炉的主要材料。在金属冶炼过程中，由于广泛采用此种材料对冶金炉及时进行合理的喷补，使炉衬寿命得到明显提高。一般而论，炉衬侵蚀面大，热态喷补以湿法较好；填补局部严重侵蚀的部位，用干法者较多。另外，在各种工业窑炉中，用此种材料喷射于被保护的基底材料上，作为保护层，也有很好的技术经济效果。

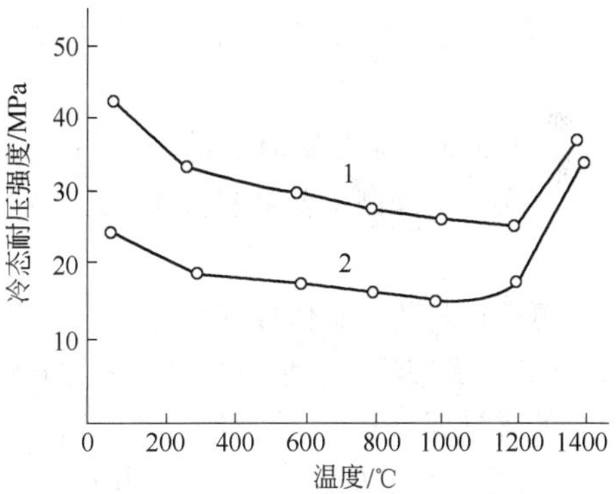

图9-7 不同施工方法对耐火材料冷态强度的影响
1—喷射；2—浇注

9.3.2.2 投射料

投射料的组成和性质与喷射料相同，只是将喷射施工法改为用高速运转的投射机具。以50~60m/s的线速度，将混合料投射于基底之上。主要适用于圆形的窑炉和容器，如常用以构筑整体性钢包和铁水罐内衬。与手工砌筑相比，其优点是实现了砌筑的机械化，施工速度快，劳动强度低。投射的内衬寿命与一般耐火砖相比，有的会更高一些。耐火投射料一般采用黏土质和高铝质熟料作耐火骨料和粉料，也可采用叶蜡石、硅石、锆英石等，耐火骨料的粒度最大一般为3mm，有时也可用5mm，用量一般为58%~68%；耐火粉料用量一般为32%~42%，要求粒径小于0.085mm的料要占80%以上；结合剂一般选用结合黏土、水玻璃、磷酸(盐)等，用量一般为结合黏土占5%～10%，水玻璃(相对密度1.38～1.4)占9%～12%，磷酸(盐)占7%～9%。外加剂的选用由热工设备和施工方法确定。

投射料的配制，先将物料按比例称量后在强制式搅拌机或轮碾机中干混1min，再加水或结合剂混练均匀。施工时应该选择与材料性能相关的投射机，投射机选用得好，投射后附着层体积密度大，显气孔率低，耐压强度高。此外，投射料的材质、粒度、结合剂的种类、用水量等也对其性能有很大的影响。

9.3.3　耐火泥

耐火泥是由粉状物料和结合剂组成的供调制泥浆用的不定形耐火材料，又称接缝料。主要用来作砌筑耐火砖砌体的接缝和涂层材料。

9.3.3.1　耐火泥的重要作用

用作接缝材料时，其质量优劣对砌体的质量有相当大的影响。它可以调整砖的尺寸误差和不规整的外形，以使砌体整齐和负荷均衡，并可使砌体构成坚强和严密的整体，以抵抗外力的破坏和防止气体、熔融液的侵入。当作为涂料时，其质量的好坏对保护层是否能使底层充分发挥其应有的效用并延长使用寿命有极密切的关系。

9.3.3.2　对耐火泥浆的基本要求

一般，往耐火泥中加水或水溶液或焦油，调成泥浆。耐火泥浆必须具备良好的流动性和可塑性，便于施工；在施工和硬化后应具有必要的粘结性，以保证与砌体或基底结为整体，使之具有抵抗外力和耐气、渣侵蚀的作用；应具有与砌体或基底材料相同或相当的化学组成，以免不同材质间发生危害性的化学反应，并避免从耐火泥处首先蚀损；应有与砌体或基底材料相近的热膨胀性，以免互相脱离，使耐火泥层破裂；体积要稳定，以保证砌体和保护层的整体性和严密性。

9.3.3.3　耐火泥的配制

耐火泥的配制主要是制备和选用粉状料和配结合剂。

A　粉料

可选用材质与砌体或基底材料相同或相近的各种烧结充分的熟料和其他体积稳定的耐火原料，将其制成细粉。通常根据粉料的材质将耐火泥分类。有时对相同材质的原料，还应依其主要组分的含量划分等级，分级生产和使用。粉状料的粒度依使用要求而定。其极限粒度一般小于1mm，有的还小于0.5mm或更细，按砖缝或涂层厚度而定，一般不超过最低厚度的1/3。

B　结合剂

制造普通耐火泥用的结合剂为塑性黏土。欲要求耐火泥在常温和中温下具有较快的硬化速度和较高的强度，同时又要求其在高温下仍具有优良性质，应掺入适当的化学结合剂，配制成化学结合耐火泥或复合耐火泥。化学结合耐火泥中依结合剂的凝结硬化特点有气硬性耐火泥、水硬性耐火泥和热硬性耐火泥。气硬性耐火泥常用硅酸钠等气硬性结合剂配制。水硬性耐火泥以水泥作结合剂制成。热硬性耐火泥常用磷酸和磷酸盐等热硬性结合剂配成。此种耐火泥浆硬化后除在各种温度下都具有较高强度以外，收缩小，接缝严密，耐侵蚀性强。

9.3.3.4　耐火泥的应用

在工业窑炉中，常根据砌筑体的性质、使用环境和施工特点分别选用各种耐火泥。常用的几种耐火泥的组成和用途如表9-3所示。

表 9-3 常用的几种耐火泥的组成和用途

种类		组成			最高使用温度/℃	用途
		粉状料	可塑料	结合剂		
普通耐火泥	硅质	软质硅石、烧硅石		软质黏土、膨润土		硅砖砌体的接缝和修补
	半硅质	蜡石、硅质黏土		软质黏土、蜡石质黏土		半硅质砌体的接缝和修补
	黏土质	硬质黏土熟料		软质黏土		黏土砖砌体的接缝
	高铝质	高铝熟料		软质黏土、膨润土、有机结合剂		高铝砖砌体的接缝
	铬质	铬矿、铬砖屑		膨润土、软质黏土		铬砖、铁壳砖的接缝
	镁质	镁砂		膨润土		镁砖砌体的接缝
化学结合耐火泥	硅质	软质硅石、烧硅石	软质黏土	硅酸钠、磷酸铝等	1400 ~ 1600	焦炉、气体反应器用硅砖砌体的接缝和修补
	黏土质	硬质黏土熟料	软质黏土	硅酸钠、磷酸铝等	1200 ~ 1500	锅炉、焦炉、换热器、高炉、热风炉、均热炉等用黏土砌体的接缝和修补
	高铝质	高铝熟料	软质黏土	硅酸钠、磷酸铝等	1600	均热炉、高炉、加热炉等高铝砖砌体的接缝和修补
	碳化硅质	碳化硅	软质黏土	硅酸钠、磷酸铝等	1550	碳化硅砖的接缝和修补

10 绝热材料

随着世界范围内能源日趋紧缺,各国非常重视绝热材料的生产和应用。应用绝热材料的根本目的在于降低高温热工设备砖砌体的热损失,提高热效率,增加生产,降低能源消耗。

高温窑炉通过炉墙的热损失有两种形式,即炉墙以导热的形式向外散热和砖砌体的蓄热损失。连续性操作炉窑以散热损失为主,间歇式操作的热工设备主要是蓄热损失。所以要针对热损失的形式,合理选择和应用绝热材料。

轻质绝热材料既可使以导热方式散失的热量减少,又可使因蓄热损失的热量减少,还可降低炉体的重量,从而获得最佳节能效果。

10.1 绝热材料的主要特征和分类

10.1.1 绝热材料的主要特征

绝热材料是指气孔率高、体积密度低、热导率低的耐火材料。它包括隔热耐火制品,耐火纤维和耐火纤维制品。

绝热材料的主要特征为:气孔率高,一般为65% ~78%;体积密度小,一般不超过1.3g/cm^3,目前工业上常用为0.5~1.0g/cm^3;热导率小,多数小于1.26W/(m·K);重烧收缩小,一般不超过2%。因此,绝热材料也称为轻质隔热材料。隔热耐火材料机械强度、耐磨损性和抗渣侵蚀性较差,不宜用于炉窑的承重结构和直接接触炉渣、炉料、熔融金属等部位。

10.1.2 绝热材料的分类

绝热材料一般按使用温度、体积密度、制造方法和材料的形态进行分类。

10.1.2.1 按使用温度分类

(1)低温绝热材料。使用温度小于900℃。主要制品有硅藻土砖、石棉、膨胀蛭石、矿渣棉等。

(2)中温绝热材料。使用温度为900~1200℃。主要品种有膨胀珍珠岩、轻质黏土砖及耐火纤维等。

(3)高温绝热材料。使用温度大于1200℃。主要制品有轻质高铝砖、轻质刚玉砖、轻质镁砖、空心球制品及高温耐火纤维制品等。

10.1.2.2 按体积密度分类

(1)一般绝热材料。体积密度不大于1.3g/cm^3。

(2)常用绝热材料。体积密度为0.5~1.0g/cm^3。

(3)超轻绝热材料。体积密度小于0.3g/cm^3。

10.1.2.3 按制造方法分类

(1)用多孔材料直接制取的制品。如硅藻土及其制品。

(2)用可燃加入物制得的制品。如在泥料中加入容易烧尽的锯末、炭粉等物,使烧结制品具有一定的气孔率,主要制品为轻质砖。

(3)用泡沫剂制得的制品。在泥浆料中加入起泡剂(如松香皂),并用机械方法处理制得多孔轻质耐火制品。

(4)用化学法制取的制品。在泥浆料中加入碳酸盐和酸,苛性碱或金属铝和酸等,借助于化学反应产生的气体使制品形成气孔而制得的制品。

(5)轻质耐火混凝土。

(6)耐火纤维及制品。

10.1.2.4　按材料的形态分类

(1)粉粒状隔热材料。它包括不含结合剂的直接利用耐火粉末或颗粒料作为填充隔热层的粉粒散状材料与含有结合剂的粉粒散状轻质隔热材料。这种材料的优点是使用方便,便于施工,在现场填充和制作即可成为高温窑炉和设备的有效隔热层。

(2)定形隔热材料。这种绝热材料是具有一定形状和多孔组织结构的隔热材料,其中以砖型制品最为普遍。其优点是性能稳定,使用、保管和运输等都很方便。

(3)纤维状绝热材料和纤维制品状隔热材料。这种材料主要是利用纤维材料易于形成多孔组织,易形成重量轻、绝热性好、富有弹性和良好吸声和防震等性能而制造的。

(4)复合隔热材料。主要是指纤维材料与其他材料配制而成的绝热材料,如绝热板、绝热涂层等隔热材料。

此外,还可按原料分为黏土质、高铝质、镁质、硅质绝热材料。

10.2　轻质耐火材料的绝热条件

10.2.1　常温下轻质耐火材料的绝热条件

绝热材料之所以能绝热,其根本原因是材料的导热性差。绝热材料的热导率(λ)都很小,即热阻率($1/\lambda$)都很大。

绝热材料是多相组合体。构成绝热材料的固相大多数是非金属氧化物(晶质和玻璃质)。它本身热导率并不一定很小。但是,当此种制品内存在许多气孔并充满了气体时,则由于气体的导热性很低,如空气在0℃时热导率为0.023W/(m·K),常温下热导率小于0.03W/(m·K),500℃时为0.06W/(m·K),从而使固相和气相构成气孔率很高的轻质材料,或颗粒状材料间充满气体的散状材料,或纤维状材料间充满气体的棉、毡状材料,都具有很低的导热性。

10.2.1.1　轻质多相材料导热性与气孔率、体积密度的关系

由于轻质多相材料由固相(晶质和玻璃质)和气相组成,在低温时,由于气相的热导率比任何固相的热导率都小,气相可以起到很好的隔热屏蔽作用,因此,随着气孔率的增加,隔热耐火材料的热导率线性降低。其热导率与气孔率的关系可用下式表示:

$$\frac{\lambda_b}{\lambda_s}=\frac{p^{\frac{2}{3}}+\frac{\lambda_s}{\lambda_a}(1-p^{\frac{2}{3}})}{p^{\frac{2}{3}}-p+\frac{\lambda_s}{\lambda_a}(1-p^{\frac{2}{3}}+p)}$$

式中　λ_b——轻质多相材料热导率,W/(m·K);

λ_s——固体的热导率,W/(m·K);

λ_a——气孔内气体的热导率,W/(m·K);

p——轻质多相材料的气孔率,%。

图10-1所示为轻质多相材料热导率与气孔率的关系。图中实线表示材料中固体是连续的,

气体是隔离的（相当于轻质制品）。虚线表示气体是连续的，而材料中固体是被隔离的（相当于松散制品）。这是因为当气相为分散相，固相为连续相时，隔热耐火材料的传热过程主要受热导率较高的固相支配，气相对降低隔热耐火材料热导率的作用较小。即气孔率越高，材料的热阻越大。当气相为连续相，固相为分散相时，气相对提高隔热耐火材料热导率的作用就较大。不难看出，轻质多相材料的热导率，开始随气孔率的增加几乎是直线下降，材料热阻显著增大。但当气孔率达到一定值后，下降速度缓慢，以致趋于稳定。

当材质一定时，制品的体积密度与其气孔率成反比，故轻质多相材料的热导率与体积密度成直线关系。随体积密度的增大，固体粒子直接接触比率增加，热导率增大。

10.2.1.2　热导率与气孔大小的关系

若气孔率低，气孔尺寸小且分布均匀，则增大气孔率，使热导率降低。当气孔率达到一定值后，气孔尺寸变大，增强了气孔壁间的热辐射和气孔内的气体对流换热，气孔率继续增大，对热导率的影响变小。可见，大气孔会使制品的绝热性能降低，尤其是在高温条件下更明显。气孔大小对热导率的影响见图10-2。

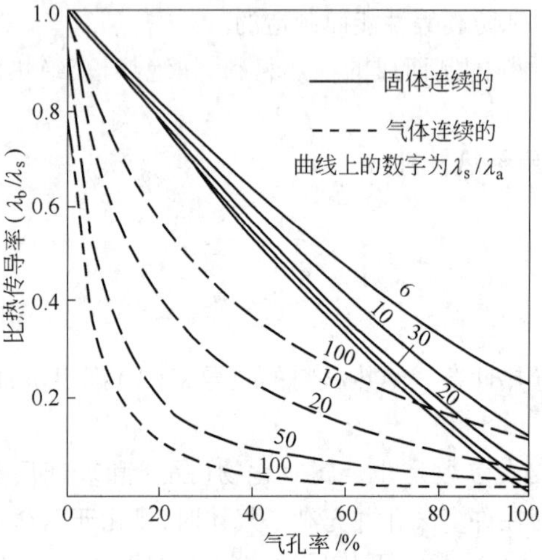

图10-1　气孔率和热导率关系

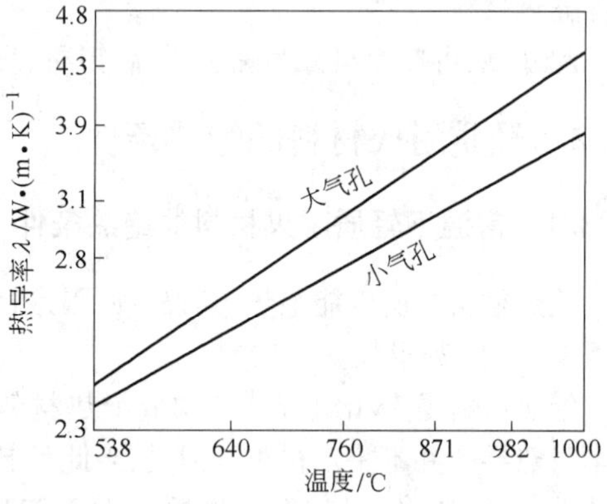

图10-2　热导率和温度及气孔大小的关系

10.2.1.3　组织结构的影响

图10-3给出了用泡沫法和添加可燃物法制造的两种组成相同和气孔率都为70%的轻质刚玉耐火材料的热导率的比较。虽然它们的组成和气孔率都相同，但泡沫法轻质砖的热导率要比可燃物法轻质砖的热导率大得多，其原因在于材料的显微结构不同。在显微镜下观察时可以看到，泡沫轻质砖的组织结构特点为气相（气孔）被连续的固相包围，形成蜂窝状封闭气孔型结构。如前所述，在这种封闭气孔型结构的传热过程中，固相的热导率起主导作用。而以可燃物法生产的轻质砖的显微结构特点则不同，它是松散的多孔结构，近似于气相为连续相的显微结构，固相断断续续，被气相分隔，空气可起很好的热阻作用，因而它的热导率较小。

近年来，迅速发展的耐火纤维及其制品的最显著的特点是热导率很小，仅为成分相同的普通轻质砖的1/4～1/3，这归于耐火纤维材料的特殊组织结构。在耐火纤维及其制品中，气相为连续相，分布在由纤维构成的连续网络骨架结构中，但纤维与纤维之间的接触为可松动的点接触，不能形成热流的连续通路。因此，这种组织结构对热流可起很好的屏蔽作用。图10-4示出了耐火纤维材料中的传热原理。

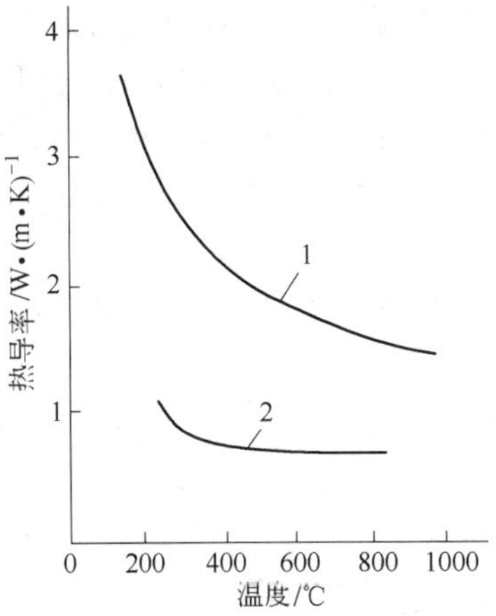

图 10-3　气孔率为 70% 的两种轻质刚玉砖的热导率的比较
1—用泡沫法生产；2—用可燃物法生产

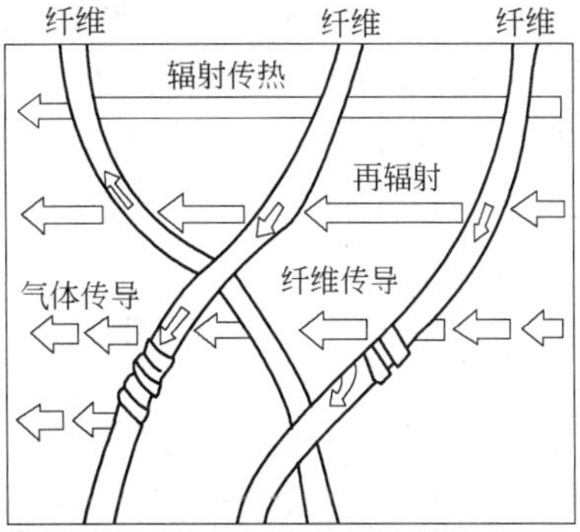

图 10-4　耐火纤维材料中的传热原理

10.2.1.4　固相导热性能与材料绝热性能的关系

当制品的结构相同，气孔的形状、大小和分布及气孔率都相同，而固相连续时，固相的热导率也有影响。

10.2.2　高温下轻质多相材料的导热性

绝热材料的热导率与温度的关系，因材质而异，有些制品，如轻质黏土砖和轻质硅砖等，随温度的升高而增大。可用下式表示：

$$\lambda_t = \lambda_0 + bt$$

式中　λ_t——温度为 t℃时的热导率，W/(m · K)；

λ_0——温度为 0℃时的热导率，W/(m · K)；

b——温度系数。

这类绝热材料的热导率与温度的关系如图 10-2 所示。可见无论气孔大小，其热导率都随温度升高而增大，这是由于高温时，由于通过气相的辐射传热作用加强之故。

由于轻质多相材料含有大量的气相，轻质制品热导率随温度升高而增大的速度比致密制品热导率的提高要慢。

若绝热材料中固相随温度升高，其热阻增大，则此种绝热材料的热导率，也不一定随温度升高而增大。一些氧化物的热阻与温度的关系如图 10-5 所示。

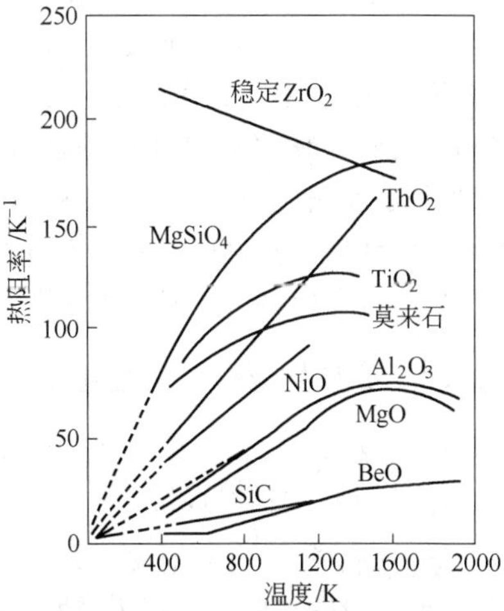

图 10-5　各种耐火纯氧化物的热阻率 ($1/\lambda$) 与温度的关系

10.2.3　气氛的影响

隔热耐火材料的气相（气孔）的主要作用是降低热导率，这是因为气体的热导率比任何固体的热导率都低。通常，隔热耐火材料是在大气环境下制造和使用的，存在于气孔中的气体主要为空气。因此，在绝大多数情况下，所谓气相在隔热耐火材料中的作用,实际上也就是空气的隔热绝缘作用。但在有些情况下,隔热耐火材料是在真空、保护气氛或要求控制气氛的各种工业窑炉中使用的,如采用氢气、一氧化碳、二氧化碳、碳氢化合物及惰性气体等气氛,因而有必要了解气氛对隔热耐火材料导热性能的影响。

气体的导热性与气体的组成和结构有关,一般来说,气体的分子量越小,它的组成和结构越简单,其热导率也就越大。图10-6示出了轻质黏土砖、高铝砖、莫来石砖和刚玉砖在不同气氛下热导率的变化。由此可以看到,隔热耐火材料在真空下的热导率最小,在氢气气氛中的热导率最大。

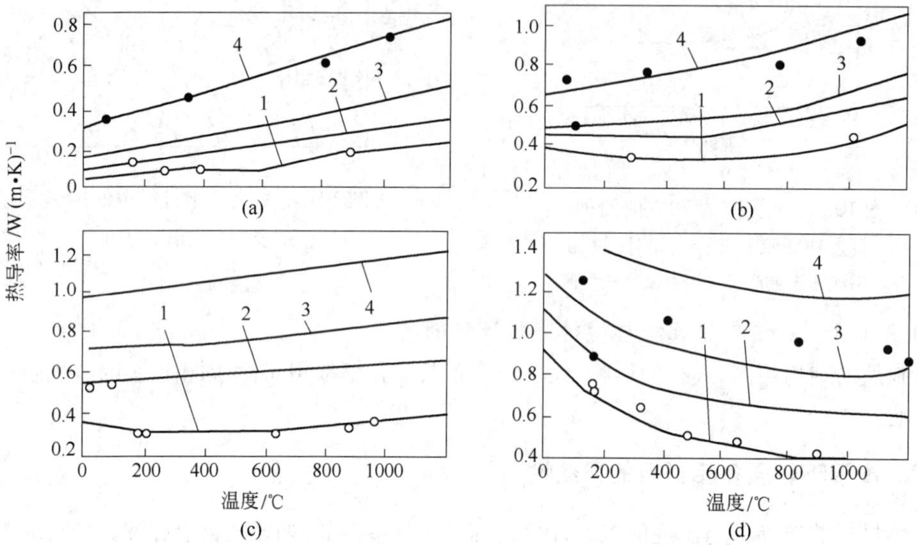

图10-6　气氛对隔热耐火材料热导率的影响

(a)轻质黏土砖;(b)轻质高铝砖;(c)轻质莫来石砖;(d)轻质刚玉砖

1—真空($1\times10^{-2}\sim2\times10^{-2}$Pa);2—空气;3—惰性气体;4—氢气

由以上的叙述可知,当轻质隔热耐火材料在以气相为连续相的情况下,气相的热导率对隔热耐火材料热导率的影响较大。相反,在以固相连续而气相孤立存在的情况下,气相的热导率对隔热耐火材料热导率的影响较小。这表明,当隔热耐火材料在气氛的热导率比空气的热导率大的场合下使用时,为避免气氛的不良影响和保持隔热内衬的隔热性能,最好选用封闭气孔结构型隔热耐火材料,如用泡沫法生产的轻质砖、粉煤灰漂珠轻质砖和氧化物空心球制品等。反之,在生产时,如能设法让封闭气孔内充满热导率较空气更小的气体,或选用封闭气孔内充满热导率较空气小的气体的轻质材料制造隔热耐火材料,则可期望改善材料的隔热性能。例如,粉煤灰漂珠就属于后一种轻质材料。据气相色谱分析证实,漂珠壳内封闭气体的主要成分是CO_2和N_2。

10.2.4　绝热材料的其他性能

绝热材料除具备热导率低的特性以外,使用中还要求其他相应的性能。

10.2.4.1　耐热性

轻质隔热耐火材料中含有大量的气孔,比表面很大,使用时受热和在负荷(如自重)的作用下,易发生收缩变形并使隔热性能降低。因此,要求隔热耐火材料的体积和外形在长期使用过程中能保持稳定,即要求具有良好的体积稳定性。不然,收缩作用可导致炉体结构变形和产生裂纹,增加散热损失。因此,耐热性能是轻质隔热耐火材料的一项重要指标。隔热耐火材料的耐热性(允许使用温度)通常不取决于它们的耐火度,而主要取决于抵抗在加热作用下收缩变形的能力,国际上一般都以重烧收缩量不大于2%的温度作为隔热耐火材料的使用温度。图10-7示出了各种隔热保温材料的使用温度范围。对于同一品种的隔热材料而言,使用温度一般是随着体积密度的增大而提高,这是因为在体积密度大的材料中,固相颗粒之间的结合比较连续和牢固,因而可以保持较高的体积稳定性。

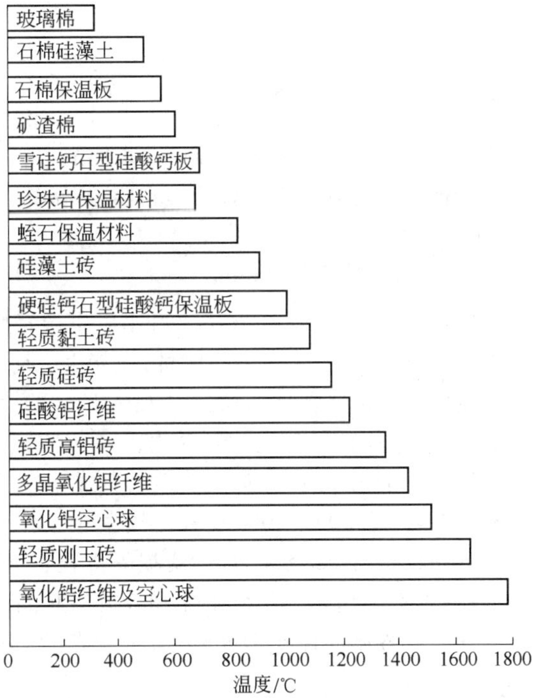

图10-7　各种隔热材料的使用温度范围

10.2.4.2　体积密度

体积密度是隔热材料的主要指标之一。它与制品热容量的大小和热导率的高低都有直接的关系,体积密度大的制品,热容量和热导率都大,反之则小,但是体积密度过小也会使制品的热导率增大。因此,从隔热节能的角度考虑,制品的体积密度应控制在适当小的范围内。

10.2.4.3　常温耐压强度

对隔热耐火材料的耐压强度要求,从实际使用情况出发,在砌筑炉墙时,制品的耐压强度要求不小于0.07MPa,砌筑炉顶时,不小于0.35MPa,在搬运输送过程中为保证不破裂、不掉边,耐压强度应不小于1.0~1.5MPa。当制品用于窑炉的工作层时,由于直接接触火焰和受热气流的冲刷,要求制品有较高的强度,可选用密度大、常温耐压强度高的牌号产品。

10.2.4.4　加热线变化

制品在烧成(有的不经烧成)过程中物理-化学反应不可能完全,使用时在高温作用下会继续反应,使制品的体积发生不可逆的变化,这将破坏砌筑体的结构而降低窑炉的使用寿命。所以,加热线变化与最高使用温度密切相关。隔热耐火砖最高使用温度的实验室测定,是加热整块砖2h,其线变化率等于1%时的温度。为了对实际使用更有意义,提出两个方法:一是延长加热时间至24~50h;二是用嵌镶法,即将砖样一端插入炉内加热,一端暴露于空气中,观察收缩,其受热端高于安全使用温度100℃进行加热实验。

10.2.4.5 抗热震性

在间歇式的热工设备中，耐火材料常在温度突然变化的条件下使用，在连续式操作的设备中也常存在温度波动，一般情况下，材料的热震性与机械强度、热导率成正比，与线膨胀率、热容、弹性模量、体积密度成反比。另外，制品抗热震性还与制品形状和大小以及热流性质有关。对隔热耐火材料的抗热震性有专门的测试方法。

10.3 多孔轻质耐火制品

10.3.1 多孔轻质耐火制品的生产

多孔轻质耐火制品主要有轻质砖、空心球制品和轻质耐火混凝土。生产的方法很多，但无论采用何种方法，根本目的在于制取具有气孔率高、气孔尺寸小、分布均匀、体积密度小、稳定性高和绝热性能好而强度也较高的绝热耐火制品。

10.3.1.1 燃烬加入物法

燃烬加入物法是目前制造轻质耐火制品常用方法。可用以生产轻质黏土砖、轻质高铝砖和轻质硅砖等。加入的可燃物应具有较高的挥发性及可燃性，应能生成细小的均匀气孔，还应具有较小的弹性，便于成型。具有这些特性的主要加入物为锯末、粉碎后的木炭、无烟煤粉及木炭等。目前还采用加入聚氯乙烯空心球等其他含灰分少的可燃物，其中以锯末应用最广泛。泥料含水量与可燃加入物的种类数量有关，一般为25% ~35%，为改善其成型性能，混合好的泥料，须经困料。成型采用可塑法。料坯经干燥，于500 ~1000℃氧化气氛中，将可燃物完全燃烬，最后在1250 ~1300℃下烧成。由于坯体的水分含量较大，且燃烧损失也较多，所以总的收缩较大，可达9% ~15%，而且三个方向的收缩也不尽相同，因此，干燥和烧成后制品的变形较大，产品需经磨制、整型和加工处理后才能使用。此种制品体积密度较大，一般为1.0 ~1.3g/cm^3，强度较高，使用温度可达1350 ~1400℃。

10.3.1.2 泡沫法

泡沫法是以表面张力小的物质加入泥浆中使之起泡沫，浇入模型，连同模型一起干燥后，在一定温度下烧成，经加工、整型后制成制品的方法。该方法主要用于生产轻质高铝砖和大多数黏土砖。首先，将由高铝熟料、结合黏土或再加锯末组成的混合料加水，制成含水25% ~30%的浆状泥料，送入注入起泡剂的打泡机中制造泡沫，混合均匀，然后将泡沫饱和的泥浆进行浇注，连同模子一起干燥，在1300 ~1350℃下烧成。烧制品最后进行修整，保证其尺寸准确。这种制品气孔率高，体积密度一般为0.9 ~1.0g/cm^3。

泡沫法采用的起泡剂主要是松香皂溶液，其制作方法是：将松香（31%）、NaOH（6.1%）、水（62.9%）的混合物在70 ~90℃加热至全部皂化。再用清水洗涤6 ~7次，澄清后过100目筛。稳定剂用水胶和钾明矾或者用木胶、石膏或钾-铝明矾调制而成，稳定剂主要是吸收泡沫中的水分，使泡沫的结构接近固态物质，从而使泡沫稳定下来。

10.3.1.3 化学法

化学方法很多，都是利用加入物在泥浆中发生化学反应产生气泡来实现的，如在泥浆中加入白云石和硫酸，就可发生化学反应产生气泡。其反应式为：

$$MgCa(CO_3)_2 + 2H_2SO_4 = MgSO_4 + CaSO_4 + 2H_2O + 2CO_2\uparrow$$

在有外加物的泥浆中加入促凝剂半水石膏（$CaSO_4 \cdot 0.5H_2O$），然后注入模中，在模中产生气泡，体积膨胀。促凝剂的加入量以浆料膨胀升到模子指定位置凝固完毕为宜。连模一起干燥。脱模后，在1240 ~1300℃下烧成。

10.3.1.4　泡沫熟料法

泡沫熟料法是首先用化学法或泡沫法制成轻质多孔熟料（体积密度为0.9～1.0g/cm^3）或空心球作骨料，然后加一定量的结合剂（如结合黏土），再在1360～1410℃下烧制成轻质耐火制品。

空心球的生产，最常用的为电熔喷吹法，即将原料（如工业氧化铝）在电炉内熔融成液态，用压缩空气或高压蒸汽喷吹成直径不等的空心散状球体。另外，也可用易燃烬的树脂等有机物做成球体，然后在球表面上喷洒粘结剂，再在其上粘附上一层耐火细粉，如氧化铝粉，经干燥并烧成，有机物烧失，残留壳体即为空心球。空心球吹制如图10-8所示。

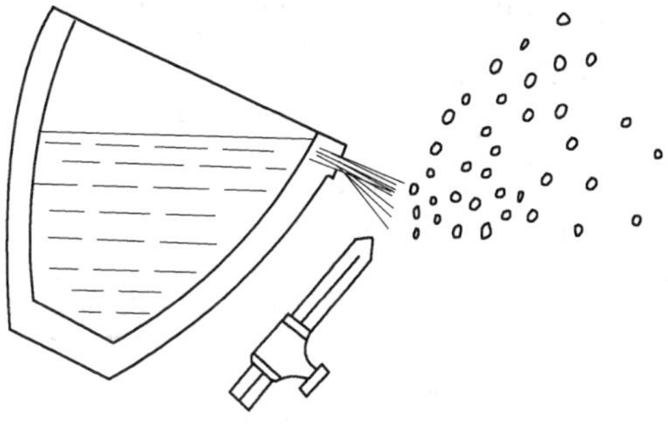

图10-8　空心球吹制示意图

10.3.2　多孔轻质制品的性质

10.3.2.1　轻质硅砖

轻质硅砖是以硅石为原料，采用燃烬加入物法或化学法制成的SiO_2含量在91%以上的多孔轻质砖。也可制成不烧制品。

轻质硅砖的一些性能与致密硅砖相接近。但其体积密度较小，为0.9～1.10g/cm^3；耐压强度较低，为1.96～5.83MPa；导热性较低，350℃时热导率为3.49～4.19W/(m·K)；抗热震性有所提高；高温下有微小的残余膨胀，1450℃时的膨胀率小于0.2%。

10.3.2.2　轻质黏土砖

轻质黏土砖是含Al_2O_3约为46%的具有多孔结构的轻质耐火制品。主要是采用燃烬加入物法或泥浆泡沫法或化学法制成的多孔制品。

轻质黏土砖的体积密度为0.75～1.20g/cm^3；耐压强度0.98～5.88MPa；300℃时热导率为0.795～2.93W/(m·K)。使用温度一般为900～1250℃。最高使用温度为1200～1400℃。我国轻质黏土砖的性能如表10-1所示。

表10-1　我国轻质黏土砖的性能指标

性　能	指　标					
	NG-1.5	NG-1.3a	NG-1.0	NG-0.8	NG-0.6	NG-0.4
体积密度/g·cm^{-3}，不大于	1.50	1.30	1.00	0.80	0.60	0.40
常温耐压强度/MPa，不小于	5.88	4.41	2.94	2.45	1.47	0.98
重烧线变化不大于2%的试验温度/℃	1400	1400	1350	1250	1200	1150
热导率/W·(m·K)$^{-1}$，(350±25)℃，不大于	0.70	0.60	0.50	0.35	0.25	0.20
允许使用温度/℃	1400	1300	1300	1250	1200	1150

10.3.2.3　轻质高铝砖

轻质高铝砖是指Al_2O_3含量在48%以上，主要由莫来石与玻璃相或刚玉相与玻璃相组成的具有多孔结构的耐火制品。其性能优于轻质硅砖和轻质黏土砖。

轻质高铝砖的性能如表10-2所示。气孔率为66%～76%；体积密度为0.40～1.35g/cm^3；耐压强度0.78～4.5MPa；350℃和500℃时热导率分别为0.2～0.5W/(m·K)和2.9～5.82W/(m·K)；重烧线变化小；抗热震性较好。可以长期在1250～1350℃下使用，最高使用温度为1350～1650℃。当Fe_2O_3和SiO_2含量很少时，能抵抗H_2、CO等还原性气体的作用。用轻质高铝砖砌筑的炉内可以通入氢、氮、甲烷等保护性气体使被处理的工件不氧化。轻质高铝砖是加热炉、退火炉用的优质节能型筑炉材料。

采用工业氧化铝及高铝矾土等原料生产的轻质高铝砖和轻质刚玉砖，耐火度高达1800℃，最高使用温度可达1650℃。

表10-2 轻质高铝砖性能指标

性能	指标						
	LG-1.0	LG-0.9	LG-0.8	LG-0.7	LG-0.6	LG-0.5	LG-0.4
$w(Al_2O_3)/\%$	48	48	48	48	48	48	48
$w(Fe_2O_3)/\%$	2.0	2.0	2.0	2.0	2.0	2.0	2.0
体积密度/$g\cdot cm^{-3}$，不大于	1.0	0.9	0.8	0.7	0.6	0.5	0.4
常温耐压强度/MPa，不小于	3.92	3.43	2.94	2.45	1.96	1.47	0.78
重烧线变化不大于2%的试验温度/℃	1400	1400	1400	1350	1350	1250	1250
热导率/$W\cdot(m\cdot K)^{-1}$，(350±25)℃，不大于	0.50	0.45	0.35	0.35	0.30	0.25	0.20

10.3.2.4 耐火空心球及制品

以耐火物料构成空心球的散状耐火材料称为耐火空心球。耐火氧化物空心球有：氧化铝、氧化锆、氧化镁、莫来石、铬尖晶石、铝尖晶石等材料的空心球，它们通常是以纯氧化物为主要原料，在电弧炉等高温熔炼炉中熔化，待熔体流出时以高压气流喷吹，冷凝后形成的人造轻质球形颗粒料，其直径一般为0.2～5mm。目前，应用较多的是氧化铝空心球和氧化锆空心球。若生产氧化锆空心球，则以氧化锆为原料，加4%～6%的CaO作稳定剂，然后采用电熔喷吹法制取空心球。

此外，还有玻璃、陶瓷及炭素空心球等。将耐火空心球再结合可制成各种空心球制品。这些空心球除可以用来生产定形制品，也可用作浇注料。

由于耐火空心球耐高温、保温性能好，有较好的抗热震性能和较高的强度，受到特别的重视。氧化铝、氧化锆及炭素空心球制品最高使用温度可达1800℃以上。氧化铝空心球制品和ZrO_2空心球制品具有良好的耐火性能和较高的强度及隔热性能，可用作高温或超高温热工设备的工作衬，也可用作保温材料，用于高温窑衬，可节能30%左右。氧化铝空心球砖长期使用温度在1650～1800℃，ZrO_2空心球砖长期使用温度在2000～2300℃，常用于石化工业的汽化炉、造气炉、炭黑反应炉、冶金工业的加热炉、耐火材料和陶瓷工业的烧结炉以及高温硬质合金的中频感应炉、石英玻璃熔炉等。可用作钼丝炉、二硅化钼炉等高温电炉炉衬材料，高温火焰炉内衬，连铸用水口及真空感应电炉的充填材料。

氧化铝空心球制品，从组成和结构上看，有纯氧化铝空心球制品，莫来石结合制品和赛隆(Sialon)结合制品等不同品种。莫来石结合的氧化铝空心球制品，是在配料的细粉部分加入适量的SiO_2成分，在烧结过程中，基质中形成一定数量的莫来石替代刚玉相，从而提高制品的热稳定性。赛隆结合氧化铝空心球制品，是在高温氮化烧结过程中，基质中硅质添加物发生氮化反应，形成硅铝氧氮化物结合基质相。赛隆结合的氧化铝空心球制品具有机械强度高、热稳定性高、耐侵蚀性强等特点。

与其他轻质隔热材料相比，氧化物空心球隔热材料的特点是安全使用温度高，强度大和热导率小。它们的体积密度比同成分的致密制品低50% ~60%,可承受高温火焰的冲击,直接作为高温窑炉的内衬,现已推广应用于二硅化钼电炉、钼丝炉、钨棒炉、高温燃气间歇窑和隧道窑等许多窑炉上,可节能20%以上。

10.3.2.5 轻质混凝土

轻质混凝土是用轻质骨料和粉料,加胶结剂、外加剂,按一定数量比配合和制成混合料,直接浇注成具有多孔结构的整体式炉衬或制成的多孔制品。它除具有混凝土的特性外,还具有绝热、保温和体轻等轻质材料所具有的性能,并有一定的承重能力。目前,这种材料发展较快,应用较广。

轻质混凝土的种类很多,可按轻质骨料种类及胶结剂种类以及施工方法划分。

按轻质骨料的种类分为:膨胀珍珠岩轻质混凝土、膨胀蛭石轻质混凝土、空心球耐火混凝土、陶粒轻质混凝土及复合轻质骨料混凝土等。

按胶结剂种类分为:水泥胶结轻质混凝土、无机物胶结轻质混凝土、有机物胶结轻质混凝土和复合胶结剂轻质混凝土。

按施工方法分为:轻质骨料混凝土、泡沫轻质混凝土和加气轻质混凝土。

轻质混凝土的性能主要与轻质骨料、粉料及胶结剂的性能和用量有关。

轻质骨料在混凝土中起着骨架和主体作用。其种类、级配等直接影响制品的强度、体积密度、导热能力及其他耐火性能。

粉料多是和骨料同一材质的细粒物料。制品中掺加一定量的粉料,可使制品的强度有较大的提高,对体积密度影响不大。

胶结剂起胶结作用,其性能和用量影响制品的强度、体积密度及重烧线变化和使用温度。常用胶结剂有硅酸盐水泥、铝酸盐水泥、水玻璃、磷酸、磷酸盐、火山灰水泥及硫酸铝等。

加气耐火混凝土是用耐火粉料、胶结剂和外加剂按比例配合,采用化学法制造的具有多孔结构的耐火混凝土。它具有强度高、导热能力低、体积密度小和使用温度较高等优点。

硅酸盐水泥和铝酸盐水泥轻质混凝土的性能如表10-3及表10-4所示。

表10-3 硅酸盐水泥轻质混凝土性能

重量配合比	荷重软化温度/℃	烧后耐压强度		烧后线变化		干体积密度/$g\cdot cm^{-3}$	最高使用温度/℃	水灰比
		℃	MPa	℃	%			
火山灰水泥:黏土砖粉:硅藻土砖粉:轻质黏土砖粉 1:0.5:0.45:0.3	780	500 110	6.96 8.72	500	-0.5	1.10	500	1.20
火山灰水泥:黏土砖粉:硅石砂:硅石块 1:0.5:0.45:0.3	800	900 110	0.98 1.57	700 300	-0.61 -0.28	0.74	600	1.00
火山灰水泥:黏土砖粒:轻质黏土砖砂:轻质黏土砖块 1:0.5:0.78:1.52	1100	900 110	3.53 5.98	900 300	-0.40 -0.06	1.36	800	0.93
硅酸盐水泥:黏土砖粉:轻质黏土砖砂:轻质黏土砖块 1:0.5:0.81:1.52	1130	900 110	4.41 9.11	900 300	-0.34 -0.11	1.38	900	0.96
硅酸盐水泥:黏土砖粉:陶粒砂:陶粒 1:0.5:0.81:1.52	1050	900 110	4.8 14.21	900 300	-0.24 -0.05	1.27	800	0.54

表 10-4　铝酸盐水泥及水玻璃轻质混凝土性能

重量配合比	烧后线变化/%			荷重软化温度/℃		热导率 /W·(m·K)$^{-1}$	干体积密度 /g·cm^{-3}	最高使用温度/℃
	300℃	900℃	1300℃	开始	4%			
铝酸盐水泥: 蛭石砂: 蛭石块 1:0.47:0.21	-0.2	-0.51		900	1060	1.96~3.88 (<400℃)	0.86	800
铝酸盐水泥: 陶粒砂: 陶粒 1:0.34:0.83	-0.13	-0.17		1050	1120		1.32	900
铝酸盐水泥: 珍珠岩: 轻质高铝砖粉 1:2:2	-0.28 (500℃)	-0.36 (800℃)	0.36	1230	1310	2.51~4.27 (<1200℃)	1.05	1300
水玻璃: 黏土砖粉: 陶粒砂: 陶粒 1:1.4:1.26:1.61	-0.07	+0.13		950	970		1.39	800
水玻璃: 黏土砖粉: 膨胀蛭石砂: 膨胀蛭石块 1:0.88:0.32:0.19	-0.20	+0.12 (800℃)		870	920		0.99	700
纯铝酸钙水泥: 氧化铝粉: 氧化铝空心球 1:1.15:2.85			+0.12	1520	>1600	3.37~8.88	1.60	1600

10.3.2.6　其他轻质制品及性能

A　硅藻土制品

硅藻土制品是用天然硅藻土为原料制成的。天然硅藻土为藻类有机物腐烂后形成的一种松软多孔矿物,具有良好的绝热性能,其气孔率大,可达85%,有较高的机械强度,可塑性好,成型强度高。这些特点使得硅藻土成为良好的绝热材料。主要成分为SiO_2,主要杂质有MgO、Al_2O_3、Fe_2O_3和CaO等。硅藻土制品的体积密度为0.45~0.68g/cm^3;气孔率大于72%;耐压强度约0.39~6.80MPa;400℃时热导率为0.19~0.94W/(m·K);耐火度约1280℃。最高使用温度为900~1000℃。

硅藻土可制成硅藻土砖、硅藻土瓦、硅藻土板、硅藻土粉等多种制品。硅藻土保温材料广泛用于冶金、电力、机械、化工、石油、硅酸盐工业和其他热力行业的高温窑炉、锅炉等炉衬的绝热层及各种热工设备的绝热。

B　膨胀蛭石

膨胀蛭石是一种铁、镁质含水硅酸盐类矿物,其组成为$(Mg\cdot Fe)_3\cdot(H_2O)\cdot(Si\cdot Al\cdot Fe)_4\cdot O_{10}\cdot 4H_2O$。具有薄片状结构,层间含水5%~10%,受热后体积膨胀,形如蠕动水蛭,取名蛭石。蛭石在800~1100℃高温下会迅速膨胀,体积膨胀率为10~30倍。膨胀后的体积密度为0.1~0.3g/cm^3;吸水率达40%,常温热导率为0.523~0.628W/(m·K);耐火度为1300~1370℃。使用温度为900~1000℃。主要性能见表10-5。

表 10-5　膨胀蛭石的主要性能

性　能	等　级		
	Ⅰ级	Ⅱ级	Ⅲ级
体积密度/g·cm^{-3}	0.1	0.2	0.3
允许工作温度/℃	1000	1000	1000
热导率/W·(m·K)$^{-1}$	0.465~0.582	0.523~0.640	0.582~0.698
粒径/mm	2.5~2.0	2.5~2.0	2.5~2.0

膨胀蛭石内部有无数细小的薄层空隙，其中充满空气，因此，它的容重小，热导率低，是一种优良的绝热材料。它具有耐高温、强度较大、价格低廉、施工方便，可露天存放等特点。膨胀蛭石抗菌，不腐烂、不变质、不易被虫蛀、鼠咬。耐强碱，但不耐酸，在常温下能被盐酸腐蚀，温度越高，腐蚀性越强，因此，它不宜用于有酸性腐蚀的环境。

C 石棉

石棉是一种常见的绝热材料。按矿物组成石棉可分为两大类：蛇纹岩系石棉和角闪石系石棉。前者为温石棉，后者有铁石棉、青石棉、直闪石、透闪石等。石棉是一种具有纤维状结构，可分剥成微细而柔软的纤维物的总称。常用石棉为蛇纹石石棉（温石棉），其化学组成为 $3MgO \cdot 2SiO_2 \cdot 2H_2O$，并含有少量 Fe、Al、Ca 等杂质。纤维轴向抗拉强度可达 294MPa，加热到 600 ~ 700℃时结构水全部逸出，强度降低，进而变脆、粉化和剥落。1500℃时纤维熔融。

石棉制品热导率为 1.21 ~ 3.02W/(m·K)，介电性良好，具有耐热、耐碱、绝热、绝缘和防腐等性能，可制成各种型材。最高使用温度为 500 ~ 550℃，长期使用温度应低于 500℃。常用的石棉制品有石棉粉、石棉绳、石棉布、石棉纸、板等。石棉粉是由胶结材料与石棉混合而成的粉末状材料，可直接用于施工，也可做成块材。其制品可以作为管道的绝热材料及填充材料。石棉绳用石棉纱、石棉线制成，根据形状和编制方法可分为石棉扭绳、石棉编绳、石棉方绳和石棉松绳四种。石棉绳主要用于直径较小的热力管道的绝热，在一些绝热体易于受热膨胀处作为填充料。石棉布是用石棉纱、线织成，主要用于热力管道的阀门、法兰以及经常拆卸的热力设备的绝热。石棉纸、板是由石棉纤维和黏结材料制成，石棉纸、板都是热力设备以及建筑上常用的绝热材料，也是常用的防火覆盖材料。

D 珍珠岩制品

珍珠岩是酸性玻璃质火山熔岩。将天然珍珠岩在 400 ~ 500℃下脱水后急热至 1150 ~ 1380℃，体积急剧膨胀，得到体积密度为 0.04 ~ 0.065g/cm^3，热导率为 0.523W/(m·K)的膨胀珍珠岩绝热材料。其耐火度为 1280 ~ 1360℃，安全使用温度为 800℃。膨胀珍珠岩制品具有化学稳定性好、绝热、隔音、防火、阻燃等特性。各种珍珠岩及其制品的性能如表 10-6 及表 10-7 所示。

膨胀珍珠岩可与水泥、水玻璃、沥青、磷酸盐、石灰、陶土、硅藻土和树脂等配制成各种硬质定形绝热材料。在绝热工程上常用的有水泥珍珠岩制品，水玻璃珍珠岩制品，沥青珍珠岩制品。

水泥珍珠岩制品适用于室内外各种温度的热力设备和管道的绝热，对有振动的部位应采取加固措施，在露天使用时，应采取防水措施，以防吸水超重或金属固定件腐蚀而塌落。水玻璃珍珠岩制品只适用于不受水或潮湿侵蚀的高、中温热力设备和管道的保温。沥青珍珠岩制品适用于屋顶建筑，低温（冷库）和地下工程。

表 10-6 常温下（25 ~ 50℃）膨胀珍珠岩性能

容重/kg·m^{-3}	比热容/kJ·(kg·K)$^{-1}$	导温系数/m^2·h^{-1}	热导率/W·(m·K)$^{-1}$
43.2	0.67	0.00243	0.0703
58.3	0.67	0.00218	0.0858
171	0.67	0.00158	0.1816
224	0.67	0.00148	0.2216

表 10-7　各种珍珠岩制品的性能

制品名称	结合剂	体积密度 /g·cm^{-3}	热导率 /W·(m·K)$^{-1}$	耐压强度 /MPa	使用温度/℃
硅酸盐珍珠岩制品	耐火黏土，正磷酸	0.25～0.40	0.814～1.705 (600℃)	0.638～1.47	1150
水玻璃珍珠岩制品	水玻璃	0.118～0.30	0.64～0.93	0.294～1.176	600～700
烧结黏土珍珠岩制品	40%～50%耐火黏土	0.20～0.40	0.698～1.396	0.49～0.98	900
轻质珍珠岩制品	11%～15%水玻璃 (1.4～1.42)	0.1～0.20	0.523～0.814 (20℃±5℃)		600～700
碳化珍珠岩制品	石灰和水成型碳化处理	0.2～0.3	0.582～0.814	0.294～0.98	<500
沥青珍珠岩制品	沥　青	0.3～0.45	0.814～1.047 (20℃)		50～160
塑料珍珠岩制品	脲醛树脂，古马隆树脂	0.25～0.28	0.651～0.698	0.588～0.78	

E　水渣和矿渣棉

水渣是冶金熔渣用冷水冲入水池急冷后得到的轻而疏松的散状粒料。矿渣棉则为熔融高炉渣用高压蒸汽喷射成雾状冷却后制成的纤维状渣棉。它们的主要特点是能耐高温、热导率小，可制成疏松多孔绝热制品。可在900℃以下使用。

矿渣棉的物理性能见表10-8。

表 10-8　矿渣棉的物理性能

密　度 (在 2×10^2Pa 压力下测定) /g·cm^{-3}	渣球含量 (ϕ>0.5mm)/%	纤维直径/mm	热导率(20%～30%) /W·(m·K)$^{-1}$	烧结温度/℃
<0.1	<6	<6	<0.044	800
<0.16	<10	<8	<0.047	800
0.114～0.130	2.6～7.5	3.6～4.2	0.032～0.041	780～820

矿渣棉可用不同的粘结剂制成沥青矿棉毡，酚醛树脂矿棉板，酚醛树脂矿棉管壳等制品。

矿棉及其制品可以用作建筑（隔墙、楼板、地板、天花板和屋面）和工业设备（蒸汽锅炉、热处理炉、铸铁炉等）以及各种热力管道的绝热材料。

F　漂珠

发电厂锅炉燃烧粉煤时产生的高温熔融煤灰骤冷形成的玻璃质球体，质地轻、中空、能漂于水面，故称漂珠。其矿物组成包括玻璃相约为80%～85%，莫来石相为10%～15%，其他为5%。因其主要相组成为玻璃相，故在高温下易析晶，一般漂珠开始析晶温度为1100℃。

漂珠可制成各种绝热制品。一些漂珠绝热砖性能如表10-9所示。它的耐火度为1610～1730℃，软化变形温度为1200～1250℃。最高使用温度为900～1200℃。

各种中低温绝热材料的共同特点是体积密度低，热导率小。几种常用材料性能如表10-10所示。

表 10-9 超轻高强度漂珠绝热砖性能

牌 号	$w(Al_2O_3)$/%	$w(Fe_2O_3)$/%	热导率/W·$(m·K)^{-1}$	耐压强度/MPa	最高使用温度/℃
高铝质0.4~1.3系列	48~60	1~3	0.59~1.26	1.961	1400
黏土质0.4~1.3系列	35~48	2~3	0.40~1.26	1.961~19.6	1200~1300

表 10-10 500℃时中低温绝热材料性能

性 能	膨胀珍珠岩	膨胀蛭石	硅藻土	石 棉	矿渣棉
体积密度/g·cm^{-3}	0.045~0.065	0.1~0.2	0.35~0.95	0.6~0.8	0.1~0.3
热导率/W·$(m·K)^{-1}$	0.067~0.163	0.167	0.25	0.197	0.201
最高使用温度/℃	1000	900~1000	900	500	600

G 玻璃棉及其制品

作为绝热材料的玻璃纤维主要为短纤维,俗称玻璃棉。玻璃棉包括长度小于150mm的短棉和直径小于4×10^{-6}m的超细棉。超细棉对人的皮肤无刺痒感。

超细玻璃棉的优点很多,容重小。热导率小、燃点高、耐腐蚀,是良好的绝热、吸音材料,还有良好的吸附过滤性能,用途十分广泛。

各种玻璃棉的性能如表10-11所示。

表 10-11 各种玻璃棉的性能

性能 \ 品种	普通玻璃棉	超细玻璃棉	无碱超细玻璃棉
纤维直径/m	$<15\times10^{-6}$	$<4\times10^{-6}$	$<2\times10^{-6}$
容重/g·cm^{-3}	0.08~0.1	0.02	0.004~0.015
热导率/W·$(m·K)^{-1}$	0.052	0.035	0.033
耐热度/℃	≤300	≤400	≤600
耐腐蚀性	较差		强
使用温度/℃	≤300	≤300	-120~600

玻璃棉制品的种类很多,主要有淀粉玻璃棉板、酚醛玻璃棉板,酚醛玻璃棉毡等。

10.3.3 多孔绝热材料的应用

高温热工设备,如冶金炉窑,通过炉体的散热损失约占总供给热量的15%~45%。当砌筑炉体应用绝热材料以后,就可以显著减少此种热损失,节约燃料消耗量。而且,合理应用绝热材料后,可缩短炉窑的加热和冷却时间,提高炉子的周转率,有利于强化冶炼和提高产品质量,并使炉体结构轻型化,简化炉体的钢结构,以及改善劳动条件和工作环境。

多孔轻质绝热材料的应用,只有在不超过它的最高允许使用温度条件下,才可发挥绝热作用。因此,要根据炉窑的结构特点和工作条件、节能目的与要求、使用寿命的要求,合理选用绝热材料。例如铜反射炉,非工作层可以采用强度较高的轻质黏土砖或耐火纤维构筑,而内衬因受熔渣的侵蚀和剧烈的火焰冲刷,只能用重质耐火砖砌筑,而不能用多孔轻质绝热材料。绝热材料层应用在炉墙的外表面或是热面,其绝热效果也不一样。一般连续操作的炉窑,采用外绝热方式较合理,即在工作衬用致密的耐火砖砌筑,而非工作层采用轻质砖,可显著降低散热损失,节能率达

10% 以上，又保证了炉墙的强度和稳固性。间歇式操作的炉窑，如果采用外绝热，虽然散热损失减少了，但蓄热损失的增加有时会超过散热损失，因此多采用内绝热方式，以减少蓄热损失。有的非熔炼炉的炉墙甚至全部采用轻质砖砌筑，节能效果显著。

根据多孔轻质绝热材料的性能和特点，使用中应充分注意以下问题：

(1) 多孔轻质材料的抗渣性差，不能直接与熔体（熔渣和金属液）接触，不能与高温高速炉尘接触。熔炼炉炉墙内衬原则上不宜采用多孔轻质材料，渣线以上部位慎用。

(2) 多孔轻质材料重烧收缩大，使用温度应低于烧成温度 50 ~ 100℃。

(3) 多孔轻质制品的机械强度和耐磨性能较差，不能用于开启频繁和震动强烈的部位，不能重载重压，要防撞防碰。在砌筑时膨胀缝布置要合理，以防膨胀挤碎。

10.3.4 多孔绝热材料保存时应注意的事项

(1) 防潮。绝热材料是松散多孔的物质，大多容易吸水受潮，受潮后会使材料强度下降，使用中出现粉化现象，热导率大大提高，以致失去绝热作用。

(2) 防腐。一般来说，无论什么材料或多或少都会被某种溶剂腐蚀溶解。酸性材料会被碱性溶剂腐蚀，反之亦然。有些材料会被某种有机溶剂溶解等等。绝热材料一旦被腐蚀损坏，就会降低绝热效果甚至报废。

(3) 防压缩。对于松散材料，尤其是纤维材料，堆放重量过大，堆积时间过长，材料压缩后难以恢复原状，也会降低绝热效果。

(4) 防损坏。多数绝热材料强度较低，容易损坏，对于成型产品，受损后，轻者影响绝热效果，施工不便，重者造成废品，造成经济损失。

10.4 耐火纤维及其制品

耐火纤维是纤维状的耐火材料，是一种高效绝热材料。它既具有一般纤维的特性，如柔软、强度高，可加工成各种纸、带、线绳、毡、毯等，又具有普通纤维所没有的耐高温、耐腐蚀和部分抗氧化的性能，克服了一般耐火材料的脆性。并且耐火纤维又具有重量轻，热导率小，热容量小，抗热震性能好以及施工方便等许多优点。目前，耐火纤维的生产和应用得到迅速的发展，各种高温炉窑应用耐火纤维后，节能效果非常显著。

10.4.1 耐火纤维的特点

(1) 耐高温。最高使用温度可达 1250 ~ 2500℃。最常用的石棉仅为 500 ~ 550℃，矿渣棉为 580 ~ 830℃，而硅酸铝质纤维达 1000℃ 以上。

(2) 导热能力低。耐火纤维在高温下导热能力很低，如 1000℃ 时，硅酸铝质纤维的导热能力只有黏土砖 20%，为轻质黏土砖的 38%。

(3) 体积密度小。一般为 0.1 ~ 0.2g/cm^3，为一般黏土砖的 1/20 ~ 1/10，为轻质黏土砖的 1/10 ~ 1/5。因此，工业炉窑应用耐火纤维代替耐火砖，可使炉体重量减轻，炉墙厚度变薄。如加热炉采用纤维炉衬，可使原重质炉衬减轻 80%，炉墙厚度减薄 50%。

(4) 化学稳定性好。除强碱、氟、磷酸盐外，几乎不受化学药品的侵蚀。

(5) 抗热震性好。无论纤维材料或是制品，均有耐火砖无法比拟的良好的抗热震性。

(6) 热容量低。纤维材料的热容量只有耐火砖的 1/72，为轻质黏土砖的 1/42。用耐火纤维做炉衬，蓄热损失小，节省燃料，升温快，对间歇式作业炉窑尤为明显。

(7) 柔软、易加工。可制成多种产品和任意形状部件，施工方便，劳动强度低，效果好。

10.4.2 耐火纤维的生产方法

耐火纤维的生产方法很多,主要有以下几种:

(1)熔融喷吹法。将原料在高温电炉内熔融,形成稳定的流股引出,用压缩空气或高压蒸汽喷吹成纤维丝。

(2)熔融甩丝法。高温炉熔融物料形成流股,再让熔体流股落到一组高速旋转的滚筒上靠滚筒的离心力使熔体甩成纤维。

(3)高速离心法。将原料在高温炉内熔化成熔体,使其形成稳定的流股,让熔体流股落到高速旋转的圆盘上,圆盘转速可达到30000~120000r/min,利用高速离心机的动能和离心力将流股甩成纤维。

(4)胶体法。将物料配制成胶体盐类,并在一定条件下固化成纤维坯体,最后煅烧成纤维。

此外,还有载体法、先驱体法、单晶拉丝法和化学法等。

10.4.3 耐火纤维的分类及使用温度

无机纤维材料分为人造和天然两类。广泛使用的主要为石棉、岩棉、玻璃纤维和耐火纤维等品种。各种纤维隔热材料的分类及使用温度如图10-9所示。

- 无机纤维
  - 天然 石棉 600℃
  - 非晶质
    - 玻璃棉 <400℃
    - 岩棉 <400℃
    - 渣棉 <600℃
    - 石英玻璃质纤维 <1000~1200℃
    - 硅酸铝质纤维
      - 一般制品 <1200℃
      - 加 Cr_2O_3 制品 <1200~1400℃
      - 高铝质 <1200~1400℃
  - 多晶质
    - 石英纤维 <1200℃
    - 高铝纤维 <1400℃
    - 二氧化锆纤维 <1600℃
    - 钛酸钾质纤维 <1100~1200℃
    - 碳纤维 <2500℃
    - 硼纤维 <1500℃
  - 单晶质
    - 碳化硅 <2000℃
    - 氧化铝 <1800℃
    - 氧化镁 <1800℃
  - 复合纤维(多相)-钨
    - 硼 <1700℃
    - 碳化硅 <1900℃
    - 碳化硼 <1700℃
  - 金属纤维
    - 钢 <1400℃
    - 碳素钢 <1400℃
    - 钨 <3400℃
    - 钼 <2600℃
    - 铍 <1280℃

图10-9 纤维隔热材料的分类及使用温度

10.4.4 硅酸铝质耐火纤维

硅酸铝质耐火纤维是以耐火黏土熟料为主要原料制成的玻璃纤维与制品。硅酸铝纤维是一种新型优质绝热材料,纤维质地柔软并富有弹性。它具有如下特点:

(1)密度小。一般在0.08~0.16g/cm³范围内。

(2)热导率低。一般为0.033~0.058W/(m·K)。影响其热导率大小的,除了密度和温度外,还有气氛。在空气中,热导率 λ 与温度 t_p 之间不再是直线关系,可用下式表示:

$$\lambda_t = 1.163A\exp(B \cdot t)$$

式中 λ_t——温度为 t 时的热导率;

A,B——常数,对于硅酸铝纤维:

$$A = 0.1 - 0.4\rho + 0.7\rho^2$$
$$B = 1.9 \times 10^{-3} - 2 \times 10^{-3}\rho$$

(3)使用温度高。最高使用温度可达1260℃,长期使用温度为950~1050℃。

(4)化学稳定性好。硅酸铝纤维含碱量极低,抗蒸汽、抗水、抗油能力强;除了氢氟酸、磷酸和强碱外,其他的酸碱对它的侵蚀作用很小。

(5)热稳定性好。硅酸铝纤维在温度剧变的情况下,也不发生剥落解体现象,炉子安装完毕即可投产。

(6)施工方便。可用粘结剂直接粘贴,结合力强,不易脱落(粘贴剂必须满足使用温度要求)。

硅酸铝质耐火纤维是目前发展最快,高温工业炉窑上应用最多的耐火纤维。主要品种有普通硅酸铝质纤维,高纯硅酸铝质纤维、含铬硅酸铝质纤维和高铝质纤维等。

10.4.4.1 硅酸铝质纤维制品

(1)纤维棉。纤维棉是加工制成带、板、毯、毡、纤维块和纤维喷涂料、捣打料及纤维浇注料的原料。也可直接作高温炉窑绝热纤维充填料。

纤维棉的纤维长短不一,为松散状。体积密度小,热导率很低而且充填性能好。其主要性能如表10-12所示。

表10-12 硅酸铝质耐火纤维棉性能

性 能	指 标
体积密度/g·cm⁻³	0.03~0.10
堆积密度/g·cm⁻³	0.10~0.25
渣球含量/%	1~10
400℃体积密度为0.1时	0.41
400℃体积密度为0.13时	0.377
400℃体积密度为0.16时	0.349

(2)纤维毡。纤维毡为纤维交错粘压而成的具有一定强度的纤维制品。纤维毡可制成高温板材,施工时不必留膨胀缝,施工使用都方便。毡的宽度一般为600~900mm,也可增大到1200mm,可以板状或圆筒状使用,也可根据施工要求确定尺寸。

(3)湿纤维毡。纤维毡用胶状铝质或硅质无机结合剂浸渍,装入塑料袋,使其呈湿润状态贮存。按施工需要剪裁、切割成各种形状应用。

(4)纤维带。采用加5%~10%有机结合剂或加入无机结合剂,将纤维制成条带状制品。加有机结合剂时制品能保持其强度和挠曲性,而加无机结合剂时,制品挠曲性能差。

国外各种耐火纤维制品的性能如表10-13所示。

表10-13 国外各种耐火纤维制品性能

制品类别	体积密度/$g \cdot cm^{-3}$	热导率/$W \cdot (m \cdot K)^{-1}$（中间温度600℃）	线收缩/%（1230℃，6h）
纤维	0.05～0.20	0.586～0.298	
纤维（原料）	0.10	0.461	
纤维（洗过）	0.10	0.30	
毡	0.05～0.14	0.544～0.298	
带	0.20～0.22	0.251～0.272	
块	0.24～0.32	0.376	5.4
板	0.20～0.60	0.416～0.335	2.0～5.3
层状	0.70～0.80	0.416～0.335	2.3
捣打料	0.30～0.50	0.376	5.5
耐火混凝土	0.30～1.30	0.335～7.536	3.1

10.4.4.2 硅酸铝质耐火纤维的性能

A 化学组成

我国生产的硅酸铝质耐火纤维的化学组成如表10-14所示。

表10-14 硅酸铝质耐火纤维的化学组成及性能

制品	化学组成 w/%							纤维长度/mm	纤维直径/μm	使用温度/℃
	Al_2O_3	SiO_2	Fe_2O_3	TiO_2	Cr_2O_3	K_2O	Na_2O			
普通硅酸铝纤维	45～51	49～52	<1.2	0.2～0.85		0.2	0.2	20～250	2～5	<1000
高纯硅酸铝纤维	49～52	49～51	≤0.2	<0.2		0.2	0.24	20～250	2～5	<1100
含铬硅酸铝纤维	46～51	46～48	0.3～0.8		3.2～5.5	0.1	0.25	20～100	2～5	<1150～1200
高铝质纤维	55～62	35～45	0.2～0.5	0.2～0.3		0.2	0.25	10～100	2～5	<1150～1200

B 耐火度及使用温度

硅酸铝质耐火纤维的耐火度多数可达1700℃以上。

硅酸铝质耐火纤维的主要化学组成为Al_2O_3和SiO_2，矿物组成为玻璃质。这个玻璃质为高铝玻璃和高硅玻璃两分相相对独立存在和相互穿插的结构。因此，在空气中长期加热的条件下，于900℃开始有莫来石晶体的析出，1300℃时莫来石量达最大，1100℃时有方石英析出。耐火纤维的析晶现象，随温度的升高而增加，与此同时，莫来石晶体长大。因此使得纤维弹性和强度下降，体积产生收缩，致使纤维粉化剥落。

硅酸铝质耐火纤维这种从非晶态转变为结晶态的相变过程，造成其性能发生突变性降低。所以，长期安全使用的最高温度为900℃。短期使用时，普通硅酸铝质纤维不超过1000℃，高纯硅酸铝质纤维不超过1100℃，高铝质和含铬质纤维不超过1150～1200℃。实际上硅酸铝纤维材料的使用温度不仅仅与材料的化学成分有关，而且与使用气氛、燃料和环境条件密切相关。

C 硅酸铝质纤维的导热性

纤维制品为固态纤维与空气组成的混合结构，空隙率达90%以上。大量低导热能力的空气充满空隙,破坏了固相分子的连续网络结构。因此,耐火纤维制品的导热能力低,保温性能好。耐火纤维制品中的导热过程包括固体纤维的导热和空隙中气体的导热,以及空隙内气体的对流换热和孔壁间的辐射传热。实际上耐火纤维的热导率是综合传热效果的总和。影响耐火纤维制品的热导率的因素还有体积密度、纤维方向、温度、炉内气氛等。

由于耐火纤维制品中三种传热方式同时存在,空隙率比较高,因此,一般热导率受辐射传热影响较大,并随温度升高而增大。如图 10-10 所示。

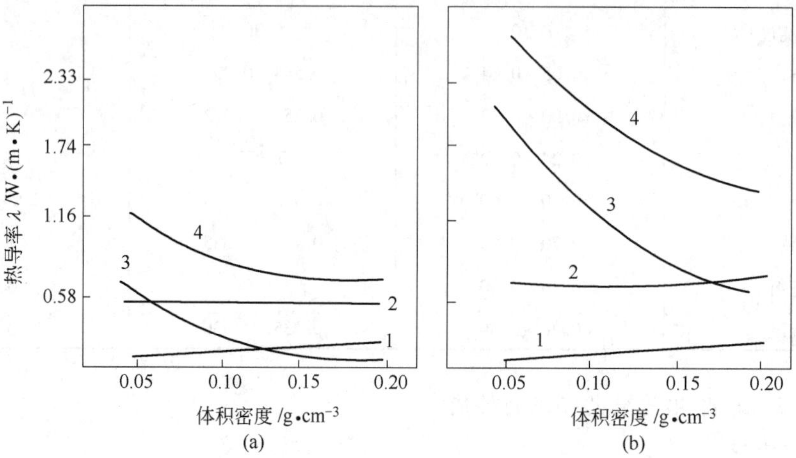

图 10-10　耐火纤维三种传热方式传热量的剖析

(a)温度 400℃;(b)温度 800℃

1—纤维导热;2—空气传导;3—辐射传热;4—综合热传导率

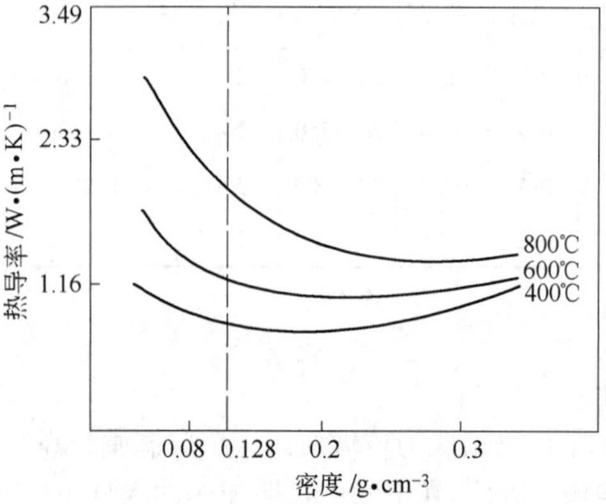

图 10-11　耐火纤维热导率与密度的关系

耐火纤维的热导率与体积密度的关系如图 10-11 所示。一般热导率随体积密度增大而降低,但降低的幅度逐渐减小,以致当体积密度超过一定范围后,热导率不再降低,反而有增大的趋势。实际上这种变化规律受到制品的空隙率、气孔大小及气孔性质的影响。当体积密度小时(0.01 ~ 0.08g/cm^3),制品内的气体对流换热及辐射传热量增加,使得热导率随体积密度的减小而呈指数关系增大。当体积密度大于 0.096g/cm^{3}时,耐火纤维制品内闭口气孔比例增加,热传递过程以导热为主,热导率随体积密度的增加而降低。当体积密度达 0.24 ~ 0.32g/cm^{3}时,固体纤维之间直接接触点增加,所以随着体积密度的增加,热导率有增大的趋势。因此,耐火纤维的选用,有一个最佳体积密度范围,一般为 0.1 ~ 0.16g/cm^3。此时,耐火纤维的热导率最小。

炉内气氛对耐火纤维热导率有较大的影响,如在 N_2 含量为 50%,H_2 含量为 50% 的气氛中耐火纤维的热导率几乎要比空气中大 1 倍;在含 H_2 为 100% 的气氛中,比在空气中大 2 倍左右。因此,在相同条件下,含氢炉气的炉衬要比空气中的厚一倍左右,才能达到同等的绝热效果。

耐火纤维制品用作层铺式炉衬时,纤维方向与热流同向,热导率主要取决于制品的导热能力;采用叠砌式炉衬时,纤维方向与热流方向垂直,辐射热量增加,在相同条件下较层铺式炉衬热导率增大 20% ~30%。

10.4.5　耐火纤维的应用

耐火纤维制品在工业炉窑上的应用,都取得了明显的节能效果,应用日益广泛。据统计,1984 年冶金工业部所属 12 个企业 1172 台炉子上应用了普通硅酸铝质耐火纤维绝热材料后,年节约标准煤 7.5 万吨,节能综合经济效益达 2520 万元。一般连续性操作炉窑节能率为 3% ~10%,间歇式操作热工设备节能率可达 10% ~30%,甚至更高。耐火纤维属高效节能型绝热材料。

工业炉上应用耐火纤维的形式为纤维镶贴炉衬结构和全纤维炉衬两种。

10.4.5.1　耐火纤维镶贴炉衬

采用耐火纤维镶贴炉衬有三种形式,即外绝热:将纤维粘贴或锚固于炉墙的冷面;内部绝热:将纤维粘贴或镶贴在炉墙的热面;中间绝热:将纤维层置于炉墙中间。由于中间绝热弊病较多,很少采用。镶贴耐火纤维一般为毡制品,厚度为 20 ~50mm,以 40 ~50mm 为好。

常用粘结剂有磷酸盐、硅胶与水玻璃调和剂或铝酸盐水泥与磷酸盐配制泥浆等。

(1)外部绝热复合炉衬。此种绝热方式是将耐火纤维毡镶贴于炉衬的冷面或将耐火纤维毡(或板)衬于炉壳与炉墙冷壁之间。这种结构只需应用低温纤维制品或轻质砖。

(2)内部绝热复合炉衬。无论是间歇式或连续操作的炉窑,耐火纤维制品镶贴于炉衬的热面,都有好的绝热效果。既能降低炉墙的散热损失,又使蓄热损失显著减少。因此,耐火纤维制品凡能满足炉窑生产工艺条件要求的,尽可能采用此种绝热结构。

内部绝热镶贴炉衬结构如图 10-12 所示。

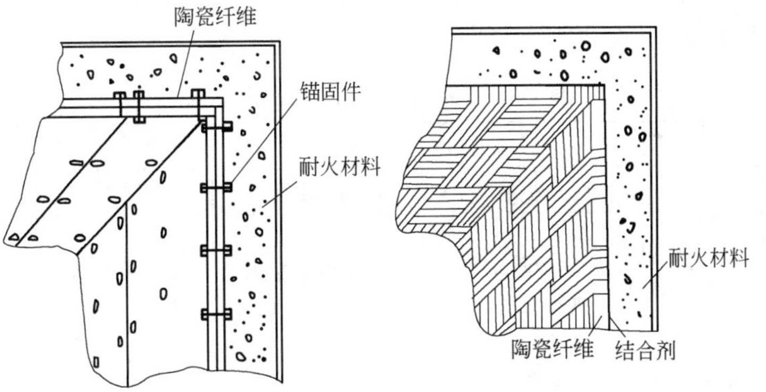

图 10-12　镶贴式安装方法

10.4.5.2　全纤维炉衬

全纤维炉衬的采用,可大幅度地降低能耗,改善炉子的热工操作,节省钢材,减轻炉体重量,延长炉子寿命,改善作业环境和确保生产安全。但一次性费用较高。

全纤维炉衬分为层铺法、叠砌法、异形组合法等结构形式。组装方法有锚固法、砌筑法、粘贴法等。

(1)层铺式炉衬。层铺式炉衬如图 10-12 所示。具有施工简便、炉衬严密等优点。但纤维制品以平面做工作面,表层纤维丝全长都受火焰侵蚀、冲刷,易剥落。需要昂贵的耐热合金作紧固件,并暴露于火焰之中,而被侵蚀、氧化,导致纤维毡大面积脱落,修补困难。

(2)叠砌式炉衬。叠砌式炉衬结构见图 10-13 所示。其特点是:耐火纤维制品的端面垂直于炉壁,属组装式,缝隙较多,气密性不好,施工麻烦。但只有端头受到火焰的侵蚀和冲刷,基本上不产生剥落现象。

综合上述两种结构形式的特点,一般采用层铺式和叠砌式相结合的组合炉衬,并用锚固夹板夹紧,交错排列,穿条铆固。这种全纤维炉衬既保持了层铺式的严密性,又利用了叠砌式耐蚀性强的特点,使用后取得了很好的节能效果,延长了炉子寿命,有利于强化生产。

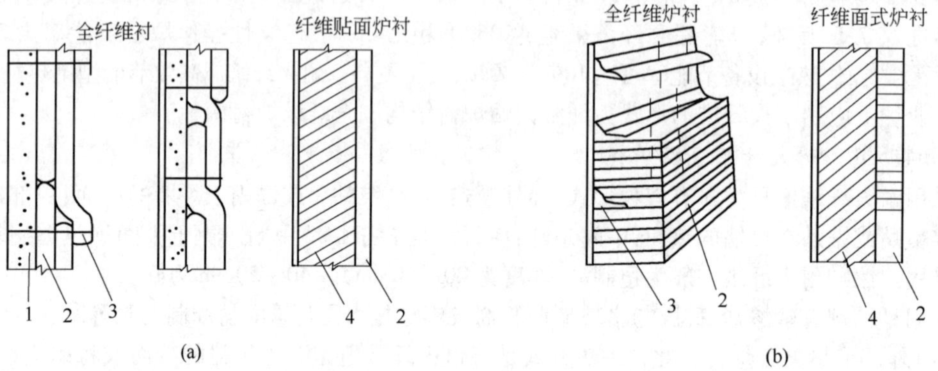

图 10-13 全纤维炉衬结构示意图
(a)层铺式炉衬;(b)叠砌式炉衬
1—低温纤维;2—耐火纤维层;3—紧固装置;4—耐火砖壁

此外,还采用喷涂法施工,获得无接缝的纤维整体炉衬;用涂抹法施工,在耐火砖炉衬表面涂抹强度大,耐冲蚀的纤维绝热层;现场浇注或预制耐火纤维混凝土等。

耐火纤维及其制品用途如表 10-15 所示。

表 10-15 耐火纤维及其制品用途

用途	制品				
	松散棉	毡(毯)	异型制品	纸	绳制品
绝热材料	缓冷感应电炉周围绝热层热处理炉背衬绝热	精密铸造壳体绝热,高炉热风炉背衬绝热,大口径管焊接头部缓冷	铸造用保温帽,浇注冒口,铝水汤道	铝水汤道,盛铝桶内衬	
充填剂	工业炉砖壁膨胀缝填料	工业炉砖壁膨胀缝填料			
密封材料	薄板钢卷退火炉罩的密封,均热炉密封	薄板钢卷退火炉罩的密封,均热炉密封	工业炉气体防漏铝水出口用塞头		工业炉窑及管道接头密封
衬垫材料					锅炉、高温压力容器用衬垫
过滤材料		铂精炼炉尘回收用过滤器			
吸音材料		高温场所吸音	小型水暖锅炉燃烧噪声的吸音		
炉窑内衬材料		金属热处理炉、石油加热炉、陶瓷烧成窑、加热炉内衬	小型水暖锅炉燃烧室、气体燃烧室空调燃烧、小型热处理炉内衬		

11 特种耐火材料

特种耐火材料是在传统陶瓷和普通耐火材料的基础上发展起来的一种新型耐高温无机材料,也称高温陶瓷材料。它具有较高的化学纯度、高的熔点(1700～4000℃)、良好的抗热震性、大的高温结构强度、良好的化学稳定性和致密度等特性。

特种耐火材料一般包括高熔点氧化物材料、碳化物材料、氮化物材料、硼化物材料、硅化物材料、硫化物材料、耐高温的金属陶瓷材料、玻璃陶瓷材料、陶瓷涂层材料、陶瓷纤维及纤维增强材料等。

特种耐火材料的生产特点是:

(1)特种耐火材料的大多数材质的组成已经超出了硅酸盐的范围,而且品位高,纯度高,一般的纯度均在95%以上,特殊要求的在99%以上。所用的原料几乎都是人工合成或是将矿物经过机械、物理、化学方法提纯的矿物原料。

(2)特种耐火材料的制造工艺有了很大的发展,已经不局限于干压法。除了应用传统陶瓷的注浆法、可塑法等成型工艺外,还采用了大量的新工艺,诸如等静压、热压注、气相沉积、化学蒸镀、热压、熔铸、等离子喷涂、轧膜、爆炸等成型工艺,并且成型用的原料大多采用微米级的细粉料。

(3)特种耐火材料成型以后的各种坯体需要在很高温度下和在各种气氛环境中烧成,烧成温度一般均在1600～2000℃,甚至更高。某些特殊电炉的温度可高达3000℃以上。烧成设备也是多种多样,除了像烧成普通耐火材料用的高温倒焰窑和高温隧道窑外,还经常使用各种各样的电炉,如电阻炉、电弧炉、感应炉等。这些烧成设备可以提供不同坯体烧成所需的气氛环境和温度,如氧化性气氛、还原性气氛、中性气氛、惰性气氛和真空等。

(4)特种耐火材料的制品更加丰富。它不仅可以制成像普通耐火材料那样的砖、棒和罐等厚实制品,也可以制成像传统陶瓷那样的管、板、片、坩埚等薄形制品,还可以制成中空的球状制品、高度分散的不定形制品、透明或半透明制品、柔软如丝的纤维及纤维制品、各种宝石般的单晶以及硬度仅次于金刚石的超硬制品。

(5)特种耐火材料比普通耐火材料具有更优良的热性能、电性能、力学性能及化学性能。因此使用范围更加广泛,除了在冶金工业广泛应用外,在国防、军工、科学研究、新兴技术、轻工、化工、电力、电子、医学、农业,几乎国民经济的各个部门都有用武之地。

特种耐火材料是许多工业部门不可缺少的耐火材料。有色金属、稀有金属、难熔金属、贵金属的提取和提纯所需的特殊熔炼坩埚、电炉炉胆、发热元件、钢铁冶金中连续铸钢的铸口、快速测氧测头及高温热电偶保护套等都采用特种耐火材料制作。应用特种耐火材料可制造火箭头部保护罩、燃烧室内衬、尾吹管衬套和航天飞机贴面材料及涂层料。原子反应堆核燃料、控制棒、中子减速剂、反射壁及屏蔽防护体都由特种耐火材料构成,此外,特种耐火材料还可以用作刀具、磨具、模具、电极材料、人体关节和人造牙齿等。几种特种耐火材料的应用如表11-1所示。

表 11-1　特种耐火材料的主要用途

用途		使用温度/℃	采用材料
特殊冶炼	熔炼 U 的坩埚		BeO, CaO, ThO_2
	熔炼 Pa、Pt 坩埚		ZrO_2, Al_2O_3
	钢水连续测温套管	1700	ZrB_2, MgO-Mo
	钢水快速测氧探头	>1500	ZrO_2
	连续铸钢浸入式水口	>1500	SiO_2
	熔炼半导体 Ga、As 等单晶坩埚	1200	AlN, BN
	大型转炉炉衬	>1600	MgO-C
	大型钢包滑动水口	>1600	Al_2O_3-C-ZrO_2
	炉外精炼炉炉衬	>1600	MgO-Cr_2O_3
航天	导弹头部雷达天线保护罩	≥1000	Al_2O_3, ZrO_2, HfO_2特耐纤维 + 塑料
	重返大气层的飞船	约 5000	石棉纤维 + 酚醛
	洲际导弹头部保护材料	约 500	C 纤维 + 酚醛
	火箭发动机燃烧室的内衬、喷嘴	2000 ~ 3000	SiC, Si_3N_4, BeO 石墨纤维复合材料
	导弹瞄准用陀螺仪	800	Al_2O_3, B_4C
飞机及潜艇	涡轮喷气机压缩机叶片	300 ~ 500	C 纤维 + 塑料
	机身机翼结构部件		C 纤维, B 纤维复合材料
	潜艇外壳结构材料		C 纤维复合材料
原子能	原子能反应堆核燃料	≥1000	UO_2, UC, ThO_2
	核燃料的涂层		BeO, Al_2O_3, ZrO_2, SiC, ZrC
	吸收中子的控制棒	≥1000	HfO_2, B_4C, BN
	中子减速剂	1000	BeO, BeC, 石墨
	反应堆反射材料	1000	BeO, WC, 石墨
新能源	磁流体发电电极材料等	2000 ~ 3000	ZrO_2, SiC, BeO, LaB_6, $ZrSrO_3$
	电气体发电通道材料	>1500	Al_2O_3, MgO
	钠硫电池介质隔膜	300	β-Al_2O_3
	高温燃料电池固体介质	>1000	ZrO_2
特种电炉	高温发热元件	1500 ~ 3000	ZrO_2, ThO_2, $MoSi_2$, SiC, $LaCrO_3$, 石墨
	炉膛结构材料	1500 ~ 2200	Al_2O_3, ZrO_2, SiC
	炉膛隔热材料		泡沫 Al_2O_3, Al_2O_3、ZrO_2中空球
	高温炉观测窗	1000 ~ 1500	透明 Al_2O_3
	炉管	<1800	Al_2O_3, SiC

11.1　氧化物制品

氧化物陶瓷材料是一种或两种以上的氧化物制成的材料。氧化物陶瓷材料的原子结合主要以离子键为主,存在部分共价键,因此具有许多优良的性能。常用的特种耐火材料中单一氧化物制品有:氧化锆(ZrO_2)、氧化铝(Al_2O_3)、氧化镁(MgO)、氧化铍(BeO)、氧化钙(CaO)、氧化钍

(ThO_2)、氧化铀(UO_2)、氧化钛(TiO_2)和氧化硅(SiO_2)。常用的复合氧化物制品有:莫来石($3Al_2O_3 \cdot 2SiO_2$)、锆英石($ZrO_2 \cdot SiO_2$)、镁铝尖晶石($MgO \cdot Al_2O_3$)等。氧化物制品的特点是:耐火性高;高温下抗氧化性能强,除铌、锰、铀和钒的氧化物外,大多数氧化物抗氧化性强;在高温下有较高的机械强度;高温下与金属接触具有很高的稳定性;大多数氧化物具有电绝缘性能等。由于具有这些优异的性能,目前氧化物制品在工程领域得到了较广泛的应用。表11-2列出了常用氧化物陶瓷材料的主要物理和力学性能及热性能。

表11-2 常用氧化物陶瓷材料的主要物理和力学性能及热性能

材料	密度 $/g \cdot cm^{-3}$	硬度(莫氏)	室温 抗弯强度/MPa	室温 抗压强度/MPa	弹性模量/GPa	熔点/℃	热导率 $/W \cdot (m \cdot K)^{-1}$ (1000℃)	线膨胀系数 $/℃^{-1}$ (0~1000℃)
氧化铝(Al_2O_3)	3.98	9	300~400	280~350	350~400	2050	6.3	8.8×10^{-6}
氧化铍(BeO)	3.03	9	150~200		300	2550	20.3	$(5 \sim 8.9) \times 10^{-6}$
氧化钍(ThO_2)	9.69	6.5				3050	2.9	9.2×10^{-6}
氧化镁(MgO)	3.58	5~6	160~280	500~600	200~300	2800	7.1	13.5×10^{-6}
氧化铀(UO_2)	10.75	3.6				2878	3.3	10.0×10^{-6}
稳定氧化锆(立方)(ZrO_2)	6.27	7	180~800	1000~3000	150~200	2667	2.1	10.8×10^{-6}
莫来石($3Al_2O_3 \cdot 2SiO_2$)	3.16	6~7	110~190	400~600	50~150	1850	3.8	5.3×10^{-6}
尖晶石($MgO \cdot Al_2O_3$)	3.58	7	150~170	1700	260	2135		8.4×10^{-6}
堇青石($MgO \cdot Al_2O_3 \cdot 2SiO_2$)	2.8	7	120	350~680	150	1460		2.5×10^{-6}

11.1.1 氧化铝制品

1931年德国Siemens Halske公司最初将氧化铝(alumina,Al_2O_3)陶瓷应用于火花塞材料,并获得了"Sinter Korund"专利。当时,因其具有比其他材料更优异的性能而跃居新型材料之首,引起了人们的注意。但当时氧化铝陶瓷制品的制造技术尚未成熟,而且能发挥其优良性能的用途较少,所以发展比较缓慢。随着制造技术的进步,人们逐步认识了氧化铝陶瓷材料的耐热、电绝缘等各种优良性能,特别是近十几年来,氧化铝陶瓷制品得到了快速的发展,成为一种使用最广泛的氧化物耐火材料。

11.1.1.1 氧化铝制品的生产

氧化铝的原料多为工业氧化铝粉末。其中含Al_2O_3为99%~99.5%,特殊需要时可达99.9%,杂质$w(SiO_2)=0.1\%\sim0.15\%$,$w(Na_2O)=0.3\%\sim0.5\%$,灼减量为1%~2%。

氧化铝陶瓷的制造过程可概括为三步,即粉体的制备、成型、烧结。高质量的粉体是陶瓷制备的工艺基础。高纯度氧化铝粉末的制备主要有以下四种方法:铵明矾热分解法、有机铝盐加热分解法、铝的水中放电氧化法和铝的铵碳酸盐热分解法。氧化铝陶瓷成型的方法有许多种,依产品的形状、大小、复杂性与精度等要求选用合适的成型方式。最常用的方法有干压法成型、注浆成型、挤压成型、冷等静压法成型(CIP)、注射成型、流延成型、热压成型与热等静压成型(HIP)以及近几年来新开发的压滤成型、凝胶注模成型、直接凝固注模成型(DCC)、固体自由成型制造技术等。工业氧化铝是由Al_2O_3微晶组成的疏松多孔聚集体,很难烧结。为了破坏这种聚集的多孔性,必须将原料磨得很细。轻度预烧,提高了 Al_2O_3 聚集体的脆性,有利于细磨。氧化铝陶瓷的烧结温度取决于瓷料中的添加物种类和含量。采用热压烧结,在1600℃左右就能得到致密的瓷体;而用一般常压烧结工艺,则要到1800℃才能烧结致密。高纯度氧化铝陶瓷的物理和力学性能见表11-3。

表 11-3　高纯度氧化铝陶瓷的物理和力学性能

物理和力学性能	指　标	物理和力学性能	指　标
密度/$g \cdot cm^{-3}$	3.98	线膨胀系数(0~1000℃)/$℃^{-1}$	8.8×10^{-6}
熔点/℃	2050	热导率/$W \cdot (m \cdot K)^{-1}$	9.5
弹性模量/GPa	350~400	固有体积抗阻(室温)/$\Omega \cdot m$	$>10^{15}$
弯曲强度/MPa	300~400	介电损耗正切角($\tan\delta$)	$<10 \times 10^{-4}$
硬度(莫氏)	9		

11.1.1.2　氧化铝制品的性质及应用

氧化铝制品几乎完全是由刚玉(α-Al_2O_3)构成的。它的耐火度大于1900℃,0.2MPa荷重软化开始点为1850℃左右。它的极限使用温度为1950℃,常用温度为1800℃。氧化铝制品具有很高的机械强度,常温抗折强度为250MPa,在1000℃以上时为150MPa。氧化铝在20~1000℃的平均线膨胀系数为 8.8×10^{-6}/℃。氧化铝的常温热导率为金属铝的一半,热导率随着温度上升而降低。氧化铝制品的抗热震性取决于它的显微结构及制品的形状与大小,一般说,其抗热震性属于中等。氧化铝具有很好的化学稳定性。这种稳定性在很大程度上取决于它的纯度和致密度。高纯度的致密制品能较好地抵抗铍、锶、镍、铝、钒、钽、锰、铁、钴等熔融金属的侵蚀;在惰性气氛中,氧化铝对硅、磷、锑、铋等金属不起作用,许多复合的硫化物、磷化物、砷化物、氯化物、氮化物、溴化物、碘化物,以及硫酸、盐酸、硝酸、氢氟酸等,均不与氧化铝作用。不过在高温下,硅、碳、钛、锆、氟化钠、浓硫酸等对氧化铝有一定的侵蚀性。氧化铝对氢氧化钠、玻璃、炉渣等有很高的抗侵蚀能力。

总之,氧化铝具有耐高温、高强度、硬度大、抗氧化、电绝缘、耐腐蚀、气密性好等性能。因此,作为特种耐火材料,应用极为广泛,有代表性的用途如下:利用其耐高温、耐腐蚀、高强度等性能,用作炼钢生产的滑板、冶炼高纯金属或生长单晶用的坩埚,以及各种高温炉窑的结构件(炉墙、炉管)、航空火花塞、耐热抗氧化涂层、玻璃拉丝用坩埚等;利用其高温绝缘性,作热电偶保护管、原子反应堆中用的绝缘瓷,以及其他各种高温绝缘部件;许多氧化铝特殊制品,如氧化铝空心球和氧化铝纤维,可作为高温隔热材料和增强材料;氧化铝单晶可用作激光元件、仪表轴碗、轴承、装饰品等;透明氧化铝制品可用作灯管、微波整流罩。

11.1.2　氧化镁制品

11.1.2.1　氧化镁制品的生产

氧化镁制品是由纯氧化镁制成的。不同来源的氧化镁原料,其性能互有差异,表11-4列出了由氢氧化镁[$Mg(OH)_2$]、碳酸镁($MgCO_3$)、硝酸镁[$Mg(NO_3)_2$]和氯化镁($MgCl_2$)制取的氧化镁(MgO)的烧结性能。由表可见,由氢氧化镁热解制得的氧化镁,具有最好的烧结性。因此,在制造高纯度和高致密度的氧化镁制品时,一般都采用由氢氧化镁分解得到的氧化镁为原料。

表 11-4 不同来源的氧化镁的烧结性和再结晶性

来 源	煅烧温度/℃	线收缩/%	体积密度/$g \cdot cm^{-3}$	气孔率/%	晶粒尺寸/μm
由 $Mg(OH)_2 \rightarrow MgO$	1350	15.7	2.42	31.6	2.0
	1450	22.4	3.24	9.2	8.0
	1600	24.2	3.30	7.8	22.0
由 $Mg(NO_3)_2 \rightarrow MgO$	1350	1.1	1.84	48.2	1.0
	1450	10.1	2.48	30.5	5.0
	1600	15.7	2.86	20.1	10.0
由 $MgCO_3 \rightarrow MgO$	1350	0.6	1.72	50.8	1.5
	1450	10.1	2.29	35.8	6.0
	1600	15.7	2.45	31.8	7.5
由 $MgCl_2 \rightarrow MgO$	1350	1.1	1.83	48.5	1.0
	1450	7.3	2.18	38.8	4.0
	1600	12.4	2.64	26.2	6.0

在制造 MgO 陶瓷过程中，为了减少制备过程中的水化倾向，原料应预烧到 1100 ~ 1300℃，以降低 MgO 的活性，然后球磨，球磨罐内衬及磨球都要用陶瓷材料制成，不能用钢球。因为酸洗除铁时 MgO 会溶于酸中。采用干法球磨以防 MgO 水化，最好用振动磨细碎，可以得到较多的细颗粒。成型方法可采用半干压法、注浆法、热压注法和热压法。MgO 陶瓷的烧成，是先在 1250℃ 温度下素烧，然后再封装在刚玉匣钵中于 1750 ~ 1800℃ 保温数小时烧成。

11.1.2.2 氧化镁的性质及用途

氧化镁制品的主要性能有：

(1)有很高的使用温度。因为氧化镁的熔点很高(2800℃)。

(2)有较高的蒸气压。真空中温度超过 2300 ~ 2400℃ 时易挥发，所以，氧化镁制品的使用温度在氧化气氛中限制在 2200℃ 以下，在还原气氛中为 1700℃，在真空中为 1600 ~ 1700℃。在高温下，氧化镁很容易被碳还原成金属镁，如果在空气中，被还原的金属镁立即与空气中的氧作用形成氧化镁的白色浓烟。不过在氮气气氛中，氧化镁和碳不起作用。

(3)氧化镁为碱性氧化物，制品对酸性物质抵抗能力差，而几乎不被碱性熔液侵蚀。氧化镁不与 Fe、Ni、U、Th、Zn、Al、Mo、Mg、Cu、Pa、Co 及铜硼合金等发生作用。

(4)氧化镁制品高温稳定性好。能抵抗天然盐类的作用，但温度达 2000℃ 时很快与某些金属和碳化物发生作用而损毁。

(5)氧化镁粉和未烧结的氧化镁坯体极易水化生成氢氧化镁，生成物在高温下重新分解成氧化镁时，伴随有很大的体积变化，会影响制品的完整性。

烧结氧化镁制品呈碱性，熔点高，对各种碱性介质和熔体有很好的稳定性，因此氧化镁制品可以用作熔炼高纯金属，如铁、锌、铝、锡、铜、稀土金属和贵金属银、铂等的坩埚，浇注金属的模子，高温热电偶的保护管等。氧化镁耐火材料容易获得，热导率大，熔点高，特别是与石墨相结合后能抵抗碱性炉渣的侵蚀，因此被广泛应用于钢铁生产中。氧化镁常常用作碱性耐火材料，具有颗粒状结构的氧化镁制品可用于 2000℃ 高温的窑炉和设备的内衬材料。

而在工程陶瓷方面，致密氧化镁陶瓷很少得到应用，因为它在空气中持续稳定水解，高温下的挥发和较低的机械强度等限制了这一材料的应用。

11.1.3　氧化锆制品

11.1.3.1　氧化锆制品的生产

氧化锆主要是从含锆矿石中提炼出来的,工业常用锆英石($ZrO_2 \cdot SiO_2$)精矿提取二氧化锆,较纯的氧化锆(ZrO_2)粉末呈黄色或灰色,高纯的氧化锆粉末呈白色,熔点为2667℃。

氧化锆有三种晶型:立方相(c)、四方相(t)和单斜相(m)。氧化锆低温为单斜晶系(m),密度5.65g/cm³;高温为四方晶系(t),密度6.10g/cm³;更高温度下转变为立方晶系(c),密度6.27g/cm³。其转化关系如下:

$$m\text{-}ZrO_2 \xleftrightarrow{1170℃} t\text{-}ZrO_2 \xleftrightarrow{2370℃} c\text{-}ZrO_2$$

由于二氧化锆单斜相与四方相之间的可逆转化伴随有7% ~9%的体积变化,造成氧化锆制品烧成时容易开裂,用纯的ZrO_2就难以制成坚固致密而又不开裂的制品。所以在制造ZrO_2陶瓷制品时,必须进行稳定化处理。

ZrO_2的稳定化是将具有立方晶型、金属离子半径与Zr^{4+}相当的氧化物(例如CaO,CeO_2,MgO,Y_2O_3),与ZrO_2形成连续固溶体,这种固溶体通过快冷以亚稳态保持到室温,不再发生相变的过程。通过形成无固态相变的立方晶型固溶体,明显减小体积效应,减少膨胀系数,稳定晶型,减少热应变能,避免氧化锆制品出现裂纹。上述加入的氧化物称为稳定剂。

制造氧化锆制品有浇注和模压法等工艺。用泥浆浇注法时,先将稳定氧化锆在球磨机中粉碎,球磨细粉料用盐酸处理48h,酸洗后用水清洗至中性,再脱水干燥至水分小于0.15%。用此料在塑料质或瓷质球磨筒中配制成中性泥浆,在石膏模中浇注成型。坯体在1800℃烧成,保温2~4h。采用模压法成型工艺,则可用两种不同温度下稳定的氧化锆料:一种是在高于1700℃稳定的氧化锆,作骨料用;另一种是在1450℃稳定的氧化锆,作基料。加粘结剂,均匀混合成型,最后在中性或氧化性气氛中于1800~1840℃烧成。

11.1.3.2　氧化锆制品的性质和用途

稳定氧化锆制品具有如下特性和用途:

(1)氧化锆熔点高,且不与铂、钯、铑等稀贵金属作用,可反复用作熔炼这些金属的坩埚。它不被熔融铁或钢润湿,可用作钢包、流钢槽的内衬和连铸的铸口砖。

(2)氧化锆在氧化气氛中十分稳定。在还原气氛中稳定性也好,可用作特殊熔炼炉内衬。

(3)氧化锆为弱酸性氧化物。对酸性炉渣或中性炉渣的侵蚀有抵抗能力,但会被碱性炉渣侵蚀。

(4)氧化锆在高温时电阻率急剧下降,具有电的半导性,可用作导电发热体,用稳定氧化锆制造的发热元件在高温下通电可用作发热体,在空气中可用至2100~2200℃。

(5)氧化锆固体电解质在一定条件下具有传递氧离子的特性。可制成高温燃料电池的固体电解质隔膜和烟气与钢液测氧测头。

(6)稳定氧化锆可加工成条棒或适当细度颗粒,可用作火焰喷涂或等离子喷涂料。

11.1.4　氧化铍制品

11.1.4.1　氧化铍制品的生产

氧化铍(BeO)晶体无色,熔点为2550℃,真密度为3.03g/cm³。氧化铍有两种晶相,α晶相属于六方形晶体结构,氧原子为六方紧密堆积,较小的铍原子处于中间,和氧原子连接牢固,结构稳定。另一种晶相为β相,属四方形晶体结构,其理论密度仅为2.69g/cm³,在2332℃ ±50℃时发

生 α 相向 β 相的转变。可在真空中 1800℃下长期使用;惰性气体中可在 2000℃下使用;在氧化气氛中 1800℃时有明显挥发,当有水蒸气存在时,1500℃大量挥发,这是由于 BeO 与水蒸气作用形成 $Be(OH)_2$的缘故。

氧化铍陶瓷的最突出的性能是低温时热导率大,超过其他氧化物材料 7 ~ 10 倍,与金属铝相近,随着温度的升高,热导率降低。线膨胀系数不大,20 ~ 1000℃时平均为(5 ~ 8.9) $\times 10^{-6}$/℃。高温绝缘性良好。氧化铍的主要性能见表 11-5。

表 11-5 氧化铍的主要性能

性能		材料组成		
		99.5%	99%	96%
物理性能	晶相	α-BeO	α-BeO	α-BeO
	晶体结构	六方	六方	六方
	密度/$g \cdot cm^{-3}$	3.01	2.90	2.85
	吸水率/%	0	0	0
	晶粒尺寸/μm	10 ~ 40	—	15 ~ 400
	颜色	白	—	蓝
力学性能	弹性模量/GPa	386	351	303
	剪切模量/GPa	148	138	117
	泊松比 ν	0.34	0.26	0.30
	抗弯强度(25℃)/MPa	275	262	172
	抗弯强度(1000℃)/MPa	—	—	62
	抗压强度(25℃)/MPa	2136	2067	1550
	抗拉强度(25℃)/MPa	138	96	—
	硬度 HR45N	9.4	—	9.2
热力学性能和电学性能	热导率/$W \cdot (m \cdot K)^{-1}$	—	170 ~ 180	70 ~ 180
	线膨胀系数(20 ~ 1000℃)/$℃^{-1}$	—	$(6.43 \sim 6.50) \times 10^{-6}$	$(6.43 \sim 6.97) \times 10^{-6}$
	100℃下比体积电阻/$\Omega \cdot cm$	—	$>10^{15}$	$>10^{12}$
	介电常数	—	6.0 ~ 6.4	6.9 ~ 7.3
	直流击穿强度/$kV \cdot mm^{-1}$	—	24 ~ 30	11 ~ 14

工业生产的氧化铍是一种松散的白色粉末。它们是含铍的矿物原料经化学处理、煅烧而成的。用于制造 BeO 的矿物中最有价值的原料为绿柱石,它的化学式为 $3BeO \cdot Al_2O_3 \cdot 6SiO_2$。BeO 陶瓷生产中采用的原料是优质的人工制备的 BeO。不管采用何种制造工艺,都应将工业 BeO 原料预先煅烧。未经煅烧的工业 BeO 的烧成收缩大,制品容易变形,因而不能直接用于生产。BeO 制品可采用非塑性原料使用的工艺方法生产。烧结 BeO 的性质在很大程度上与密度、结晶习性、杂质、成型工艺和烧成等因素有关。已经查明,制品所能达到的极限密度与成型方法有关,而与最后的烧成温度无关。表 11-6 列出了不同成型方法制成的 BeO 烧结体的密度。

表 11-6 烧结 BeO 的密度和成型方法的关系

成型方法	烧结密度/$g \cdot cm^{-3}$	相对密度/%
注 浆	2.70~2.85	90
挤 制	2.85~2.90	95
干 压	2.90~2.95	97
压力注浆	2.90~2.95	97~98
热 压	3.00~3.01	99

因此,应根据制品的性能(密度)要求确定适当的制造方法。反之,根据采用的制造方法可预先判定制品某些性能可能达到的极限值,例如制品的机械强度、导热性等。

热压烧结 BeO 制品在石墨模内进行。压力 10~15MPa,温度为 1600~1800℃;或者在真空中用较低的压力(1.5~2MPa)。热压烧结可制得几乎没有气孔的 BeO 制品,制品的密度和理论密度十分接近。

11.1.4.2 氧化铍制品的主要特性

(1)化学稳定性较好。氧化铍是弱碱性氧化物,对碱和酸性熔体都相当稳定,特别是抗还原能力在所有氧化物中是最强的,是盛装熔融金属和提炼稀有金属最好的耐火材料。氧化铍坩埚已用于真空感应炉中熔化纯铂和纯铍。氧化铍坩埚熔化铁锭时,钢液中非金属夹杂比用氧化镁或氧化铝坩埚时少。由于其绝缘性、导热性好同时也是感应电炉理想的发热体的辐射衬套。

(2)氧化铍具有异常的高热导率,热稳定性好。但电导率低,介电常数高,介电损耗小,是很好的高频绝缘材料。

(3)纯氧化铍在 2400℃时就能蒸发,有水蒸气时,在 1500℃时就明显蒸发。若在此温度下加热坯体,可失重 50% 以上。若在没有水蒸气的真空条件下,使用温度可达 2000℃。

(4)具有良好的核性能。对中子减速能力强,X 射线对其有很高的穿透能力。可用作原子反应堆中减速剂和反射壁材料。

(5)氧化铍价格昂贵,而且有剧毒,使用受限制,要注意安全防护。

11.1.5 氧化钙制品

氧化钙(CaO)熔点为 2570℃。具有很好的高温性能和很强的抗碱性炉渣侵蚀性,是一种很好的提炼贵金属坩埚材料。

氧化钙易于水化。氧化钙与水反应生成氢氧化钙,在水化过程中产生体积膨胀,使制品在生产工艺过程、产品保管及应用中存在很大的困难。在制造氧化钙制品过程中,自制备成团至烧成制品直到使用时为止,都必须保存在无水分的介质中。

氧化钙难以烧结,在大气中稳定性低。在氧化钙原料中加入某些氧化物可以促进烧结,降低水化程度。为提高氧化钙制品的稳定性,常采用加入 1%~5% 的稳定剂。其中最有效的稳定剂有 TiO_2、BeO、Fe_2O_3+MgO 等。它们在烧结过程中,在 CaO 晶体表面上生成易熔性低共熔物,形成保护膜,既利于烧结,又能防止 CaO 晶体的水化。国内外很多科技工作者在这方面已做了大量的工作。如在氧化钙中加入 2%~12% TiO_2,在 1770℃温度下即可烧结。其主晶相仍是 CaO,次晶相是 $3CaO \cdot 2TiO_2$ 和 $4CaO \cdot 3TiO_2$。在氧化钙中加入 2.5%~5.0% 的 Cr_2O_3 和 2.5%~5.0% 的膨润土制成的制品,抗水化性能可明显提高。

氧化钙是很便宜并易得到的原料,用其制造的坩埚及其他制品具有耐高温和良好的抗渣性,常用作熔炼和提纯铂、钯、铑、铱、铀、钍等稀贵金属的器皿和特种炉子的内衬材料。

11.1.6　氧化钍和氧化铀制品

(1)氧化钍(ThO_2)。熔点为3050℃,最高使用温度可达2500℃,是最耐高温的氧化物之一。氧化钍在氧化气氛中非常稳定,但易被还原,故不能在还原气氛中使用。一般不与金属作用,具有良好的抗渣性能,可用作贵金属熔炼坩埚。氧化钍在高温下有导电性能,可用作电阻发热体,在氧化气氛下工作时,使用温度可达2000℃。

氧化钍具有放射性,使用时要注意安全防护。

(2)氧化铀(UO_2)。熔点为2878℃,是核能工业的原料。最高使用温度为2200℃。抗氧化性能差,抗冲击能力弱。在还原气氛中比较稳定。具有放射性,使用时须加强安全防护。

11.2　难熔化合物

难熔化合物是指除高熔点氧化物以外的绝大部分熔点在2000℃以上的无机非金属化合物,它包括高熔点的碳化物、氮化物、硼化物、硅化物及硫化物等。这是一些优良的特种耐火材料。

难熔化合物的特点是:具有间隙结构,有明显的固溶体性质;具有明显的金属特性,如金属光泽,导电性,导热性及正的电阻系数;具有比金属高的熔点、强度、硬度和耐磨性;抗热震性好,但较脆。

11.2.1　碳化物制品

碳化物是最能耐高温的材料。许多碳化物的熔点(或升华点)都在3000℃以上,有的为已知的熔点最高的材料。如碳化铪(HfC)、碳化钽(TaC),熔点分别是3887℃和3877℃。复杂的碳化物4TaC·ZrC以及4TaC·HfC的熔点分别为3932℃和3942℃。

碳化物都是人工合成的。一些主要碳化物的熔点如下:

TaC	3877℃	HfC	3887℃	NbC	3500℃
ZrC	3570℃	TiC	3160℃	VC	2830℃
W_2C	2857℃	MoC	(2690±50)℃	WC	2865℃
ThC	2625℃	SiC	2100℃	Cr_3C_2	1920℃

碳化物不仅耐火度高,而且抗热震性好,尤其是TiC。碳化物具有较高的导热性和导电性。缺点是抗氧化性能差,但比炭和石墨好。碳化物在工业上被广泛用作高温筑炉材料和发热材料。TiC制品须在还原气氛或保护性气氛中使用。TiC坩埚用于熔炼和提纯Na、Bi、Sn等金属。碳化硅复合材料可用作火箭发动机尾吹管及燃烧室材料。

11.2.1.1　碳化硅材料

碳化硅(SiC)俗称金刚砂,又称碳硅石。碳化硅的性质已在7.3节叙述,这里不再重复。

由于碳化硅是一种典型的共价键结合的稳定化合物,加上它的扩散系数低,很难用常规的烧结方法来致密化,必须通过添加一些烧结助剂以降低表面能或增加表面积以及采用特殊工艺来获得致密的碳化硅陶瓷。

碳化硅陶瓷的制备工艺有以下几种:重结晶碳化硅陶瓷、反应烧结碳化硅陶瓷、无压烧结碳化硅陶瓷、热压烧结碳化硅陶瓷、高温热等静压烧结碳化硅陶瓷以及化学气相沉积碳化硅(CVD法SiC)。各种工艺制备的碳化硅其性能有较大的差别,即使用同一工艺制备的SiC,由于采用的原料和添加剂不同,其性能相差较大。

随着现代技术的飞速发展,使碳化硅陶瓷及其复合材料的性能不断得以提高,也为这种新材料的应用奠定了良好的基础。目前碳化硅陶瓷主要用于如下几个方面。

可作为高温热机用材料。碳化硅由于具有良好的高温特性，如抗氧化、高温强度高、蠕变性小、热传导性好、密度小，被首选为热机的耐高温部件，如用作高温燃汽轮机的燃烧室、涡轮的静叶片、高温喷嘴等。

利用它的热导率大、线膨胀系数小、自润滑性等性能作为大规模集成电路的基片和封装材料，以及在冶金工业窑炉中的高温热交换器等。

11.2.1.2　碳化硼材料

碳化硼（B_4C）呈灰黑色，是一种非常坚硬的人造材料，其熔点高（约2450℃），当温度高于2800℃时则迅速分解挥发。硬度高（莫氏硬度为9.3），仅次于金刚石和立方氮化硼。碳化硼的结晶构造为六方晶体。密度低（2.52g/cm^3），仅为钢的1/3。它的线膨胀系数为4.5×10^{-6}/℃（20~1000℃），热导率为28.8W/(m·K)，电阻率为0.44（20℃）Ω·cm、0.02（500℃）Ω·cm。碳化硼耐酸碱腐蚀且不被大多数熔融金属润湿，具有相当高的化学稳定性。碳化硼在1000℃时尚能抵抗空气的氧化作用，但在氧化性气氛中于900℃以上就很容易被氧化。碳化硼粉具有非常高的研磨能力，其研磨效率可达到金刚石的60%~70%，超过碳化硅的研磨能力50%，比刚玉的研磨能力高1~2倍，是一种优良的研磨材料和耐磨损材料。

碳化硼粉体的主要合成方法是用氧化硼（B_2O_3）与炭（通常是用焦炭）在电阻炉中加热到2300℃还原而成的，也可以用单质直接合成粉末。

由于制造技术上有较大难度，碳化硼制品尚没有形成工业性生产，只有为满足某些特殊场合的需要才少量制造。目前，碳化硼制品的制造工艺还不完整也不成熟。这是由于碳化硼共价键占90%，气相的消除、晶界和体积扩散等质量迁移机制均在2000℃以上，因此碳化硼的致密化烧结很困难。常用的烧结方法有无压烧结法、热压烧结法、高温等静压烧结法等。

B_4C所具有的低密度和高的高温强度，使它成为一种有前途的航天航空用材料。B_4C具有很高的热中子吸收能力，既可作为核反应堆的控制棒，又可作为核反应屏蔽材料。利用B_4C的高温热电性能，可以制造热电偶元件、高温半导体、宇宙飞船用热电转化装置等，日本已开发出工作温度达2200℃的B_4C热电偶。B_4C优越的抗化学侵蚀能力，可用于制作化学器皿、熔融金属坩埚等。

B_4C具有许多优良的性能，但它的致密化温度高，能耗大，制备成本较高，限制了它的应用面的扩大。而它的一些独特的性能又促使人们去努力开拓它的应用，尽量降低它的成本，以参加与其他高技术陶瓷的竞争。

11.2.1.3　碳化钛材料

TiC是钛与碳的化合物，亮灰色粉末，属面心立方晶型，熔点3160℃，莫氏硬度9~10，理论密度4.938g/cm^3，热导率17.1W/(m·K)。TiC具有良好的化学稳定性，不溶于硫酸和盐酸。

TiC粉末的制备技术有直接合成法、碳热还原法、化学气相沉积法（CVD）、自蔓延高温合成法（SHS）等。

纯碳化钛制品可采用热压的方法来达到致密化，但大多数碳化钛制品均是复相组成，可以是两相组成也可以是三相组成。TiC-SiC是典型的复相陶瓷，由于TiC和SiC的热失配可以使材料的强度和韧性增加。

TiC可以和TiN、WC、Al_2O_3等原料制成各种复相陶瓷材料，这些材料具有高熔点、高硬度、优良的化学稳定性并具有良好的力学性能，可用于制造耐磨原料、切削刀具材料、机械零件等，还可制作熔炼锡、铅、镉、锌等金属的坩埚。多孔TiC陶瓷可作为耐高温材料以及用来制作过滤器和光催化材料。

11.2.2 氮化物制品

氮化物的熔点高，它们都不是天然矿物，而是人工合成的。氮化硅(Si_3N_4)和氮化硼(BN)是最常见的氮化物制品。氮化物容易蒸发，从而限制了其在真空条件的使用；抗氧化能力差，除Si_3N_4外，其他氮化物在600～700℃时即可氧化，从而限制了其在空气中的使用；氮化物导电性能变化很大，有的是导电体，有的是绝缘体。

氮化物的熔点如下：

HfN	3310℃	TaN	3236℃	BN	3000℃
ZrN	2980℃	TiN	2950℃	UN	2650℃
TbN	2630℃	BeN	2200℃	NbN	2050℃
VN	2050℃	Si_3N_4	2000℃		

除了氮化硅以外，氮化硼(BN)是很重要的氮化物之一。属六方晶型，具有石墨型结构，而性能与石墨相同或超过石墨。突出特点是润滑性好，抗氧化性强，易加工。在3000℃左右才分解而不软化，电绝缘性好，真密度小。

11.2.2.1 氮化硅制品

氮化硅(Si_3N_4)是共价键化合物，理论密度为(3.19±0.01)g/cm^3，有两种晶型：α-Si_3N_4是颗粒状结晶体，β-Si_3N_4是针状结晶体。两者均为六方晶系。在1400～1600℃加热，α-Si_3N_4会转变成β-Si_3N_4。氮化硅在常压下无熔点，在一个大气压氮气中，于1860℃分解。氮化硅的常温强度可维持到800℃。其膨胀系数为2.53×10^{-6}/℃，热导率为28～32W/(m·K)，同时具有高强度，因此抗热震性十分优良，仅次于石英和微晶玻璃。氮化硅有优良的抗氧化性能。在1400℃以下的干燥氧化气氛中保持稳定，在200℃的潮湿空气和800℃干燥空气中，与氧反应形成SiO_2的保护膜，阻止氮化硅的继续氧化。在还原气氛中最高使用温度达1870℃。

氮化硅材料的制备方法有反应烧结法、热压烧结法、常压烧结法、重烧结法、气压烧结法、热等静压烧结法等。

由于氮化硅具有以上优良性能，可以制作陶瓷燃气轮机的转子、定子和燃烧器，还可制作柴油机的火花塞、汽缸套副燃烧室等。

氮化硅具有优良的化学稳定性，除氢氟酸外，能耐所有的无机酸和某些碱液、熔融碱和盐的腐蚀。所以，氮化硅在化学工业中用作耐腐蚀零件。氮化硅对多数金属、合金熔体，特别是非铁金属熔体是稳定的，可以作为铸造容器，输送液态金属的管道、阀门，有色金属冶炼用的坩埚等。在宇航工业中，用作火箭喷嘴、喉衬和其他高温部件。

氮化硅材料的耐磨性好、硬度高、摩擦系数小，具有自润滑性，可用作高温轴承、高温螺栓、工模具、柱塞、密封材料、切削刀具等。

氮化硅材料的高温电阻率比较高(10^{13}～10^{14}Ω·cm)，介电常数8.3，介质损耗正切角(10^6Hz)为0.001～0.1，一方面可以作为较好的绝缘材料，同时还可以用于电子、军事和核工业上，如开关电路基片、高温绝缘体、雷达天线罩、导弹喷管、核反应堆支撑件、核裂变物质的载体等。

11.2.2.2 氮化硼制品

氮化硼(BN)是共价键化合物，一般认为有两种晶型：六方氮化硼(HBN)和立方氮化硼(CBN)。通常为六方结构，在高温和超高压的特殊条件下，可将六方晶型转变为立方晶型。

六方氮化硼(HBN)属层状结构，与石墨相似，故有白石墨之称。HBN粉末为松散、润滑、易吸潮的白色粉末，密度2.27g/cm^3，莫氏硬度2，机械强度低，但比石墨高，无明显熔点，在0.1MPa氮气中于3000℃升华。在氮或氩气中的最高使用温度为2800℃，在氧化气氛中的稳定性较差，使用温度900℃以下。HBN膨胀系数低,热导率高,所以抗热震性优良,在1200～20℃循环数百次也不破坏。氮化硼既是热的良导体,也是典型的电绝缘体。

六方氮化硼(HBN)具有优良的化学稳定性。对大多数金属熔体,如钢、不锈钢、Al、Fe、Ge、Bi、Si、Cu、Sb、Sn、In、Cd、Ni、Zn等既不润湿又不发生作用。因此,可用作熔化金属的坩埚、器皿、输送液体金属的管道、泵零件、铸钢的模具以及高温电绝缘材料等。利用HBN的耐热耐蚀性,可以制造高温构件、火箭燃烧室内衬、宇宙飞船的热屏蔽的耐蚀件等。利用HBN的绝缘性,可以用作各种加热器的绝缘子,加热管套管和高温、高频、高压绝缘散热部件。在电子工业中,用作制备砷化镓、磷化镓、磷化铟的坩埚,半导体封装散热底板等。在原子反应堆中,用作中子吸收材料和屏蔽材料。HBN还是十分优异的高温润滑剂和金属成型脱膜剂,可以作为自润滑轴承的组分。

立方氮化硼(CBN)属等轴晶系,晶胞参数3.62Å,密度3.48g/cm^3,熔点3000℃,抗氧化温度1300℃左右,硬度仅次于金刚石。晶体为六面体-八面体聚形、八面体等。通常为黑色、棕色或暗红色的晶体,有时也呈灰色和浅黄色等,是一种人造的超硬材料,在自然界中尚未发现。CBN的热稳定性及对铁元素及其合金的化学惰性均优于金刚石,常用作刀具材料和磨料。

11.2.2.3　氮化铝制品

氮化铝属于二元共价化合物,理论密度为3.26g/cm^3,纯净的AlN陶瓷无色透明,通常使用的AlN陶瓷材料由于混入杂质而呈现白色或灰白色。

氮化铝是强共价键化合物,烧结活性低,纯的AlN即使在高温下也没有液相生成,因而很难实现致密烧结。为了获得致密度高的烧结体,一般需要很高的烧结温度(大于1800℃)和较长的烧结时间。

AlN陶瓷具有高热导率、低介电常数、与硅相匹配的膨胀系数、高电阻、高硬度等优点,且不受熔融金属侵蚀、抗热冲击性好,AlN陶瓷在空气中1000℃和真空中1400℃仍能保持稳定。无论是作为功能材料还是结构材料,AlN都是很有前途的候选材料。AlN的热导率是Al_2O_3的2～3倍,可用于熔融金属的坩埚、热电偶保护管、真空蒸镀用容器,以及非氧化性电炉的炉衬材料。

11.2.3　硅化物制品

硅化物最突出的特点是熔点高。如:

TaSi	2400℃	P-$NbSi_3$	2400℃	W_5Si_3	2350℃
Zr_6Si_3	2250℃	WSi_2	2150℃	Ti_5Si_3	2120℃
$MoSi_2$	2030℃	$NbSi_3$	1950℃		

硅化物具有良好的抗氧化性。$MoSi_2$在空气中或氧气中可使用到1700℃左右。硅化物同时是电的良导体,许多硅化物可作为发热体使用,如$MoSi_2$常用作电炉发热元件、高温热电偶、原子能反应堆的热交换材料。也可用作飞机、火箭的零部件。其缺点是高温下蠕变速度快。

11.2.4　硼化物制品

硼化物强度大,熔点高。抗氧化性不及氧化物,在氧化气氛中只能使用到1400℃,中性及真空或还原气氛下可达2000℃以上。TiB_2、ZrB_2、CeB_2在真空条件下可达2500℃以上,这是其突出特性。

硼化物导电性好,具有很高的导热性和热稳定性。能长期抵抗氟化物的作用,但抵抗熔融金属Ni和Fe侵蚀能力较差。硼化物可制成电接触器及电极材料、火箭喷嘴、热电偶套管、磁流体发电机的高温材料等。

部分硼化物的熔点为:

HfB_2	3250℃	ZrB_2	3040℃	TaB_2	3000℃
TiB_2	2850℃	WB_2	2920℃	WB	2860℃
NbB_2	2900℃	W_2B	2770℃	ThB_2	2500℃
MoB	2180℃	MoB_2	2180℃	CrB_2	2760℃

硼化物陶瓷是一类新型结构陶瓷，常见的有 TiB_2、ZrB_2、HfB_2、TaB_2 和 LaB_6 等，组成主要由硼和过渡金属形成的二硼化物，大多数二硼化物(MB_2)都属于六方晶系。

硼化物具有许多优异的性能，使它们可应用于众多工业及高新技术领域。硼化物陶瓷的主要特点如下：

(1)高熔点和难挥发。几乎所有硼化物的熔点都高达2000℃以上，其中 ZrB_2 为3040℃，TiB_2 为2850℃，比 SiC 和 Si_3N_4 的熔点高近1000℃，成为能在超高温(2000～3000℃)下使用的最佳候选材料之一，可用于火箭喷嘴、内燃机喷嘴、高温轴承等高温部件。

(2)高硬度。二硼化物的硬度比较高，TiB_2 的维氏硬度达到33.5GPa，比 β-SiC 的硬度高约30%，ZrB_2-B_4C 复合陶瓷的耐磨耗指数是 SiC 和 Si_3N_4 的2倍左右，也比部分稳定氧化锆(PSZ)略高。

(3)高导电性。二硼化物具有很低的电阻率，特别是 ZrB_2 和 TiB_2 与金属铁、铂的电阻率相当，导电机制为电子传导，呈正的电阻温度系数。作为电阻发热体时，温度易于控制，可用作特殊用途的电极材料。

(4)高耐腐蚀性。硼化物陶瓷对熔融金属具有良好的耐腐蚀性，特别是与熔融铝、铁、铜、锌几乎不反应，并且有很好的润湿性。硼化物的这一特性可应用于金属铝、铜、锌、铁的冶炼。在钢铁冶金中，可用它来制作铁水测温热电偶的保护管、喷嘴和吹气管等。在炼铝工业中，可制作熔融铝的料位传感器或模铸体用模型材料。特别是炼铝槽的阴极材料采用硼化物陶瓷后，节电可达30%以上。

11.2.5 硫化物制品

硫化物熔点高。在空气及水蒸气中会氧化，只能在干燥的惰性气氛或真空中使用。硫化物膨胀系数很小，加热速度可达100℃/min。除铂族金属外，不与其他一切金属发生作用。硫化物坩埚提纯金属加热速度快，可防止污染。

常见硫化物熔点如下：

YS	2400℃	CeS	(2450±100)℃	US	>2200℃	TbS	>2200℃

11.3 金属陶瓷

金属陶瓷为用物理或化学方法将陶瓷相与黏结金属相相互合成为整体的非均质复合材料。两相彼此不发生化学反应或仅限于表面发生极轻微的化学反应和扩散渗透。陶瓷相指高熔点氧化物或难熔化合物。其中一种或数种都可用作陶瓷相材料。金属相为过渡族金属或合金。对金属陶瓷比较理想的显微结构是：金属相形成一种连续的薄膜，将细分散且均匀分布的陶瓷颗粒包裹。在这种结构中，细分散脆性的陶瓷相所承受的机械应力与热应力，可通过形成连续相的金属来分散；而金属相则由于成薄膜状包裹在均匀分布的陶瓷颗粒表面而获得了强化，从而使整体材料的高温强度、抗冲击韧性、抗热震性能都得到了改进。为了通过烧结工艺制取合乎理想显微结构的金属陶瓷，希望匹配的金属相和陶瓷相必须满足以下三个条件：

(1)金属相和陶瓷相润湿；

(2)金属相和陶瓷相之间无剧烈的化学反应；

(3)金属相和陶瓷相的线膨胀系数应尽可能接近。

常用金属相有:Fe、Cr、Ni、Mo、Al、Co 等。常用陶瓷相有:Al_2O_3、Cr_2O_3、TiC、WC、TiN 等。

金属陶瓷综合了陶瓷和金属的一些特性,因此,具有高熔点、高硬度、高强度、耐磨损、化学稳定性高、膨胀系数小和比金属更能抗氧化的性能。

金属陶瓷采用粉末冶金方法和热压烧结法制备。除此之外,也可采用让金属熔体渗入多孔陶瓷中的浸渍方法,以及用火焰喷涂法来制造金属陶瓷表面涂层。金属陶瓷一般在高于金属熔点而低于陶瓷熔点的温度下烧结。

金属陶瓷的种类主要有:

(1)涂层制品。在金属材料表面上涂上一层耐热陶瓷保护层或表面膜得到的制品。

(2)结合制品。将金属粉末与陶瓷粉末按比例配料、成型,经热压或保护气氛下烧结而得到的制品。

(3)浸渍制品。把素烧的多孔陶瓷材料浸渍在熔融金属液中得到的制品。

(4)层状制品及金属丝加固制品。

由于金属陶瓷具有金属和陶瓷两者的优点,因而是一类非常重要的工具材料和结构材料,应用范围极为广泛,几乎涉及国民经济的各个部门和现代技术的各个领域。金属陶瓷由于高的硬度和稳定的相组织以及优异的抗蠕变性能和抗磨损性能,非常适合制造刀具。金属陶瓷既有陶瓷材料特有的耐高温、耐腐蚀等特性,又具有金属所有的韧性、耐冲击性和易加工性能,所以广泛被用来制作工件的耐磨、耐蚀、耐高温表层等。金属陶瓷具有很高的机械强度和硬度,有良好的化学稳定性,又有好的导热性和导电性,而且密度小,很适合原子能工业和航空工业的需要。火箭技术更需要耐高温的材料,比如洲际导弹、宇宙飞船等,当它们返回大气层时,由于速度很高,和大气剧烈地摩擦,会产生极高的温度,金属陶瓷可以“赴汤蹈火”地承担这项重任。再如一种叫“发汗材料”的金属陶瓷,当温度升高到一定温度后,发汗材料所含的金属就被蒸发了。好像人发汗一样,一出汗,就带走了大量的热量,使飞行器温度下降,不至于被高温烧毁。发汗材料虽然“出汗”,可是其外部形状和大小却保持不变。这就可以保证飞行器正常运行,能准确地到达目的地。利用金属陶瓷的耐火性和高温强度,可以做燃气涡轮、喷气发动机、原子能锅炉的零件及白炽灯丝等;利用它的导电性能,可以做发热体和电刷等。相信金属陶瓷将在未来的技术领域中大显身手。

金属陶瓷中陶瓷相通常是高熔点氧化物(如 Al_2O_3、ZrO_2、BeO、MgO 等)、碳化物(如 TiC、SiC、WC 等)、硼化物(如 TiB_2、ZrB_2、CrB_2等)、氮化物(如 TiN、BN、Si_3N_4、TaN 等)。其中研究最早的是 WC-Co 基金属陶瓷,但是由于 W 和 Co 资源的短缺,促使了无钨金属陶瓷的研制与开发,迄今已历经三代。第一代是在第二次世界大战期间,德国以 Ni 粘结 TiC 生产金属陶瓷,它的性能介于陶瓷和硬质合金之间,在切削钢材时,表现出非常优异的耐磨性和抗磨损能力,但是由于它的韧性和抗塑性变形能力差,其适用范围受到了很大局限,仅用作钢材的精加工。第二代是 20 世纪 60 年代美国福特汽车公司发明的,它添加 Mo 到 Ni 粘结相中改善 TiC 和其他碳化物的润湿性,从而提高材料的韧性。第三代金属陶瓷则将氮化物引入合金的硬质相,改单一相为复合相,又通过添加 Co 和其他元素改善了粘结相。这种材料有高硬度、耐磨性能强、抗弯强度高的特点,特别是抗韧性好,能抗氧化,抗粘刀性能强,其功能已覆盖了硬质合金 WC 基和 TiC 基的大部分使用范围。近 20 年来,金属陶瓷研制的一个新方向是硼化物基金属陶瓷。作为金属粘结相的原料可由各种元素组成,例如 Ti、Cr、Ni、Co、Fe、Mo、W 等,它们可以单独或组合起来使用,也可以是其他金属材料,如不锈钢、青铜或高温合金。几种常见金属陶瓷的性能如表 11-7 所示。

表 11-7 金属陶瓷的性能

性 能	金属陶瓷		
	$70Al_2O_3$-30Cr	Ni(10~40)+TiC	Co-Cr-Ni
体积密度/$g\cdot cm^{-3}$	4.6~4.65	5.5~6.5	8.3~8.7
硬度(洛氏)		83~89	61~65
热导率/$W\cdot(m\cdot K)^{-1}$		243~301	147~272
相对导电性(与Cu)/%		1.65~1.50	1.37~1.80
线膨胀系数(650℃)/$℃^{-1}$	9.45×10^{-6}	$(8.0\sim11.2)\times10^{-6}$	$(12.1\sim13.1)\times10^{-6}$
抗拉强度/MPa,100℃	13	2700	620~750

11.4 高温无机涂层

现代工业及航天航空、原子能等尖端技术的发展,需要使用具有耐高温、耐腐蚀、抗热震、耐冲击及抗冲刷等技术性能的材料,以解决合金钢、高温合金等材料的高温蠕变大、腐蚀过快和使用寿命过短等问题,因而应用了高温无机涂层。

高温无机涂层也称高温陶瓷涂层,是一种加涂在金属或合金及其他结构材料表面上的耐热无机保护层或表面膜的总称。它起着改变底材料表面的化学组成、结构及形状,从而起改善底材料性能或赋以新性能的作用。能延长底材料使用寿命,扩大应用范围,节省贵重金属的消耗。

高温无机涂层的底材料主要有:铸铁、合金钢、轻金属、高温合金、活性金属及难熔金属等。其他结构材料有塑料、石墨、陶瓷及耐火材料等。

高温无机涂层材料种类很多,按其材质不同主要有陶瓷涂层、耐火氧化物涂层,非氧化物难熔化合物涂层,金属陶瓷涂层等。

高温无机涂层的生产方法很多,一般陶瓷涂层采用烧结法;结构致密的层状涂层采用火焰喷涂法;碳化物及金属陶瓷涂层采用等离子喷涂法;致密高熔点涂层多用气相沉积法等。

与整体结构陶瓷材料相比,高温无机涂层具有如下特点:

(1)能将金属材料的强韧性、易加工性、导电性、导热性等和陶瓷材料的耐高温、高耐磨、高耐蚀等特点有机结合起来,发挥两类材料的综合优势,同时满足产品对结构性能(强度、韧性等)和环境性能(耐磨、耐蚀、耐高温等)或特种功能(红外辐射、微波吸收、热敏、光敏等)的需要。

(2)能够用于制备陶瓷涂层的材料品种多,包括各种氧化物和复合氧化物、碳化物、氮化物、硼化物、硅化物以及金属陶瓷和金属间化合物。能够经气相反应或液相化学反应沉积出陶瓷涂层的气相物质或液相化学介质,这些都可能是制备陶瓷涂层的材料。因此,制备陶瓷涂层的原材料就几乎涵盖了固相、液相和气相材料的整个领域,来源很广。

(3)制备陶瓷涂层的工艺方法多,且投资少,灵活方便。

(4)能够在不同的基体材料上沉积陶瓷涂层。几乎所有固态工程材料都可作为基体,其性能均可通过涂覆陶瓷涂层加以改善。

(5)涂层功能极广。由于能够制备陶瓷涂层的材料品种极多,并能根据需要采用不同的涂层制备工艺,获得具有表面强化或特种功能的陶瓷涂层,如高耐磨、自润滑、密封、制动、耐腐蚀、抗氧化、耐高温、绝热、绝缘等。

(6)调整涂层成分比较容易。可以通过调整涂层材料的种类、配比及涂覆工艺等,比较容易地实现涂层成分和涂层性能的调整。

(7)陶瓷涂层厚度可控。陶瓷涂层的厚度一般为几微米到几十微米,适用于短、小、轻、薄的制品;厚的通常为零点几毫米到几毫米,最厚可达20mm,可用于重型、大型制品。

(8)能够实现制品的局部改性与表面强化,容易成型。能够在薄壁件、空心件或异型件表面涂覆陶瓷涂层,也可实现制品的局部涂覆。

(9)容易与原有金属加工的工装条件结合,企业的技术改造易于实现。

应当指出,陶瓷涂层也并非十全十美,其弱点主要表现在以下方面:

(1)陶瓷涂层的陶瓷材料塑性变形能力差、对应力集中和裂纹敏感、抗热震和抗疲劳性能差。

(2)陶瓷涂层与金属材料的热物理性能(如膨胀系数、热导率等)差别大,在使用过程中可能产生不同的应力状态,影响其使用性能和寿命。

(3)陶瓷涂层与基体材料的结合主要为机械嵌合或分子力结合,结合强度不高。

因此,陶瓷涂层不能应用于高应力、受冲击和强疲劳等应用条件,只能对基体结构材料起弥补或增加功能的作用,不能代替结构材料本身。

目前在工业生产中有实际使用价值的、能够广泛应用的喷涂用陶瓷材料主要是氧化物和碳化物。硼化物和硅化物尚处于试验研究阶段。氧化物陶瓷涂层具有熔点高、热导率低、耐磨、耐腐蚀性能好、电绝缘等一系列优良性能,在热喷涂陶瓷涂层领域中占有重要的地位。

12 耐火材料应用

耐火材料是工业炉窑的主要构筑材料，是发展钢铁、有色金属、建材、石油化工、机械、电力等工业的基础材料。我国冶金工业消耗的耐火材料约占全国耐火材料的60% ~70%，其中又以熔炼炉、加热炉及其附属设备消耗的耐火材料所占比重最大。耐火材料的使用不仅关系到生产过程能否顺利进行，而且在生产成本中占有一定的比重，无论从技术的观点，还是经济的角度，正确选择和合理使用耐火材料，都具有重要意义。

随着工业炉窑大型化、高效化和自动化，炉窑操作条件日趋苛刻，对耐火材料的生产和使用提出了更高的要求。同时能源消耗急剧增长，供需矛盾日益紧张，耐火材料还必须满足节能的需要。因此，应根据炉窑结构特点及热工制度和生产工艺条件，研究开发新型优质耐火材料，以进一步保证高温炉窑高效运行，提高炉窑的使用寿命，节约能源，降低耐火材料消耗。

耐火材料长期处在高温下，除了承受高温作用外，还可能经受熔融炉渣和金属熔液及高温高尘腐蚀性炉气的冲刷、侵蚀，经受温度骤变及各种应力的综合影响，经受机械和物料的撞击和磨损作用等。时至今日，没有一种耐火材料能完全满足上述使用条件的要求。虽然有的耐火材料品种性能优良，但价格昂贵，尚无法在炉窑上大量应用。这就需要认真分析各种工业炉窑的工作条件，研究耐火材料的损毁机理，做到有针对性地就具体炉窑、具体部位的特殊需要，选择和应用相应性质的耐火材料，并注意各部位耐火材料之间在使用寿命上的配合和协调一致。

12.1 耐火材料的选用

12.1.1 冶金炉窑对耐火材料的要求

冶金炉窑种类繁多，结构也很复杂，耐火材料的选择和应用往往有很大的差别。但是，必须满足下列要求：

(1)能承受高温作用而不软化，不熔化；

(2)能承受高温荷重作用而不丧失结构强度，不发生变形和坍塌；

(3)有好的体积稳定性，在高温下不发生过大的体积膨胀和收缩，重烧线变化小；

(4)能抵抗温度急剧变化，热震稳定性好；

(5)能抵抗高温熔体的化学侵蚀和物理冲刷作用；

(6)定形制品外形尺寸规整，公差小。

12.1.2 耐火材料在使用中损毁的机理

冶金炉窑长期在高温下运行，耐火材料工作条件恶劣，极易损毁，其中以熔炼炉最为典型。造成耐火材料损毁的因素很多，但归纳起来主要有以下几点：

(1)渣蚀作用。由于熔渣和金属液或含尘腐蚀性气体的物理化学作用而引起的侵蚀。据统计，有色冶金炉窑的炉衬60% ~70%是由于熔渣的侵蚀而损毁的；炼钢转炉和电炉渣线区域，主要是由于渣蚀而成为损毁最严重的部位，并决定着炉衬的寿命。

(2)温度剧烈变化作用。许多炉窑，特别是间歇式操作炉窑，温度波动大，温度骤然变化产生很大的内应力，使砖砌体开裂、剥落，严重时变形或坍塌倾倒。如炼钢转炉、电弧炉和铜锡熔炼反射炉，熔炼期最高炉温可达 1250 ~ 1650℃，而放渣和出钢、出铜后，炉内温度急剧降至 600 ~ 800℃，温度在短时间内波动太快太大，造成耐火材料内应力大，产生崩裂、剥落而损毁。

（3）气相的沉积作用。很多熔炼炉和火焰炉，在生产过程中会产生 CO 分解和铅、锌及碱金属氧化物挥发，并在耐火材料气孔及砌缝内沉积，造成砖砌体龟裂、变形和化学侵蚀。这种现象在高炉、鼓风炉、竖窑及焦炉的上部较为突出，甚至成为这些部位损毁的主要原因。

（4）机械冲击和磨损作用。许多炉窑内的物料是运动的，如高炉、鼓风炉及竖窑内的物料连续不断由炉顶向下运动，回转窑内物料作回转前进运动，转炉内液态金属作沸腾搅动等，并且在运动的同时，物料还要发生一系列的物理化学变化，因此，对炉衬产生较大的机械冲击和严重的磨蚀作用，破坏性非常大。例如高炉炉喉磨损严重，不得不采用铸钢板加以保护，氧气转炉由于钢水的剧烈搅动，常发生炉衬被冲刷损毁现象，需要经常补炉。

（5）熔融作用。耐火材料在高温热负荷作用下，往往发生重烧线变化，造成砌体失稳，甚至软化、熔融，形成熔滴，导致砌体坍塌。

12.1.3　耐火材料选用的原则

根据以上对耐火材料的要求和耐火材料在使用中的损毁机理，在选用耐火材料时，一般应遵循下列原则：

（1）掌握炉窑特点。根据炉窑的构造、各部位工作特性及运行条件来选用耐火材料。要分析耐火材料损毁的原因，做到有针对性的选用耐火材料。例如各种熔炼炉渣线及以下部位的炉衬及炉底，以受渣和金属熔体的化学侵蚀为主，其次才是温度骤变所引起的热应力作用，一般选用抗渣性优良的镁质、镁铬质耐火砖砌筑，渣线以上部位可选用镁铝砖或镁铬砖或高铝砖砌筑。

（2）熟悉耐火材料的特性。熟悉各种耐火材料的化学矿物组成、物理性能和工作性能，做到充分发挥耐火材料的优良特性，尽量避开其缺点。如硅砖荷重软化温度高，能抵抗酸性炉渣的侵蚀，但在 600℃以下发生 β 晶型向 α 晶型的快速转变，抗热震性很差，而在 600℃以上使用时抗热震性较好，高温下只膨胀不发生体积收缩，因而可选用作火焰炉炉顶砖、焦炉炭化室隔墙砖等。

（3）保证炉窑的整体寿命。要使炉窑各部位所用耐火材料之间合理配合，在确定炉窑各部位及同一部位各层耐火材料的材质时，既要避免不同耐火材料之间发生化学反应而熔融损毁，又要保证各部位的均衡损耗，或在采取合理技术措施下达到均衡损耗，保证炉子整体使用寿命。

（4）实现综合经济效益合理。选用的耐火材料要在满足工艺条件和技术要求的前提下，应将材料的质量、来源与价格、使用寿命与消耗以及对产品质量的影响等进行综合分析，力求做到综合经济效益合理。

（5）无污染、无害。某些耐火材料在高温使用时会挥发或产生污染环境、对人体有害的物质，如水泥窑用镁铬砖会在使用后产生六价铬的危害，所以这类产品应尽量少用或不用，在水泥窑上可用镁铝尖晶石砖或镁白云石砖替代。

12.2　炼铁用耐火材料

12.2.1　高炉用耐火材料

高炉是以焦炭还原铁矿石熔炼铁水的大型高温冶金炉。

高炉炉体剖面结构如图 12-1 所示，自上而下分为炉喉、炉身、炉腰、炉腹、炉缸及炉底等几部分。高炉炼铁过程是在高温下连续进行的：炉料（矿石 + 熔剂 + 焦炭）从炉顶加入，进入炉喉以后向下运动，经过不同温度区域，随即发生矿石的还原、软化、熔融、渣铁分离等过程，炉渣和铁水由炉底分别放出；高温热风(900～1300℃)由下部供入，进入炉内后立即与赤热的焦炭发生氧化反应，生成含 CO 的高温炉气，并放出大量的热维持冶炼过程的进行；含尘高温炉气由下至上透过炉料向上运动，并与矿石发生化学反应，含有一定量 CO 的高炉煤气(炉气)由炉顶导出。可见，高炉内每一高度的炉衬所经受的温度、压力、物理化学变化的性质和强度、工作条件苛刻程度都是不同的，炉衬损毁机理、损毁的状况也各异，耐火材料的选用也因此而明显不同。

图 12-2 是高炉炉衬的侵蚀线和损毁原因。由图 12-1 及图 12-2 可见，高炉炉衬损毁很严重的部位是炉腰、炉腹、炉身下部及炉底。损毁的原因是多方面的，主要是渣铁的侵蚀及热负荷作用，还有碱金属侵蚀和铅锌渗透，炭素沉积和机械磨损等。损毁过程中，温度作用是决定因素。

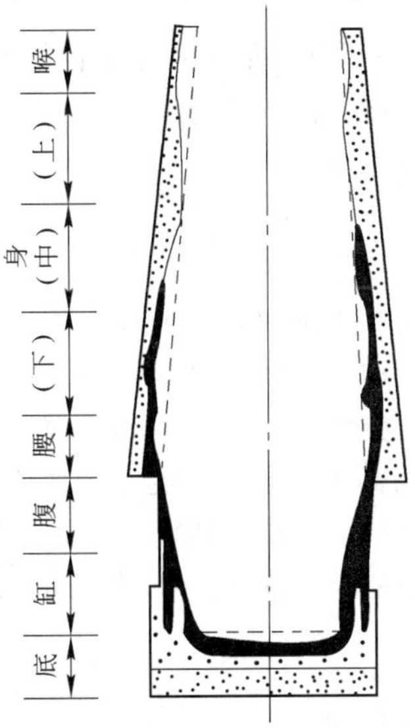

图 12-1 高炉炉体剖面图

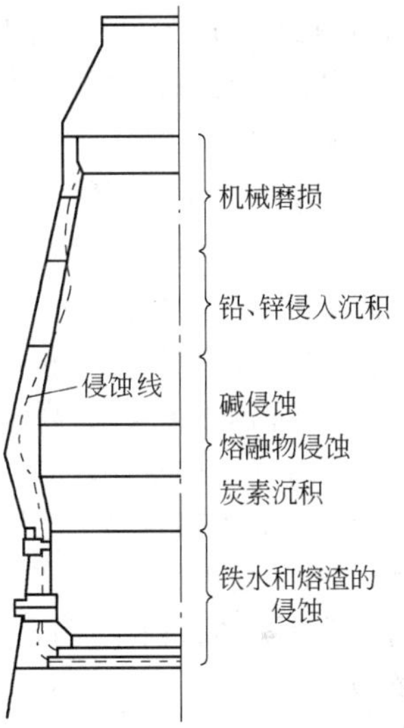

图 12-2 高炉炉衬的侵蚀线和损毁原因

12.2.1.1 炉喉

炉喉为高炉的咽喉，受到固体炉料下降时的直接冲击和摩擦等物理作用，极易损毁。一般采用硬度高和密度大的高铝砖砌筑，但不耐久，因此，常采用耐磨铸钢护板保护。

12.2.1.2 炉身

炉身为炉喉至炉腰中间的部位，分为上、中、下三带，从上至下炉料由 300～400℃逐渐被加热至 1250～1300℃，物料在下降过程中发生一系列的物理化学变化。

炉身上部和中部温度为 400～700℃，熔渣尚未形成，没有渣蚀情况发生，炉衬主要受到：

(1)下降炉料和上升含尘气流的磨损和冲蚀；

(2)部分 CO 在砖缝、裂纹、气孔中分解产生炭素沉积，引起衬砖龟裂、变质、疏松，导致剥落损毁；

(3)锌、铅蒸气向砖内渗透，以 ZnO 和 PbO 形式沉积，并进一步与砖发生化学反应，生成硅酸锌($2ZnO \cdot SiO_2$)和硅酸铅($2PbO \cdot SiO_2$)，使砖组织变脆、剥落；

(4)碱金属的侵蚀与渗透。

这些过程的化学反应式为：

$$2K + CO = K_2O + C$$

$$Zn + CO = ZnO + C$$

$$K_2O + SiO_2 = K_2O \cdot SiO_2$$

$$2ZnO + SiO_2 = 2ZnO \cdot SiO_2$$

炉身上部和中部由于损毁程度较轻，一般采用含游离 Fe_2O_3 较低的黏土砖或致密黏土砖砌筑，或由黏土质不定形耐火材料构成。随着高炉长寿的发展，该部位开始采用更耐磨损和耐剥落的高铝砖、硅线石砖等砌筑。

炉身下部温度较高，有大量炉渣形成，炉渣与炉衬表面直接接触，炉衬在经受下降物料和含尘炉气的摩擦、冲蚀作用的同时，炉渣的化学侵蚀严重，高温下产生的碱金属蒸气对砖的化学反应也较上部和中部突出。若炉衬为硅酸铝质材料，砖内形成钾霞石（$K_2O \cdot Al_2O_3 \cdot 2SiO_2$）、白榴石（$K_2O \cdot Al_2O_3 \cdot 4SiO_2$）及玻璃相（$K_2O$-$SiO_2$），由于这些新相的生成产生较大的体积膨胀，破坏了砖的组织结构，使其强度和耐火性能明显下降。因此，炉身下部一般选用耐火性能好、抗渣性强、抗碱性强、高温结构强度大和耐磨性好的优质致密黏土砖或高铝砖砌筑。靠近炉腰部位可采用高铝砖或用耐磨、抗渣性好、热导率高的刚玉砖、碳化硅砖或炭砖砌筑。大型高炉炉身下部主要采用高铝砖、刚玉砖、炭砖或碳化硅砖。

12.2.1.3　炉腰

炉腰是高炉最宽大的部位。炉料体积膨胀至最大，炉温上升到1400～1600℃，开始在此形成大量的熔渣，因此，渣的化学侵蚀和碱金属蒸气的侵蚀较炉身下部严重。下降炉料和高温焦炭对炉衬表面的磨损、冲刷也很突出，高温上升气流的冲蚀作用也比炉身部分强。碱金属和炭素在砖内沉积作用仍然存在。这些因素的综合作用，使得炉腰成为高炉最易损毁的薄弱部位之一。以前多选用黏土砖或高铝砖，特别是小高炉更是如此。现在中、小型高炉使用铝炭砖的比例在增加，甚至使用了微孔的铝炭砖，这是值得重视的。对于大型高炉，现多选用氮化硅结合的碳化硅砖和反应结合碳化硅砖，也有使用Sialon结合刚玉砖的趋势。

12.2.1.4　炉腹

炉腹位于炉腰之下，为倒圆锥形，以适应炉料熔化体积缩小的特点。下部炉料温度可达1600～1650℃，气流的温度更高，高温作用特别强烈。由于低黏度熔渣形成，对炉衬的化学侵蚀特别严重，熔渣和高温气流对炉壁的冲刷突出，碱金属的沉积引起炉衬的膨胀作用仍有相当大的影响。因此，炉腹是高炉炉衬损毁最严重的部位。一般高炉开炉后不久就几乎全部损毁，而靠覆盖在炉腹处的一层坚实的渣层来保护钢壳。因此，炉腹部位采用刚玉砖、Sialon结合刚玉砖和碳化硅砖砌筑。现代化大型高炉炉腹部位采用强度高、高导热性能的石墨砖，与高强度冷却设备配套使用，以提高使用寿命。炉腹用耐火材料主要性能指标见表12-1。

表12-1　炉腹用耐火材料主要性能指标

材　质		刚玉砖	Sialon结合刚玉砖	Si_3N_4结合SiC砖	Sialon结合SiC砖	石墨砖
体积密度/$g \cdot cm^{-3}$		≥3.2	≥3.15	≥2.6	≥2.65	≥1.75
显气孔率/%		≤15	—	≤16	≤16	≤15
耐压强度/MPa		≥55	≥120	≥170	≥170	≥30
抗折强度/MPa		≥20	—	≥40	—	≥17
热导率/$W \cdot (m \cdot K)^{-1}$		—	—	—	≥16	≥100
化学成分 w/%	Al_2O_3	≥85	≥80	—	—	灰分≤0.25
	SiC	—	≥70	—	—	
	F.C	—	—	—	—	≥95

12.2.1.5 炉缸和炉底

炉缸是盛装铁水和炉渣的部位。炉缸上部是高炉温度最高的部位，靠近风口区的温度达1700～2000℃。炉底温度为1450～1500℃。炉缸衬砖主要受到熔渣和铁水的化学侵蚀和冲刷以及碱侵蚀的作用。当熔渣和铁水侵入砖缝和裂纹之中，加速了炉渣的化学侵蚀和物理溶解损毁。根据不同的炉子结构，高炉炉缸的损坏情况也不同，大体上有蒜头状（又称蘑菇状）和杯状蚀损两种，这与炉缸中熔铁的环流状态有关。炉底主要为铁水渗入砖缝，使耐火砖浮起而损毁。当铁水渗入炉底炭砖后，还发生炭砖被溶解现象。因此，高炉炉底并不实行绝热保温，而是对炉底进行强化冷却，以减缓对炭砖的熔蚀反应，把铁水凝固在炉底的上部，即当炉底上部温度控制在1150℃（铁水冷凝）以下时，可以防止炉底继续熔蚀，延长炉底寿命。

基于上述原因，并考虑到炉缸和炉底一旦被侵蚀损毁后，不易修补，严重时必须停炉大修，所以一般采用耐火度高、高温强度大、抗渣性好、导热能力强、体积密度较高和体积稳定性好的炭砖砌筑。我国高炉炉底工作层也有采用炭素捣固，其整体性好，缝隙少，铁水不易渗入。炉底的砌法主要有两种：一种为上部2～3层炭砖，下面为优质黏土砖或高铝砖。大型高炉，由于铁水温度高，炉底损毁的危险性大，采用全炭砖炉底。目前使用的新型炭素耐火材料有焙烧炭砖、热压炭砖、微孔炭砖、超微孔炭砖、碳复合碳化硅砖、半石墨化自焙炭块等。我国宝钢、首钢、本钢等厂的大型高炉先后引进美国UCAR公司的热压炭砖，取得了令人满意的效果。各种炭砖的主要性能指标见表12-2。

表12-2 各种炭砖的主要性能指标

材　质	体积密度/$g \cdot cm^{-3}$	显气孔率/%	耐压强度/MPa	抗折强度/MPa	热导率/$W \cdot (m \cdot K)^{-1}$
普通炭砖	≥1.56	≤8	≥36	≥12	≥16
微孔炭砖	≥1.62	≤18	≥43	≥12	≥19
超微孔炭砖	≥1.71	≤17	≥63	≥14	≥21
普通热压小块炭砖	≥1.60	≤20	≥30	—	≥13
半石墨热压小块炭砖	≥1.80	≤18	≥28	—	≥50

随着国外"陶瓷杯"技术的成功应用，我国许多高炉炉缸部位也使用了"陶瓷杯"内衬。"陶瓷杯"即在炉底和炉缸接触铁水的工作衬用一层无碳的耐火材料，如合成莫来石砖、刚玉莫来石砖和Sialon结合刚玉砖等。"陶瓷杯"可减少炉底、炉缸的热损失，提高铁水温度，使1150℃等温线向炉内方向移动。而等温线向炉内方向移动，可减少铁水渗入砖缝等薄弱部位然后被吸收的可能性，减少了炭砖形成脆化层的机会。"陶瓷杯"用耐火材料的性能指标见表12-3。

表12-3 "陶瓷杯"用耐火材料的性能指标

材　质		合成莫来石砖	刚玉莫来石砖	Sialon结合刚玉砖
体积密度/$g \cdot cm^{-3}$		2.50	3.05	3.15
重烧线变化率/%		+0.5	0	+0.4
高温抗折强度/MPa（1500℃）		5（1400℃）	6	20
热导率/$W \cdot (m \cdot K)^{-1}$（1000℃）		2.1	3.2	3.5
化学成分的质量分数/%	Al_2O_3	70	87	70
	SiO_2	20	11	—
	Cr_2O_3	—	—	10
	Sialon	—	—	10

12.2.1.6　风口区域

高炉风口区处在2000℃以上的高温下，热负荷大，同时还要承受喷煤粉和热气流冲刷以及渣铁的侵蚀，工作条件十分恶劣。宝钢6座高炉的风口砖衬结构中，共采用了4种不同材质和结构形式的耐火砖配置：

(1)大块硅线石组合砖。硅线石砖具有良好的结构稳定性和抗氧化性能，在长期高喷煤操作条件下可保持良好的使用状态。

(2)大块自结合碳化硅组合砖。自结合碳化硅砖具有更好的体积和结构稳定性，且有优越的导热性能和抗渣铁侵蚀性能。

(3)小块热压炭砖组合块。具有良好的施工性能和导热性能，体积稳定性好，且有优越的抗渣铁侵蚀性能。

(4)大型刚玉质预制成型块。具有更好的体积和结构稳定性，且抗渣铁侵蚀性能良好，在长期高负荷使用条件下保持了良好的使用状态。在正常条件下，上述风口区域的耐火材料及其结构都能满足大型高炉10年以上高负荷连续生产的要求，鉴于操作条件和喷煤量的不同，可选用不同的材质作为风口组合砖，以取得更好的使用效果。

12.2.2　焦炉用耐火材料

焦炉是将炼焦煤在隔绝空气的条件下，经加热、干馏、炭化为焦炭用的高温炉。它的结构比较复杂，炉体主要由燃烧室、炭化室、蓄热室和斜烟道等部分组成。

12.2.2.1　炭化室与燃烧室隔墙用耐火材料

隔墙起到传递热量而隔绝炉气并支撑荷重的作用。其工作环境极为恶劣：炼焦煤结焦温度为950～1050℃，为保证炼焦，焦炉隔墙炭化室一侧表面温度应加热到1100～1250℃，出焦加煤后，温度急降至700℃左右，而燃烧室一侧温度波动在1200～1450℃；炭化室内在炭化过程中低温阶段有水分排出，燃烧室内燃气中含有少量的水分，同时由于煤中盐类的化学侵蚀和煤气的分解与炭素的沉积，可能破坏隔墙的组织和性能，引起强度下降；由于煤的干馏、结焦过程在隔绝空气的条件下进行，要求隔墙气密性好，高温下不透气不发生收缩变形，制品形状规整、尺寸准确，砌筑砖缝小和不致引起砌缝开裂；炭化室一侧隔墙还要受到推焦磨损。

基于上述特点，炭化室与燃烧室隔墙用耐火材料应选用在700～1450℃范围内稳定的、结构致密的、导热性和高温强度较高且耐磨的材料，这种材料还要不易水化和耐还原性气体侵蚀，并能防止炭素沉积，在高温下不易发生残余收缩。硅砖与其他材料相比，基本具有上述各种性能，所以世界各国几乎全部选用硅砖，特别是高密度高导热性的硅砖作为此种隔墙材料。随着焦炉大型化和强化生产的需要，也可采用导热性、体积稳定性、高温强度都很高的碳化硅耐火材料。但碳化硅材料价格昂贵，在氧化性气氛中易氧化损毁，故目前仍很少使用。掺加金属氧化物(Cu_2O、TiO_2)的高密度高导热性硅砖，可以使隔墙厚度减薄，强化传热，提高焦炉的生产率，而且可提高炉子的使用寿命。

12.2.2.2　其他部位用耐火材料

炭化室底部除承受煤、焦炭等较大的重量外，还承受推焦过程中的推挤、摩擦作用，易磨损破坏。炭化室顶部受上面覆盖层和加煤机的静、动负荷作用。因此，应选用高温强度大，耐磨损的耐火材料。通常，由于其工作条件和要求与炭化室其他部位相似，仍采用硅砖。

当炉门开启推焦时，炭化室炉门内衬和炭化室两端炉头的温度由1000℃左右骤然降至500℃以下，超过了硅砖体积稳定的极限温度(573℃)，一般采用抗热震性较好、荷重软化温度高的高铝质耐火材料，如优质高铝砖、硅线石砖、红柱石砖等。

斜烟道不直接与煤和焦炭接触,其他工作条件与炭化室和燃烧室相近,为保证焦炉整体结构的稳定性,一般采用硅质耐火材料,也有些小型焦炉斜烟道用黏土砖砌筑。

蓄热室侧墙冷热交替温差大,采用优质黏土砖。有的为了保持整体性,也采用硅质材料,外侧用黏土砖保护。蓄热室格子砖,一般采用黏土砖。

12.3 炼钢炉用耐火材料

目前,世界上炼钢以氧气转炉为主,占炼钢总量的70%以上,平炉炼钢已基本上被淘汰。随着废钢资源增加和电弧炉技术的发展和成熟,电弧炉炼钢的比例在增加,在发达国家已达到了40%以上。氧气转炉和电炉炼钢比例的快速增长,除了炼钢的工艺技术原因以外,与碱性耐火材料的研制、开发和应用密不可分。同时,感应炉因其电效率高、操作简单、炉温可准确控制,并可熔炼洁净钢、合金元素烧损少等优点在炼钢生产中也得到了一定的应用。以下分别进行介绍。

12.3.1 炼钢转炉用耐火材料

顶吹和复吹氧气转炉炼钢法是目前世界上最主要的炼钢方法。它成功地应用了碱性含碳耐火材料,使炉龄达到5000炉以上,个别的已超过10000炉次,耐火材料单耗大大降低,生产成本大幅减少。

氧气转炉炉体结构如图12-3所示,由截锥形炉帽、圆柱形炉身、球缺形炉底和出钢口等部位组成。随着转炉炼钢工艺的发展和各种护炉方法的使用,转炉寿命大幅度提高。

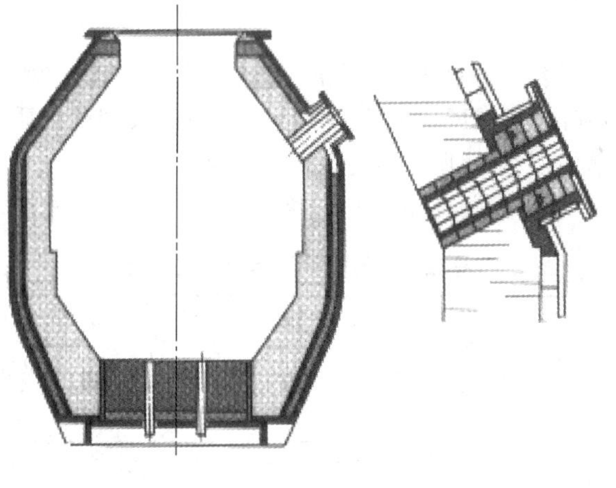

图12-3 氧气转炉炉体结构示意图

12.3.1.1 转炉炉衬的损毁机理

氧气转炉炉衬损坏原因是复杂的。依据炉衬砖品种、冶炼钢种和操作条件以及冶炼时期和炉体部位不同,其损坏原因也不同。概括起来,造成氧气转炉炉衬损毁的主要原因为:高温下炉渣和钢水的化学侵蚀和机械冲刷作用;频繁装料、出钢操作使炉衬周期性急冷急热的应力作用;装料时废钢和铁水的冲击及机械磨损作用;粉尘和烟气的侵蚀作用,其中以高温熔渣的侵蚀作用最为严重。

12.3.1.2 转炉炉衬用耐火材料及发展

氧气转炉炉衬用耐火材料,最初以焦油白云石砖为主,至20世纪70年代采用沥青结合镁质砖和烧成油浸镁砖,到80年代随着顶底复吹技术的推广应用,炉内容积逐渐扩大,炼钢也从单一钢种变为高级多钢种,开发出的高碳含量的树脂结合 MgO-C 砖得到广泛应用。目前,国内外转炉主要用 MgO-C 砖作炉衬,永久衬用镁砖,接缝料用镁质捣打料。

我国转炉自 80 年代开始推广使用镁炭砖以来,取得了很大进展。我国已能生产以高纯度、大结晶电熔镁砂和高纯鳞片状石墨为原料,以热塑性、热固性和无水树脂为结合剂,添加一种或两种金属添加剂,适合转炉不同部位使用的配套镁炭砖,实现了炉衬的均衡蚀损。

根据转炉各部位工作条件和耐火材料在使用中的损毁特点,各部位选用耐火材料的情况如下:

(1)炉帽。炉帽位于取样和出钢时的渣线区域,是受炉渣侵蚀最严重的部位之一,同时还受到含尘废气的冲刷和清理炉帽时的机械损伤,该部位的镁炭砖也易氧化,因此,炉帽应该使用高抗氧化和高强的镁炭砖为好。

(2)耳轴两侧。转炉耳轴区属易损毁部位,经受吹炼时各种损毁作用的影响和炉体转动时机械应力作用,在出钢和排渣时耐火材料不与熔渣接触,表面暴露于空气中,砖中碳极易氧化,而且该区域不易修补,因此应该选用最好的镁炭砖,要求碳含量为16% ~18% 的高强高耐侵蚀的镁炭砖。

(3)渣线部位。渣线部位是炉衬长期与熔渣接触而受渣蚀最严重的部位,所以选用优质高抗侵蚀的镁炭砖。

(4)装料侧。这是转炉炉衬中最薄弱的环节,损毁最为严重。它受到吹炼时炉渣和钢水的喷溅、渣蚀、磨损、冲刷及装入废钢和铁水时的撞击和冲蚀,机械损伤严重,因而造成装料侧炉衬熔损、冲蚀、崩裂。该处受温度波动引起的热应力也较大。所以采用高抗侵蚀和抗热震的高强镁炭砖。

(5)出钢口。出钢口受钢水冲刷和温度急剧变化产生的热应力影响,损毁极为严重,因此采用高强、高抗氧化的镁炭砖。我国近几年开发使用了等静压成型镁碳质整体式出钢口砖和更换用套砖,使用寿命成倍增加,一次使用寿命为 200 ~300 次。

常用的几种转炉炉衬用镁炭砖性能见表 12-4。

表 12-4 转炉炉衬用镁炭砖性能

类　别	A	B	C	D	E
使用部位	炉底、炉帽	炉帽、出钢口	炉身、耳轴、熔池	出钢口	供气砖
$w(MgO)/\%$	≥74	≥76	≥72	≥80	≥70
$w(C)/\%$	≥14	≥14	≥18	≥10	≥15
显气孔率/%	≤5	≤4	≤3	≤4	≤5
体积密度/$g \cdot cm^{-3}$	≥2.85	≥2.90	≥2.90	≥2.90	≥2.75
耐压强度/MPa	≥35	≥40	≥40	≥40	≥35
高温抗折强度/MPa (1400℃ ×0.5h)	8	14	12	6	18

由于高温下发生 C 的氧化和 MgO 的还原反应,使 MgO-C 砖蚀损增大,所以开发使用了抗热震性比镁炭砖更好的镁钙炭砖,当炉渣覆盖在镁钙炭砖工作面上时,形成高黏性渣层,起到保护衬砖的作用,与碳含量相同的镁炭砖相比蚀损率降低。表 12-5 为日本树脂结合镁钙炭砖性能。

表 12-5 日本镁钙炭砖性能

类 别	A	B	C
$w(MgO)/\%$	38	41	40
$w(CaO)/\%$	57	54	55
$w(C)/\%$	5	5	5
显气孔率/%	5.3	4.6	7.6
体积密度/$g \cdot cm^{-3}$	2.96	2.95	2.89
耐压强度/MPa	82.5	84.0	80.5
高温抗折强度/MPa (1400℃ ×0.5h)	5.4	4.9	3.4

12.3.1.3 提高转炉炉衬使用寿命的方法

要提高转炉炉衬的使用寿命,所用 MgO-C 质耐火材料质量的改进是一个重要因素,这主要包括镁砂的纯度、结晶大小、密度、石墨的纯度、结合剂性能的改进、添加剂的优选、制砖工艺的改进等。但是,保证较高炉衬使用寿命的另一个重要方法是维护,护炉可以使炉衬寿命提高数倍。目前,对转炉炉衬修补和维护的措施有:

(1)对前后大面,用热自流修补料定期进行修补。对耳轴和其他部位进行喷补。采用精确的激光测厚技术,使转炉炉衬的喷补时间、喷补区域实现准确的控制。火焰喷补技术和激光测厚技术结合,可获得最佳喷补效果和最低喷补料消耗。适时的喷补和维护,可使炉衬寿命大幅度提高。

(2)溅渣护炉。该方法是通过向渣中添加白云石、轻烧镁球等调整渣的成分,使渣的熔点和黏度升高,而后采用高压氮气,把含有轻烧镁球和白云石的渣喷溅到炉衬表面,使其附着一层高黏度并且有一定耐火性的渣保护层,此渣层对中和下次转炉冶炼时的初期酸性渣,防止其对炉衬的侵蚀,提高炉衬使用寿命,起到显著效果。一般每一炉溅渣一次,这样维护的炉衬,可使炉衬寿命达到 20000 炉次以上。

12.3.2 电弧炉用耐火材料

电弧炉是以废钢为主要原料进行炼钢的高温炉。其工作过程是在炉内加入废钢,通电时,在电极与废钢之间发生电弧而加热熔化炉料,然后进行一系列的冶金化学反应,把废钢炼成钢。

电弧炉炼钢的最大优势是可组成电炉(二次冶金)-连铸-连轧的热态连续性专业化生产钢材的紧凑流程。它在基建投资、建设周期、生产成本、环保、质量控制等方面都明显优于高炉-转炉长流程。近年来,电弧炉炼钢发展了一系列新技术,如超高功率供电、水冷炉壁(盖)、废钢预热、偏心炉底出钢、造泡沫渣和直流供电等,使电弧炉炼钢更加迅速,炼钢成本进一步下降。

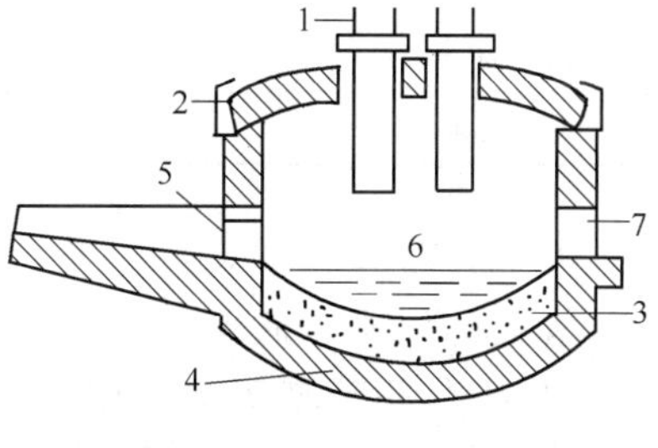

图 12-4 电弧炉结构示意图
1—电极;2—炉顶;3—捣打料;4—炉底;5—出钢口;6—熔池;7—加料口

12.3.2.1 电弧炉的结构特点及耐火材料工作条件

电弧炉的结构如图 12-4 所示,分为炉盖(顶)及炉体两大部分。炉盖可移动,外环为钢制,多为水冷式,顶部除水冷圈外,均由耐火材料构成。炉盖上设有三个电极孔,三根石墨电极由此插入炉内。炉体由炉底、炉坡及炉墙(炉壁)组成,用耐火材料砌筑,外包钢制炉壳。炉墙上一侧设有炉门,另一侧为出钢口并与出钢槽相连。

电弧炉炉衬主要受到熔渣的侵蚀,钢水、熔渣和尘气的冲蚀及装废钢时的机械撞击等,并受高温强烈热辐射作用及频繁加料熔化等操作时温度急剧变化下的热应力作用。电炉炉顶(炉盖)外环部分称为主炉顶,中间部分称为小炉顶,主炉顶主要受到高温和熔渣飞溅的物理化学作用;小炉顶除上述情况外,还受高温电弧辐射及气流与炉尘的冲刷磨损作用。炉墙主要承受高温熔渣与钢液的侵蚀以及装料中的撞击和磨损,易损坏部位是渣线区和热点(炉墙距电极弧辐射的最近处)部位。炉底和炉坡构成熔池,主要受炉料机械冲击和熔渣钢液的侵蚀。

12.3.2.2 电弧炉各部位用耐火材料

A 炉盖

过去电弧炉盖主要用硅砖砌筑,但由于其耐火度不高,抗热震性差,发生渣蚀熔滴和剥落损毁,寿命短。后来普遍采用性能优良的高铝砖和高铝质不定形耐火材料,使用寿命比硅砖高 2 ~ 3 倍。随着超高功率电炉的发展,由于炼钢节奏加快,电弧炉盖工作条件更加恶劣,相继开发出了各种结合剂(水玻璃、磷酸、磷酸二氢铝等)制备的不烧高铝砖,或在配料中引入硅线石族矿物原料,添加微粉、尖晶石、碳化硅等,提高砖的抗渣性能、高温体积稳定性及热震稳定性,以满足超高功率电炉发展的需要。对于炉盖电极三角区,由于工作条件更为苛刻,一般采用刚玉质、铬刚玉质和刚玉-尖晶石质的浇注料和预制件,简化了施工,提高了炉盖的使用寿命。

B 炉墙

根据电弧炉熔炼特点、热工制度和炉渣的性质,炉墙几乎全部采用碱性耐火材料。对小型电炉,主要用沥青镁砖、低档镁炭砖、镁砂补炉料等。对高功率及超高功率电炉,由于采用水冷炉壁技术和炉底出钢,炉墙寿命大大延长。过去永久衬多用镁质耐火材料,工作衬渣线上部采用直接结合镁铬砖或沥青结合镁砖,渣线下部及渣线区多采用优质再结合镁铬砖、高纯镁砖。近年来,电炉炉墙几乎全部使用镁炭砖砌筑,特别是渣线和热点区使用性能非常优良的镁炭砖,以克服强大的热负荷和化学侵蚀。电炉炉墙用镁炭砖性能见表 12-6。

表 12-6 电炉炉墙用镁炭砖性能

编 号	A	B	C	D	E
使用部位	渣线、热点	渣 线	渣 线	渣线以下	渣线以上
$w(MgO)/\%$	80	82	78	>85	>80
$w(C)/\%$	14	10	14	>5	>8
体积密度/$g \cdot cm^{-3}$	3.00	3.02	2.98	>2.95	>2.85
显气孔率/%	<3	<4	<4	<6	<6
耐压强度/MPa	>40	>35	>35	>30	>30

C 炉底

a 交流电弧炉底

因为交流电弧炉炼钢历史较长,所以其炉底用耐火材料也经历了几个发展阶段。先是用沥青焦油镁砂或卤水镁砂打结料捣打炉底,后曾使用镁砖和低档次镁炭砖砌筑,现在国内外普遍使用炉底干式打结料,它施工简单,施工好后不用烘烤可直接投入使用。国内开发的镁钙铁系干式振动捣打料用于超高功率电炉炉底,由于它含有低熔点的铁酸钙,在升温到1200℃以上时能使材料快速烧结形成致密的烧结工作层,使用中低熔点相转变为高熔点相,能最大限度地阻止渣的渗透，工作层下的过渡层和松散的未烧结层还可起到缓冲应力和保温的作用，具有良好的使用效果。电弧炉底干式捣打料性能见表12-7。这些材料也成功地应用在直流电弧炉底上。

表12-7 电弧炉底干式捣打料性能

编 号	A	B	C	D
$w(MgO)/\%$	>77	84	91	84
$w(CaO)/\%$	>17	8~12	3	6~10
$w(Fe_2O_3)/\%$	<4	5~8	4.5	4~7
$w(SiO_2)/\%$	<0.7	1	0.5	<1.5
堆积密度/$g \cdot cm^{-3}$	>2.5	>2.4	>2.4	>2.5

b 直流电弧炉底

直流电弧炉与交流电弧炉炼钢相比较具有操作稳定、简便，输入功率高，噪声小，熔炼速度快，生产率高等优点。直流电弧炉与交流电弧炉的主要区别是增设了炉底电极（阳极）。以电炉底电极的结构来划分直流电弧炉的类型，可分为导电的耐火材料底电极和金属底电极，金属底电极又分为风冷式金属触针（或钢片）底电极和水冷式1~4根金属棒底电极。这三种类型的底电极的代表分别是ABB、GHH和CLECIM类型。由于直流电弧炉炉底结构复杂，增加了炉底的不安全因素，因此，直流电弧炉底用耐火材料的开发十分重要。

对于ABB类型的直流电弧炉，炉底耐火材料即为底电极，一般用导电镁炭砖砌筑：炉底电极采用空气冷却，在炉底电极板上砌筑镁炭砖，为了保证有足够的导电性，碳含量一般为10%~20%。由于这种炉底可随时进行热补，还可冷却下来进行冷补，因此寿命较长。修补料有镁碳质、镁钙碳质和镁铁质的导电捣打料。

对于GHH类型直流电弧炉，在钢针（片）之间用干式捣打料作填充，干式捣打料有镁钙铁质捣打料和镁碳质、镁钙碳质捣打料等。为提高使用寿命，也要对炉底进行修补，用镁碳质、镁钙碳质等导电捣打料进行热补（把导电钢针和钢片埋住）已取得了较满意的效果。

对于CLECIM类型的直流电弧炉，是把粗钢棒固定在炉底板上，紧靠钢棒阳极是电极套砖，电极套砖外边是炉底干式捣打料。由于钢水侵蚀、钢棒局部熔融凝固、炉底板冷却和钢棒膨胀等作用，使电极套砖发生龟裂而损坏，因而电极套砖应具有抗侵蚀性、耐热冲击性、高导热性和耐断裂性等性能。现用电极套砖有镁质的、镁碳质的、镁铝质的和镁铬质的。

表12-8是直流电弧炉底用导电耐火材料的性能，表12-9为直流电弧炉底电极套砖的性能。

表12-8 直流电弧炉底用导电耐火材料的性能

名 称	导电镁炭砖	导电镁钙炭砖	镁碳质导电捣打料	镁钙碳质导电捣打料	镁铁质导电捣打料
$w(MgO)/\%$	>80	>70	88	75	60
$w(CaO)/\%$	—	10	—	15	<3
$w(C)/\%$	>10	12	>7	>5	—
$w(Fe)/\%$	—	—	—	—	<30
体积密度/$g \cdot cm^{-3}$	3.02	2.95	—	—	—
显气孔率/%	<8	<10	—	—	—
耐压强度/MPa	70	>30	—	—	—
电阻率/$\Omega \cdot m$	$<2 \times 10^{-4}$	$<2 \times 10^{-4}$	$<6 \times 10^{-2}$	$<6 \times 10^{-2}$	$<6 \times 10^{-2}$

表 12-9　直流电弧炉底电极套砖的性能

材　质	镁碳质	镁碳质	镁铝质	镁铬质
$w(MgO)/\%$	77	71	73	60
$w(Al_2O_3)/\%$	—	—	20	6
$w(C)/\%$	20	25	—	19(Cr_2O_3)
体积密度/$g \cdot cm^{-3}$	2.80	2.75	2.75	3.16
显气孔率/%	4.4	4.2	<17	16
耐压强度/MPa	>30	>20	>17	>30

D　出钢口

电炉出钢方式经过一系列革新，相继出现了偏心底、中心底和圆心底三种出钢方式，三者的共同点是将传统的槽式出钢（见图 12-4）改成了底部出钢，但在炉底的不同位置。我国引进的超高功率电炉大多数采用偏心底出钢方式。偏心底出钢具有出钢快，钢水不散流，空气氧化少，可渣钢分离出钢等优点。

对槽式出钢的出钢槽，有砖砌的，也有现场捣打或浇注成型的。在材质方面，有镁碳质、铝碳质、碳化硅质、镁质和高铝质等，Al_2O_3-SiC-C 质浇注料也取得了很好的使用效果。

底部出钢的出钢口由袖砖、座砖、尾砖及捣打料和填料等构成，工作过程是当闸板关上时，从上边向出钢口里加满填料，然后装炉料炼钢，当闸板打开时，填料和钢水从出钢口流下来。闸板是机械机构，填料一般是镁质、硅质和橄榄石质的耐火材料。由于出钢口基本上不下渣，因此袖砖受熔渣侵蚀很轻，但由于出钢时的钢水是未经脱氧及合金化的半钢，氧化性强，所以袖砖应选用抗冲刷、抗氧化性能好的镁炭砖，国外采用真空油浸树脂结合镁炭砖。座砖主要受熔池内钢水的侵蚀，一般用沥青结合镁砖、镁炭砖。尾砖由于突出于炉体之外，有些钢厂还在尾砖周围进行水冷，所以受到很强的热震和氧化作用，同时为克服金属粘接问题，一般采用树脂结合镁炭砖和 Al_2O_3-SiC-C 砖。在袖砖和座砖之间的缝隙一般用镁质干式捣打料充填。

12.3.3　感应炉用耐火材料

感应炉是利用电磁感应原理和电流的热效应将电能传递给金属炉料同时使金属炉料熔化或保温的一种金属熔炼设备。感应炉按结构和用途可分为有芯感应电炉和无芯感应电炉。有芯感应电炉主要用于铜、铝、锌等有色金属的熔炼、保温和铸铁的保温，炼钢多用无芯感应电炉。

12.3.3.1　无芯感应电炉的结构特点及对耐火材料的要求

无芯感应电炉的炉体结构如图 12-5 所示。它主要包括感应器和坩埚两部分。感应器是用矩形或圆形空心铜管绕制而成，中间通冷却水，冷却感应器、炉壳以及坩埚材料。坩埚是用耐火材料现场捣制或预制而成。感应线圈绕在坩埚外面，金属炉料装在坩埚内。其工作过程是把废钢等待熔化的金属原料放在坩埚内，当交流电通过感应线圈时，在感应线圈内部空间中便产生了交变磁场，在交变磁场的作用下，坩埚内金属导体内部产生感应电动势，具有一定感应电动势的感应电流在金属料中形成涡流，依靠金属本身的电阻而产生热量，从而使金属炉料熔化或保温。

无芯感应电炉具有独特的冶炼特点，为达到高的电效率，要求炉衬厚度较薄，同时由于炉内高温铁水直接接触，炉外感应器通水冷却，使得炉衬材料所承受的温度梯度大，而且感应炉炼钢过程是熔炼—倒空—再熔炼的循环过程，使得炉衬又受到反复的急冷急热作用，因此，对耐火材料的要求较严格，必须具有良好的抗金属熔液渗透性能、良好的抗渣性、良好的体积稳定性和热

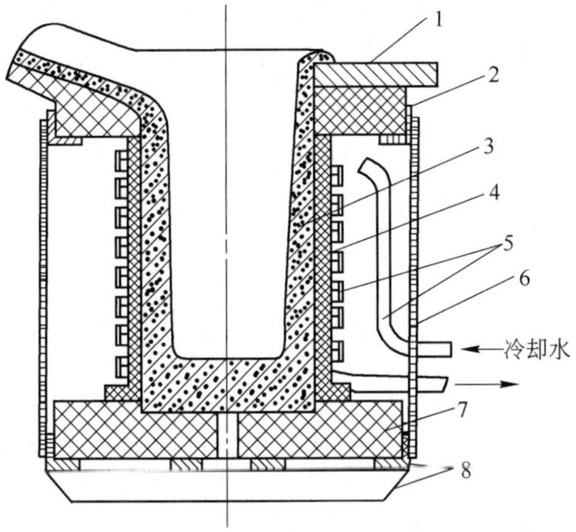

图 12-5　无芯感应电炉炉体结构

1—水泥石棉板；2—耐火砖上框；3—捣制坩埚；4—玻璃丝绝缘布；5—感应线圈；
6—水泥石棉防护板；7—耐火砖底座；8—钢制边框

震稳定性。另外，为抵抗加料时炉料对坩埚的冲击和钢液电磁搅拌运动对炉衬的冲刷，以及防止因钢液与感应线圈之间存在电压差而导致炉衬被击穿，耐火材料还必须具有良好的高温力学性能和良好的绝缘性能。

12.3.3.2　无芯感应电炉用耐火材料

无芯感应电炉用耐火材料一般都是干式捣打料。它是在炉内利用手工或机械方法将干式捣打料直接打结成型，然后通电带模烘烤，当材料具有一定强度后脱模（石墨模具）或在模内（铸铁模具）直接加入金属炉料使其升温熔化，利用金属液的高温对炉衬材料进行烧结。通过第一炉熔化金属对炉衬材料的烧结后，感应电炉就可以正式投入使用了。目前用作无芯感应电炉的耐火材料按材质可分为酸性、中性和碱性。

A　酸性炉衬

酸性耐火炉衬的原料以酸性氧化物为主，主要为石英质（SiO_2）。酸性耐火炉衬适用于5～30t容量的大型感应炉，主要用于熔炼铸铁等。与中性和碱性材料相比，石英质酸性材料的耐火度低，体积膨胀率大，用于炼钢时寿命较低，一般在炼钢尤其是冶炼特殊钢时不选用石英砂作为炉衬材料。

B　碱性炉衬

这类耐火材料以碱性氧化物为主制成。碱性炉衬的原料主要有镁砂、石灰、BeO 和镁铝尖晶石等。其中镁砂、CaO、BeO 预制的坩埚主要用于特殊用途。镁质捣打料适用于500kg 以下小容量的感应炉，适于冶炼特殊钢。这是由于镁砂的膨胀系数大，抗热震性差，因而不适用于大容量、间歇式操作的感应炉。在镁砂中添加适量 Al_2O_3 细粉，高温下生成尖晶石可抑制炉衬的龟裂，同时其膨胀系数小于镁砂，抵抗热冲击性能提高，这种材料最大可用于 1t 左右的感应熔炼炉。在镁铝尖晶石捣打料中添加适量 Cr_2O_3 细粉，高温下产物与渣中的 FeO 形成复杂尖晶石 $(Mg,Fe)O \cdot (Cr,Fe)_2O_3$，一方面促进材料的致密化，另一方面发挥了铬尖晶石对酸性和碱性渣的优良侵蚀性能，提高材料的抗侵蚀和热震稳定性。这种材料在不锈钢熔炼炉上使用，效果很好。

C　中性炉衬

中性炉衬是以刚玉、矾土等为主要原料制成的耐火材料。矾土质感应炉炉衬有较强的适应熔炼各种金属的能力。随着 Al_2O_3 含量增加,材料中刚玉相增多,相应地提高了制品的耐高温性能。随着中频感应炉的大型化,刚玉质炉衬的使用日益增多。刚玉与方镁石相比,具有膨胀系数小,体积稳定性好等优点,因此在铸钢行业得到广泛应用。随着中频感应电炉向多品种熔炼、高温熔炼和高功率快速熔化的方向发展,使得感应炉内衬的使用环境极为苛刻。因此,在大型铸钢、特殊钢熔化的感应炉炉衬材料选择上,除了应选择电熔白刚玉或致密刚玉等高纯原料外,另外还需加入适量镁砂、铬矿或铝镁尖晶石等,以改善其基质性能,使刚玉质耐火材料性能达到最佳化。

表 12-10、表 12-11 为国内某耐火材料厂生产的中频感应电炉用铝镁质干式捣打料和国外同类产品的主要理化性能指标。

表 12-10　国内生产铝镁质干式捣打料主要理化性能指标

产品牌号		AM-75	AM-85	AM-95
化学成分的质量分数/%	Al_2O_3	≥75	≥85	≥90
	MgO	21～22	≤14	≤10
	SiO_2	<0.5	<0.5	<0.5
	Fe_2O_3	<0.5	<0.5	<0.5
耐压强度/MPa	1200℃×3h	>6	>6	>6
	1400℃×3h	10	10	10
	1600℃×3h	19	19	19
耐火度/℃		>1880	>1880	>1880
用　途		不锈钢熔化	较大容量炉,耐热合金钢	较大容量炉,各种合金钢

表 12-11　国外铝镁质干式捣打料主要理化性能指标

国外产品牌号		VA-113	VA-114	LVCORMA-8
化学成分的质量分数/%	Al_2O_3	92.5	91.2	88.0
	MgO	3.9	4.9	9.1
	SiO_2	1.0	1.0	0.1
最高使用温度/℃		1820	1820	～1700
体积密度/$g \cdot cm^{-3}$		2.96	2.96	2.65
用　途		不锈钢、低合金钢	不锈钢、低合金钢、球墨铸铁	各种合金钢

12.4　连铸用耐火材料

连铸就是当转炉或电炉炼钢完毕后,用钢包将钢水运送到中间包中,钢水经由中间包连续注入结晶器,直接生产出钢坯的过程。随着连铸取代模铸,对于提高钢的质量和成材率,降低能源消耗,优化钢铁生产工艺都具有非常重要的意义。

连铸使用的主要设备有钢包、中间包、水口系统和连铸“三大件”(浸入式水口、整体塞棒和长水口)等。连铸系统对耐火材料的主要技术要求是:能承受 1600～1650℃以上的高温;抗热震性好;高温抗折强度和耐压强度高;热膨胀和重烧线变化小;具有良好的抗渣蚀能力;抗钢水冲击能力强;施工方便,成本低。

12.4.1　钢包用耐火材料

钢包结构如图12-6所示，其外围为钢制壳体，内衬一般由三层耐火材料构成：紧靠壳体一层为隔热层，第二层为永久衬，与钢水接触的为工作衬。

钢包工作衬用耐火材料损毁的主要原因是：接运钢水和空包循环时的温度骤变引起的热崩裂；高温下钢水和炉渣对耐火材料的化学侵蚀和冲刷损毁；消除包壁粘钢、结渣、结瘤时的机械力的破坏等。

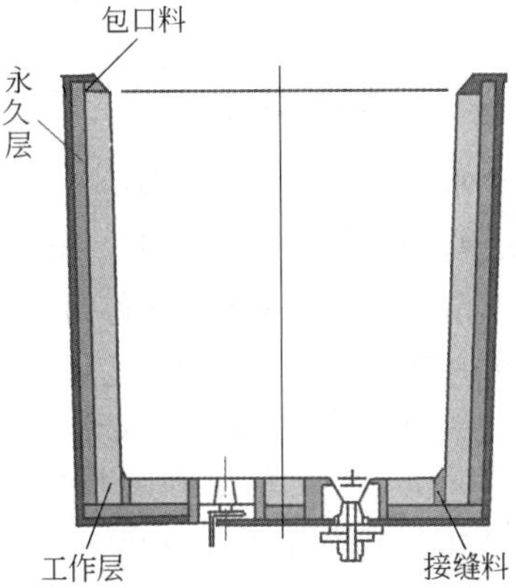

图12-6　钢包结构示意图

过去，钢包仅作为输送钢水的容器，工作衬常用黏土砖、蜡石砖等砌筑，后来逐渐过渡到高铝砖和锆英石耐火材料等，但使用寿命都不高。由于多炉连铸和冶炼洁净钢的需要，钢包容量不断扩大，钢水的品种日益增多，钢水温度提高和停留时间延长以及钢包精炼技术的应用，使得钢包的使用条件更加苛刻。为了提高连铸钢包的使用寿命，开发使用了优质铝镁炭砖和铝尖晶石炭砖。它们都具有较高的抗渣蚀性和抗热震性并有良好的结构稳定性。在精炼钢包上，还利用CaO对钢水的良好净化作用，开发使用了优质镁钙炭砖。同时，整体浇注钢包发展迅速。最早使用的是水玻璃结合铝镁浇注料，所用高铝料档次较低，使用寿命也只有40～60次。现在多使用以优质特级矾土熟料、优质镁砂和矾土尖晶石等为主要原料，微粉为结合剂的铝镁系浇注料。为了进一步提高大型钢包的使用寿命和降低钢水中[C]含量，又成功研制使用了高档刚玉-尖晶石浇注料。钢包整体浇注内衬同砖砌内衬相比具有彻底消除砖缝，使用安全，施工机械化，省力方便，使用寿命比同材质耐火砖长等优点。目前我国绝大多数转炉钢包都使用浇注料。

12.4.2　中间包用耐火材料

中间包在连铸系统中用于接收钢包的钢水并连续稳定地将钢水注入结晶器。它的主要任务是：

(1)分流钢水。对多流连铸机，通过中间包将钢水分配到各个结晶器。

(2)稳流。提供稳定的钢水静压力，保持钢水流速与流股的稳定。

(3)净化钢水。在较长的浇注时间内保持钢水温度基本不变，促使钢水中夹杂物进一步上浮。

中间包衬一般由隔热层、永久层和工作衬组成。隔热层用黏土砖或隔热板，永久层普遍使用氧化铝含量为60%～80%的低水泥或超低水泥浇注料。对工作衬，要求具备以下条件：

(1)耐钢水和熔渣的侵蚀，使用寿命长；

(2)具有良好的抗热震性，与钢水接触时不炸裂；

(3)具有较低的热传导率和微小的热膨胀性，使中间包衬有一定的保温性和良好的整体性；

(4)在浇注过程中不污染钢水；

(5)便于砌包和拆卸。

目前使用的中间包工作衬有涂料、绝热板和干式振动料等。

中间包涂料有镁质、镁铬质和镁钙质等。特别是镁钙质涂料，除了对钢水和钢渣具有很高的化学稳定性外，还具有净化钢水的作用，在大型钢包上使用效果良好。

中间包绝热板材质有硅质、镁质和镁橄榄石质。硅质绝热板主要成分为 SiO_2，适用于浇注普碳钢和普通低合金钢等。镁质绝热板适用于浇注特殊钢及部分高品质钢种，提高了中间包使用寿命，对钢水的污染比硅质绝热板小。镁橄榄石质绝热板具有高的抗蠕变和热导率低等特性，用于浇注合金钢。

目前钢厂中间包大量使用中间包干式振动料。干式振动料是以镁质材料为主要原料，加入固体树脂或一些无机固体结合剂和烧结剂，在放置模具和振动捣打施工后，经加热内模而使干式料中结合剂液化或固化而产生强度，然后脱模，大火烘烤后使用。中间包干式振动料材质有镁质、镁钙质和镁铬质。

12.4.3　滑动水口用耐火材料

滑动水口是安装在钢包或中间包下边用以控制钢水流速的钢水节流装置。由于其安全可靠，操作方便，易于实现浇注操作自动化，逐渐取代塞棒系统进行浇钢。

滑动水口用耐火材料包括上水口、滑板和下水口三部分，其中滑板砖是控制钢流的最重要的耐火材料。

滑板损毁的主要原因是碳结合的滑板在氧化条件下由于碳结合剂氧化而失去强度，造成滑板表面被拉毛或磨损，在滑动面上出现马蹄形侵蚀，出现塞钢和滑板被塞死的现象。其次是在使用过程中，滑板受到强烈的热震，产生很大的热应力，导致滑板产生裂纹或炸裂。滑板损坏的另一个原因是钢水的冲刷和磨损。我国滑板材质在 80 年代以前主要为高铝质。为提高其抗侵蚀性和抗热震性，后又开发了不烧铝碳质。现在我国大多数小型钢包上普遍使用这种滑板。为提高不烧铝碳质滑板的热态强度和耐磨损性，80 年代中期我国开发了烧成铝碳质滑板，90 年代初又开发了铝锆碳质滑板。它们在大中型连铸钢包和中间包上使用效果良好。对于一些特殊钢浇注，如浇注高氧钢时，高氧钢内氧浓度高，氧化性强，使用铝碳、铝锆碳滑板时侵蚀很快，一般使用镁尖晶石碳质和镁碳质滑板较好。对于钙处理钢，铝碳、铝锆碳滑板内的氧化铝容易与钢液里的氧化钙或钙发生反应而生成低熔点的铝酸钙相，造成熔蚀加快，一般使用镁尖晶石质滑板。另外，对于超低碳钢的生产，为了防止耐火材料对钢液增碳，而使用无碳质滑板系统，即采用烧成的刚玉质、铝锆质、镁铝尖晶石质和镁质滑板。以上所有的滑板制品皆需经机械加工将接触面磨光后使用。

我国滑动水口的上下水口一般为刚玉质、铝碳质和铝锆碳质。上水口使用寿命一般在 20 ~ 30 次，质量低的 10 次以内就要更换，下水口与滑板一起更换。

12.4.4　连铸“三大件”

连接钢包与中间包的长水口、控制中间包钢流用的整体塞棒和连接中间包与结晶器的浸入式水口，一般称之为连铸“三大件”。

长水口安装于钢包下部并与中间包相连。由于其下部插入中间包的钢水中，承受很强的热震和钢水与渣的侵蚀，因此长水口要求具有较高的高温强度、良好的抗侵蚀性和抗热震性。长水口最早使用熔融石英质的，其突出的特点是线膨胀系数低，抗热震性非常好，在使用中不炸裂，不足之处是抗侵蚀不足，在连铸水平不高的钢厂仍有使用。随着连铸水平的提高，特别是特种钢的浇铸，石英质长水口满足不了寿命的要求，对钢的质量也产生不良影响，开始使用铝碳质长水口，后又开发使用了高抗热震的不烘烤铝碳质长水口，不需烘烤即可使用。为继续提高水口的抗侵蚀性，发展了复合长水口，例如：渣线部位用镁碳质、锆碳质材料，主体用铝锆碳质材料；为适应低碳钢的浇铸，内层用铝镁质、赛隆陶瓷等不含碳的材料；为防止浇铸铝镇静钢时水口结瘤而堵塞,在长水口上采用透气环的方法进行吹氩,并在内层使用非含碳的耐火材料和锆酸钙材料等等。

浸入式水口安装于中间包底部,下端伸入结晶器,防止钢水吸入空气中的氧和卷入渣。浸入式水口除受到很强的热震和钢水冲刷及侵蚀外,还受到结晶器里保护渣的强烈侵蚀。因为保护渣是含萤石和钾、钠氧化物的强腐蚀性低熔点的材料,它对浸入式水口的侵蚀远比长水口严重得多,因此对浸入式水口的要求要比长水口高得多。我国浸入式水口也经历了熔融石英质、铝碳质、铝锆碳质的发展阶段,为抵抗保护渣的侵蚀,发展了复合浸入式水口,即渣线为锆碳质、硼化锆碳质材料,主体用铝锆质或铝碳质材料,其他如浇注低碳钢、铝镇静钢等都开发了与长水口类似的耐火材料。

塞棒安装于中间包水口之上,通过调节它与水口之间的间隙而达到控制钢水流速的目的。塞棒类型有组合型塞棒和整体塞棒。组合型塞棒是将塞头砖和数节袖砖用钢结构控制杆组合安装后使用,损坏的主要原因是:长时间高温下内芯钢结构软化而致控制失灵;钢水和熔渣容易侵蚀到连接缝中引起断棒或塞头脱落;袖砖侵蚀过快。最初塞棒的袖砖是高铝质或黏土质的,塞头砖是铝碳质的,现在渣线部位的袖砖用镁碳质和铝碳质的,塞头砖有铝锆碳质的,同时提高钢制控制杆的耐高温性以提高塞棒的使用寿命。整体塞棒的棒身与棒头直接连在一起,不存在连接缝,也不用金属杆,解决了组合型塞棒寿命低的问题,是常用的塞棒类型。整体塞棒一律采用等静压成型,通过固化和机器加工而成。整体塞棒一般为铝碳质的。为适应不同钢种浇铸的需要,还开发使用了渣线使用镁碳质、塞头用铝锆碳质的复合式整体塞棒以及铝碳-锆碳复合式整体塞棒等。

12.4.5　定径水口

中间包到结晶器之间的钢流控制采用下列各种方法中的一种:塞棒、滑动水口或定径水口。在浇注板坯及大方坯时,常用塞棒或滑动水口,浇注小方坯则多用定径水口。

在小方坯浇铸过程中,钢坯的注速只靠定径水口的出口孔径来调节,孔径必须保持恒定,以保证稳定的拉坯速度,因而要求定径水口在钢水强烈的冲刷和侵蚀条件下不扩径或被侵蚀。目前,国内外普遍使用性价比较高的镶嵌式定径水口。所谓镶嵌式定径水口,就是内层接触钢水的部分用性能极优的氧化锆陶瓷耐火材料,外层用价格较低的锆英石或普通高铝耐火材料,内、外层耐火材料用结合剂或火泥黏结在一起。定径水口的使用寿命与氧化锆含量密切相关:氧化锆含量高,内芯氧化锆陶瓷致密度大,水口抗冲刷、抗侵蚀性能力强。在提高抗热震方面,一般采用半稳定氧化锆,稳定剂用氧化钙,特殊情况用氧化钇来稳定氧化锆。定径水口还有复合式和整体式结构。复合式定径水口就是其内外层耐火材料不一样,在生产过程中直接复合并烧结在一起;整体式定径水口就是整个水口是一种材质生产而成。这两种水口由于使用效果和成本的原因使用较少。

12.5　炉外精炼用耐火材料

炉外精炼是将熔炼炉中(经熔化和精炼)的钢水在熔炼炉外再次精炼的过程。它是在真空、惰性气氛或可控气氛下使钢水脱气、去除夹杂、调整成分和调整温度,从而生产优质钢。炉外精炼一般在精炼钢包或专用精炼炉内完成。目前,炉外精炼的方法约有30多种,其中较多使用的方法有AOD、VOD、LF、ASEA-SKF、RH和DH法等。由于各种方法对钢水的处理目的和操作条件不同,因而对耐火材料要求也不同。

12.5.1　AOD(氩氧脱碳精炼)炉用耐火材料

AOD 炉是二步炼钢用吹氩氧的转炉,为常压精炼炉,其外形与炼钢转炉相似,主要用于冶炼不锈钢。AOD 炉的结构如图 12-7 所示。

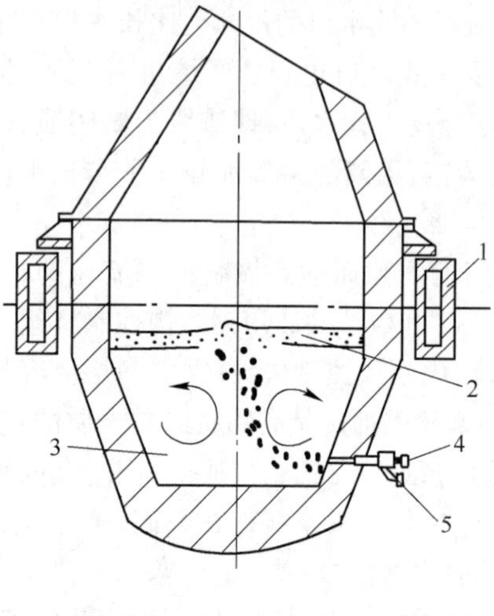

图 12-7　AOD 炉结构示意图
1—耳轴;2—渣;3—钢水;4—氩气 + 氧气;5—氩气

AOD 炉的工作特点是:

(1)工作温度高。为将钢中碳含量降到很低,精炼温度需提高到 1700℃以上。

(2)钢水搅拌剧烈。喷吹大量高压气体(O_2、Ar)造成钢水剧烈搅动。

(3)渣的碱度变化大。

(4)间歇式操作。

AOD 炉的工作过程是先吹氧脱碳,然后加硅铁或铝使渣中铬还原,最后加石灰脱硫。在整个冶炼过程中,炉渣从酸性变为碱性,气氛也由氧化性气氛变为还原性气氛。

由于以上这些工作特点,要求 AOD 炉用耐火材料耐火度高、高温强度大、抗热震性好、抗渣能力强。尤其对风口和风口周围区域更需要使用耐蚀性和耐剥落性好的耐火材料。AOD 炉常用的耐火材料主要有镁铬砖和镁白云石砖,其中镁铬砖多为预合成镁铬砖和再结合镁铬砖。为了构成均衡炉衬,风口上部用电熔再结合镁铬砖,其他部位采用直接结合镁铬砖,或风口部分使用预反应镁铬砖,其余部位用镁白云石砖。炉顶部位可用高铝质浇注料或可塑料,也可用镁砖砌筑。由于镁铬砖的环境污染问题,目前 AOD 炉用耐火材料的发展趋势是镁铬砖使用量越来越少,镁钙质材料越来越多,有些 AOD 炉使用了低碳的镁钙材料,如沥青结合白云石砖、树脂结合白云石砖。树脂结合白云石砖采用长时间加热的方法提高和加深炉衬的焦化,以减少钢水对碳的吸收量。

12.5.2　VOD 精炼钢包用耐火材料

VOD 精炼钢包是在真空或减压气氛下,通过向钢水中吹入氧气进行脱碳,并进一步进行脱硫、脱磷、脱气、脱氧和调整成分的真空吹氧脱碳装置。其结构示意图如图 12-8 所示。由于它可以通过顶部吹氧气、底部吹氩气来进行搅拌,所以可以精炼出质量更高的低碳钢、超低碳钢和不锈钢。

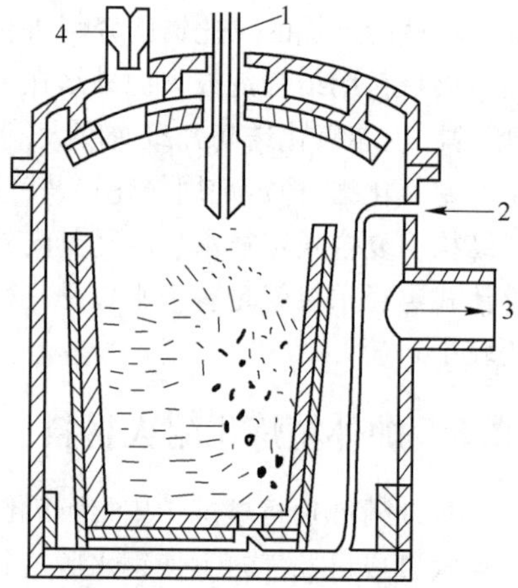

图 12-8　VOD 装置的结构
1—氧气;2—氩气;3—排气孔;4—金属添加孔

在 VOD 精炼钢包中,由于吹氧速度快,钢水搅拌强烈,钢水温度高,又由于还要脱硫等使渣的碱度变化大,同时真空条件对耐火材料的损坏大,所以要求使用抗热震性好、耐剥落性好、耐蚀性好的耐火材料。

目前,VOD 钢包根据精炼钢种和不同部位,一般分别使用直接结合镁铬砖、再结合镁铬砖和镁白云石砖等。如在渣线使用再结合或预反应镁铬砖,包壁使用低档次的镁铬砖,或在渣线使用超高温烧成的镁白云石砖,包壁使用低档次的烧成镁白云石砖等。为提高 VOD 钢包的使用寿命，也有在渣线以下部位使用低碳的镁炭砖或镁白云石炭砖等，它们较镁铬砖耐用性高，抗熔渣侵蚀性强。但考虑到碳的影响，熔池用耐火材料又发展了镁铝尖晶石砖，该制品抗热震性能好，对含较高的 CaO、Al_2O_3 的脱硫渣抗蚀性能好，耐用性能好于镁铬砖，但不及低碳的镁炭砖或镁白云石炭砖。

12.5.3 LF 精炼钢包用耐火材料

LF 精炼钢包由日本特殊钢公司于 1971 年研制成功，它设备简单，投资少，带 VD 设备还可生产特殊的洁净钢，是我国主要的炉外精炼设备。其工作过程是通过电弧加热、氩氧搅拌和加合成渣对钢水进行脱氧、脱硫及调整成分。

LF 精炼钢包用耐火材料工作条件是：工作温度高达 1700℃ 且加热时间长，尤以热点部位温度更高；高碱度还原渣侵蚀严重；底部吹氩搅拌冲刷严重；间歇操作，热震频繁；如果带 VD 还需在真空条件下工作。因此工作条件极为恶劣，要求所用耐火材料耐火度高、高温强度大、抗冲刷性好、抗渣能力强、抗热震性好。

在 LF 精炼钢包的渣线部位主要用镁炭砖，对一些特殊钢用镁铬砖或镁白云石砖，为提高镁炭砖真空下的抗热震性，也开发使用了不烧镁钙炭砖。在冲击区使用刚玉质、刚玉尖晶石质预制件。熔池用镁炭砖、铝镁炭砖等。

12.5.4 ASEA-SKF 精炼钢包用耐火材料

ASEA-SKF 精炼钢包与 LF 精炼钢包一样，是对钢水进行电弧加热并电磁搅拌的精炼装置。其工作过程是将钢水注入钢包后，进行低频电磁搅拌和电弧加热，并真空脱气，真空吹氧脱碳，扒渣并造碱性渣脱硫，调整钢水成分。钢包内衬主要承受高温钢水和强碱性渣的化学侵蚀、热应力作用及钢水强烈环流冲刷作用。

ASEA-SKF 精炼钢包与 LF 精炼钢包用耐火材料的损毁有相似之处，因此所用耐火材料也相近，在渣线部位主要用镁炭砖，熔池使用镁炭砖、铝炭砖、铝镁炭砖以及铝尖晶石系耐火材料。

12.5.5 RH 真空脱气炉用耐火材料

RH 炉是一种循环真空脱气装置，操作时将带有两根浸渍管的真空槽插入钢水中，从一根管吹入氩气，在钢液中形成气泡，使钢液比重降低，借助于比重压力差使钢水从钢包吸入真空槽中，经过脱气后的钢水比重增大，从另一根管排出到钢包中，从而对钢水进行脱气。如果再配合吹氧（RH-OB），还可进行脱碳生产低碳钢和超低碳钢。RH 炉结构示意如图 12-9 所示。

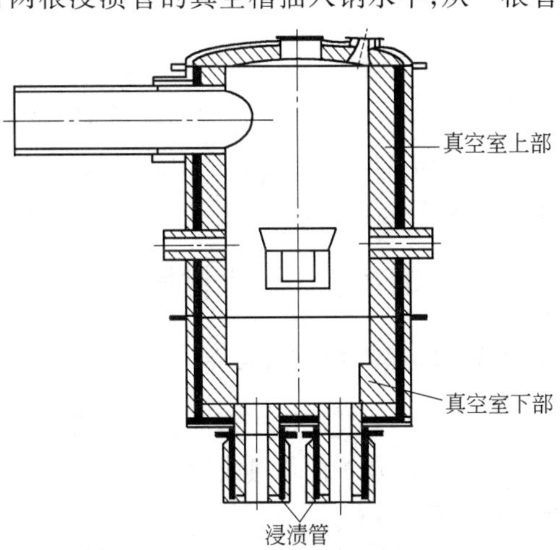

图 12-9 RH 炉结构示意图

RH 炉从上到下，各个部分耐火材料的工作条件不同，损毁情况也不一样：真空室顶部和上部槽由于不与钢水和熔渣接触，与下部相比一般损毁较少；中间槽部分接触钢水和熔渣，受到钢水的喷溅和冲刷以及熔渣的侵蚀，内衬损毁较严重；下部槽包括浸渍管，内衬受高温气流和钢水的冲刷，外壁受熔渣的侵蚀，而且温度变化大，是损毁最严重的部分。

过去,RH 炉只是作为脱气装置,耐火内衬主要采用高铝砖砌筑。现在,随着高级钢产量的增加,增大了环流量,大量吹入气体,使 RH 炉内衬耐火材料损毁加快。因此,现在 RH 炉内衬以直接结合镁铬砖为主,在吹氧口(RH-OB)周围使用半再结合或再结合镁铬砖,在浸渍管外壁使用高铝质、刚玉质或铝镁质浇注料。由于下部槽损毁严重,开始使用组织结构均匀,显气孔率低的镁炭砖,较镁铬砖使用寿命延长 20% ~30%。

12.5.6　DH 真空脱气炉用耐火材料

DH 法是一种间断脱气法,其工作过程是将吸升管浸入钢包的钢水中,通过插入真空室的吸嘴将钢水吸入真空室,当真空室提升到上部位置或钢包降到下部位置时,钢水便回流到钢包内,如此反复升降 30 ~40 次,便可实现钢水的完全脱气。在生产高纯钢和高洁净钢时使用 DH 法进行脱 C、N、H、O。DH 法装置结构如图 12-10 所示。

DH 提升脱气法,在操作中温度发生周期性变化,尤以真空室下部工作条件苛刻,除承受高速钢水、熔渣的侵蚀和磨损外,还受到真空减压气氛的影响;真空室上部主要经受高温热应力作用和化学侵蚀的影响。

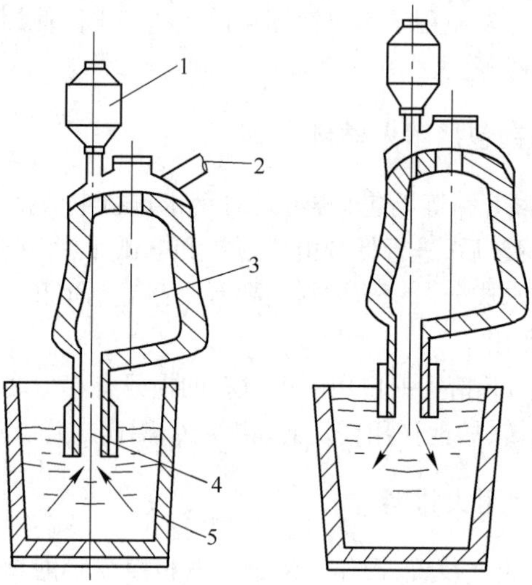

图 12-10　DH 法装置结构示意图

1—合金添加装置;2—排气孔;3—真空室;4—吸升管;5—钢包

DH 炉内衬开始时使用高铝砖、镁砖,后来改为真空室上部使用直接结合镁铬砖,真空室下部使用电熔镁铬砖,近年来,也有使用镁炭砖和镁-尖晶石砖的,并取得了较好的使用效果。

12.6　轧钢系统用耐火材料

12.6.1　均热炉用耐火材料

均热炉是初轧厂用于钢锭加热用的高温炉。炼钢厂的热钢锭脱模后即送到初轧厂开坯,轧制前钢锭在均热炉内均热或加热到所要求的温度。当炼钢与初轧不能完全衔接时,均热炉也要加热冷钢锭。

均热炉炉型种类很多,目前应用最普遍的是上部单侧烧嘴换热式均热炉,其炉型结构如图 12-11 所示。

均热炉由炉盖、炉墙、炉底、换热器或蓄热室等部分组成。其不同部位炉衬的工作条件不一样,对耐火材料的要求也不一样。炉盖主要承受频繁开启时的温度骤变和机械振动的影响,有时也有冲蚀,要求耐火材料抗热震性能好、重烧线变化小、耐压强度高;炉口部位温度骤变,还受装出料的撞击和振动,要求耐火材料抗热震和强度较高;炉墙上部受重负荷较大,且常受钢锭和夹钳的撞击和磨损以及移动炉盖的振动作用,也受装出料的温度骤变影响,要求耐火材料抗热震性能好,荷重软化温度高;炉墙下部和炉底主要受到氧化铁皮的侵蚀和磨损,要求耐火材料耐化学侵蚀性好。

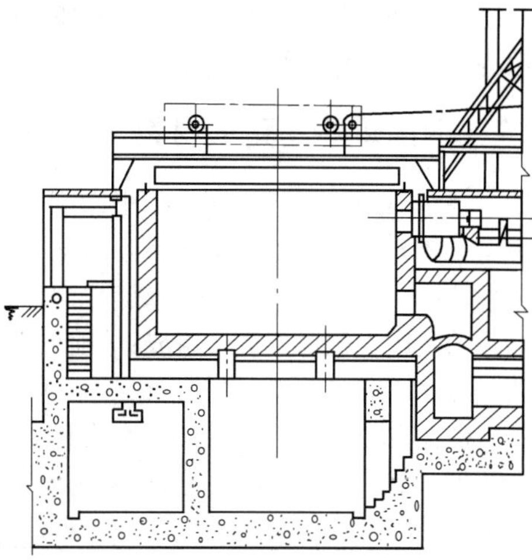

图 12-11 上部单侧烧嘴换热式均热炉示意图

以往均热炉全部采用砖砌,炉盖和炉口一段炉墙(约 500mm)用黏土砖,炉墙上部用硅砖,炉墙下部及炉底用高铝砖、镁砖或镁铬砖。目前,在均热炉上主要应用不定形耐火材料或预制块。炉盖内衬采用高强轻质浇注料;炉口用耐火可塑料、浇注料或预制块。整体浇注炉墙是发展趋势,在材质方面主要用低水泥或超低水泥的 Al_2O_3 含量为 50% ~70% 的铝硅系浇注料,保温衬用轻质保温浇注料。近年耐火纤维发展很快,用作均热炉炉盖材料绝热性能好,使炉盖重量大大减轻。

12.6.2 连续加热炉用耐火材料

连续加热炉是轧制车间加热钢坯的高温炉。料坯由炉尾装入,加热后由另一端排出。加热炉种类很多,但炉子的构造都是由炉顶、炉墙、炉底、烟道和换热器等几部分组成,图 12-12 为推钢式连续加热炉结构示意图。

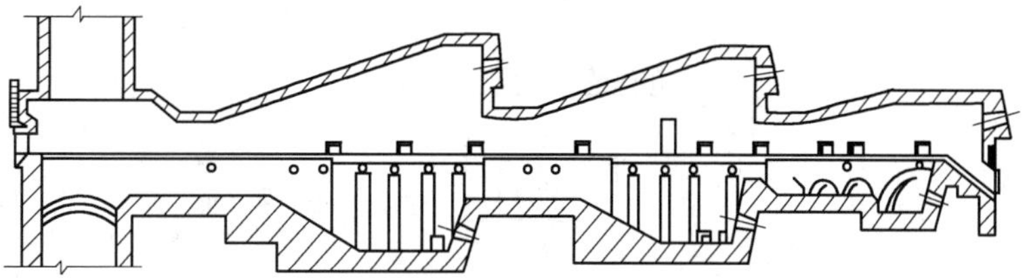

图 12-12 推钢式连续加热炉示意图

加热炉工作温度不高,一般在 1400℃以下。按连续式加热炉的加热制度,可将加热炉分为预热段(800 ~900℃)、加热段(1100 ~1400℃)、均热段(1200 ~1300℃)。各段工作温度不同,所用耐火材料也有差别。

中小型加热炉炉顶一般为拱顶结构,大型现代化加热炉采用吊挂式平顶结构。由于炉内最高温度仅 1400℃左右,所以可用黏土砖砌筑,在均热段和加热段用高铝质吊挂砖,上表面铺一层保温板进行保温。炉墙从内向外依次用高铝砖、黏土砖、轻质黏土砖和保温板砌筑。近年来,世界各国普遍推广应用耐火浇注料和可塑料作炉衬,使用寿命高,节能效果好。加热炉炉底包括均热段、预热段和加热段的滑轨支承结构,主要承受料坯的荷重、摩擦、振动作用,高温段还受氧化铁皮的侵蚀作用。均热段炉底用镁砖、电熔刚玉砖或电熔 AZS 砖砌筑,加热段用镁砖或镁铬砖作为工作层,预热段炉底可采用与炉墙相同或相近材质的材料,一般为黏土砖。烟道内衬通常为黏土砖或耐火浇注料加砌黏土砖拱顶或加盖耐火浇注料制成的盖板。设置炉顶烧嘴的炉子,炉底一般为实底,嵌有滑道以防止磨蚀。滑道有碳化硅或水冷管,有时用铸铁梁。

12.7　铜冶炼炉用耐火材料

有色金属的冶炼与钢铁冶金相比,工艺复杂,流程长,冶炼用窑炉种类多,应用的耐火材料种类也多。随着世界上有色金属冶炼的发展,对耐火材料提出了许多新的要求,耐火材料使用条件愈来愈严酷,耐火材料的选用已成为生产中的一个重要环节。

铜的生产工艺由五部分组成:炉前处理、冰铜熔炼、粗铜吹炼、火法精炼及电解精炼。铜精矿主要是硫化矿和氧化矿,自然铜很少。其中三分之二是硫化矿,与铁矿共生,伴有多种有价值的金属。因此在提取铜的同时必须回收有价值的金属,实行综合利用。

炼铜一般用火法冶金工艺,其工艺流程如图 12-13 所示。

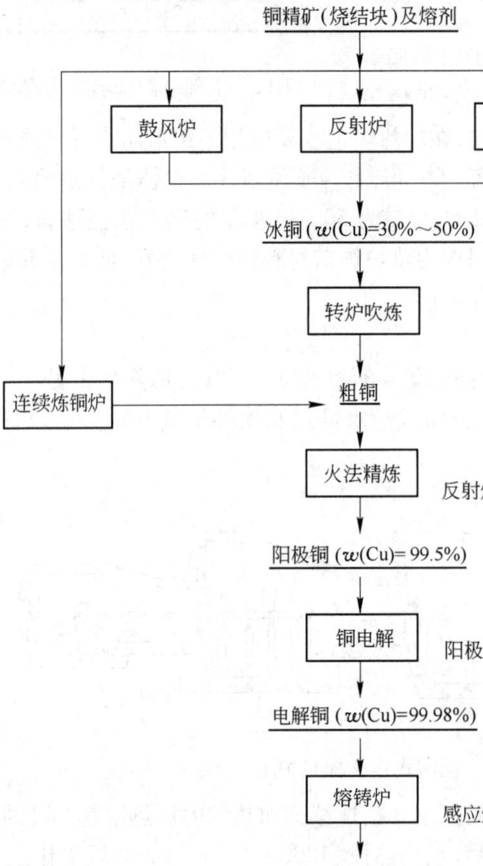

图 12-13　火法冶炼铜工艺流程图

由图 12-13 可见,铜的冶炼使用的高温炉种类多,冶炼过程中物料性质变化大,所以耐火材料的选用也不相同,下面只作典型介绍。

12.7.1　冰铜熔炼炉用耐火材料

冰铜熔炼炉有鼓风炉、反射炉、矿热电炉、闪速炉等,20 世纪 70 年代以后,闪速炉熔炼制取铜占主导地位，反射炉次之，另外还有艾萨炉、白银炼铜炉、三菱连续炼铜炉等，其中连续炼铜炉可将铜精矿直接熔炼成纯度较高的粗铜。由于原料、燃料及工艺技术条件的差异，炉用耐火材料也有差别。

冰铜熔炼的原料为铜精矿（或烧结块）、熔剂（硅石及石灰石）。产物为冰铜（$Cu_2S \cdot nFeS$）、炉渣（SiO_2-FeO-CaO）及含 SO_2 的炉气。冰铜品位一般为 30% ~50%。炉料和产品对耐火材料的侵蚀都很强。

12.7.1.1 反射炉用耐火材料

反射炉是一种室式火焰炉，使用煤或重油作燃料，炉温最高可达 1750 ~ 1800℃。反射炉熔炼特点是炉温高，物料熔化快，产品质量好，成本低，但耐火材料耗量大，材质要求高，筑炉要求严格。

反射炉结构示意图如图 12-14 所示，炉形为长方形，大型铜反射炉的长 × 宽 × 高 = (25 ~ 60) m × (~14) m × (2.4 ~ 3.8) m。炉内空间大，以辐射传热为主，炉内最高温度区域集中在炉顶。所用耐火材料应耐高温、抗热震性好，体积密度大，重烧线变化小和抗渣性好。

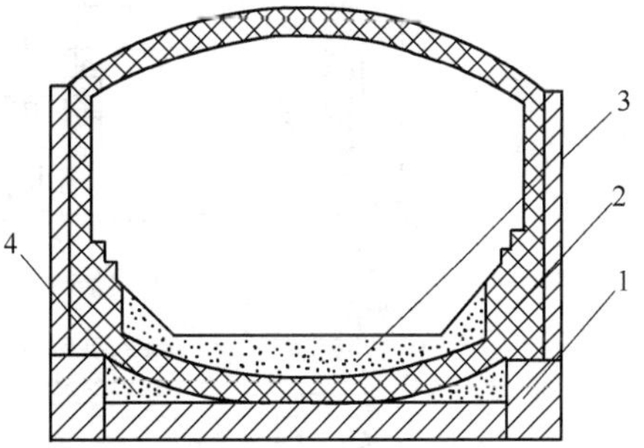

图 12-14 反射炉横截面示意图
1—黏土砖（或镁砖）；2—镁铬砖；
3—镁质捣打料；4—填料

A 炉顶

中、小型反射炉跨度小，炉顶一般为拱顶结构，一般用硅砖砌筑，使用寿命为 3 ~6 个月。大、中型反射炉炉顶跨度大，均为吊挂结构。由于炉内温度高，炉气含尘率高，SO_2 浓度大，流速快（10m/s 左右），炉气对炉顶冲刷严重，造成炉顶严重冲蚀、磨蚀、熔蚀；另外由于加料、出渣和放冰铜等操作，使温度波动而引起炉顶耐火材料龟裂、剥落和炉渣喷溅侵蚀，因此，大、中型反射炉普遍使用镁铝砖和镁铬砖作吊挂炉顶材料。

B 炉墙

铜反射炉的炉墙分为侧墙和端墙。渣线以上部位主要受到高温热负荷作用和高温含尘含 SO_2 气流冲刷及熔渣和冰铜喷溅物的化学侵蚀。渣线及渣以下部位主要受到熔渣及冰铜的化学侵蚀。损毁最严重、损毁速度最快的为渣线区域。因此，一般采用抗侵蚀性、耐热冲击性好的镁砖、镁铬砖或镁铝砖砌筑内衬。与熔体接触部位，主要还靠砖衬表面挂上一层渣皮起保护作用，延长使用寿命。渣线区域采取加厚炉墙延长寿命，或采用直接结合镁铬砖作内衬，或炉墙外安装水冷套，内衬用优质碱性砖并挂渣皮保护。非工作层一般为黏土砖外加轻质绝热材料。

C 炉底

冰铜反射炉炉底主要受到熔融冰铜（$Cu_2S \cdot nFeS$）及熔渣的化学侵蚀和热应力的影响。有时砖缝过大或砌筑不好，冰铜渗入炉底，会造成炉底砖漂浮损毁。所以采用多层结构复合炉底：在钢壳上依次砌有耐火纤维毡、轻质黏土砖、镁砖，工作层采用镁质捣打料烧结成整体炉体，材质多为镁铁质。镁铁质捣打料由冶金镁砂、氧化铁粉和卤水混合而成。氧化铁粉熔点要求低于 1400℃，卤水密度控制在 1.3 ~ 1.4g/mL。

12.7.1.2 闪速炉用耐火材料

闪速炉是目前发展最快、自动化程度最高的冰铜熔炼炉。它将焙烧和熔炼两道工序合二为一，处理的物料为粉状硫化铜精矿，产品为冰铜、炉渣及含 SO_2 的烟气。闪速炉内维持反应所需的热量主要来自于精矿中的硫的氧化反应，是一种自热熔炼。

闪速炉炉型种类较多，一般采用芬兰奥托普型炉，其构造如图12-15所示。炉子主体由反应塔、沉淀池和排烟道三部分组成。

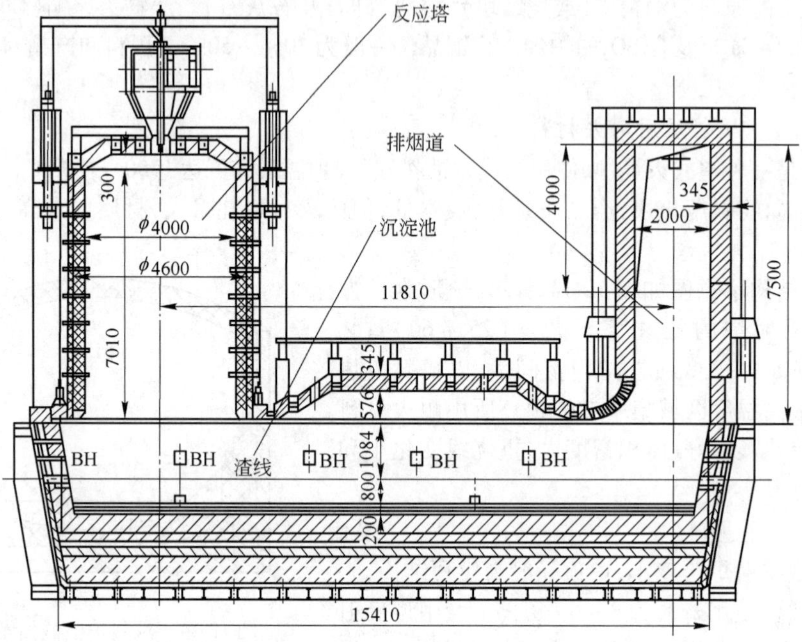

图12-15 闪速炉结构示意图

闪速炉熔炼获得成功，优质的耐火材料的应用起了重要的作用。

A 反应塔

反应塔是闪速炉最重要的组成部分。塔高6～13m，直径3～9m。闪速炉工作时，干燥的铜精矿粉、熔剂、氧气或富氧空气或预热空气由塔顶高速喷入炽热的反应塔炉膛内，在高温作用下，悬浮状态下的炉料迅速氧化脱硫、熔化和造渣，形成的熔体高速向下运动进入沉淀池。因此，含精矿粉的气固两相流和高温高速熔体（渣和冰铜）对塔衬高速冲刷、侵蚀和磨损非常严重。一般塔体上部温度较低，内衬用高质量镁铬砖，外包钢壳，水淋强制冷却。塔体下部温度较高为1400～1500℃，内衬用熔铸镁铬砖砌筑，外壳采用水套冷却，或采用铜管埋入浇注料内通水冷却。

B 沉淀池

沉淀池为一长方形熔池。沉淀池的功能是进一步完成造渣并将熔体沉淀分离成富集金属和炉渣。沉淀池池顶可为拱顶，但大多为吊挂顶。池顶承受含尘高温气流的冲刷和热应力作用，一般采用半再结合镁铬砖或优级直接结合镁铬砖，为了延长使用寿命，在沉淀池顶部还采用水冷梁冷却炉顶结构，以降低炉顶温度。沉淀池渣线是熔池内最容易被侵蚀的部位，也是损耗最严重的部位，同时还受铜锍放出次数的影响，所以选用电熔再结合镁铬砖砌工作内衬，在渣线以下选用半再结合镁铬砖或电熔再结合镁铬砖，并在渣线附近的耐火砖外侧设置倾斜铜水套，冷却保护衬体。渣线以上区域不直接受熔体侵蚀，采用直接结合镁铬砖或再结合镁铬砖，并在这些部位设置水平铜板水套、冷却铜管等多种冷却方式。另一个容易被侵蚀的部位是反应塔下面沉淀池的三个面，这三个面直接受到冲刷和熔体的侵蚀，所以选用抗渣、抗冲刷性能强的优质半再结合镁铬砖，同时在外侧设置铜水套冷却。池底一般为多层结构复合炉底，由下至上依次为：轻质黏土砖、

黏土砖、镁铬质捣打料、镁铬砖工作衬。这样既可耐高温耐侵蚀，又可防止冰铜渗漏。池底工作衬镁铬砖一般选用耐压强度高、显气孔率低、荷重软化温度高的半再结合镁铬砖或电熔再结合镁铬砖。

C 排烟道

排烟道受到高温烟气的冲刷和侵蚀，一般选用半再结合或直接结合镁铬砖。目前有些国家为了减少排烟道的维修量，在排烟道直墙上增设多层水平铜板水套，以延长耐火砖的使用寿命。

12.7.1.3 矿热电炉用耐火材料

在电力丰富，条件允许的地区，冰铜熔炼还可采用矿热电炉。矿热电炉炉体由炉顶、炉墙、炉底等部分组成，一般为长方形，整个炉子架空在炉基的立柱上，便于通风冷却，其结构如图 12-16 所示。

矿热电炉的熔炼过程靠电弧和电阻加热熔化物料，炉内气氛为还原性气氛，炉温高达 1700℃。矿热电炉所处理的物料和产品与反射炉熔炼相同，但炉内温度高，炉渣及冰铜的黏度降低，对耐火材料的化学侵蚀特别严重。在电场力的作用下，熔体在炉内作环流运动，对炉衬有一定的冲刷磨损作用。炉内冲蚀、损毁最严重的部位是渣线区。因此，一般用镁砖或镁铬砖砌筑炉墙，同时在渣线区采用加厚炉墙结构：内衬砌镁铬砖，非工作层砌镁砖，炉墙与钢壳之间充填镁砂。渣线以上部位多为镁砖。炉底最下层为黏土砖，上面砌 2 ~ 3 层镁砖或镁铬砖，为反拱形结构。放出口区衬体外侧安装水冷铜套，以延长炉体使用寿命。炉顶的电极孔和装料口，一般用致密黏土砖或高铝砖砌筑，也可用高强浇注料整体浇注。

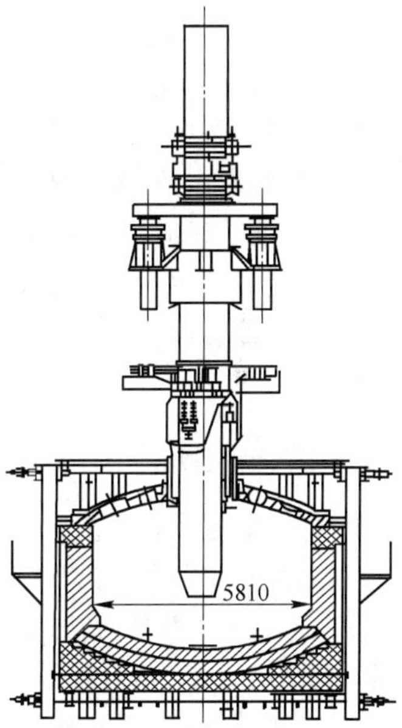

图 12-16 矿热电炉横截面示意图

12.7.2 转炉用耐火材料

在火法炼铜生产过程中，从冰铜制成粗铜，大部分采用转炉吹炼。冰铜吹炼转炉分为卧式、竖式、圆筒形三种，目前世界各国多采用卧式碱性转炉。

卧式转炉的规格型号很多，但普遍采用 P-S 型侧吹转炉，并以中、大型为主。P-S 型转炉结构如图 12-17 所示，在炉体中部设有炉口，用以加料、排烟、排渣和出铜，在炉一侧沿水平方向设置一排风口，用以鼓入压缩空气或富氧空气。

转炉进行冰铜吹炼制取粗铜的过程分为两个周期：第一期从装入冰铜及加入石英砂造渣到倒完渣为止，称为造渣期。若杂质较多，要反复操作多次，获得含铜 70% 以上的白冰铜。造渣反应为激烈的放热反应，炉温升得很快，炉温过高会加速渣蚀作用和炉衬熔损，因此，造渣末期要加入一定数量的冷料降温。第二期为倒完渣后，连续吹炼至 Cu_2S 中 S 全部脱除为止，称为造铜期。造铜期继续鼓风氧化，不需加入熔剂，当粗铜中铜含量达 99% 以上时，停止吹炼，出铜。

转炉吹炼为间歇式操作，炉温达 1450℃ 以上，出铜后空炉壁温度约 600 ~ 700℃，温度骤变，致使炉衬龟裂、剥落；炉衬受高温熔渣的化学侵蚀严重，渣线区更为突出；熔体在外力（鼓风）作用下，必定发生激烈的搅动，加上摇炉转动的影响，加剧了熔渣对炉衬的侵蚀。因此，转炉炉衬常发生熔损、剥落以及龟裂掉砖现象，要求使用具有耐火度高、体积密度大、气孔率低、抗渣性好和抗热震性好的优质耐火材料，并且砌筑时砖缝要小，表面要平整，发生局部损毁时，要及时修补。

转炉工作衬一般为镁铬质耐火材料，在紧靠钢制炉壳有一层用卤水结合镁质耐火捣打料捣

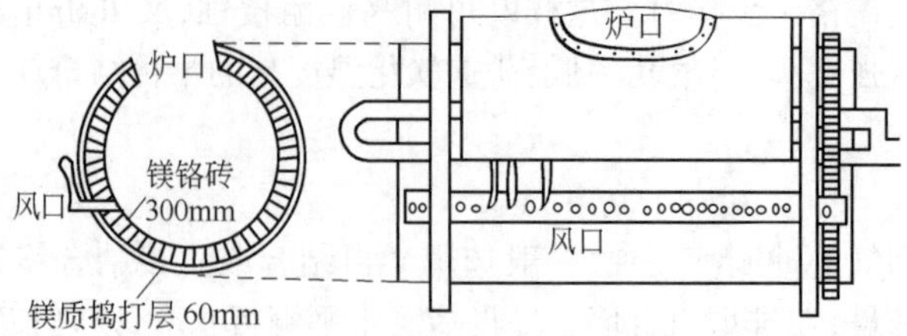

图 12-17　侧吹转炉结构示意图

制的永久衬。转炉风口区及渣线区内衬极易损毁，为转炉的薄弱环节，一般采用直接结合镁铬砖或熔铸镁铬砖。为了风口的整体性和风口位置的准确性，目前风口砖均用实体砖砌成整体，再用特殊钻头钻风眼，材质为熔粒再结合镁铬砖或直接结合镁铬砖。炉口砌砖是结构强度最薄弱部位，应尽量减少砖型，改变砌筑方式，选用直接结合镁铬砖，提高炉体的整体寿命。

转炉炉衬寿命低，耐火材料单耗高，为了延长使用寿命，除使用优质耐火材料外，主要是严格热工操作制度。新砌的炉衬或大修后的炉衬，先经过严格的烘烤，达到指定温度之后，直接装入冰铜，不加造渣剂而直接吹炼，以便形成大量的 Fe_2O_3 等物质，让其黏附在炉衬表面上，挂渣皮，形成保护层后，方可投入正常吹炼。如不这样，镁铬砖难以抵挡熔融炉渣的强烈侵蚀作用，极易损毁。

12.8　铅、锌熔炼炉用耐火材料

铅、锌冶炼有两类工艺流程：其一，铅、锌为独立原料，分别单独进行冶炼；其二，铅、锌为共生矿，通过冶炼同时获得粗铅和粗锌或获得粗铅和高锌烟尘（湿法提锌的原料）。无论从矿石还是精矿中生产金属铅锌的方法，都可分为火法冶金与湿法冶金。铅的冶炼几乎全是火法，普遍采用传统的烧结焙烧-鼓风炉熔炼流程（即焙烧还原冶炼法）。全世界 80% ~85% 的铅采用鼓风炉生产，铅锌密闭鼓风炉生产的铅约为 10%。此外还有基夫赛特法直接炼铅炉，它将焙烧和熔炼合并在同一炉中完成，从精矿直接熔炼得到铅。锌冶炼可用火法和湿法冶炼两种方法。火法炼锌主要有竖罐蒸馏炉、密闭鼓风炉及电热法炼锌等，湿法炼锌有传统的两段浸出法。

12.8.1　铅鼓风炉用耐火材料

铅鼓风炉是一种具有垂直作业空间的火法冶炼设备，形状有圆形和矩形两种，大型炼铅厂均采用矩形断面鼓风炉。炉子本体由炉顶、炉身、炉缸及炉底、虹吸口、前床等部分组成，其结构示意图如图 12-18 所示。

铅鼓风炉熔炼为还原熔炼。其工艺特点为：铅精矿和氧化铅烧结块与焦炭、造渣熔剂（硅石和石灰石）按比例由炉顶加入炉内，物料在下降过程中逐渐被加热、还原、软化、熔化，进入炉缸，铅由虹吸口放出，炉渣由渣口放出后水淬或进入前床待处理。空气由炉子下部风口鼓入，焦炭在焦点区燃烧产生高温还原性气流，穿过炉料向炉顶运动。焦点区温度约为 1250 ~1550℃，炉顶温度正常情况下小于 400℃。

鼓风炉的炉衬除了受到高温作用和炉料、炉气的冲蚀磨损之外，在炉子的中部和上部衬砖的砖缝和气孔内还有 PbO、ZnO 及其他金属氧化物的沉积，并可能与耐火材料组分发生化学反应，生成硅酸盐、铝酸盐，使炉衬形成疏松、脆化变质层，或产生鼓胀龟裂而损毁。风口区和炉缸部位炉渣的化学侵蚀特别严重，加上高温作用，常发生局部损毁。炉子中部一带，由于温度不高，软熔性炉渣沿炉壁凝结形成炉结，清除这些炉结会造成严重的机械损坏。普通铅鼓风炉一般为半水

套形式,所用耐火材料分为四个区域:

(1)炉身上部,温度较低,一般采用黏土砖炉衬;

(2)炉身下部一般采用镁砖、镁铬砖砌筑;

(3)风口区,燃料在此燃烧,物料在此全部熔化,温度最高,炉渣和金属对炉衬的侵蚀非常严重,只采用耐火砖砌筑,难以维持正常生产,因而采用水套冷却或在水冷板内,衬以优质黏土砖、高铝砖、熔铸镁铬砖或高铝质浇注料加以保护;

(4)炉缸和炉底,起集液和铅渣分离作用,非工作层为黏土砖,工作衬用致密铬砖、镁砖或镁铬砖砌筑。由于铅液密度大,渗透力强,易使炉底砖上浮,因此采用高铝质磷酸盐结合捣打料捣制整体炉缸,使用效果较好。

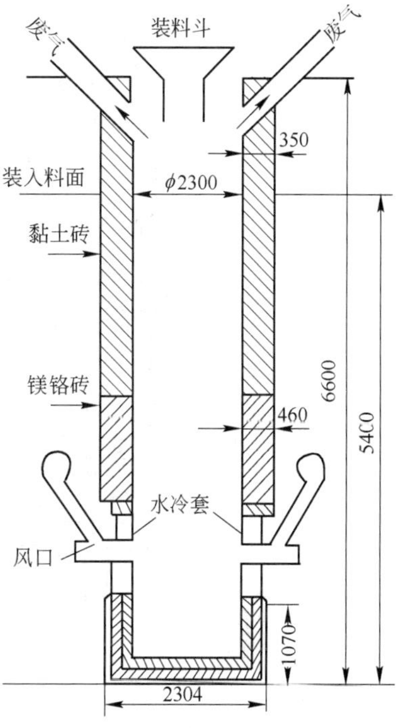

图 12-18　铅鼓风炉结构示意图

现在大型铅鼓风炉多为密闭炉顶,炉身为全水套,分为有炉缸和无炉缸两种结构:当熔炼产物在炉内进行分离时,则设置炉缸;当熔炼产物在炉外进行沉淀分离时,则不需要炉缸,液态金属、锍、炉渣从炉子下部的咽喉口排出,在电热前床中进行分离。对炉身全水套结构的铅鼓风炉,耐火材料只在咽喉口和炉缸使用。炉渣对咽喉口的化学侵蚀特别严重,主要用镁砖、镁铬砖、铝铬砖等抗渣性、抗冲刷性较好的耐火材料砌筑,还设有特别的小水套以保护该部分的砖体。炉缸侧壁和炉底上部均用镁砖砌筑,外侧及炉底钢板部分砌黏土砖。

电热前床位于炉体外侧,是鼓风炉炼铅工艺过程中的一个重要操作单元。它承接有炉缸鼓风炉排放的熔渣或无炉缸鼓风炉排出的熔炼产物,对铅渣熔体保温,使铅和渣能澄清分离,提高金属直收率和回收率。电热前床是矿热电炉的一种,一般采用镁质、镁铬质耐火材料砌筑工作衬,非工作层为黏土砖。

12.8.2　铅锌密闭鼓风炉用耐火材料

铅锌密闭鼓风炉是针对铅锌混合矿开发出的一种冶炼装置。它由密闭鼓风炉、冷凝器(即铅雾室)和烟道等部分组成,其结构示意图如图 12-19 所示。

铅锌密闭鼓风炉的炉体是密闭的,其工作过程是:铅锌矿烧结块、焦炭和熔剂从炉顶加入炉内,热空气从下部风口鼓入,固体物料在下降过程中,金属铅锌被还原出来,液态铅进入炉缸,锌成气态随炉气进入铅雾室,被冷凝成液态锌,液态锌与铅进入分离室,上层锌以粗锌产出进入粗锌精馏装置,下层铅液可送回冷凝器循环使用。为使锌蒸气正常排出,炉顶温度必须保持在 1050～1100℃的高温,炉料在风口区进行强烈的理化反应,使焦点区温度高达 1400℃。铅锌密闭鼓风炉的炉缸只有渣口,前床出铅,炉渣多为高钙或高铁型渣,$m(CaO):m(SiO_2)$在 1.0～1.5 之间,而 $m(FeO):m(SiO_2)$在 2 以上,流入前床时温度达 1300～1350℃,由于高温熔渣的侵蚀和冲刷,前床寿命较鼓风炉要低。

因此,为抵抗碱性渣的严重侵蚀,铅锌密闭鼓风炉炉缸和炉腰水冷板衬里采用镁铬砖砌筑,炉身采用耐磨性好的优质高铝砖和红柱石砖,以抵抗烧结矿块和焦炭的冲蚀,炉顶及铅雾室连接处的斜衬体等部位,普遍采用高铝质耐火浇注料现场浇注,也可做成预制块吊装砌筑。铅雾室的底和顶,采用致密黏土砖砌筑,也可用耐火浇注料,侧墙承受铅雾的冲刷和化学侵蚀,损毁较快,

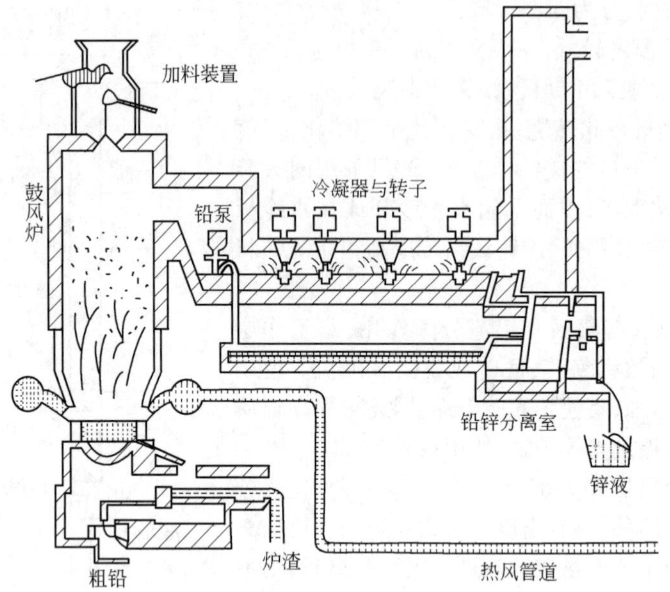

图 12-19　铅锌密闭鼓风炉结构示意图

用黏土结合碳化硅砖砌筑。转子由于要求导热性好,耐冲刷、侵蚀,采用碳化硅质耐火材料。目前国内两座铅锌密闭鼓风炉的前床内衬分别采用铬渣砖和铝铬钛砖,炉龄可达 1 年以上,但仍低于鼓风炉的寿命。

12.8.3　竖罐炼锌蒸馏炉及精馏炉用耐火材料

竖罐炼锌流程是火法炼锌的主要流程之一,目前虽然在国外使用这种流程的工厂已经极少了,但在我国还有相当数量的粗锌是用这种竖罐炼锌流程生产的,而所有火法炼锌产出的粗锌都是在精馏炉中进行精炼的。

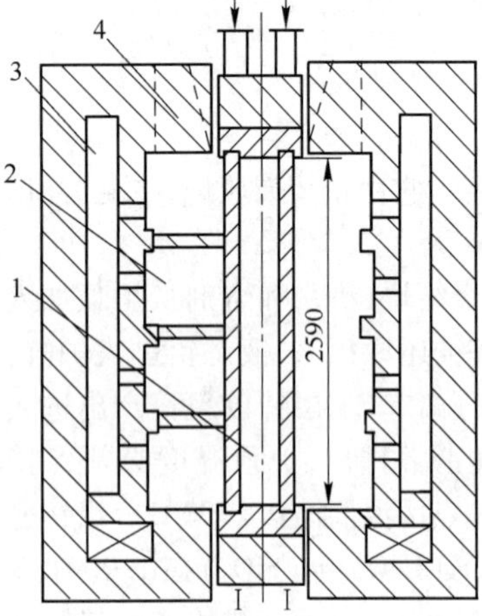

图 12-20　竖罐蒸馏炉结构示意图
1—竖罐蒸馏室;2—燃烧室;
3—空气道;4—补炉用人孔

12.8.3.1　竖罐蒸馏炉

竖罐蒸馏炉是隔焰加热的火法炼锌设备。它由蒸馏室、燃烧室和空气道等部分组成,与之配套的是冷凝器和粗锌精馏塔。蒸馏炉本体构造如图 12-20 所示,蒸馏室为薄壁结构,砌成竖直不连通的空腔,大型双罐炉的炉体总高度可达 20m。蒸馏过程为:锌精矿团矿块由炉顶密封加料系统加入蒸馏室,由上至下运动,经过隔焰高温加热(1200 ~ 1300℃)蒸馏之后,团矿中的锌被还原并以锌蒸气由炉顶导管送入冷凝室,冷凝成粗锌(液态)。粗锌送入精馏塔分离锌、铅、镉。残留团矿块由炉底排出。

根据竖罐蒸馏炉工作的特点,所选用的耐火材料应具有如下一些基本特性:导热性能好;耐火度高;荷重软化温度高;高温结构强度大;重烧线变化小;耐磨性好;气密性好。因此,竖罐蒸馏炉的蒸馏室一般都采用碳化硅制品砌筑,要求材料尺寸精确,采用特种泥浆砌筑,砌缝尽量小,以使工作衬形成整体,保证整体的稳固性、气密性,防止锌蒸气窜漏。当蒸馏室内壁蚀损较大或局部出现孔洞时，可用碳化硅质喷涂料进行热喷补。燃烧室布置在蒸馏室外部两侧，通过加热蒸馏室外壁间接加热室内团矿，工作温度在1300～1350℃，工作层用优质高铝砖砌筑，其余部位用黏土砖。空气道和炉子外墙等采用黏土砖砌筑。冷凝器由于要求导热性好，也采用碳化硅材料。冷凝器内装有转子，转子用轴由石墨质材料制作，用碳化硅材料能显著提高寿命。

12.8.3.2　塔式锌精馏炉

粗锌精馏炉（精馏塔）的作用是将液态粗锌经多级蒸馏之后，分别得到纯度为99.6%以上的纯锌和金属铅、镉。它由熔化炉、熔析炉、燃烧室、精馏塔和冷凝器等部分组成，精馏塔中部外围为燃烧室，其结构示意图如图12-21所示。铅塔和镉塔是塔式锌精馏炉的主体设备，它们炉型相似，中间由50～60块塔盘层叠而成。

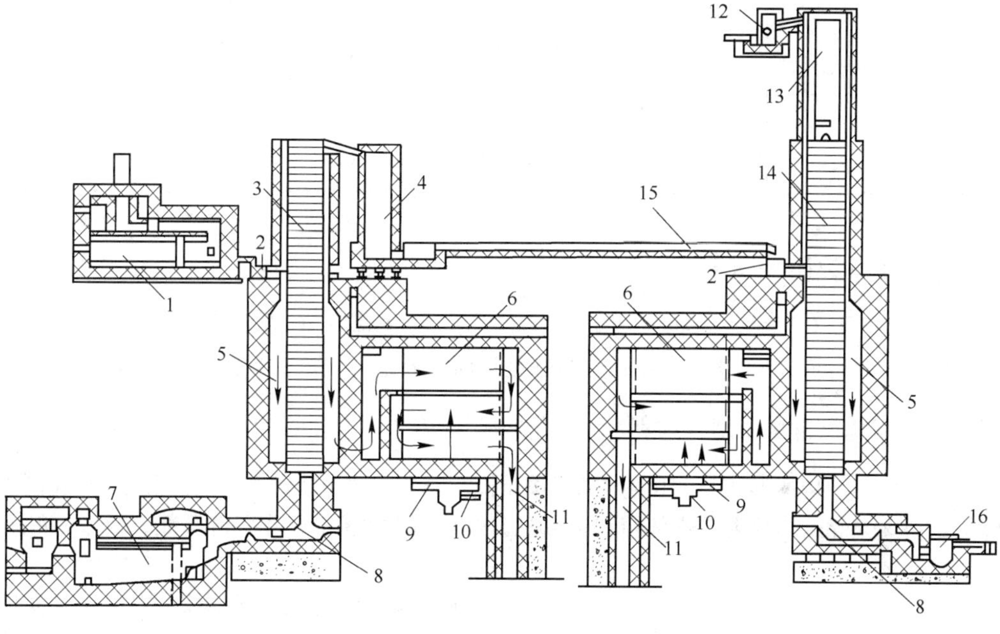

图12-21　塔式锌精馏炉结构示意图

1—熔化炉；2—加料器；3—铅塔；4—铅塔冷凝器；5—燃烧室；6—换热室；7—熔析炉；8—下延部；9—空气进口；10—煤气进口；11—烟气出口；12—高镉锌冷凝器；13—镉塔分馏室；14—镉塔；15—流槽；16—精锌贮槽

精馏过程分为两段：第一段是在铅塔内分离出铅、铁、铜、锡、铟等高沸点金属，并在熔析炉中产出铅（铟）、铁锌合金和无镉锌；第二段在镉塔中进行，铅塔冷凝器中产出的含镉锌熔体流入镉塔，分馏后在其下部产出精锌，镉则富集于冷凝器中的高镉锌内。

精馏塔采用隔焰加热的方法进行冶炼，要求密闭不透气，隔焰层应导热性好，强度高。塔内塔盘块大壁薄，要承受重力、热应力和化学侵蚀的作用，要求采用导热性好，高温结构强度大，抗热震性好、抵抗锌蒸气及金属熔液侵蚀能力强的材料。冷凝器内的转子以750～1000r/min的速度旋转，以喷溅冷凝锌蒸气成液体锌，要求具有高的抗热震性和高的机械强度。碳化硅质耐火材料由于化学稳定性好、高温强度大、热导率高、抗热震性好、耐磨、抗冲刷、金属熔体对其润湿性差、抗金属蒸气侵蚀等优点，适用于锌精馏炉的塔盘、冷凝器与转子等部位。熔化炉、熔析炉、精馏塔的燃烧室及换热器和下延部等部位的工作层，一般用黏土砖或高铝砖砌筑，非工作层砌保温砖。

竖罐蒸馏炉用碳化硅制品性能见表 12-12。

表 12-12　竖罐蒸馏炉用碳化硅制品性能

编　号		1	2	3
使用部位		竖罐蒸馏炉	精馏炉塔盘	冷凝转子
结合剂种类		黏　土	黏　土	氮化硅
物理性能	体积密度/g·cm^{-3}	2.63	2.66	2.55
	气孔率/%	14.5	13.1	13.9
	常温耐压强度/MPa	245	294	578.2
化学成分的质量分数/%	SiC	88.5	88.5	—
	SiO_2	8.5	9.0	—
	Al_2O_3	1.5	1.9	—
	Fe_2O_3	0.7	0.7	—

12.9　锡熔炼炉用耐火材料

锡的熔炼主要有反射炉、熔化炉、烟化炉、矿热电炉、鼓风炉、澳斯麦特炉等。相对于反射炉冶炼等传统的锡熔炼方法,澳斯麦特强化熔炼是目前世界上最先进的粗锡熔炼技术。

12.9.1　锡熔炼反射炉用耐火材料

锡熔炼反射炉构造形式与铜反射炉基本相同,但炉子尺寸小。燃料可用煤和重油,我国主要以煤为燃料。燃煤熔炼反射炉本体由炉顶、炉墙、炉底、燃烧室和直升烟道等部分组成,如图 12-22 所示。

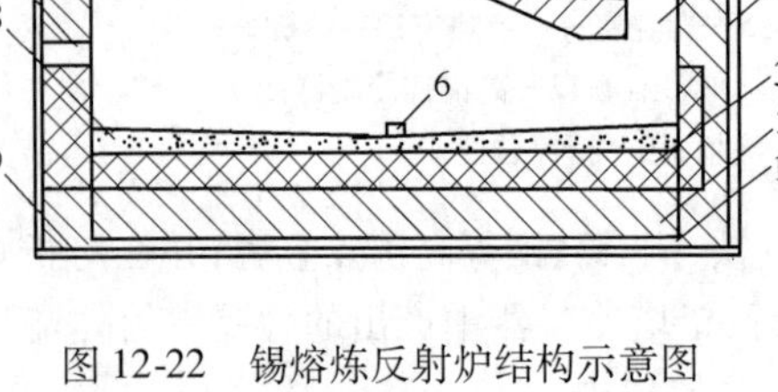

图 12-22　锡熔炼反射炉结构示意图

1—绝热板;2—黏土砖;3—镁砖;4—钢板;5—烟道;6—锡口;7—烧嘴孔;8—镁砂烧结炉底;9—炉底钢板

锡反射炉熔炼为间歇式操作,工作时温度为 1350~1560℃,放完渣后至加入精矿时炉内温度降至 500~600℃,波动很大,炉衬热应力大,常产生龟裂和剥落;熔炼产物为粗锡和 SiO_2-FeO-CaO 系炉渣,硅酸度 $k=1\sim1.5$,对炉衬材料产生强烈的化学侵蚀作用;由于采用燃煤供热,火焰含粉尘很高,流速达 8~10m/s,对渣线以上炉墙及炉顶冲蚀磨损严重,特别是中部炉顶和炉尾下斜炉顶等部位冲蚀熔损尤为严重。锡液具有很强的渗透能力易渗入炉底,故炉底的寿命对炉子整体寿命有重要影响。

因此,锡反射炉用耐火材料应具有抗热震性好、抗渣性能好和体积稳定性好等特点。锡反射炉耐火材料选用情况为:

(1)炉顶。锡反射炉炉顶一般为拱形,过去一般采用硅砖或黏土砖砌筑,现在普遍采用高铝砖砌筑,外表铺设绝热材料。

(2)炉墙。炉墙包括侧墙和端墙。在渣线以下部位,工作衬采用镁砖或镁铬砖;非工作层为黏土砖,外加绝热层。渣线以上部位,一般采用一级黏土砖或高铝砖砌筑,非工作层为普通黏土砖。

(3)炉底。锡反射炉炉底为多层复合结构,在钢壳内由下至上依次为:10~20mm 绝热毡、黏土砖、镁砖或高铝砖、捣制镁质烧结炉底。用镁质烧结炉底可有效防止锡的渗漏。

(4)直升烟道。炉尾排烟道一般为垂直烟道,为避免烟尘对耐火材料侵蚀和粘结堵塞,常用黏土砖砌筑。

(5)燃烧室。采用燃煤供热的反射炉在炉头设置燃烧室,燃烧室采用黏土砖砌筑,挡火墙由于双面受热,又受高温气流的冲刷,损毁严重,常采用隔墙中空自然冷却,也有采用在墙中间设置水冷管,通水冷却。

12.9.2 澳斯麦特炉用耐火材料

澳斯麦特炉是澳大利亚澳斯麦特有限公司开发的用于冶炼铜、铅、锡及渣烟化等的专利技术装置,国际上已有十几个冶炼厂采用该技术装置。澳斯麦特技术在锡冶炼中的应用始于 1996 年秘鲁的冯苏锡冶炼厂,由于它具有投资少,操作简单,易于自动化控制,生产能力大,污染少,烟气可制酸和耗能低等特点,非常符合现代冶金工业炉发展的方向。

澳斯麦特炉由炉体、炉盖和过渡烟道等部分组成。炉盖与水平面呈 30°角安装,在炉盖上设有氧枪口、下料口、备用烧嘴口以及取料口,除取料口外,各口均采用水套冷却。在炉子底部分别开有相互呈 90°角的锡排放口和渣排放口,渣口比锡口高出约 200mm。其炉体结构示意图如图 12-23 所示。

澳斯麦特炼锡技术的基本工艺分为四个阶段:准备阶段、熔炼阶段、弱还原阶段和强还原阶段。生产过程中可以单炉周期作业,也可多炉连续作业。准备阶段即在熔炼过程开始前形成一个有一定深度的熔体熔池,以备熔炼阶段的喷吹熔炼,正常作业情况下它是前一个作业周期留下的熔体,若是初次开炉,则需要用燃烧器加热干渣使之熔化并使炉温升高到 1150℃左右。熔炼阶段是将经润湿混捏的物料连续几小时不间断地从炉顶进料口加入熔池,燃料(粉煤)和燃烧空气通过插入熔池的喷枪喷入,进行喷吹熔炼。当金属锡层达到一定深度时,从放锡口放出一定量的锡;当渣层达到一定的厚度时,停止进料,将底层金属锡放完,进入渣还原阶段。弱还原阶段是对渣进行弱还原,此时炉渣升温至 1200℃左右,并将喷枪提升到熔池静止表面之上,同时以足够快的速度加入还原煤粉,使炉渣含锡由 10%降至 4%以下。强还原阶段是相对于弱还原而言的进一步还原,使渣中含锡降至 1%以下,此时炉温要求达到 1300℃左右,产出的是 Fe-Sn 合金,它与留下的部分渣作为下一周期作业的初始熔池。还原阶段持续时间约 1h。

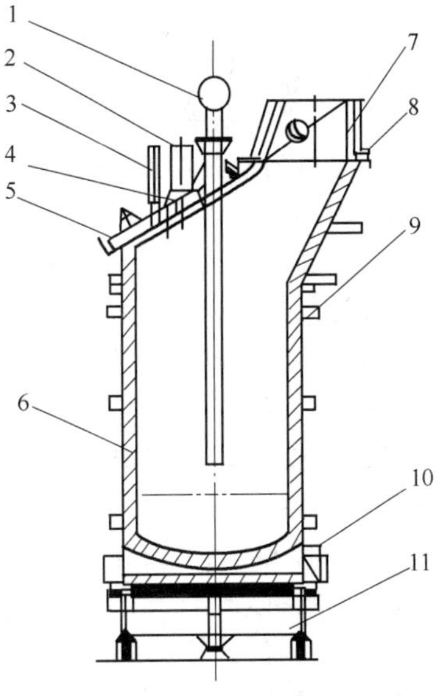

图 12-23 澳斯麦特炉结构示意图

1—喷枪;2—备用燃烧器;3—取样装置;4—下料口;5—炉盖;6—炉衬;7—过渡烟道;8—水冷系统;9—炉壳;10—出料口;11—炉底支撑

由以上澳斯麦特炼锡工艺流程可知,炉衬工作环境恶劣,熔炼周期长,不停加料引起炉内温度变化大,喷枪作业引起渣层搅动大,要求耐火材料高温强度大,抗热震性好、抗侵蚀能力强,抗冲刷性能好。澳斯麦特炉炉盖和过渡烟道由于结构复杂，不易砌砖，所以采用高铝质浇注料，若使用过程中有少量剥落，可以很容易进行修补；炉体最易损坏的部位是渣线区，其次是炉底和熔池，所以在炉体上部砌普通镁铬砖，渣线及以下部分砌优质镁铬砖，为降低耐火砖的工作温度，炉体外部喷淋冷却，并在砖与钢壳之间充填一定厚度的高导热填料；炉底一般为多层复合结构，从下到上依次为：高铝砖、镁质捣打料、优质镁铬砖，砌成反拱形。放渣口和放锡口一般为石墨质材料，与外衬铜质水套形成组合结构。

12.10　铝工业炉用耐火材料

在世界有色金属生产中，铝的年产量居第一位，远远超过其他有色金属。生产金属铝的方法为固定的两步制取法：第一步，用湿法从铝矾土矿中制取工业氧化铝；第二步，以工业氧化铝为原料，采用熔盐电解法制取金属铝。生产过程所用高温炉窑有回转窑、闪速炉、熔盐电解槽、熔铝炉等。

铝工业炉的耐火材料消耗量很大。其原因在于，在制取 Al_2O_3时，物料中碱性物质对回转窑耐火材料的侵蚀特别严重。在熔炼铝的过程中，即便在较低温度下，金属铝仍具有很强的渗透能力，一旦渗入砖内，将与砖中的 SiO_2发生反应，把 Si 还原出来，破坏了耐火材料的组织结构，使炉衬产生变质层，疏松、剥落而损毁。其反应式为：

$$SiO_2 + Al \longrightarrow Al_2O_3 + Si$$

因此，含 SiO_2的耐火材料均不宜作为金属铝熔炼设备的筑炉材料。所以一般铝工业炉用耐火材料，除高铝砖外，常用碳质制品。

12.10.1　生产氧化铝用耐火材料

生产氧化铝主要采用碱法，即碱石灰烧结法，其工艺过程为：先将 Al_2O_3/SiO_2（质量比）小于 4 的铝矾土、碳酸钠、石灰混匀，于 1200 ~ 1300℃煅烧生成 $Na_2O \cdot Al_2O_3$、$2CaO \cdot SiO_2$等，然后细磨、浸出、分离出 $Al(OH)_3$，再将 $Al(OH)_3$焙烧脱水制得 Al_2O_3。一般采用回转窑和闪速炉煅烧。

12.10.1.1　*回转窑*

回转窑窑体为钢板焊接而成的筒体，内衬耐火材料。回转窑内煅烧过程为：高温火焰和被加热物料在炉内作逆向运动。碱石灰铝矾土生料浆（含水 40%）或氢氧化铝（含水 12% ~ 18%）由窑尾加入，经低温干燥脱水、加热、高温煅烧，从窑头出料，而高温气体由窑头向窑尾流动。因此，窑内可划分为预热带和高温煅烧带。为防止浆料在加热煅烧过程中粘结窑衬并强化传热过程，在耐火材料砌体间还设置有链条，在窑体转动的过程中，不断地打击物料和衬砖，对窑衬有一定的损坏。所以回转窑内耐火材料工作环境恶劣，条件苛刻，它应当具有如下一些特性：抗碱侵蚀能力强；能长期处于 1200 ~ 1300℃温度下工作而不损毁；能承受动载荷的冲击；能抵抗炉料的侵蚀；能耐高温气流的冲蚀。

回转窑的绝热层为靠窑壳铺一层耐火纤维毡，然后用硅藻土、漂珠砖或轻质黏土砖砌筑，现在有的改用轻质耐火浇注料。预热带工作衬用黏土砖砌筑，高温煅烧带用高铝砖或磷酸盐结合不烧高铝砖。目前，不定形耐火材料在铝工业得到了广泛的应用，如在煅烧带用低钙铝酸盐结合的耐火浇注料，窑口、窑头罩、窑尾等部位用钢纤维增强耐磨浇注料等。

12.10.1.2　*闪速炉*

近年来，国内主要氧化铝厂家的氢氧化铝焙烧已全部或部分采用引进的流态化焙烧装置。流态化焙烧装置分流态化闪速炉、循环流化床焙烧炉、悬浮焙烧炉 3 种炉型。闪速炉是先在炉壳上安装耐热钢锚固钉或陶瓷锚固件，然后铺一层 20mm 厚的耐火纤维毡，最后浇注 200 ~ 300mm

厚的耐火浇注料。在 $Al(OH)_3$焙烧中，初生态的 Al_2O_3活性大，可能与 $Al_2O_3 \cdot SiO_2$质耐火材料中的游离 SiO_2发生莫来石反应（也称三次莫来石），使衬砖结构破坏。同时因为对氧化铝产品的质量有很严格的要求，内衬材料任何杂质的混入都直接影响产品的性能。所以，焙烧炉主要采用 Al_2O_3含量高（不小于65%）的浇注料和喷涂料。

12.10.2　铝电解槽用耐火材料

铝电解槽既是电解装置，又是高温冶金设备。电解槽的形式很多，但基本构造是一致的，应用最广的是密闭式自焙阳极电解槽。炉体的基本结构如图 12-24 所示。

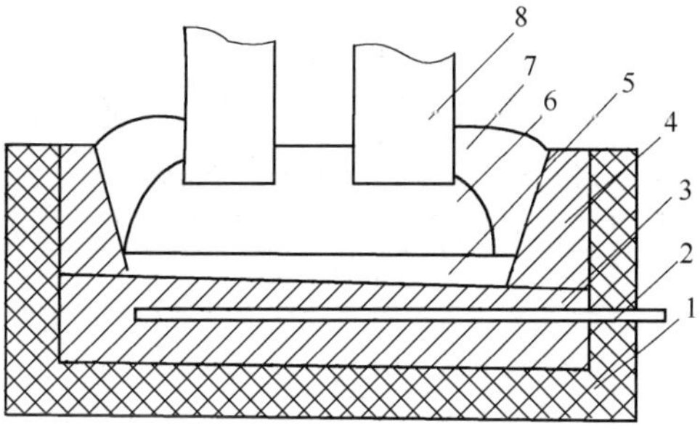

图 12-24　铝电解槽结构示意图

1—非工作层；2—阴极导体；3—槽底炭砖；4—槽壁炭砖；5—铝液；6—电解质；7—Al_2O_3；8—石墨电极

铝电解采用冰晶石（$Na \cdot AlF_6$）、氟化铝（AlF_3）、氟化锂（LiF）等熔液为电解质，将 Al_2O_3加入电解槽，通电熔化。虽然 Al_2O_3熔点为 2050℃，但在氟化盐熔体中可降至 970℃左右。在电场力的作用下，Al_2O_3电离，Al 在阴极聚集，可用真空泵吸入铝水罐送去进一步处理和铸锭，阳极放出的氧与炭阳极反应生成 CO_2或 CO。电化学反应放出的热量使电解质与铝保持熔融状态。电解槽内衬实际上既是导电材料（如槽底炭砖），又是高温耐火材料。

根据上述特点，电解槽用耐火材料应能抵抗熔融氟化物的侵蚀，有良好的导电能力，少量或不含 SiO_2，以避免 SiO_2被金属铝还原，同时要求气孔率低和致密度高，以防铝液渗漏。

过去，电解槽内衬一般采用致密优质炭砖砌筑，非工作层为高铝砖砌筑，绝热层多采用轻质高铝砖和耐火纤维制品，并用钢制壳体固定。但因碳与钠反应形成新化合物，使砖衬结构松弛，强度降低，砖衬出现裂缝。随后电解质和铝液沿裂缝渗入，在高温下铝会与碳反应生成 Al_4C_3，Al_4C_3与碳结合松散，从而使裂缝扩展，最终导致电解槽槽壳变形及内衬的严重蚀损而缩短使用寿命。因此，目前电解槽槽底阴极材料开始采用导电能力高，抗侵蚀性能更优的石墨制品。由于 TiB_2在导电性，抗铝液与冰晶石的侵蚀性都很好，与铝液润湿性也好，有试验报道在槽底炭块上覆盖一层 TiB_2涂层后，可降低电耗，延长电解槽使用寿命。电解槽侧墙炭砖最大的缺点是抗氧化性能差，强度低。为使侧墙不氧化，又具有较大的电阻，并能抗铝液和冰晶石的侵蚀，现在铝电解槽侧墙已采用氮化硅结合碳化硅砖。采用这种砖砌筑后，不仅延长了电解槽寿命，减少了漏电，降低了电耗，还可减少原来侧墙的厚度，增加电解槽的容积。

在电解铝的生产过程中，电解质中的 NaF 等液体与蒸气能通过槽底碳质阴极渗入到下面隔热层中。隔热层渗入 NaF 等后，热导率增大，碳质阴极温度就会降低，若其温度降至 850℃以下，NaF 就会在碳质阴极内结晶，使炭砖鼓胀、破坏。为保证碳质阴极内温度在 850℃以上，其办法就是在碳阴极与隔热材料之间铺一层防渗料，使 NaF 等不能渗入到隔热层，又具有良好的保温性能。国内外干式防渗料的理化指标见表 12-13。有研究表明，当 Al_2O_3-SiO_2 材料防渗料中 Al_2O_3 与 SiO_2 的质量比大于 0.9 时，由于 NaF 会与 Al_2O_3-SiO_2 料反应产生霞石（$NaAlSiO_4$，熔点 1520℃），堵塞其气孔，从而阻止了 NaF 等的渗透。

表 12-13 国内外干式防渗料的理化指标

项目		国外料	国内料
$w(Al_2O_3$-$SiO_2)$/%		约 90	≥90
耐火度/℃		1620	≥1630
密度/$g \cdot cm^{-3}$		1.55 ~ 1.60	1.60 ~ 1.65
捣实堆积密度/$g \cdot cm^{-3}$		1.84 ~ 1.92	1.95 ~ 2.05
冰晶石渗透深度①/mm		18	11
热导率 /$W \cdot (m \cdot K)^{-1}$	200℃	0.43	0.35
	300℃	—	0.375
	400℃	0.51	0.40
	600℃	0.59	0.47

①按 Tabereaux A T 提供的坩埚法进行测定，950℃保温 96h。

12.10.3 铝熔炼炉和保温炉用耐火材料

铝熔炼炉和保温炉有燃气或燃油的固定式或倾动式反射炉，转筒炉和感应电炉等。熔炼炉和保温炉的操作温度一般为 700 ~ 1000℃，其炉衬损毁的主要原因是：

（1）铝液的渗透和冲刷；

（2）铝及其合金中的镁、硅、锰等活泼元素对炉衬中氧化物的强还原反应；

（3）合金元素如 Mg 蒸气压高，其蒸气比铝液更易渗入耐火材料，随之又氧化，这些反应会导致耐火材料变质、结构疏松和损坏，并使铝液中 Fe、Si 杂质含量增加；

（4）铝与合金元素的蒸发、氧化还会在耐火衬-铝液-炉气三相交界处附近生成 Al_2O_3、MgO、SiO_2、$MgO \cdot Al_2O_3$ 等高熔点氧化物形成结瘤。因此，适用于铝熔炼炉和保温炉的耐火材料必须有较高的烧结强度、细小的气孔直径，SiO_2、Na_2O、K_2O 含量低，表面与熔液不润湿等优点。此外，炉衬还应具有在 800℃左右的温度下良好的烧结性能。

铝熔炼反射炉接触铝液的工作衬，一般采用 Al_2O_3 含量为 80% ~ 85% 的高铝砖砌筑；熔炼高纯金属铝时，采用莫来石砖或刚玉砖。在炉床斜坡和装废旧铝料等易侵蚀和磨损的部位，用氮化硅结合碳化硅砖。流铝槽和出铝口等部位，铝液冲刷严重，一般采用自结合或氮化硅结合的碳化硅砖，也有用锆英石砖作内衬。钛酸铝具有线膨胀系数低（0.5×10^{-6}/℃），抗热震性好，热导率低（1.2W/(m · K)），保温性能好等优点，是做铝液输送管道的好材料。不接触铝液的炉衬，一般可采用黏土砖、黏土质耐火浇注料或耐火可塑料。

熔炼铝及铝合金的感应炉常为工频或中频坩埚式感应电炉，炉衬材料一般为高铝质干式捣打料，或在氧化铝质干式捣打料中添加碳化硅，因为 SiC 与 Al_2O_3 的作用可形成致密的烧结层，不易发生漏液问题。表 12-14 为氧化铝干式捣打料的理化指标。在炉衬表面还可涂上与铝液不润湿的石墨、碳化物、氮化物等，阻止铝液的渗透。

表 12-14 氧化铝干式捣打料理化指标

项 目		国内料	国外料 1	国外料 2
化学成分 w/%	Al_2O_3	约 75	91.5	87.4
	SiO_2	—	4.4	4.4
	MgO	约 2	—	—
	SiC	—	—	4.6
体积密度/$g \cdot cm^{-3}$		≥2.75	2.93	3.12
耐压强度/MPa		约 30	—	—

12.10.4 铝水罐用耐火材料

铝水罐是盛铝液的高温容器,其构造如图 12-25 所示。

铝水罐用耐火材料要求能耐铝水的侵蚀,能承受急冷急热的作用和保温性能好。非工作层一般采用体积密度为 $1.7g/cm^3$ 的轻质浇注料或轻质高铝砖,为了加强保温效果,减轻罐体重量,可采用氧化铝空心球耐火浇注料。工作衬一般采用含 SiO_2 低的高铝砖砌筑。现在有的罐底内衬采用刚玉质耐火浇注料,出铝口周围采用碳化硅砖、刚玉砖或熔融石英砖砌筑。

目前铝工业炉窑大量使用不定形耐火材料,对节能和提高使用寿命有显著效果。

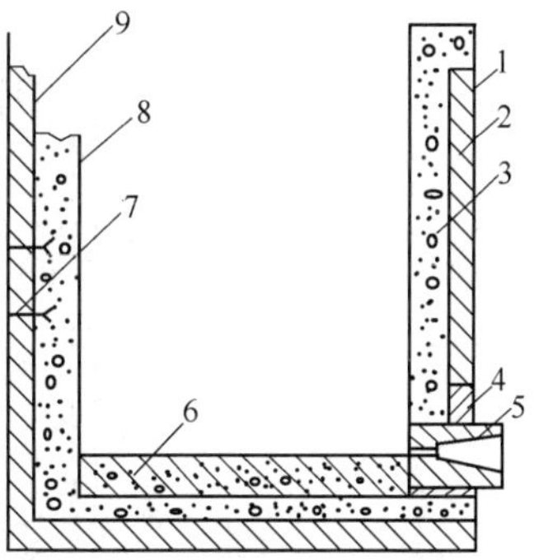

图 12-25 铝水罐结构示意图
1—罐壳;2—轻质砖;3—氧化铝空心球耐火浇注料;4—刚玉砖;5—碳化硅砖;6—刚玉质耐火浇注料;7—金属锚固钉;8—涂抹料;9—耐火纤维夹层

12.11 蒸汽锅炉用耐火材料

锅炉作为热能动力设备已有二百多年的历史,它是一种把煤炭、石油或天然气等能源所储藏的化学能转变为水或水蒸气热能的重要设备。随着工业生产的飞速发展,能源的消耗量日益增加,人类社会就需要更多、更先进的能源转换设备,锅炉工业在国民经济中的作用和地位也就越来越重要。

过去蒸汽锅炉用耐火材料以耐火砖为主,现在除了有的仍用耐火砖外,大量采用了不定形耐火材料,因而促进了锅炉结构的革新,减轻了炉体重量,节省了建筑费用和节约了能源。采用整体浇注工作衬,整体性强,气密性高,也易实现机械化施工,延长了锅炉的使用寿命。正常情况下,锅炉的使用寿命可达 10 ~ 12 年。

12.11.1 普通锅炉用耐火材料

普通锅炉主要由锅炉管系统、燃烧室、烟道、除尘设备等部分组成,其工作压力不高,主要用于工业和民用取暖等部门。该类锅炉形式多、数量大,大多数采用煤作燃料,少数使用重油、煤气或天然气。当燃料送入锅炉后,在燃烧室燃烧释放出热能,高温烟气通过多种传热方式把热能传递给水,水以蒸气或热水的形式将热能供给工农业生产和人类的生活。

在普通锅炉中,耐火材料主要用在锅炉燃烧室的炉墙部分。普通锅炉燃烧室的工作温度为

1200℃左右，炉壁要承受高温热负荷、高温气流的冲蚀和磨损以及渣尘的化学侵蚀。普通锅炉所用耐火材料一般为黏土砖。随着技术的发展，现在有些锅炉采用了耐火可塑料或耐火浇注料。烟道内衬用高铝水泥结合黏土质耐火浇注料。对某些工作温度为1300～1400℃的前拱，可采用高铝水泥或磷酸盐结合黏土质或高铝质浇注料。后拱用高铝水泥或磷酸盐结合黏土质耐火浇注料，其余部位的内衬采用硅酸盐水泥或高铝水泥结合黏土质浇注料。

普通锅炉的低温部位，可采用轻质耐火浇注料或保温板作炉衬。

12.11.2　发电锅炉用耐火材料

发电锅炉是火力发电的关键设备，它采用煤、重油或天然气作燃料，使锅炉产生过热高压蒸汽并驱动发电机进行发电。

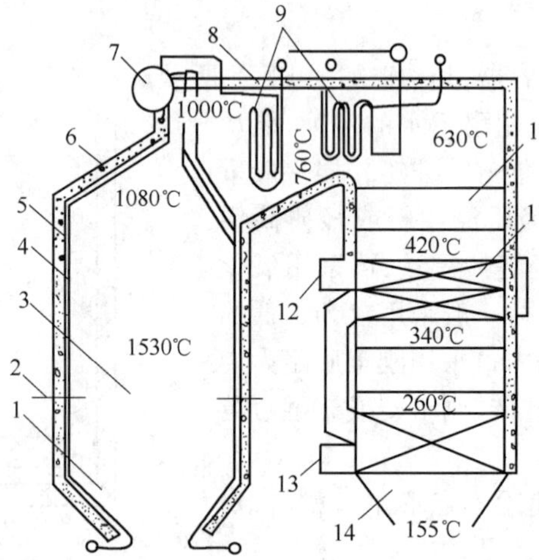

图 12-26　发电锅炉结构示意图

1—冷灰斗；2—燃烧器；3—燃烧室；4—水冷管壁；5—垂直墙；6—斜顶；
7—汽鼓；8—平炉顶；9—过热器；10—省煤器；11—空气预热器；
12—热空气出口；13—冷空气入口；14—废气出口

发电锅炉主要由燃烧室、水冷管壁、过热器、省煤器、预热器的汽鼓等部分组成。其结构示意图如图12-26所示。现代发电锅炉燃烧室的工作温度一般约为1550℃左右，由于紧靠炉墙密布着水冷管，高温烟道中也敷设了汽冷壁（如包覆过热器），因此炉墙内表面温度通常不超过900℃，对于膜式水冷壁构造的炉墙，工作面的温度一般只有500～600℃，或者更低一些。也就是说，发电锅炉炉衬的使用温度一般在1000℃以下，而且工作条件也比较好。但是，发电锅炉比较高大，又有许多管子穿过炉墙，因此其炉衬构造也要妥善处理，以延长使用寿命。

发电锅炉炉衬由垂直炉墙、平炉顶或斜炉顶、悬挂拱和炉底等组成，按构造形式可分为重型炉衬、轻型炉衬和敷管式炉衬三种，工作条件及炉衬损毁原因与普通锅炉大致相同，主要为热负荷、气流冲蚀与磨损以及熔渣的化学侵蚀等。

重型炉衬：整个炉衬的重量坐落在锅炉的基础上，一般采用黏土砖砌筑，适用于小型锅炉。

轻型炉衬：即钢架承托式炉衬，整个炉衬的重量通过托架分层传递到锅炉的构架上。这种炉衬几乎全部采用不定形耐火材料制作，养护到期后进行吊装。材质有黏土质耐火浇注料、黏土质耐火可塑料及其他轻质耐火浇注料。绝热层常用膨胀珍珠岩或膨胀蛭石制品，或采用隔热保温板铺砌。炉皮外表涂一层密封涂料层以加强锅炉衬体的气密性。

敷管式炉衬:这种结构为炉壁采用小节距管或膜式水冷壁,不定形耐火材料敷设在水冷管壁上,其重量通过管子传递到锅炉构架上。炉衬一般采用保温板、轻质耐火浇注料、耐火纤维或高温玻璃棉等材料构筑,有时也用一层黏土质耐火浇注料作为工作衬。为加强锅炉衬体的气密性,也要在炉皮外表涂抹一层密封涂抹料。

粉煤烧嘴等部位或燃烧器的内衬,因使用温度较高,又有粉煤颗粒或气流的冲刷,一般采用高铝水泥结合黏土质耐火浇注料浇注或采用高铝质耐火可塑料捣制。

某些发电锅炉的水冷管壁或旋风筒内衬,因受含尘气流的冲蚀和磨损严重,可采用磷酸盐刚玉质或碳化硅质耐火浇注料作涂层,以减轻其磨损和冲蚀程度,延长使用寿命。

对高温液态排渣锅炉,采用粉煤在高温气化室内转化为可燃气提供给锅炉。气化室下面的锥形部位温度可达1700℃,耐火材料受到高温熔融煤渣的侵蚀作用,使用条件极为恶劣。一般使用不定形碳化硅耐火材料作为气化室下部内衬。因为碳化硅耐火材料导热性好,在采用水冷时,熔渣-耐火材料界面之间的温度可以很容易地降低到形成凝固渣层的温度,保护耐火材料免遭破坏。气化室上部炉衬受到碱金属蒸气、氧化铁、SiO_2和飞溅灰渣的侵蚀作用,使用抗侵蚀性能好的碳化硅耐火材料可满足要求,但为减少热损失,应使用热导率小的碳化硅制品。

12.11.3 循环流化床锅炉用耐火材料

由于世界能源的大量消耗,为了开辟新能源,许多国家研究了利用石煤、煤矸石、油页煤、褐煤及劣质煤等难以燃烧的燃料,采用新的燃烧方式的锅炉,即沸腾燃烧锅炉,也称循环流化床锅炉。其结构示意图如图12-27所示。

循环流化床锅炉的工作原理是把低发热值的煤矸石等燃料粉碎后送入燃烧室,通过炉底鼓风使之沸腾,处于流化床状态而达到燃烧的目的。在燃烧过程中,由于燃煤颗粒流化速度高,高温下对水管受热面和炉壁的磨损非常严重,加之煤粉中杂质与炉衬材料的化学反应以及频繁的热交换,导致耐火材料内衬冲蚀、磨损、剥落和倒塌,因此要求耐火材料强度高、耐磨性好、抗侵蚀性好、抗热震性好。

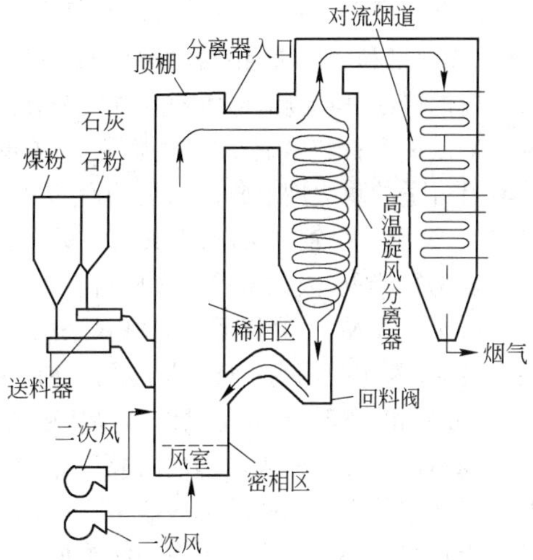

图12-27 循环流化床锅炉结构示意图

循环液化床锅炉内衬用耐火材料先后经历了如下几个发展阶段:第一阶段是定形制品;第二阶段是黏土结合浇注料;第三阶段是以磷酸、聚合磷酸盐、水玻璃、纯铝酸钙水泥等为结合剂的高铝质耐火浇注料;第四阶段是以低水泥、超低水泥和无水泥结合的系列耐磨耐火浇注料。如在循环流化床锅炉的高温耐磨部位,如返料器、混合室顶部等部位,使用钢纤维增强浇注料;在旋风分离器、炉膛密相区、炉膛出口、点火风道等冲刷严重部位使用不加钢纤维的高铝质耐磨浇注料等。这些浇注料强度高,抗热震性好,体积稳定,热导率小,抗熔渣渗透和侵蚀性极强,且耐冲刷,施工方便,是目前流化床锅炉常用的抗磨不定形材料。在返料器、省煤器炉墙、混合室内墙、烟道、烟囱内衬等条件不太苛刻的部位可采用砌砖,或使用不定形耐火材料。

12.12 建材工业用耐火材料

建材工业用耐火材料，虽然在数量上比不上钢铁工业，但因使用条件苛刻，对耐火材料某些性能的要求甚至超过钢铁工业的要求，尤其是随着现代窑炉技术的发展，要求提高燃烧强度，强化传热效果，减少热损失等，使得耐火材料不仅是建材工业生产中的消耗性材料，更是实现高温新技术的功能性材料。

12.12.1 水泥窑用耐火材料

传统的水泥窑主要是立窑和回转窑，近年来开始有许多预分解窑（PC 窑）和预热器窑（SP 窑）投入运行。SP 窑和 PC 窑是以悬浮预热和窑外分解技术为核心的新型干法水泥生产工艺，正逐步取代传统水泥生产方法，把水泥工业推向一个新的阶段。

12.12.1.1 立窑

立窑种类繁多，大致可分为普通立窑、机械化立窑、现代化立窑三大类型。由于所处的发展阶段不同，对耐火材料的要求也不一样。20 世纪 60 年代以前，我国水泥立窑一般采用普通高铝砖和黏土砖作为耐火内衬，因高铝砖和黏土砖易与水泥熟料反应生成 C_2AS 和 CAS_2 导致“炼边”，所以现在普遍采用磷酸盐砖作为窑内衬，工作层外采用轻质黏土砖、轻质耐火浇注料、硅酸铝纤维等进行隔热和保温。

12.12.1.2 回转窑

传统回转窑一般分为预热带、过渡带、烧成带和冷却带等几个区域。在烧成带和过渡带等高温部位的窑衬，经受全窑系统最严重的热学、力学和化学的综合破坏效应，要求这些部位的耐火材料高温强度大，易于挂好并维持好稳定的窑皮，具有足够的抗化学侵蚀的能力及良好的热震稳定性；预热带和分解带，窑料对窑衬的直接磨损不重，但由于高温窑气与窑料间温差太大而引起对窑衬的侵蚀，所含硫、碱等挥发性组分在回转窑物料内形成一定量低温熔体并渗入砖内，与砖反应形成钾霞石和白榴石，产生膨胀导致“碱裂”，使砖开裂和剥落。因此，该部位所用耐火材料除具有合适的耐火度、强度外，要有优良的耐碱侵蚀性能。冷却带和窑口处其气流温度可高达 1400℃，又没有稳定的窑皮，尤其窑口的窑衬在 1400 ~ 1100℃ 之间来回波动，熟料的研磨和气流的冲刷都很严重，因此要求耐火材料有良好的热震稳定性和足够的耐磨强度。

最早是以黏土、高铝质耐火材料来满足传统回转窑的生产。20 世纪 40 年代开始在烧成带使用碱性砖，两侧配用高铝砖，其余部位使用黏土砖。后来发展为烧成带用普通镁铬砖或镁白云石砖，过渡带和冷却带用磷酸盐结合高铝砖或抗热震性好的特种高铝砖，预热带用耐碱黏土砖。耐碱砖与碱反应可在砖表面形成高黏度釉层，阻止碱向砖内部进一步渗透，避免“碱裂”。冷却带和窑口通常采用高铝砖或磷酸盐结合高铝砖，热负荷过重的窑侧采用碳化硅砖，卸料端变形较重的窑上可采用高铝质浇注料或钢纤维增强浇注料。另外，在预热带和分解带用耐碱隔热砖，能减少表面散热损失 40% 以上。

12.12.1.3 预分解窑和预热器窑

大型 PC 窑窑温远高于传统回转窑的相应部位。SP 窑窑内各工作带波动较大，窑皮不稳定，窑速更快，窑衬寿命比同规模的 PC 窑更短。新型干法水泥窑的窑温高、窑速快、碱侵蚀更严重、结构复杂和节能要求高等工作特点，使得耐火材料的使用环境更为苛刻，对耐火材料提出了更高的要求。依据不同的工作部位选用不同的耐火材料如下：

（1）烧成带。要求衬砖必须具有好的挂窑皮性能，且能保持稳定的窑皮，此外，衬砖还要求有高的荷重软化温度和抗熔融煤灰和窑气中碱侵蚀的能力，同时应具有良好的热震稳定性以及在环境温度和使用温度下足够的力学强度。据上述要求,一般选用直接结合镁铬砖。

(2)过渡带。过渡带是水泥窑最易损坏的部位,该部位温度变化频繁,窑皮不易挂牢,衬砖经常直接暴露于高温气流中工作,特别是大型窑,料流量大,窑速快,衬砖遭受破坏力强,此部位也是应力最为集中的区域,选用尖晶石砖或易挂窑皮且抗热震性好的镁铬砖。

(3)预热分解带。为抵抗强烈的碱侵蚀,选用抗剥落高铝砖或尖晶石砖。

(4)窑口。窑口处窑气温度高,又没有稳定的窑皮,熟料的研磨和气流的冲刷都很严重,选用耐磨抗热震的刚玉质浇注料或刚玉质钢纤维增强浇注料。

(5)预热器。窑尾预热器系统设备繁多,形状复杂,温度变化大,系统内碱循环现象十分严重,碱的富集造成工作层"碱裂"破坏。一般在预热器本体采用普通型耐碱砖,拱顶用耐碱砖或耐碱浇注料,三次风管管道用高强耐碱砖或高强耐碱浇注料,窑筒尾部用耐碱隔热砖,隔热层选用质轻、热导率低的优质硅酸钙板。

(6)箅冷机和窑门罩。大型窑的窑门罩以及箅式冷却机喉部和高温区温度偏高部位,一般采用抗剥落高铝砖、化学结合(特种)高铝砖或钢纤维增强浇注料作工作层材料,但这些部位的拱顶处一般采用煅烧高铝砖,不宜采用化学结合的高铝砖,在高风压的箅式冷却机高温区侧壁处还应采用碳化硅砖、碳化硅复合砖或低水泥增强耐火浇注料。

随着以煤代油的变换,节能要求提高,以及防止铬公害的环保需要,开发低铬甚至无铬碱性耐火材料以及耐碱蚀、抗剥落、低导热的轻质和超轻质耐火材料已成为新型干法窑用耐火材料的发展趋势。目前用在水泥回转窑烧成带上的无铬碱性砖有镁白云石砖和镁尖晶石砖。从近来的发展趋势看,$MgO-CaO-ZrO_2$砖,即加 CaO 和 ZrO_2的镁砖有可能最后取代镁铬砖,成为大型水泥回转窑烧成带使用的优质耐火材料。

12.12.2 陶瓷工业用耐火材料

传统的陶瓷生产主要以煤为燃料,采用倒焰窑和钟罩式窑等烧成。为防止煤灰污染陶瓷制品,要将陶瓷坯体放到匣钵中,将匣钵烧至高于陶瓷烧成的温度烧成。传统窑及匣钵大都采用黏土制品,由陶瓷厂自己生产,使用寿命很低。

现代新型陶瓷窑炉使用洁净的气体燃料,裸装制品直接烧制,热耗仅为传统陶瓷炉窑的1/10~1/6。现代陶瓷炉窑用耐火材料围绕炉窑的节能降耗、提高产品质量和延长使用寿命等目的来制作。例如窑车材料,往往采用立柱作为支撑,配以各种轻质耐火材料和棚板组成新型轻量窑车,取代黏土砖制成的重质窑车。但这些组合式窑车材料在隧道窑中频繁进出,经受温度变化,耐火材料需有良好的抗疲劳能力,特别是实现快烧以后,烧成周期大大缩短,耐火材料必须有高的抗热震性。另外,无论隧道窑还是辊道窑,其窑体和窑具材料都要预先组合拼装,要求制品的外形及尺寸精确,抗热震性和力学强度高。窑体和窑车用耐火材料的主要品种是具有各种温度等级的耐火纤维,含铁低的硅酸铝质隔热制品,包括莫来石和硅线石质耐火材料,轻质堇青石质耐火材料也是窑体和窑车用耐火材料的重要品种。窑具材料的主要品种有堇青石-莫来石、重结晶碳化硅、氮化硅结合碳化硅、莫来石结合碳化硅及 Sailon 结合碳化硅制品等。

近年来,国外出现莫来石结合碳化硅窑具。采用粒径小于 1μm,甚至小于 0.5μm 的 SiO_2超微粉和 $\alpha-Al_2O_3$超微粉,可使莫来石在较低温度下形成。由于微粉包裹在 SiC 的周围,在形成莫来石的同时,使 SiC 与空气隔离,起到防氧化作用。还有反应烧结渗硅碳化硅窑具 SiSiC,这种制品比重结晶 SiC 制品具有更长的使用寿命。

12.12.3　玻璃窑用耐火材料

玻璃是经熔融、冷却、固化形成的非晶态无机物。常规玻璃属于 Na_2O-CaO-SiO_2 系统。玻璃液有很强的侵蚀耐火材料的能力，侵蚀是玻璃窑用耐火材料的主要损毁机理。因此在玻璃熔窑中与玻璃接触的部位和上部结构关键部位耐火材料受侵蚀严重等处大都使用熔铸耐火材料。在不与玻璃液接触的部位，如碹顶、蓄热室、胸墙等部位，常用烧结耐火材料。

我国熔铸耐火材料有 Al_2O_3-ZrO_2-SiO_2 和 Al_2O_3 两大系列。常用的品种有氧化法 33 号、36 号、41 号锆刚玉砖，熔铸 α-β 氧化铝砖和 β-氧化铝砖 5 种。此外还有熔铸氧化铝流槽砖和熔铸十字形格子砖等。烧结耐火材料有碱性耐火材料（包括高纯镁砖、直接结合镁铬砖、镁铝砖、镁橄榄石砖、镁锆砖等）、锆质耐火材料（包括高致密型、致密型、压制锆英石砖和烧结锆刚玉砖等）、高级硅砖、蜂窝状硅砖、莫来石砖、硅线石砖、抗剥落高铝砖、低气孔率黏土砖、锡槽底砖等。其中烧结锆刚玉砖、锆英石砖等也可用于池底铺面砖和熔制硼硅酸盐玻璃的池壁砖。另外，在玻璃窑中还使用不定形耐火材料，如锆英石捣打料、锆英石质热补料、锆英石质火泥等以及镁质、氧化铝质不定形耐火材料。隔热保温材料主要有无石棉耐高温硬质硅酸钙制品。

以平板玻璃窑为例，池底采用黏土大砖，大砖之上铺设锆英石或 AZS（锆刚玉）捣打料。熔化部再以 33 号无缩孔氧化法电熔 AZS 砖铺面，要求不高时也可在热点以前的池底用烧结 AZS 砖铺面。冷却部用熔铸 α-β 氧化铝砖铺面，要求不高时可用 33 号无缩孔氧化法电熔 AZS 砖；熔化部池壁采用整块 33 号、36 号和 41 号氧化法电熔 AZS 砖砌筑，池壁砖液线部位应采用风冷或水冷，其他部位可以采用无石棉硅酸钙板保温。冷却部池壁采用 α-β 氧化铝熔铸砖，要求低时也可采用 33 号氧化法倾斜浇铸的 AZS 砖。熔化区胸墙采用 33 号无缩孔氧化法电熔 AZS 砖，澄清区和冷却部胸墙采用优质硅砖，要求高时可用 β-氧化铝熔铸砖；L 吊墙的鼻部采用 33 号电熔 AZS-烧结锆莫来石复合砖，两种砖通过机械咬合连接。复合砖以上使用优质锆莫来石砖，最上层使用优质硅砖。玻璃窑的后墙和传统的前脸墙可采用优质硅砖；熔化部大碹采用优质硅砖，碹顶先用不定形材料密封，再铺设保温层。大碹主要的损毁机理是向上钻蚀形成“鼠洞”，它是窑内逸出的碱蒸气冷凝在砖缝，侵蚀硅砖，低黏度的侵蚀产物沿砖缝流失，导致缝隙进一步扩大所致。

蓄热室中无特殊要求的格子体，在 1300～1500℃ 采用 97%～98% 和 95%～96% 级的镁砖砌筑，在 1100～800℃ 采用直接结合镁铬砖，在 800℃ 以下使用低气孔黏土砖。但为避免铬公害，镁铬砖可用镁锆砖（方镁石骨料＋镁橄榄石＋斜锆石基体）或纯尖晶石砖代替。要求高的玻璃窑蓄热室格子砖，在高温部位使用熔铸 AZS 十字形格子砖。

12.13　热工设备中耐火材料的砌筑、烘烤与加热

高温冶金炉窑的炉衬，应根据生产工艺特点，炉窑构造特征和耐火材料的性质，遵循一定的原则和制度，对耐火材料的砌筑体进行砌筑、烘烤和加热。

12.13.1　炉窑砌砖的要求和一般原则

12.13.1.1　对炉窑砌砖的要求

炉窑内衬砌筑体，在使用过程中承受各种化学、物理化学和物理的作用危害，为了保证炉衬的承受能力和使用寿命，对炉窑耐火砖砌体的砌筑质量，提出以下要求：砌体必须平整、稳固，符合设计要求；砖缝尽量小，严密不漏气，能抵抗熔渣及金属的渗透；用砖配置得当，砌体在加热和使用过程中不变形，不倾倒。

12.13.1.2 *砌砖的一般原则*

(1)砖缝厚度要严格控制。对施工的砌体,应按表12-15的规定严格控制砖缝厚度,不得超过。

表12-15 砖砌体的分类与砖缝的厚度

砌体类别	砖缝厚度/mm	使用范围
特类砌体	干砌不大于0.5	渣线以下炉墙、炉底;炉底及拱与炉渣,金属接触处
Ⅰ类砌体	不大于1	超过1400℃拱顶;跨度超过4m,温度超过1300℃拱顶;蓄热室格子砖;焦炉隔墙
Ⅱ类砌体	不大于2	闪速炉反应塔;炉墙渣线以下部位;炉缸;炉子常受撞击、摩擦部位
Ⅲ类砌体	不大于3	渣线以上炉墙;加热炉炉顶及炉墙、炉底;不与金属和渣接触部位
Ⅳ类砌体	允许大于3	不与金属等熔体接触的炉衬、烟道
硅藻土砖砌体	5	不与熔体接触、不受冲击、不受摩擦、不受重压的部位
红砖(内衬耐火砖)	拱顶5~10,炉墙底8~10	各种低温炉的最外层砌砖

常用冶金炉各部位砖砌体砖缝厚度的要求如表12-16所示。

表12-16 冶金炉主要部位砖缝的要求

炉子名称	砌砖部位		砖缝厚度/mm	炉子名称	砌砖部位	砖缝厚度/mm
沸腾炉	拱顶	干砌	1.5	矿热电炉	炉顶	1.5~2
		湿砌	2		炉墙渣线以下	1~1.5
	其他部位		0.5		炉墙渣线以上	2
					炉底反拱(干砌)	1
鼓风炉	炉底		1	加热炉	炉膛	2
	炉缸、渣线以下		1.5		镁砖炉墙	2
	炉身		1.5~2		炉顶	2~3
	炉顶		3		换热室格子砖	1
反射炉	炉顶,渣线以下炉墙		1~1.5	热风炉	炉顶	2
	炉墙渣线以上		2		拱和球顶	1.5
	炉底反拱		1		炉底	2.5
	其他部位		2~3		硅藻土砌体	5

(2)按国家标准施工筑炉。如火泥最大粒径应不大于砖缝厚度的50%;炉墙垂直误差每米不超过3mm;拱角砖的角度与拱的角度应一致;拱顶及拱的每环砖应为奇数;砌筑时预留膨胀缝,夹缝要小,上下层错开,避免通缝;受潮镁砖、硅砖不能用于砌炉;冬季施工要在暖棚中进行;砖砌体避免直接受重荷等。

12.13.2 热工设备的烘烤与加热

新建或大、中修后的热工设备,在投产前应当进行烘烤与加热,使砖砌体中的水分充分蒸发,砖缝硬化,砌体稳定。烘炉达到一定温度后,才可投入使用。通常,烘烤与加热可一次进行。晚秋或冬季砌成的炉子,可先烘烤,砌体干透,待投产时再加热。

在烘烤之前，应根据砌体的特性，制定烘烤与加热制度，即制定烘烤期限、升温速度、最高温度、保温温度和时间等。烘烤后需降温的设备，应注明降温速度。

烘烤期限的长短取决于砌砖的性质、施工方法、砌筑质量及炉子的构造、尺寸和用途等。若为修补砌体，也要参考拆修范围。烘炉还要根据筑炉季节和风干时间而有所不同。一般而论，材料的热膨胀性大和有化学反应、晶型转变者，升温要慢，并要在化学反应、晶型转变温度范围保温，反之可快；材料和砌体中水分多的特别是有结合水的、厚度大的、结构和形状复杂的升温要慢，反之可快。烘炉的参考时间见表12-17。

表12-17 热工设备烘烤与加热时间

序号	炉子名称	加热与烘烤时间(昼夜)
1	隧道窑	12～18
2	回转窑	3～7
3	铜熔炼反射炉	7～10
4	热风炉(黏土质)	6～7
5	均热炉：	
	不带蓄热室或换热器	3～4
	带蓄热室	5～6
	带换热器	7～9
6	加热炉(炉底面积＜$50m^2$)：	
	不带蓄热室或换热器	3～4
	带蓄热室或换热器	3～6
7	加热炉(炉底面积＞$50m^2$)：	
	带蓄热室或换热器	3～6
8	热处理炉(炉底面积6～$20m^2$)	3～8
9	铸造车间干燥炉(容积20～$100m^2$)	3～4

黏土砖、硅砖砌体的烘烤升温速度和铝酸盐水泥耐火浇注料的烘烤升温速度，分别见表12-18和表12-19。

表12-18 黏土砖、硅砖砌体的烘烤升温速度 (℃/h)

技术条件	黏土砖砌体厚度/mm			硅砖砌体
	＜200	200～400	＞400	
100～150℃以内	20～40	10～20	5～10	5～10
100～150℃最少连续时间(昼夜)	1～3	3	7	
从100～150℃到600℃	100～200	50～100	25～50	20～40
从600℃到工作温度	不限	250	100	50～100

表12-19 耐火浇注料烘烤升温速度

温度范围/℃	构筑物厚度/mm					
	＜200		200～400		＞400	
	℃/h	h	℃/h	h	℃/h	h
常温～150	20	7	15	9	10	13

续表 12-19

温度范围/℃	构筑物厚度/mm					
	<200		200~400		>400	
	℃/h	h	℃/h	h	℃/h	h
150 保温		24		36		48
150~350	20	10	15	13	10	20
350 保温		24		36		48
350~600	30	8	20	13	15	17
600 保温		16		24		32
600~工作温度	40		30		20	

硅砖砌筑的推钢式加热炉炉顶、黏土结合耐火浇注料构成的连续加热炉炉衬及耐火可塑料构成的加热炉的烘烤曲线，分别如图 12-28、图 12-29 和图 12-30 所示。

新建工厂中，热工设备的烘烤与加热，一般从烟囱开始，然后是烟道和其他相关部位的烘烤，最后才进行炉窑炉膛的烘烤。

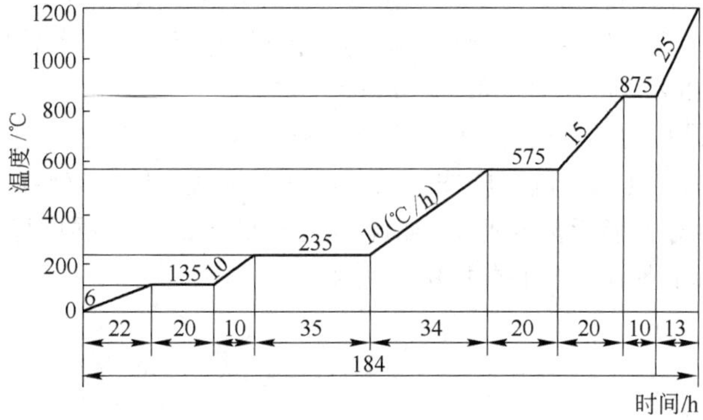

图 12-28　硅砖炉顶的推钢式连续加热炉烘烤曲线

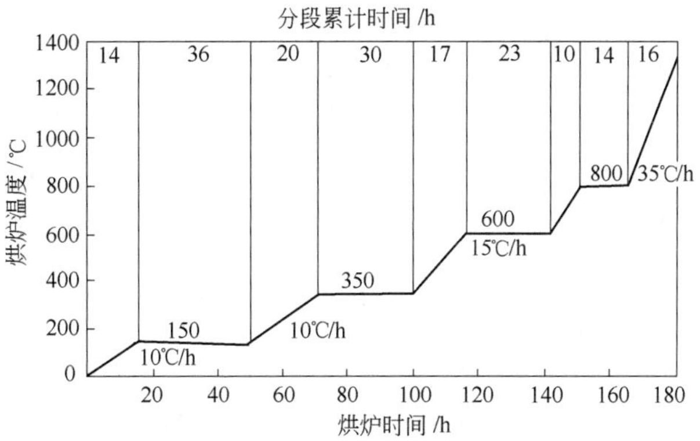

图 12-29　连续加热炉黏土结合耐火浇注料炉衬的烘炉曲线

烘炉过程中，应控制温度平稳上升，各部位温度分布均匀。对硅砖，升温要慢。当温度升到 300℃以后，不能再降至 300℃以下。其他有化学反应、晶型转化者，都应依此原则进行烘烤。烘炉过程中，要观察并记录砌体的膨胀和拱顶高度以及钢结构的变化情况。升温过程中，若出现异常现象,要分析原因及时排除。一般而论,低温阶段(小于 800℃)应慎用重油作烘炉的燃料。

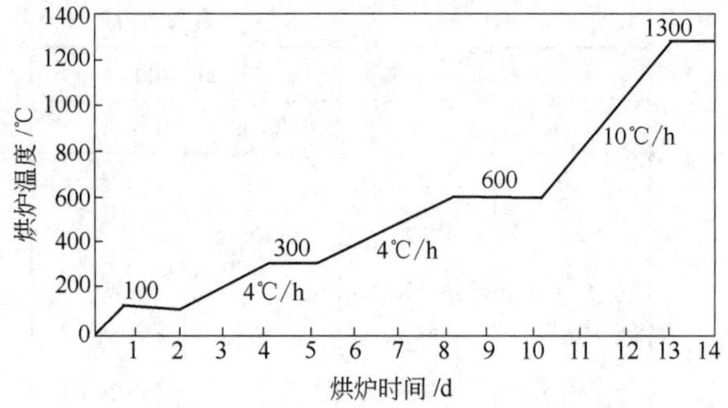

图 12-30　耐火可塑料加热炉的烘炉曲线

12.14　耐火材料的运输与保管

耐火材料在运输和保管中,要保证不损坏耐火制品的外形尺寸,不降低其等级和理化指标。制品要妥善包装。特异型或贵重制品要单块包装。包装箱应具有相当高的刚度,尤其对强度较低的制品和精度要求很高的制品更需如此。在运输中,制品的包装箱间应紧密排列,必要时应采取防震措施。不许将耐火制品(特别是碱性制品)在储运中受雨淋,也不得因其他原因受潮。不允许任何制品在装卸和运输过程中缺角、损边等。

耐火材料必须按品种、类别、用途、牌号、等级分别堆放。堆垛时必须按操作规程进行。堆放场地应干燥,通风良好,能防雨防潮。应按材质正确确定堆放高度。有些制品应随产随用,不能久存(许多耐火制品久存性能指标降低)。如硅砖在露天堆放一年,强度降低约 35%;黏土砖降低约 30%;镁质和白云石质耐火材料强度降低更多。

参 考 文 献

1 中国金属学会.我国耐火材料工业发展战略研讨会论文集[C].1989.

2 北京钢铁学院热能系、东北工学院热能系编．耐火材料[M]．北京钢铁学院印,1986.

3 Samsnov G V. The Oxide Handbook[M]. Second Edition. IFI/PLENUM,1982.

4 王维邦．耐火材料工艺学[M]．北京:冶金工业出版社,1984.

5 素木洋一．筑炉用セラミック材料[M]．技报堂,1973.

6 Chesters J H. Refractories-Production and Properties[M]. The Iron and Steel Institute,London,1973.

7 张清纯．陶瓷材料的力学性能[M]．北京:科学出版社,1987.

8 中国科学院上海硅酸盐研究所五室译．陶瓷的力学性质[M]．上海:上海科学技术文献出版社,1981.

9 浙江大学,等．硅酸盐物理化学[M]．北京:中国建筑工业出版社,1980.

10 奚同庚．无机材料热物理性质[M]．上海:上海科学技术出版社,1981.

11 功力雅长．无机材料科学[M]．诚文堂新光社,1972.

12 Roman Pampuch. Ceramic Materials-Introduction to Their Properties[M]. ELSEVIER Scientific Publishing Company,1976.

13 郁国城．碱性耐火材料理论基础[M]．上海:上海科学技术出版社,1982.

14 冶金工业情报标准研究总所.耐火材料标准汇编[G].1988.

15 孟柏庭．有色冶金炉[M].1989.

16 Allen M. Alper. High Temperature Oxide-Part Ⅰ[M]. ACADEMIC PRESS, INC (London)LTD,1970.

17 Duffy J I. Refractory Materials-Developments Since 1977[M]. NOYES DATA CORPORATION, 1980.

18 冶金部耐火材料编辑部,洛阳耐火材料厂科技处.冶金用含碳耐火材料论文集[C].1988.

19 张文杰．碳复合耐火材料[M]．北京:科学出版社,1990.

20 Allen M. Alper. High Temperature Oxides-Part Ⅳ[M]. ACADEMIC PRESS,1971.

21 崔素芬译．镁尖晶石类耐火材料[M]．洛阳耐火材料厂,1987.

22 高振昕译．耐火材料显微结构文集[C]．北京:冶金工业出版社,1980.

23 耐火物手账[M]．耐火物技术协会,1981.

24 该书编写组．炭和石墨制品生产[M]．北京:冶金工业出版社,1976.

25 梁训裕,刘景林编译．碳化硅耐火材料[M]．北京:冶金工业出版社,1981.

26 机械工业部机床工具局.碳化硅制造[M].1981.

27 [日]耐火物技术协会.日本耐火材料[M]．苏云卿等译．北京:冶金工业出版社,1986.

28 铃木弘茂监修.ェンジニアングセラミソクス. CNCミ－エムラ－,1983.

29 钱钧,等译．新型无机硅化合物(基础与应用)[M]．北京:中国建筑工业出版社,1989.

30 李见．新型材料导论[M]．北京:冶金工业出版社,1987.

31 Levin E M,et al. Phase Diagrams for Ceramists-1969 Supplement.

32 沈长治编译．玻璃池炉用耐火材料[M]．北京:轻工业出版社,1979.

33 马鞍山钢铁设计研究院编．耐火纤维应用技术文集[C].1985.

34 刘麒瑞,等．冶金炉料手册[M].1991.

35 顾立德．特种耐火材料[M].1982.

36 硅酸盐辞典[M]．北京:中国建筑工业出版社,1986.

37 日本耐火材料技术协会.鞍山焦化耐火材料研究院译．新型炉窑及其耐火材料[M].

38 韩行禄．耐火材料应用[M]．北京:冶金工业出版社,1986.

39 重有色金属设计参考资料．北京:冶金工业出版社,1986.

40 李红霞．耐火材料手册[M]．北京:冶金工业出版社,2007.

41 葛霖．筑炉手册[M]．北京:冶金工业出版社,1994.
42 郭海珠,余森．实用耐火原料手册[M]．北京:中国建材工业出版社,2000.
43 郑伟栋,王庆祥．我国高炉用耐火材料的进展[J]．耐火材料,2000,34(3):175～177.
44 宋木森,邹祖桥,于仲洁．我国高炉耐火材料发展现状[J]．中国冶金,2005,15(11):6～10.
45 姜华,傅思荣,王立辉．高炉本体内衬耐火材料技术进步[J]．中国冶金,2007,17(8):1～6.
46 李庭寿,等．钢铁工业用节能降耗耐火材料[M]．北京:冶金工业出版社,2000.
47 王金相．"十五"期间中国钢铁工业用耐火材料的科技进步[J]．耐火材料,2007,41(5):321～326.
48 森井廉著,朱果灵译．电弧炉炼钢法——向高效率、低能耗、高质量的挑战[M]．北京:冶金工业出版社,2006.
49 胡世平,等．短流程炼钢用耐火材料[M]．北京:冶金工业出版社,2000.
50 李恩琪,殷经星,张武城．铸造用感应电炉[M]．北京:机械工业出版社,1997.
51 傅恒志．铸钢和铸造高温合金及其熔炼[M]．西安:西北工业大学出版社,1985.
52 孙培林．电炉炼钢学[M]．北京:冶金工业出版社,1992.
53 刘开琪．无芯中频感应炉用耐火材料的现状与发展[J]．耐火材料创刊四十周年特刊,2006,40:177～181.
54 赵敬忠．无芯感应炉用炉衬材料的选择[J]．耐火材料,2001,35(1):50～52.
55 王诚训,等．钢包用耐火材料[M]．北京:冶金工业出版社,2003.
56 田守信,牟济宁．连铸用耐火材料及其发展[J]．中国冶金,2003,65(4):41～44.
57 王诚训,栾永杰,李洪申．炉外精炼用耐火材料[M]．北京:冶金工业出版社,1996.
58 蔡乔方．加热炉[M].2版．北京:冶金工业出版社,2005.
59 陈敏,于景坤,王楠．耐火材料与燃料燃烧[M]．沈阳:东北大学出版社,2005.
60 陈肇友．有色金属火法冶炼用耐火材料及其发展动向[J]．耐火材料,2008,42(2):81～91.
61 刘成西．闪速炉耐火材料结构与炉体内衬选用探讨[J]．工业炉,2002,24(2):48～52.
62 宋兴诚,黄书泽．澳斯麦特炉炼锡工艺与生产实践[J]．有色冶炼,2003,2:15～21,67.
63 陈海文．澳斯麦特炼锡炉转化设计[J]．有色冶炼,2002,4:45～48.
64 曾大凡,袁林,张用宾．改革开放三十年中国建材耐火材料行业风云际会大步前行的火红产业[J]．中国建材,2008,7:14～19.
65 隋良志,王兆国,姚春林．水泥工业耐火材料[M]．北京:中国建材工业出版社,2005.
66 曹平,李亮,康斌．微粉在耐火材料中的应用[J]．四川冶金,2007,6:16～18.
67 韩行禄．不定形耐火材料[M].2版．北京:冶金工业出版社,2003.
68 宋希文．耐火材料工艺学[M]．北京:化学工业出版社,2008.
69 徐平坤,董应榜．刚玉耐火材料[M]．北京:冶金工业出版社,1999.
70 张旭东,张玉军,刘曙光．无机非金属材料学[M]．济南:山东大学出版社,2000.
71 肖汉宁,高朋召．高性能结构陶瓷及其应用[M]．北京:化学工业出版社,2006.
72 樊新民,张聘,蒋丹宇．工程陶瓷及其应用[M]．北京:机械工业出版社,2006.
73 顾立德．特种耐火材料[M]．北京:冶金工业出版社,2006.
74 张玉军,等．结构陶瓷材料及其应用[M]．北京:化学工业出版社,2005.

冶金工业出版社部分图书推荐

书　　名	作　者	定价(元)
物理化学(第4版)(本科国规教材)	王淑兰　主编	45.00
冶金与材料热力学(本科教材)	李文超　等编著	65.00
热工测量仪表(第2版)(本科教材)	张　华　等编著	46.00
钢铁冶金用耐火材料(本科教材)	游杰刚　主编	28.00
传热学(本科教材)	任世铮　编著	20.00
热工实验原理和技术(本科教材)	邢桂菊　等编	25.00
冶金原理(第2版)(本科教材)	张生芹　主编	49.00
传输原理(第2版)(本科教材)	朱光俊　主编	55.00
物理化学(高职高专规划教材)	邓基芹　主编	28.00
物理化学实验(高职高专规划教材)	邓基芹　主编	19.00
无机化学(高职高专规划教材)	邓基芹　主编	33.00
无机化学实验(高职高专规划教材)	邓基芹　主编	18.00
无机材料工艺学	宋晓岚　等编著	69.00
耐火材料手册	李红霞　主编	188.00
镁质材料生产与应用	全　跃　主编	160.00
金属陶瓷的制备与应用	刘开琪　等编著	42.00
耐火纤维应用技术	张克铭　编著	30.00
化学热力学与耐火材料	陈肇友　编著	66.00
耐火材料厂工艺设计概论	薛群虎　等主编	35.00
刚玉耐火材料(第2版)	徐平坤　编著	59.00
特种耐火材料实用技术手册	胡宝玉　等编著	70.00
筑炉工程手册	谢朝晖　主编	168.00
非氧化物复合耐火材料	洪彦若　等著	36.00
滑板组成与显微结构	高振昕　等著	99.00
耐火材料新工艺技术	徐平坤　等编著	69.00
无机非金属实验技术	高里存　等编著	28.00
新型耐火材料	侯　谨　等编著	20.00
耐火材料显微结构	高振昕　等编著	88.00
复合不定形耐火材料	王诚训　等编著	21.00
耐火材料技术与应用	王诚训　等编著	20.00
钢铁工业用节能降耗耐火材料	李庭寿　等编著	15.00
工业窑炉用耐火材料手册	刘鳞瑞　等主编	118.00
短流程炼钢用耐火材料	胡世平　等编著	49.50